건설재료시험
기사 필기

머리말
Intro

현재 우리나라의 건설산업은 꾸준하게 발생하는 안타까운 중대산업재해 및 건설 현장의 고령화, 단축시간 근무, 이상기후 등으로 인해 많은 어려움에 처해 있습니다. 그럼에도 불구하고 건설산업은 국가 인프라 시설 구축과 같은 필수적인 기반시설을 조성하는 산업이며, 국가에는 반드시 필요한 산업이라고 할 수 있습니다. 또한, 4차 산업혁명으로 인한 스마트 건설들이 활성화되어 이를 바탕으로 전통적인 건설 환경에서 탈피하여 지속가능한 업역으로의 전환을 모색하고 있습니다. 따라서 건설산업은 더욱 더 정교한 지식들과 기술자의 다양한 경험들이 필요하다고 할 수 있으며, 미래의 발전가능성이 큰 산업이라고 할 수 있습니다.

지속가능한 업역으로 전환하기 위해서는 다양한 지식과 경험이 필요하며, 특히 건설산업 분야에 존재하는 수많은 자격은 이제 필수라고 할 수 있습니다. 그 중 건설재료시험기사 자격의 경우는 안전한 시공과 목적물의 품질 강화를 위하여 필수적으로 갖추어야 하는 자격입니다. 분명 공부해야 할 것도 많지만 포기하지 않고 꾸준히 공부한다면 분명 합격할 수 있는 시험입니다.

하지만 학업, 생업 등에 종사하며 회사 업무와 가정 및 개인사의 바쁜 일정을 모두 극복하며 꾸준히 공부하여 필기시험 관문을 통과하는 것이 결코 쉽지만은 않습니다. 따라서 반드시 합격하기 위한 전략이 필요합니다.

본 교재를 기본서로 활용하고, 다양한 문제들과 병행하여 반복적으로 학습하면 짧은 시간 내에 충분히 합격의 기쁨을 맛볼 수 있을 것입니다.

마지막으로 건설재료시험기사 시험을 대비하고 있는 모든 분들의 앞날에 무궁한 발전이 있길 기원합니다.

"가장 중요한 것은 반드시 반복적으로 학습하는 것입니다."

저자 강두헌

시험정보 Information

■ 건설재료시험기사[Engineer Construction Material Testing]

1. 관련부처 : 국토교통부
2. 시행처 : 한국산업인력공단
3. 관련학과 : 대학 및 전문대학에 개설되어 있는 토목공학, 건축공학 관련학과
4. 시험과목
   - 필기 : 1. 콘크리트공학 2. 건설시공 및 관리 3. 건설재료 및 시험 4. 토질 및 기초
   - 실기 : 토질 및 건설재료 시험
5. 검정방법
   - 필기 : 객관식 4지 택일형 과목당 20문항(과목당 30분)
   - 실기 : 복합형[필답형(2시간, 60점) + 작업형(3시간 정도, 40점)]
6. 합격기준
   - 필기 : 100점을 만점으로 하여 과목당 40점 이상, 전과목 평균 60점 이상
   - 실기 : 100점을 만점으로 하여 60점 이상
7. 기본정보
   - 개요 : 부실공사에 의한 막대한 인명 및 재산피해를 미연에 방지하기 위해서 건설현장의 기초 공사에 필요한 토질검사를 실시하고, 배합설계도의 강도와 일치하는 건설재료를 사용하고 있는가를 검사하여 건물이나 시설의 안전을 확보할 수 있는 전문인력의 양성이 요구되어 자격 제도를 제정하였다.
   - 수행직무 : 공사현장의 흙을 채취하여 여러 가지 항목에 걸쳐 검사를 실시한 후 토질이 예정된 공사에 적합한가 혹은 적절하지 못하다면 어떤 방법으로 이 문제를 해결할 것인가를 조사하며, 교량, 항만, 도로, 건물 등 건설공사에 사용되는 자갈, 모래, 아스팔트, 콘크리트 등의 품질을 배합설계도대로 강도에 일치하게 하기 위하여 혼합비율을 결정하고 공시체를 제작하여 강도시험을 하고 견본자재를 검사하는 업무를 수행한다.
   - 진로 및 전망
     - 건설업체 품질관리 부서, 국토교통부 지정 품질검사 전문기관, 건설재료시험 관련 연구소, 콘크리트 파일 등 건설자재 생산 공장, 레미콘 및 아스콘 생산업체 등으로 진출할 수 있다.
     - 건설재료시험기사의 고용은 건설경기에 크게 영향을 받기 때문에 국제통화기금 관리 체제 이후에 공사량이 감소하면서 신규취업은 물론이고 기존 취업자도 고용이 불안정한 형편이었다. 그러나 중급기술 정도의 시험원은 여전히 부족한 실정으로 향후 경쟁체제에 의한 건설 고품질화가 계속 추진되고, 건설기술관리법도 더욱 강화될 것이므로 숙련된 건설재료시험기사에 대한 인력수요는 증가할 것이다.

건설재료시험기사 출제기준

직무분야	건설	중직무분야	토목	자격종목	건설재료시험기사	적용기간	2026.1.1.~2027.12.31.

• 직무내용 : 건설공사를 수행함에 있어서 품질을 확보하고 이를 향상시켜 합리적·경제적·내구적인 구조물을 만들어 냄으로써, 건설공사 품질에 대한 신뢰성을 확보하고 수행하는 직무이다.

필기검정방법	객관식	문제 수	80	시험시간	2시간

필기과목명	문제 수	주요항목	세부항목	세세항목
콘크리트 공학	20	1. 콘크리트의 성질, 용도, 배합, 시험, 시공 및 품질관리에 관한 지식	1. 콘크리트의 특성 및 시험	1. 정의 및 특성 2. 굳지 않은 콘크리트의 특성 및 시험 3. 굳은 콘크리트의 특성 및 시험 4. 콘크리트 비파괴시험
			2. 배합설계	1. 배합설계의 개요 2. 배합설계의 방법 (1) 시방배합 (2) 현장배합
			3. 콘크리트 혼합, 운반, 타설	1. 재료의 계량 및 혼합 2. 콘크리트 운반 및 타설 3. 콘크리트 다지기 및 마무리 4. 콘크리트 이음 5. 거푸집 및 동바리
			4. 콘크리트 양생	1. 양생의 개요 2. 각종 양생방법
			5. 프리스트레스트 콘크리트	1. 프리스트레스트 강재 2. 그라우트 및 기타재료 3. 시공관리
			6. 특수콘크리트	1. 한중 및 서중콘크리트 2. 매스콘크리트 3. 유동화 및 고유동 콘크리트 4. 해양 및 수밀 콘크리트 5. 수중 및 프리플레이스트 콘크리트 6. 경량골재콘크리트 7. 고강도콘크리트 8. 숏크리트 9. 섬유보강 콘크리트 10. 기타 특수콘크리트

시험정보
Information

필기과목명	문제 수	주요항목	세부항목	세세항목
콘크리트 공학	20	1. 콘크리트의 성질, 용도, 배합, 시험, 시공 및 품질관리에 관한 지식	7. 콘크리트 유지관리	1. 콘크리트의 성능저하 특성 2. 유지관리를 위한 조사방법 3. 균열 및 대책
			8. 콘크리트의 품질관리	1. 콘크리트 품질관리 2. 콘크리트 품질검사
건설시공 및 관리	20	1. 토공사 및 기초 공사	1. 토공사	1. 토공사 계획 2. 토공량 계산 3. 시공관리
			2. 기초공사	1. 기초의 개요 2. 얕은 기초 3. 깊은 기초 4. 기초의 지지력
			3. 건설기계	1. 건설기계의 분류 2. 건설기계의 특성 3. 건설기계의 시공관리
		2. 구조물 시공	1. 터널 시공	1. 발파 및 암반의 일반사항 2. 터널굴착 공법 3. 특수터널 시공법
			2. 암거 및 배수 구조물 시공	1. 암거의 종류 2. 암거의 시공법 3. 기타 배수구조물
			3. 교량 시공	1. 교량의 분류 2. 교량의 시공법
			4. 포장 시공	1. 포장의 종류 및 특성 2. 아스팔트 포장 3. 콘크리트 포장 4. 특수 포장 5. 포장의 유지 보수
			5. 옹벽 및 흙막이 시공	1. 옹벽 및 석축의 시공 2. 보강토 옹벽 3. 흙막이 공법의 종류 및 특징 4. 흙막이 설계 및 시공
			6. 하천, 댐 및 항만 시공	1. 댐의 종류 및 특성 2. 댐의 시공 3. 항만의 종류 및 특성 4. 하천 구조물 5. 준설 및 매립

필기과목명	문제 수	주요항목	세부항목	세세항목
건설시공 및 관리	20	3. 공사, 공정, 품질 및 계측관리	1. 공사 및 공정관리	1. 공사관리 2. 공정관리 3. 공정계획 및 최적공기
			2. 품질관리	1. 품질관리 일반 2. 품질관리 계획수립 3. 결과분석 및 관리도
			3. 계측관리	1. 계측관리 목적 및 역할 2. 계측기 및 계측위치 선정 3. 계측항목 및 관리
건설재료 및 시험	20	1. 건설재료의 종류, 성질, 용도 및 시험	1. 재료 일반	1. 건설재료 일반 2. 건설재료의 종류 및 특성
			2. 시멘트	1. 시멘트 일반 2. 시멘트 제조 및 조성 광물 3. 시멘트의 종류 및 특성 4. 시멘트 관련 시험
			3. 골재	1. 골재 일반 2. 잔골재의 물리적 특성 3. 굵은골재의 물리적 특성 4. 순환골재 관련 시험 5. 골재 관련 시험
			4. 혼화재료	1. 혼화재료 일반 2. 혼화재료의 종류 및 특성 3. 혼화재료 관련 시험
			5. 목재	1. 목재의 구조 및 특성 2. 목재의 내구성 3. 목재의 가공품 4. 목재 관련 시험
			6. 석재 및 점토질 재료	1. 암석의 분류 2. 암석의 조성 및 조직 3. 암석의 성질 4. 각종 석재 5. 점토질 재료 6. 석재 및 점토질 재료 관련 시험
			7. 역청재료 및 혼합물	1. 분류 및 특성 2. 아스팔트 혼합물 3. 아스팔트 관련 시험

시험정보 Information

필기과목명	문제 수	주요항목	세부항목	세세항목
건설재료 및 시험	20	1. 건설재료의 종류, 성질, 용도 및 시험	8. 금속재료	1. 금속재료의 특성 2. 철강제품 3. 금속재료 시험
			9. 토목섬유	1. 종류 및 특성 2. 토목섬유의 적용 및 관련 시험
			10. 화약 및 폭약	1. 분류 및 특성 2. 사용법과 취급 및 주의사항
토질 및 기초	20	1. 토질역학	1. 흙의 물리적 성질과 분류	1. 흙의 기본성질 2. 흙의 구성 3. 흙의 입도분포 4. 흙의 소성특성 5. 흙의 분류
			2. 흙속에서의 물의 흐름	1. 투수계수 2. 물의 2차원 흐름 3. 침투와 파이핑
			3. 지반 내의 응력분포	1. 지중응력 2. 유효응력과 간극수압 3. 모관현상 4. 외력에 의한 지중응력 5. 흙의 동상 및 융해
			4. 압밀	1. 압밀이론 2. 압밀시험 3. 압밀도 4. 압밀시간 5. 압밀침하량 산정
			5. 흙의 전단강도	1. 흙의 전단파괴 및 전단 강도 2. 흙의 파괴이론과 강도정수 3. 흙의 전단특성 4. 전단시험 5. 응력경로
			6. 토압	1. 토압의 정의 2. 토압의 종류 3. 토압 이론 4. 구조물에 작용하는 토압
			7. 흙의 다짐	1. 흙의 다짐특성 2. 흙의 다짐시험 3. 현장다짐 및 품질관리

필기과목명	문제 수	주요항목	세부항목	세세항목
토질 및 기초	20	1. 토질역학	8. 사면의 안정	1. 사면의 파괴거동 2. 사면의 안정해석 3. 사면안정 대책공법
			9. 토질조사 및 시험	1. 시추 및 시료 채취 2. 원위치 시험 3. 토질시험
		2. 기초공학	1. 기초 일반	1. 기초 일반
			2. 얕은 기초	1. 지지력 2. 침하량
			3. 깊은 기초	1. 말뚝기초 지지력 2. 말뚝기초 침하량 3. 케이슨기초
			4. 연약지반개량공법	1. 사질토 지반개량공법 2. 점성토 지반개량공법 3. 기타 지반개량공법

차 례
Contents

Part 01 콘크리트 공학

- Chapter 01 콘크리트 역학적 성질 ·· 2
- Chapter 02 콘크리트의 시험 ·· 5
- Chapter 03 콘크리트 배합설계 ·· 11
- Chapter 04 콘크리트 시공관리 ·· 15
- Chapter 05 거푸집 및 동바리 ·· 23
- Chapter 06 특수 콘크리트 ·· 27
- Chapter 07 품질관리 ··· 40
- Chapter 08 구조물의 유지관리 ·· 48
- ■ 핵심 예상문제 ··· 52

Part 02 건설시공 및 관리

- Chapter 01 토공 ··· 70
- Chapter 02 기초공 ·· 79
- Chapter 03 옹벽공 ·· 85
- Chapter 04 건설기계 ··· 90
- Chapter 05 발파공, 터널공 ·· 99
- Chapter 06 교량공, 포장공 ·· 106
- Chapter 07 하천공, 항만공, 댐공 ······································· 114
- Chapter 08 공사관리(시공, 공정) ······································· 121
- ■ 핵심 예상문제 ··· 125

Part 03 건설재료 및 시험

Chapter 01 재료 일반 ·· 144
Chapter 02 시멘트 및 혼화제 ·· 149
Chapter 03 골재 ··· 157
Chapter 04 금속재료 ·· 163
Chapter 05 목재 및 석재 ··· 169
Chapter 06 역청재료 ·· 176
Chapter 07 도료, 폭약, 합성수지 ·· 184
■ 핵심 예상문제 ··· 190

Part 04 토질 및 기초

Chapter 01 흙의 기본적 성질 ·· 208
Chapter 02 흙의 분류 및 투수 ·· 212
Chapter 03 유효응력 및 지중응력 ·· 221
Chapter 04 흙의 압축성 ·· 225
Chapter 05 흙의 전단강도 ··· 228
Chapter 06 토압 및 사면 안정 ·· 236
Chapter 07 흙의 다짐 ·· 242
Chapter 08 토질조사 및 기초지반 ·· 247
■ 핵심 예상문제 ··· 256

차례
Contents

Part 05 과년도 기출문제

- 2019년 기출문제 ········· 280
- 2020년 기출문제 ········· 296
- 2021년 기출문제 ········· 312
- 2022년 기출문제 ········· 328
- 2023년 기출복원문제 ········· 344
- 2024년 기출복원문제 ········· 360
- 2025년 기출복원문제 ········· 376

Part 06 적중 모의고사 / 정답 및 해설

- 1회 적중 모의고사 ········· 392
- 1회 정답 및 해설 ········· 403
- 2회 적중 모의고사 ········· 409
- 2회 정답 및 해설 ········· 420
- 3회 적중 모의고사 ········· 426
- 3회 정답 및 해설 ········· 438

PART 01

>> 건설재료시험기사 필기

콘크리트 공학

CHAPTER 01 ▸ 콘크리트 역학적 성질
CHAPTER 02 ▸ 콘크리트의 시험
CHAPTER 03 ▸ 콘크리트 배합설계
CHAPTER 04 ▸ 콘크리트 시공관리
CHAPTER 05 ▸ 거푸집 및 동바리
CHAPTER 06 ▸ 특수 콘크리트
CHAPTER 07 ▸ 품질관리
CHAPTER 08 ▸ 구조물의 유지관리

CHAPTER 01 콘크리트 역학적 성질

01 개요

1) 콘크리트 일반

① 콘크리트는 소요의 강도, 내구성, 수밀성 및 강재를 보호하는 성능 등을 가지며 품질이 균일한 것을 사용해야 한다.
② 콘크리트는 구조물 주변 환경의 영향과 사용재료의 품질에 따라 염해, 탄산화, 알칼리 골재 반응(AAR), 동결 융해 등과 같은 성능 저하의 문제가 발생한다.
③ 콘크리트의 시공성을 향상시키기 위하여 균일하고 적절한 워커빌리티를 가진 콘크리트를 사용하여 시공 성능을 높일 수 있도록 해야 한다.

2) 콘크리트 구성재료

구성재료	특징
시멘트	보통 포틀랜드 시멘트, 중용열 포틀랜드 시멘트, 조강 포틀랜드 시멘트, 저열 포틀랜드 시멘트
물	기름, 산, 유기불순물, 혼탁물 등 유해물을 함유하지 않는 것
잔골재	10mm 체를 전부 통과하고 5mm 체를 거의 다 통과하며 0.08mm 체에 모두 남는 골재
굵은 골재	5mm 체에 다 남는 골재
혼화재료	콘크리트 등에 특별한 성질을 주기 위해 반죽 혼합 전 또는 반죽 혼합 중에 가해지는 시멘트, 물, 골재 이외의 재료로서 혼화재와 혼화제로 분류
AE제	콘크리트 속에 많은 미소한 기포를 일정하게 분포시키기 위해 사용하는 혼화제
유동화제	콘크리트의 유동성을 증대시키기 위해서 미리 혼합된 콘크리트에 첨가하여 사용하는 혼화제
포졸란	혼화재의 일종으로서 그 자체에는 수경성이 없으나 콘크리트 중의 물에 용해되어 있는 수산화칼슘과 상온에서 천천히 화합하여 물에 녹지 않는 화합물을 만들 수 있는 실리카질 물질을 함유하고 있는 미분말 상태의 재료

02 굳지 않은 콘크리트의 성질

1) 용어 설명

구분	내용
반죽질기(Consistency)	굳지 않은 콘크리트에서 주로 단위수량의 다소에 따라 유동성의 정도를 나타내는 것으로서, 작업성을 판단할 수 있는 요소
블리딩(Bleeding)	굳지 않은 콘크리트에서 고체 재료의 침강 또는 분리에 의하여 콘크리트에서 물과 시멘트 혹은 혼화재의 일부가 콘크리트 윗면으로 상승하는 현상
성형성(Plasticity)	거푸집에 쉽게 다져 넣을 수 있고, 거푸집을 제거하면 천천히 형상이 변하기는 하지만 허물어지거나 재료가 분리되지 않는 굳지 않은 콘크리트의 성질
펌퍼빌리티(Pumpability)	콘크리트 펌프에 의해 굳지 않은 콘크리트 또는 모르타르를 압송할 때의 운반성
유동성(Fluidity)	중력이나 외력에 의해 유동하기 쉬운 정도를 나타내는 굳지 않은 콘크리트의 성질

2) 워커빌리티에 영향을 미치는 요인

(1) 배합 요인

W/C비, 잔골재율 등은 워커빌리티에 영향

(2) 특징

커지는 경우	작아지는 경우
• 단위시멘트양이 많을수록 • 단위수량이 커질수록 • 골재의 입도가 좋을수록 • AE제, 감수제 등을 사용할수록	• 온도가 높을수록 • 비빔이 불충분할 때 • 비빔이 과할 때

3) 콘크리트 타설 후의 재료 분리

(1) 블리딩(Bleeding)

굳지 않은 콘크리트에서 고체 재료의 침강 또는 분리에 의하여 콘크리트에서 물과 시멘트 혹은 혼화재의 일부가 콘크리트 윗면으로 상승하는 현상

(2) 레이턴스(Laitance)

콘크리트 타설 후 블리딩에 의해 부유물과 함께 내부의 미세한 입자가 부상하여 콘크리트의 표면에 형성되는 경화되지 않은 층

03 굳은 콘크리트의 성질

1) 콘크리트 압축강도 영향 요인

① 배합

물 – 시멘트비	골재 입도
시멘트 품질	골재 혼합 비율
워커빌리티	공기량

② 혼합방법과 시공방법
③ 시험방법
- 재령
- 공시체 모양과 치수
- 시험기구 상태

④ 재료의 성질, 골재의 최대치수 및 입형

2) 콘크리트 재료의 계량오차 허용범위

재료	허용범위	재료	허용범위
시멘트	−1%, +2%	물	−2%, +1%
혼화재	±2%	골재	±3%

04 혼화재료의 사용목적

1) 정의

혼화재료란 콘크리트 구성재료에 첨가적 요소로서 콘크리트의 성질을 개선하기 위한 재료

2) 사용 목적

① 재료 분리 방지 및 시멘트 사용량의 절감 효과
② 워커빌리티 개선
③ 작업의 용이성 및 양질의 콘크리트 생산
④ 내구성, 수밀성, 화학적 저항성 증대
⑤ 응결 경화 촉진 및 지연 효과

CHAPTER 02 콘크리트의 시험

01 굳지 않은 콘크리트

1) 워커빌리티 측정법

(1) Slump test

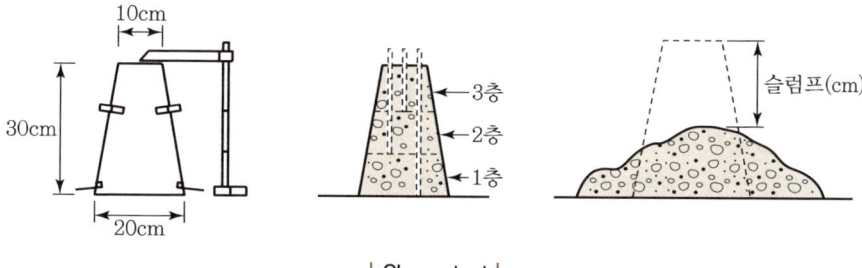

| Slump test |

① 시험방법
- 콘크리트를 시험통(Slump test cone) 안에 1/3씩 3층으로 나누어 부어 넣는다.
- 다짐막대로 각각 25회씩 균등하게 다진다.

② 측정 : Cone을 연직으로 들어올린 후 콘크리트의 무너진 높이를 측정한다.

(2) 흐름시험(Flow test)

① 상하운동을 주어 콘크리트가 흘러 퍼지는 것에 따라 변형저항을 측정한다.
② 일정 배합의 콘크리트는 단위수량과 흐름(유동성)의 관계가 비례한다.
③ 흐름값 = [시험 후의 지름(cm) − 25.4] / 25.4 × 100(%)

(3) 구(球) 관입시험(Kelly ball penetration test, KS F 2415)

① 구를 콘크리트 표면에 놓았을 때 자중에 의하여 콘크리트 속으로 구가 관입되는 깊이를 측정하여 시공연도를 측정한다(3회 시험).
② 관입 값의 1.5~2배가 slump 값과 거의 비슷하다.
③ 콘크리트의 깊이 : G_{max}의 3배 이상 또는 20cm 이상

(4) Vee-bee test(측정값 : 일명 침하도)

① 투명한 플라스틱 원판을 콘크리트 면 위에 놓고 진동을 주어 플라스틱 원판의 전면이 콘크리트 면 위에 완전히 접할 때까지 시간을 초로 측정하는 시험이다.
② 포장용 콘크리트의 컨시스턴시 측정을 침하도라 한다.
③ Slump가 25~50mm 이하의 된비빔, 미리 진동다짐의 난이 정도를 판정한다.

(5) Remolding test

① Slump test 한 후 원판을 콘크리트 면에 얹어 놓고, 흐름시험판에 상하운동을 주어 콘크리트가 유동하여 내외의 간격을 통하여 내륜의 외측으로 상승한다.
② 콘크리트 표면의 내외가 동일한 높이가 될 때까지 반복하여 낙하 횟수로 시공연도를 측정한다.
③ Slump flow test보다 정확한 워커빌리티를 측정한다(AE 콘크리트).

(6) 다짐계수시험(Compacting factor test)

① A용기에 콘크리트를 다져서 B용기에 낙하시킨 다음 다시 C용기에 낙하시킨다.
② 이때 C용기에 채워진 콘크리트의 중량(w)을 측정한다.
③ C용기와 동일한 용기에 콘크리트를 충분히 채워 다진 후 중량(w)을 측정하여 w/W의 값을 구하여 그 값을 다짐계수라 한다.(W : 완전히 다져진 콘크리트 중량)

2) 타설 전 시험

(1) 시험 종류

① Slump test
② Bleeding 시험
③ 공기량 시험
④ 염화물 시험

(2) 콘크리트의 블리딩 시험방법(KS F 2414)

① 굵은 골재의 최대치수가 50mm 이하인 경우
② 시험법
  - 처음 60분 동안은 10분 간격으로
  - 블리딩이 정지할 때까지 30분 간격으로 표면에 생긴 물을 빨아낸다.
③ 블리딩의 양(cm^3/cm^2) = V/A
  - V : 규정된 측정시간 동안에 생긴 블리딩 물의 양(cm^3)
  - A : 콘크리트의 노출된 면적(cm^2)

④ 블리딩률(B_r) = (B/W_s) × 100(%)
- W_s : 시료 중의 물의 질량(kg) : W_s = (W/C) × S(시료의 질량(kg))
- B : 최종까지 누계한 블리딩에 따른 물의 질량(kg)

(3) 공기량 시험법

① 공기실 압력법 : 워싱턴형 에어미터 용기를 사용
② 시험법 : 중량법, 주수 압력법
③ 최종 지시값에서 골재수정계수를 공제한 값

(4) 염화물 시험

① 최초 부분을 제외한 나머지 부분 채취
② 레미콘 $0.3Kg/m^3$ 이하, 모래 0.02% 이하

02 굳은 콘크리트의 강도

1) 개요

① 콘크리트 강도의 대표적인 값은 압축강도
② 이 값에 따라 인장강도 및 휨강도 추정이 가능
③ 콘크리트 압축강도 공시체 사용
- 국내, 일본, 미국의 경우 원주형 공시체를 사용
- 유럽 지역에서는 각주형을 주로 사용

2) 콘크리트 강도 측정방법

구분	내용
모양/크기	• 원주형 공시체(ϕ150mm, ϕ100mm, 높이는 지름의 2배) • 각주형 공시체(150×150×300mm, 200×200×400mm)
시험방법	• 압축강도 시험 • 인장 및 휨강도 시험

3) 콘크리트 강도의 표준 공시체에 대한 Size effect

① 공시체의 사이즈가 작을수록 강도값은 커진다.
② l(길이)/d(직경)이 작을수록 강도는 커진다(국내 표준은 2).
③ 원주형 공시체보다 입방형 공시체가 강도값이 크다.
④ 공시체 표면에 요철이 있으면 집중하중으로 인해 강도값이 저하된다.
⑤ 공시체의 치수와 압축강도 값의 관계

공시체 치수(직경×길이)(mm)	압축강도 비
100×200	1.03
150×300	1.00

4) 압축강도에 영향을 주는 기타 요인

① 재하속도가 빠를수록 강도값은 커진다.
② 재하속도
- 압축강도 : 매초 0.6±0.2MPa
- 인장강도 : 매초 0.06±0.04MPa

03 콘크리트의 강도 시험 방법

1) 강도 시험

시험 종류	공식	해설
① 압축강도 시험	$f_c = \dfrac{P}{\pi\left(\dfrac{d}{2}\right)^2}$	P : 최대하중(N) d : 공시체 지름(mm)
② 인장강도 시험	$f_{sp} = \dfrac{2P}{\pi dl}$	P : 최대하중(N) d : 공시체 지름(mm) l : 공시체 길이(mm)
③ 휨강도	휨강도 $= \dfrac{P \cdot l}{b \cdot d^2}$	
④ 취도계수	취도계수 $= \dfrac{압축강도}{인장강도} ≒ (10\sim13)$	압축강도와 인장강도의 비

2) 콘크리트의 비파괴 시험

(1) 개요
① 비파괴 시험은 재료의 파괴 없이 재료의 물리적 성질을 이용
② 구조물의 강도 및 내구성(열화 정도)을 예측하기 위한 시험

(2) 콘크리트 비파괴 검사의 분류
① 육안 검사
② 비파괴 시험

▼ 콘크리트 강도 및 내구성 시험의 종류

조사 대상	종 류	
강도 추정	순수 비파괴	반발경도법
		초음파 속도법
		성숙도법(Maturity)
		조합법
	국부 파괴	관입저항법, 인발법
내구성	균열 상태	초음파, AE법, 방사선법
	철근 배근	전자파 레이더법
	탄산화	페놀프탈렌 용액 분무법
	염화물 함유량	질산은 적정법

(3) 비파괴 시험의 특징

장점	단점
• 시간 및 비용 절감 • 구조물의 내외부 상태 평가 • 내구 수명 예측	• 결과 신뢰성이 다소 떨어짐 • 일부 기술과 특수 장비가 요구 • 개인차가 있으므로 경험이 필요

(4) 반발경도법(Schmidt hammer test)
① 스프링 작동식 테스트 해머를 사용하여 현장 콘크리트의 반발경도를 측정
② 반발경도에 영향을 미치는 요인
- 콘크리트 내부의 온도 : 0℃ 이하의 온도에서 정상보다 높은 반발경도를 나타냄
- 테스트 해머의 온도 : 외기온도 변화가 심한 경우 시험을 자제해야 함
- 콘크리트 표면의 함수상태 : 함수율이 증가하면 강도 및 반발경도가 저하됨
- 콘크리트 탄산화 : 탄산화는 반발경도를 증가시킴
- 타격방향 : 수평타격을 원칙으로 함
- 테스트 해머의 종류 및 콘크리트의 거동

(5) 성숙도법(Maturity)
　① 콘크리트 강도를 온도와 재령의 함수로 판단한다.
　② 성숙도
$$성숙도(M) = \sum_0^t (\theta + 10) \cdot \Delta t (°D.D)$$

(6) 초음파법(음속법)
　① 음속의 크기에 의해 강도를 추정하는 것이다.
　② 콘크리트의 내부 강도 측정이 가능하다.
　③ 강도가 작을 경우 오차가 크고 철근 영향이 크다.

(7) 방사선법
　① X선 또는 γ선의 투과선량을 이용한다.
　② 철근의 위치와 크기, 내부 결함 등을 조사한다.

(8) 인발법
　① 미리 bolt를 콘크리트 속에 설치하여 인발강도로 콘크리트를 측정한다.
　② 철근과 콘크리트의 부착 효과 조사 및 초기강도 판정에 주로 사용한다.

(9) 철근탐사법
　① 철근탐사법은 전자유도에 의한 병렬공진회로의 진폭 감소를 응용한 것이다.
　② 철근 간격, 철근 굵기, 개수 등 측정 : 밀실하게 배근 시 측정이 곤란하다.

(10) 페놀프탈렌 용액 분무법

1% 페놀프탈렌	페놀프탈렌 용액 분무
• 코어 채취 후 시편 할렬 파괴 • 드릴 천공	• 건전부 : 붉은색 • 중성화 : 무색

CHAPTER 03 콘크리트 배합설계

01 배합설계 일반

1) 개요

① 콘크리트의 배합은 소요의 강도, 내구성, 수밀성, 균열저항성, 철근 또는 강재를 보호하는 성능을 갖도록 정해야 한다.
② 콘크리트의 배합은 내구성을 고려하여야 하고, 이때 설계기준압축강도와 물 – 결합재비에 따라 배합을 정한다.

2) 배합의 종류

구분	내용
시방배합	• 시방서 또는 책임 기술자가 지시한 배합 • 골재입도 – 5mm 체를 100% 통과하는 것 : 잔골재 – 5mm 체를 100% 남는 것 : 굵은 골재
현장배합	• 현장 골재 여건 등을 고려한 배합 • 골재입도 – 5mm 체에 85% 통과한 것 : 잔골재 – 5mm 체에 85% 남는 것 : 굵은 골재

3) 배합 결정 순서

① 원재료 시험 : 시멘트, 골재, 혼화재료 등
② W/C비 결정(S/a 결정)
③ 시험 Batch : W/C ±5%, 압축강도 시험
④ 최종 W/C비 결정
⑤ 시방배합 결정(확인 배합)

02 콘크리트 배합 이론

1) 배합설계의 원칙

① 소요강도, 내구성, 수밀성, 강재 보호 성능 등을 고려하여 Workability 확보
② 경제적인 재료의 비율 결정
- W/C 작게
- S/a 작게
- G_{max} 크게

2) 배합 이론

초기	전통적	최근
체적비 이론	• 물–시멘트비 이론(Abrams → H–Rush) • 골재의 최밀충전 이론 • Workability 이론	Simulation에 의한 최적화 방법

03 배합이 콘크리트에 미치는 영향

1) 시방배합과 현장배합의 차이점

구분	시방배합	현장배합
골재 입자	• G : 5mm 이상 • S : 5mm 이하	• G : 5mm 이하 일부 포함 • S : 5mm 이상 일부 포함
골재 상태	표면 건조 포화 상태	습윤 혹은 기건 상태
골재량	질량	질량 혹은 용적

2) 굵은 골재와 슬럼프의 최대치수

콘크리트 시방서(댐콘크리트)	콘크리트 시방서(포장콘크리트)
① G_{max}는 150mm 이하 ② 슬럼프는 20~50mm를 표준(체가름하여 40mm 이상의 굵은 골재를 제거하여 측정한 값)	① G_{max}는 40mm 이하를 표준 ② 슬럼프는 25mm가 표준

3) W/C 결정방법(선정방법)

① W/C와 강도의 관계 시험에 의함
② W/C의 구성
- 수화 반응 : 25%
- Cement Paste의 유동성 : 10~15%
- Workability : 15~20%

③ 물-시멘트비의 적정 범위

일반 콘크리트	60% 이하	제빙 화학제	45% 이하
내동해성	45~60%	수밀성	50% 이하
황산염	45~50%	탄산화 저항성	55% 이하

4) W/C가 콘크리트에 미치는 영향

① 콘크리트의 강도 : W/C가 작을수록 강도는 크다.
② 내구성 향상
- 수밀성, 화학적 침식 저항성 증가(W/C가 낮을수록)
- 균열 저항성, 강재 보호 성능

04 배합강도 결정 방법

1) 배합강도(f_{cr})는 호칭강도(f_{cn}) 범위를 35MPa 기준으로 분류한 식 중 큰 값으로 결정

(1) f_{cn} ≤ 35MPa인 경우

① $f_{cr} = f_{cn} + 1.34s\,(\text{MPa})$
② $f_{cr} = (f_{cn} - 3.5) + 2.33s\,(\text{MPa})$

(2) f_{cn} > 35MPa인 경우

① $f_{cr} = f_{cn} + 1.34s\,(\text{MPa})$
② $f_{cr} = 0.9f_{cn} + 2.33s\,(\text{MPa})$

2) 시방배합의 산출 및 조정

① 단위시멘트양(kg) = 단위수량 / 물 − 시멘트비

② 단위골재량 절대체적(m³)

$$1 - \left(\frac{단위수량}{1,000} + \frac{단위시멘트양}{시멘트\ 밀도 \times 1,000} + \frac{공기량}{100} \right)$$

③ 단위잔골재량 절대체적(m³) = 단위골재량 절대체적 × 1,000

④ 단위잔골재량(kg) = 단위잔골재량 절대체적 × 잔골재밀도 × 1,000

⑤ 단위굵은 골재량 절대체적(m³) = 단위골재량 절대체적 − 단위잔골재량 절대체적

⑥ 단위굵은 골재량(kg) = 단위굵은 골재량 절대체적 × 굵은 골재밀도 × 1,000

⑦ S/a 및 W의 보정방법

구분	S/a의 보정(%)	W의 보정(kg)
조립률이 0.1만큼 클 때마다	0.5만큼 크게 한다.	보정하지 않는다.
슬럼프값이 1cm만큼 클 때마다	보정하지 않는다.	1.2%만큼 크게 한다.
공기량이 1%만큼 클 때마다	0.5~1.0만큼 크게 한다.	3%만큼 크게 한다.
물 − 시멘트비가 0.05 클 때마다	1만큼 크게 한다.	보정하지 않는다.

CHAPTER 04 콘크리트 시공관리

01 공장 생산

1) 시공계획 순서

준비 → 재료 → 계량 → 비빔 → 운반 → 타설 → 다짐 → 이음 → 양생

2) 재료 관리

(1) 물

① 청정수로 유기물(흙, 기름, 산 등)이 없어야 한다.
② 해수는 사용해서는 안 된다.

(2) 시멘트

① 강도가 크고 분말도가 적당(2,800~3,200cm^2/g)해야 한다.
② 풍화된 시멘트 사용을 하지 않는다.

(3) 골재

① 강도가 크고 입도가 좋은 것을 사용한다.
② 불순물이 없는 골재를 사용한다.

(4) 혼화재료

① 콘크리트의 성질을 개선한다.
② 요구 품질에 적합한 혼화재료를 사용한다.

3) 1회 계량분에 대한 계량오차의 허용범위

허용오차(%)	재료의 종류
1	물, 시멘트, 고로 슬래그
2	혼화재
3	혼화제, 골재

4) 비빔(Mixing)

(1) 콘크리트 믹서

배치식 믹서	중력식 믹서	가경식 믹서	1분 30초 이상
		드럼식 믹서	
	강제식 믹서	일축형, 이축형	1분 이상
연속 믹서 : 잘 사용하지 않는다.			

(2) 비빔 원칙

① 비빔시간은 규정시간의 3배 이내로 한다.
② 회전속도는 1m/sec이다.
③ 가경성 비빔은 90초 이상, 강제식 비빔은 60초 이상이다.

(3) 믹스 혼합 성능 시험

① 모르타르 단위중량 차이 : 0.8% 이하
② 단위골재량 차이 : 5% 이하

02 콘크리트 운반

1) 원칙

① 콘크리트는 생산 비빔 이후부터 시멘트의 수화 반응이 일어나기 때문에 제한된 시간 이내에 타설되도록 하는 것이 품질관리의 1차 목표이다.
② 비빔 시작부터 부어넣기 종료시간의 한도

외기온 25℃ 이상일 때	외기온 25℃ 미만일 때
1.5시간(90분) 이내	2시간(120분) 이내

③ 레미콘의 경우(KS 규정) 1.5시간 이내

2) 운반 장비 선정

① 슬럼프에 따른 선정 : Agitator, Dump truck 등
② 덤프 트럭 운반 시 : 1시간 이내
③ 운반 시에는 콘크리트의 재료 분리가 발생되지 않도록 함
④ 종류

구분	내용
Central mixed concrete	비빔 완료된 것을 굳지 않게 섞으면서 운반
Shrink mixed concrete	비빔이 반 정도 된 콘크리트를 도중에 완전히 교반
Transit mixed concrete	Dry mix 재료를 운반, 현장에서 물을 섞어 타설

03 현장 시공 관리

1) 타설 원칙

① 집중 타설 금지(횡방향 이동 금지)
② 배출구와 콘크리트면과의 높이 유지(1.5m 이하)

2) 다짐 방법

① 내구성 관리의 핵심, 진동기는 수직으로 사용, 간격 0.5m 이내
② 내부 진동기 사용이 원칙(진동시간 5~15초)
③ 과다 다짐 시 공기포 상부에 모임 및 AE 공기 손실
④ 내부 진동기 사용 곤란 시 거푸집 진동기 사용 검토
⑤ 침하 균열 발생 시 재진동 실시

04 콘크리트 이음(Joint)

1) 이음 일반

① 기능성 이음과 시공과정에서 부득이하게 발생하는 시공이음
② 시공 시 계획에 없던 이음(Cold joint)이 있다.

2) 이음(Joint)의 분류

① Construction joint(시공이음) ⇔ Cold joint
② Movement joint(fuction joint, 기능줄눈)
- Expansion joint(신축이음)
- Delay joint(＝Shinkage strip)
- Control joint(수축줄눈, 조절줄눈)
- Sliding joint / Slip joint

3) 시공이음(Construction joint)

① 기능상 이유가 아니라 시공상 불가피한 필요에 의한 Joint
② 타설 1일 작업량, 노무 미조달, Vibrator 등 장비 고장 등 이유
③ 시공 시 Water stop(지수판)을 사용
④ 시공 유의
- 이음길이와 면적이 최소화되는 곳
- 시공이음은 전단력이 적은 곳에 설치(보, 슬래브 중앙에)

4) Cold joint

① 타설 시 부어 넣기 경과시간 초과 시 발생

25℃ 이상	25℃ 미만
2시간(120분)	2.5시간(150분)

② 서중 콘크리트에서 많이 발생 : 타설 시간 준수
③ 강도, 내구성, 수밀성의 저하 및 열화 발생 요인
④ 대책
- 경화 전 : 고압처리(Water jet, Air jet), 굵은 골재 노출
- 경화 후 : Chipping 후 세척

5) 신축이음(Expansion joint)

① 온도, 습도 변화로 콘크리트 수축 저항
② 일부 증축으로 기초의 침하 유도용 joint
③ 단면이 급변, 중량 배분이 다른 곳
④ 신축이음의 간격
- 얇은 벽 : 6～9m
- 두꺼운 벽 : 15～18m

⑤ 시공법 : 절연, 채움재 사용 등
⑥ 도로의 팽창줄눈
- 하절기(6~9월) : 120~480m
- 동절기(10월~5월) : 60~240m

6) 수축이음(조절줄눈 : Control joint)

① 불규칙한 균열 발생을 제어하기 위해(온도, 건조수축에 대응)
② 단면 결손부를 설치하여 균열 유도 : 단면 감소율 1/5(20% 이상)
③ 시공 유의
- 경화 후 cutting하여 균열제어 목적에 타당하게 설치
- 줄눈재와 지수판 설치에 유의하여 누수 방지
④ 수축이음의 간격
- 일반 : 부재 높이의 1~2배
- Mass : 4~5m
⑤ 수축이음의 시공법
- Cutting에 의한 방법
- 가삽입물에 의한 방법

05 시멘트 콘크리트의 검사

1) 압축강도 시험

① 1조의 시험값 : 설계기준강도(호칭강도)의 85% 이상
② 3조의 시험값 : 설계기준강도(호칭강도)의 100% 이상

2) Slump 시험

① 보통(80~150), 단면이 클 경우(60~120)
② 80mm 이상의 경우 ±25mm 허용범위
③ 슬럼프 플로 시험

슬럼프(플로)(mm)	허용범위(mm)
500	±75
600, 700	±100

3) 염화물 시험

① 최초 부분을 제외한 나머지 부분 채취
② 레미콘 0.3Kg/m³ 이하, 모래 0.02% 이하

4) 공기량 시험

① 보통 콘크리트 : 4.5±1.5%(경량 : 5.5±1.5%)
② 고강도 콘크리트(40MPa 이상) : 3.5±1.5%

5) 시멘트 콘크리트 검사 시 불합격한 경우의 조치 사항

① 현장 반입을 중단하고 해당 제품 회차 처리(레미콘 공장에서 폐기)
② 폐기확인서 보관(현장 및 공장에 3년간 보관)

06 양생

1) 개요

① 시멘트의 수화 반응을 촉진시키기 위한 조치
② 배합된 콘크리트를 타설한 후 경화의 초기 단계에서부터 적절한 환경을 만드는 것
③ 경화 전 물로 채워져 있던 콘크리트의 공간을 시멘트의 수화생성물로 채워질 때까지 포수 상태로 유지하는 것

2) 양생이 강도에 주는 영향

① 양생온도 : 최적온도(15~25℃)
② 습윤 상태로 양생하면 강도 증가와 건조수축 및 소성수축 균열 제어 효과
③ 동결하면 강도가 극히 작아진다(콘크리트 내력에 문제 발생).

3) 양생의 종류

① 피막양생(Membrane curing)　② 습윤양생(Wet curing)
③ 증기양생(Steam curing)　　 ④ 가열 보온양생
⑤ Precooling　　　　　　　　⑥ Pipe cooling
⑦ 단열 보온양생　　　　　　　⑧ 전기양생(Electric curing)

4) 종류별 특성

(1) 피막양생(Membrane curing)
① 콘크리트 표면에 피막양생제(Curing compound)를 뿌려 수분 증발을 방지하는 양생
② 색상은 검정색, 담색, 흰색이 있음(포장 콘크리트 양생)
③ 습윤양생이 안 되는 경우나 장기양생이 필요한 경우

(2) 습윤양생
① Sheet 보양, 거적 또는 살수 등으로 콘크리트 표면 습윤 유지
② 살수는 sprinkler 사용(부어 넣은 후 3일간 보행 금지 및 중량물 적재 금지)
③ 습윤양생 기간의 표준

일평균기온	보통 포틀랜드 시멘트	고로 슬래그 시멘트 2종 플라이 애시 시멘트 2종	조강 포틀랜드 시멘트
15℃ 이상	5일	7일	3일
10℃ 이상	7일	9일	4일
5℃ 이상	9일	12일	5일

(3) 가열 보온양생
① 한중 콘크리트에 사용되며 온상선, 적외선을 이용하여 양생한다.
② 주로 공간가열 방식을 사용 : 열효율은 적으나 시공 및 관리에 유리하다.
③ 표면가열 방식은 부재에 직접 적외선 램프나 단열재 내부에 온상선을 사용한다.
④ 내부가열 방식은 부재 내부에 온상선을 처리, 표면은 단열재를 처리한다.

(4) 증기양생(Steam curing)
① 단시일 내에 소요강도를 발생시키기 위해 고온의 증기로 양생한다.
② 한중 콘크리트에는 증기보양이 유리하다.
③ 내구성이 좋고, 황산염 반응에 대한 저항성이 크다.
④ 분류

상압 증기양생 (Low-pressure steam curing)	고압 증기양생 (High-pressure steam curing)
• 3~5시간의 양생기간 후 • 20℃/hr • 최고온도 : 65℃ • 양생시간 18시간 이내	• 28일 강도를 24시간 내에 발현 • Creep 감소(부착강도는 저하됨) • 8.2kg/cm^{2}의 증기압으로 • 약 177℃가 최적 양생온도

(5) Precooling

① 콘크리트 재료인 물, 조골재의 일부 또는 전부를 냉각
② 얼음 사용 시에는 빙설 사용으로 비빔 완료 전에 녹아야 함
③ 콘크리트 1℃ 저하시키는 데 골재 온도는 5℃, 물의 온도는 4℃, 시멘트의 온도는 8℃를 낮추어야 함
④ 서중 콘크리트 또는 매스 콘크리트에 사용

(6) Pipe cooling

① 타설 전에 Pipe를 배관하고, Pipe 내로 냉각수나 찬 공기를 순환시켜 콘크리트의 내부 온도를 낮추는 냉각 방법
② Pipe 내의 물의 온도와 양생기간 등에 대하여 충분한 검토 필요
③ Pipe 배관 : ϕ25mm 흑색 Gas pipe 사용, 간격은 1.0~1.5m 정도
④ 매스 콘크리트에 이용

(7) 단열 보온양생

① 단열재 사용으로 온도 저하 방지를 위한 보양방법
② Sheet 등으로 차단해서 보양(주로 한중 콘크리트에 사용)

(8) 전기양생(Electric curing)

① 콘크리트 중에 저압교류를 통해 콘크리트 전기저항에 의하여 생기는 열을 이용하여 양생하는 방법
② 국부가열이 되지 않도록 주의
③ 한중 콘크리트에 많이 사용하는 양생법

CHAPTER 05 거푸집 및 동바리

01 일반사항

1) 거푸집 구비조건

① 형상 및 위치가 정확히 유지
② 이음부가 밀실해서 모르타르가 새지 않아야 함
③ 조립·해체가 편리해야 함
④ 구조 검토서 작성 및 제출

2) 설계 하중

(1) 거푸집 및 동바리 설계 시 고려해야 할 하중

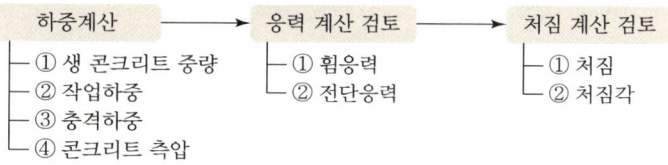

(2) 거푸집에 작용하는 측압

① 측압이란 콘크리트 타설 시 거푸집 부재에 수평으로 받게 되는 압력을 말함

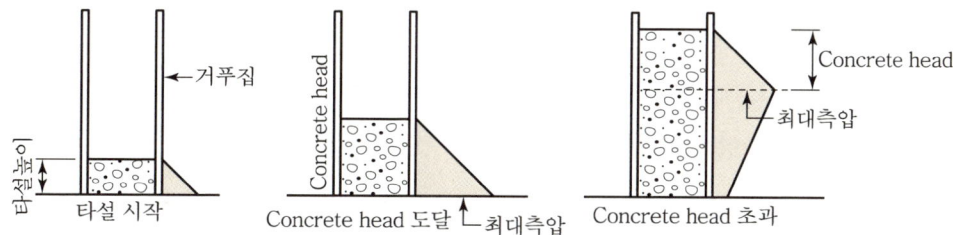

② 측압 표준치(단위 : t/m²)

분류	Head	최대측압	내부 진동기	외부 진동기
벽	0.5	1.0	2.0	3.0
기둥	1.0	2.5	3.0	4.0

③ 측압 공식 $P = W \times H$

여기서, W : 굳지 않은 콘크리트의 단위질량
H : 콘크리트의 타설높이(m)

- 벽 $1.0t/m^2 (0.5m \times 2.3t/m^3 = 약\ 1.0t/m^2)$
- 기둥 $2.5t/m^2 (1.0m \times 2.3t/m^3 = 약\ 2.5t/m^2)$

02 거푸집 공사 시 고려사항

1) 개념도

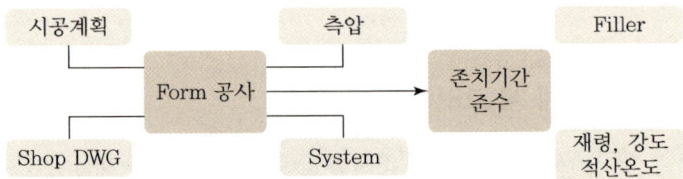

2) 대형 강재 거푸집의 특성

장점	단점
• 강도, 정밀도가 크다. • 전용성이 크다. • 평활한 콘크리트가 된다. • 조립 및 해체가 쉽다.	• 초기 투자율이 크다. • 녹물로 오염될 우려가 있다. • 외부 온도의 영향을 받기 쉽다. • 무거워 기계 장비로 취급된다.

3) 대형 거푸집(System form) 분류

벽 전용	바닥 전용	벽+바닥	연속공법
Gang form Climbing form	Table form Flying shore form	Tunnel form (Mono 및 Twin shell)	수직 : Sliding 및 slip form 수평 : Traveling form

4) 동바리 시공 시 유의사항

① 동바리를 지지하는 바닥의 소요 지지력을 확보하고, 충분한 강도와 안전성을 갖도록 한다.
② 동바리는 필요에 따라 적당한 솟음을 둔다.
③ 곡면 거푸집의 경우 버팀대 부착으로 변형을 방지하기 위한 조치를 한다.
④ 침하방지 및 볼트, 클램프 등의 전용철물을 사용한다.
⑤ 높이 3.5m 이상의 경우 높이 2m 이내마다 수평연결재를 2개 이상 설치한다.
⑥ 동바리 하부 받침판(또는 받침목)은 2단 이상 사용을 금지한다.

03 거푸집 해체 시기

1) 개요

① 콘크리트가 소요강도를 확보하여 하중과 외력에 견딜 수 있을 때까지의 기간을 말한다.
② 존치기간은 콘크리트 강도에 중대한 영향을 주므로 기간을 엄수하여야 한다.

2) 거푸집 존치기간

(1) 압축강도에 의함

부재	콘크리트의 압축강도(f_{cu})
기초, 보, 기둥, 벽 등의 측면	5MPa 이상
슬래브 및 보의 밑면, 아치 내면	설계기준강도×2/3 ($f_{cu} \geq 2/3 f_{ck}$) 다만, 14MPa 이상

* 내구성이 중요한 구조물의 경우 10MPa 이상

(2) 기온에 의함(압축강도를 시험하지 않을 경우)

구분	조강 포틀랜드 시멘트	보통 포틀랜드 시멘트 고로 슬래그 시멘트(1종) 포틀랜드 포졸란 시멘트(1종) 플라이 애시 시멘트(1종)	고로 슬래그 시멘트(2종) 포틀랜드 포졸란 시멘트(2종) 플라이 애시 시멘트(2종)
20℃ 이상	2일	4일	5일
20℃ 미만 10℃ 이상	3일	6일	8일

3) 적산온도

① 주로 한중 콘크리트에 양생온도와 경과시간의 곱의 적분 함수
② $M = \sum_{z=1}^{n} (\theta_z + 10)\Delta t$ (거푸집 탈형을 위한 초기강도 측정법)

04 거푸집의 안전관리

1) 안전관리 계획 기본

① 제3자에 대한 안전 확보
② 인명 존중
③ 작업환경 개선

2) 거푸집 공사의 안전 수칙

① 작업내용을 정확히 파악하여 계획 수립
② 작업 착수 전 작업량, 인원 배치 등의 적정성 검토
③ 작업원의 복장, 보호구, 기구, 공구 등의 착용 상태 확인 점검
④ 상·하층 동시작업 금지 및 현장 정리정돈 철저

CHAPTER 06 특수 콘크리트

01 PS 콘크리트(PSC)

1) PS 콘크리트 일반

(1) 개요

① Prestressed 콘크리트는 PS 강재를 써서 Prestress를 도입한 철근 콘크리트이다.
② 콘크리트의 인장응력이 생기는 부분에 미리 압축력을 가해 두면 콘크리트의 인장강도가 증가되어 장 Span 시공이 가능하다.

(2) Prestressed 콘크리트의 특징

장점	단점
• 균열 방지, 강재 부식 방지 등의 효과가 있다. • W/C가 적어 내구성, 내화학성이 증대한다. • 탄력성이 크고, 복원성이 강하다. • 장 Span 시공이 가능하다.	• 내화성에 주의해야 한다. • 고온에서의 내구성이 작다 • 강성이 적으므로 진동이 크다. • 설계 및 계산이 어렵다.

2) Prestressing 공법

내용	Pretension 공법	Posttension 공법
제작	공장제품, 품질 우수(대량생산)	현장 제작에 유리
PS의 배치	직선 배치	곡선 배치
장대지간	불리	유리
분할시공	불리	우수
압축강도 기준	30MPa	25MPa
정착 위치	불필요	필요
공법 분류	Long line 공법(보편적) Individual mold 공법	Freyssinet 공법 Dywidag 공법

3) Prestress 방법

Full prestressing	Partial prestressing
부재단면 어느 부분에도 인장응력이 생기지 않도록 프리스트레스를 가함	부재단면 일부에 인장응력이 생기는 것을 허용하는 방법

4) 프리스트레스 손실 원인

도입 시 일어나는 원인	도입 후 손실 원인
① 콘크리트 탄성변형 ② PS 강재나 sheath 사이의 마찰 ③ 정착장치의 활동	① 콘크리트 크리프 ② 콘크리트 건조수축(가장 큰 원인) ③ PS 강재의 relaxation

5) PS 강재 종류

① PS 강선
② PS 강연선(PS stand)
③ PS 강봉 : 직경 9.2~32mm의 고강도(포스트텐션 방식 : 릴렉세이션 값이 작다)

6) PS 콘크리트의 시공

(1) 재료

① 시멘트 : 건조수축이 적고 압축강도가 큰 Cement를 사용한다.
② 골재 : 내구성 및 내화성을 가진 것(굵은 골재의 최대치수는 25mm 이하)
③ PS 강재 : 인장력이 크고, 풀림 및 이완이 적은 것을 사용한다.
④ Grouting재 : 고로 Slag, Fly ash, Portland pozzolan cement 등이 사용된다.

(2) 배합

① Slump값 : 18cm 이하
② W/C비 : 유동성을 얻는 범위 내에서 가능한 한 적게 한다(45% 이하).

(3) 타설

① 최저기온 5℃ 이상에서 타설한다.
② 쉬스 변형 또는 내부에 Cement paste가 스미지 않게 한다.

(4) 쉬스 및 긴장재의 배치

(5) PSC 그라우트

① 리딩률은 0%를 표준으로 한다.
② 팽창률은 0~10%를 표준으로 한다.
③ 재령 28일의 압축강도는 20MPa 이상을 표준으로 한다.

(6) 양생

Autoclaved 양생을 실시한다.

02 AE 콘크리트

1) 개요

① 내부에 독립된 연행 기포를 발생시켜 콘크리트의 시공연도를 개선하는 콘크리트
② 적당량의 연행공기 동결 융해에 대한 저항성을 갖도록 하는 콘크리트

2) 특징

장점	단점
• Workability가 개선 • 단위수량(동결 융해)이 감소 • 알칼리 골재 반응이 감소	• Slump가 증대되어 강도가 저하 • 거푸집의 측압이 증대 • 철근의 부착강도가 저하

3) 콘크리트에 미치는 영향

① AE Con'c의 공기량은 4~7% 정도가 적당하다(7% 초과되면 강도가 현저히 저하).
② 이 구형의 기포는 Ball bearing 작용 및 연행작용으로 콘크리트의 시공성을 개선시킨다.
③ 공기량 1%가 Slump에 미치는 효과는 크고, 콘크리트 단위수량은 3% 감소한다.
④ Con'c에 공기를 연행시키면 재료 분리가 감소한다.
⑤ 적당량의 연행공기가 존재하면 자유수의 동결을 완화시킨다.

4) 공기량 관리

① 온도가 높을수록 공기량은 감소한다(10℃ 증가 시 공기량은 20~30% 감소).
② Slump가 클수록 공기량은 증가한다(단, 200mm 이하의 경우 감소).
③ 공기량 1% 증가에 따라 압축강도는 5% 정도 감소한다.

④ 입도가 불량한 골재를 사용할 경우 공기연행의 효과가 크다.
⑤ 잔골재의 입도에 의한 영향이 크고 세립분이 증가함에 따라 증대한다.
⑥ 분말도가 크고 단위시멘트양이 증가할수록 공기량은 감소한다.

5) AE 콘크리트의 내동해성 개선

① 동결 융해에 대한 내구성이 증가한다.
② 단위수량이 감소한다.
③ 수축, 균열 감소, 강도가 적어진다.
④ 알칼리 골재 반응이 적어진다.
⑤ Bleeding이 감소한다.

03 경량 골재 콘크리트(Light-weight aggregate concrete)

1) 개요

① 골재비중이 2.0 이하, 단위중량 1,700kg/m³ 정도의 콘크리트
② 건축물을 경량화하고 열 차단 효과를 갖는 콘크리트

2) 특징

장점	단점
• 건물 자중의 경감 효과 • 타설의 노동 절감 • 내화, 단열, 방음 효과	• 시공이 복잡 – 재료 처리가 필요 • 다공질이고, 투수성이 큼 • 건조수축이 크고 중성화가 빠름

3) 종류

구분	내용
보통 경량 콘크리트	경량 골재를 사용하여 제작한 콘크리트
다공질 콘크리트	기포를 만들어 풀을 주입한 콘크리트
톱밥 콘크리트	톱밥을 골재로 하고 수축팽창이 큰 콘크리트
기포 콘크리트	기포를 만들어 경량화한 콘크리트
신더 콘크리트	석탄재를 골재로 사용한 콘크리트

4) 경량 골재로서 필요한 조건

① 입형이 구에 가깝고 밀도가 작고 강도가 클 것
② 조직이 균일하며 공극이 작을 것
③ 내구성이 크고 유해물을 함유하지 않을 것

04 중량 콘크리트(Heavy-weight concrete)

1) 개요

① 중량 골재를 사용하여 방사선(X선, γ선, 중성자선)을 차폐할 목적으로 만든 Con'c
② 비중이 큰 중량 골재를 사용 : 비중 3.2~6.0(단위중량 : 3~5ton/m^3)

2) 용도

① 중력댐과 같은 중력구조물
② 방사선을 막기 위한 차폐 콘크리트(원자력 발전 Plant)

3) 관리

① 물-시멘트비 : 60% 이하
② 단위수량을 감소, Slump치 150mm 이하
③ 재료 분리의 발생 대비 공기의 연행성이 없는 감수제가 좋음
④ 골재의 크기는 되도록 작게 선정(비중차 재료 분리)

05 한중 콘크리트

1) 개요

① 하루 평균기온이 4℃ 이하 조건에서 타설 시공하는 콘크리트
② 동결 융해로 내구성이 저하되어 콘크리트 수축, 팽창, 균열 현상 발생
③ 초기 동해 시 회복이 불가능하므로 초기 양생이 매우 중요

2) 품질관리

① 조강, 알루미나 시멘트 사용(W/C 60% 이하)
② 동결, 빙설이 혼입된 골재는 사용 금지(가열하여 사용)
③ AE제, 감수제, 응결 경화 촉진제 사용(철근 부식 주의)
④ 물이 가열에 가장 유리하고, 시멘트 직접 가열 금지
⑤ 가열온도 60℃ 이하

구분	내용
−3~0℃	물 가열
3℃ 이하	물, 골재 가열

3) 시공방법

① 콘크리트가 동결되지 않도록 보호
② 타설되는 콘크리트의 온도 관리
③ 한중 콘크리트의 온도 저하

$$T2 = T1 - 0.15(T1 - T0) \times t$$

여기서, $T2$: 치기 종류 시의 콘크리트 온도
$T1$: 믹싱 시의 콘크리트 온도
$T0$: 주위의 온도
t : 운반 시간(hour)

4) 양생, 보온

(1) 초기 양생계획 수립

① 압축강도가 5MPa 이상이 되면 초기 동해를 입지 않음
② 콘크리트 펌프카 관 예열 – 압축강도 5MPa가 될 동안 0℃ 이상 유지

(2) 양생방법

① 단열 보온양생 : 수화열 보존, 표면 보호(비닐, 시트)
② 가열 보온양생 : 인위적 가열(공간, 표면 가열)

06 서중 콘크리트(Hot weather concrete)

1) 개요

① 평균기온이 25℃ 또는 최고 온도가 30℃를 넘는 시기에 타설
② 수분의 급격한 증발 등으로 인하여 Slump의 저하 등 결함이 발생 가능

2) 문제점

① 단위수량의 증가 : 온도 10℃ 상승에 따라 2~5% 증가
② Slump 감소 : 온도 10℃ 상승하면 Slump 2~5cm 감소
③ Concrete pump의 막힘 현상(Plug 현상)이 발생 : 시공연도가 불량
④ 공기량 감소 : 온도 10℃ 상승하면 공기량 2% 감소
⑤ Cold joint가 발생 및 균열의 증가 : 소성수축 균열, 건조수축에 의한 균열
⑥ Workability 및 Finishability가 떨어짐
⑦ 초기 고온에 의한 장기강도가 저하

3) 품질관리

① Cement : 중용열 Portland cement, 수화발열량이 적은 Cement를 사용
② 골재 : 온도가 낮아지도록 조치(재료의 Pre-cooling)
③ W/C비 : 시공성이 확보 한도 내에서 최대한 적게(혼화제를 사용)
④ 시공성 확보를 위해 유동화제를 사용
⑤ Pipe-cooling(내부에 ϕ 25mm Pipe를 설치하여 냉각수를 통과)
⑥ 되도록 신속하게 타설 및 습윤양생
⑦ 초기 고온에 의한 장기강도가 저하

07 Mass 콘크리트

1) 개요

① Mass 콘크리트란 보통 부재 단면이 80cm 이상인 콘크리트
② 하단이 구속된 경우에는 두께 50cm 이상의 벽체 등의 콘크리트

2) 온도 균열

① 콘크리트 표면과 내부 온도와의 차이에 의해 온도 균열(인장균열) 발생
② 하단이 구속된 경우 Concrete 온도 강하 시 균열
③ 내·외부 온도차 25℃ 이상의 경우 온도 균열 발생확률 커짐

구분	내부 구속	외부 구속
발생시기	재령 1~5일(발열과정)	재령 1~2주(냉각과정)
균열폭	0.2mm 이하 표면 균열	1~2mm 관통 균열

3) 온도균열지수

$$I_{cr}(t) = \frac{f_{sp}(t)}{f_t(t)}$$

여기서, $f_{sp}(t)$: 재령 t에서 콘크리트 쪼갬인장 강도(MPa)
$f_t(t)$: 재령 t에서의 수화열에 의해 부재 내부 온도응력 최댓값(MPa)

4) 온도 균열 제어 대책

① 저발열형 시멘트 사용 : 저열, 중용열 시멘트
② 혼화재의 사용 : 플라이 애시, 고로 슬래그 미분말 등
③ Pipe-cooling 공법
④ Block 분할 타설 등

08 숏크리트(Shotcrete)

1) 개요

노즐을 시공면과 직각으로 분사하여 시공하는 공법

2) 특징

장점	단점
• 거푸집을 사용하지 않는다. • 시공기계가 소형으로 기동성이 크다. • 협소 장소, 급경사면에서도 작업이 가능하다.	• 품질관리가 어렵다. • 리바운드량 ; 재료선실률이 크다. • 분진 발생이 커서 작업환경이 불리하다.

3) 배합 관리

① 굵은 골재 최대치수 : 10~15mm
② 잔골재율 : 55~75%, 물-시멘트비 : 40~60%
③ 단위시멘트양
- 콘크리트 : 300~400kg/m³
- 모르타르 : 400~600kg/m³

④ 급결제 사용량 : 5~10%

4) Rebound양 감소 대책

① 습식공법 채용
② 단위시멘트양을 크게 한다(접착제 사용 검토).
③ 잔골재율을 크게 한다(S/a=55~75%).
④ 굵은 골재 최대치수를 작게 한다(G_{max}=10~15mm).

09 수중 콘크리트

1) 개요

① 하천변 등 물이 많이 나고 배수가 어려운 공사에 적용되는 콘크리트이다.
② 일반 수중 콘크리트, 수중 불분리성 콘크리트, Prepacked 콘크리트가 있다.

2) 배합

(1) W/C비 및 단위시멘트양

종류	일반 수중 콘크리트	현장 타설 말뚝 및 지하연속벽에 사용하는 수중 콘크리트
물-시멘트비	50% 이하	55% 이하
단위시멘트양	370kg/m³ 이상	350kg/m³ 이상

(2) 슬럼프의 표준

타설 방법	슬럼프의 범위(mm)
트레미, 콘크리트 펌프	130~180
밑열림 상자, 밑열림 포대	100~150
콘크리트 펌프	130~180

3) 타설 공법

① Tremie 공법 : Tremie pipe를 콘크리트 속에 묻혀 사용하여 타설하는 공법
② Concrete pump 공법 : 수송관을 수중에 투입하여 콘크리트를 타설하는 공법
③ 밑열림 상자 공법
- 밑뚜껑식
- 플런저(Plunger)식
- 개폐문식

10 프리플레이스트 콘크리트(Preplaced concrete)

1) 개요

① 골재를 미리 거푸집에 넣고 특수 모르타르를 주입해서 빈틈을 채운 Con'c
② Prepacked 콘크리트가 2009년 개정 콘크리트 시방서에는 이름이 변경됨

2) 특징

① 재료 분리, Bleeding이 적고, 내구성, 장기강도가 크다.
② 건조수축이 보통 콘크리트의 1/2이다.
③ 해수에 대한 저항성이 크고, 수중공사에 적합하다.

3) 재료 관리

① 굵은 골재 최소치수 15mm 이상
② 유동성 – 유하시간 : 16~20초(고강도 : 25~50초)
③ 블리딩률 : 시험 시작 후 3시간에서의 값이 3% 이하(고강도 : 1% 이하)
④ 팽창율 : 시험 시작 후 3시간에서의 값이 5~10%(고강도 : 2~5%)

11 기포 콘크리트(Cellular concrete)

1) 개요

― 기포를 만들어 경량화한 경량 콘크리트의 일종

2) 특징

장점	단점
• 경량성, 흡음성, 단열성이 좋다. • 내진성, 가공성, 유동성이 좋다.	• 강도 저하, 흡수성이 매우 크다. • 건조수축이 크다.

3) 콘크리트 속에 기포를 만드는 방법

① 기포제를 혼합하는 방법
② 알루미늄 분말 등을 사용하여 가스를 발생시키는 방법
③ 입도가 나쁜 굵은 골재를 사용하는 방법
④ 단위수량을 크게 하여 콘크리트 속의 수분을 증발시키는 방법

12 고강도 콘크리트

1) 개요

① 설계기준강도가 보통 콘크리트는 40MPa 이상, 경량 콘크리트는 27MPa 이상 Con'c
② 고강도, 고내구, 고수밀의 콘크리트를 생산하는 데 목적

2) 특징

장점	단점
• 단면의 축소 및 경량화가 가능하다. • 화학적 작용에 강하다. • Creep 현상이 적다. • 시공성 확보가 용이하다(고성능 감수제).	• 강도 발현에 변동이 크다. • 취성파괴가 우려된다. • 시공 시 품질 변화가 우려된다. • 내화성에 문제가 있다.

3) 제조방법

① Resin c, Polymer cement 등의 고강도 Cement를 사용
② 고성능 감수제의 사용으로 시공연도를 개선
③ 인공골재(코팅)를 사용하여 시공성 개선
④ 고압 다짐, 진동 다짐, 진동탈수 다짐 등을 사용
⑤ 타설 후는 도막, 습윤양생 및 Auto clave 양생을 실시
⑥ 섬유보강재를 사용(Plastic polymer concrete 사용)
⑦ Slump는 15cm 이하, 물 – 시멘트비는 50% 이하

13 섬유보강 콘크리트(Fiber reinforced concrete)

1) 개요

① 보통 콘크리트의 단점인 인장, 휨강도를 증대시키고 취성적 성질을 개선한 콘크리트
② 석면섬유, 유리섬유 등을 넣어 여러 형태의 제품을 생산할 수 있어 발전이 기대

2) 특성

① 인장강도와 압축강도가 증대된다.
② Cement 내에서 분산성이 좋고 성형성이 우수하다.
③ 내충격성, 동결 융해, 균열에 대한 저항성이 크다.

3) 분류

무기계 섬유	유기계 섬유
• 강섬 • 유리섬유 • 탄소섬유	• 비닐론 • 아라미드 섬유 • 폴리프로필렌 섬유

4) 종류별 특성

(1) 강섬유 보강 콘크리트(Steel fiber reinforced concrete)

① 길이 20~30mm, 두께 0.1~0.5mm 정도의 냉연 박강판을 용적비 1~2% 정도로 혼합
② 세골재율은 60% 정도, 자갈 크기는 최대 15mm 이하, 시멘트양은 400kg/m^3 정도
③ 인장강도 및 휨강도가 증대되며, 특히 인성이 비약적으로 향상(30~200배)

(2) 유리섬유 보강 콘크리트(Glass fiber reinforced concrete)

① 짧은 유리섬유질 재료(길이 25~40mm 정도)를 분산시켜 인성을 높인 재료
② 고강도, 내충격성, 내화성이 우수, Design이 자유롭다.
③ 장기 휨강도가 2년 만에 초기의 1/2까지 저하되고, 2년 후에는 일정하다.

(3) 탄소섬유 보강 콘크리트(Carbon fiber reinforced concrete)

① 폴리아크릴노트(PAN)계 섬유와 Pitch계 섬유 등을 특수 Mixer로 혼합
② 압축소성, 프레스 성형, 유입성형 등 각종 성형법으로 제조한다.
③ 초고층의 고성능 건축옹벽, 바닥 공법 System 등에 사용한다.
④ 인장강도, 휨강도, 휨 인성 등이 우수하다.

(4) 비닐섬유 보강 콘크리트(Vinyl fiber reinforced concrete) : 유기질

① 고강도, 고탄성이고, 내후성, 내산, 내알칼리성이 우수하다.
② 폴리비닐은 연소 시 유동가스가 없어 저공해성 물질이다.
③ 법면 보강, 측도 블록, 보강 콘크리트용 옥외계단 등에 활용 가능하다.

CHAPTER 07 품질관리

01 콘크리트의 품질관리

1) 레미콘 일반

(1) 개요
① 레미콘(Ready mixed concrete)이란 콘크리트 제조 설비를 갖춘 공장에서 수요자의 요구에 맞게 생산한 콘크리트
② 운반차를 통해 지정한 장소로 운반되어 타설하는 굳지 않은 콘크리트

(2) 레미콘 공장 선정 시 고려 사항
① 원칙적으로 KS 표시 허가 공장
② 현장까지의 거리 및 운반 시간 고려
③ 제조 설비, 운반차의 수, 품질관리 상태 등 고려

2) 레미콘의 품질관리

(1) 재료의 품질관리

재료	품질관리
시멘트	풍화 여부, 밀도, 응결 시험, 압축강도 시험 등
잔골재	입도, 조립률, 밀도, 공극률, 마모율 등
굵은 골재	입도, 조립률, 밀도, 실적률, 안정성 등
혼화제	감수율, 압축강도비 등

(2) 생산 시 품질관리
① 잔골재 및 굵은 골재 표면수 확인 및 생산실 통보
② 회수수 농도 확인을 통한 회수수 사용 비율 결정
③ 잔골재 및 굵은 골재 체가름 시험을 통한 입도 보정
④ 생산 시 각 재료의 계량 오차범위 내에서 계량

(3) 타설 전 검사

① 슬럼프 검사

슬럼프(mm)	25	50~65	80 이상
허용범위(mm)	±10	±15	±25

② 공기량 검사

보통 콘크리트	4.5±1.5%
고강도 콘크리트	3.5±1.5%
경량 골재 콘크리트	5.5±1.5%

③ 염화물 함유량

허용치	0.3kg/m^3 이하
구입자의 승인이 있는 경우	0.6kg/m^3 이하

④ 강도 : 공시체를 제작하여 28일 후 강도 시험

1회 시험 결과	호칭 강도의 85% 이상
3회 시험 결과	호칭 강도의 100% 이상(1회 시험은 3개의 공시체 평균값)

02 품질관리 기법

1) 개요

① 품질관리(QC : Quality Control)란 한국산업규격 KSA 3001에서 규정
② 수요자의 요구에 맞는 품질의 제품을 경제적으로 만들어 내기 위한 모든 수단의 체계
③ 통계적 품질관리(SQC : Statistical QC) 방법은 근대적 품질관리에서는 통계적인 수법을 많이 활용하였기 때문

2) 품질관리의 변천과정

① 통계적 품질관리(SQC)
② 종합적 품질관리(TQC : Total QC)
③ 품질경영(QM : Quality Management)

3) 품질관리의 목적

① 고객의 요구 파악(시장 품질, 요구 품질)
② 제품 시방이나 품질 규격으로 구체화(설계 품질)
③ 경제적이고 합리적인 생산·시공(시공 품질)
④ 사내 모든 부문의 종합적 참여
⑤ 고객 만족(서비스 품질)

4) 품질관리의 효과

① 신뢰도 향상 및 고객 편익 증대
② 결함 및 하자 발생 요인 감소
③ 자재 낭비 감소 및 기술 향상으로 원가 절감
④ 기업 경쟁력 강화 및 기업의 영속적 발전 가능

5) 품질관리의 진행 절차

Deming의 관리 Cycle	계획(Plan)	작업의 표준 설정
	실시(Do)	표준에 의한 작업 실시
	검토(Check)	계측 및 검토
	시정(Action)	조치 및 수정

6) 품질관리 수단과 관리대상

생산수단 (5M)	• Man(노무) • Machine(기계) • Method(공법)	• Material(자재) • Money(자금)

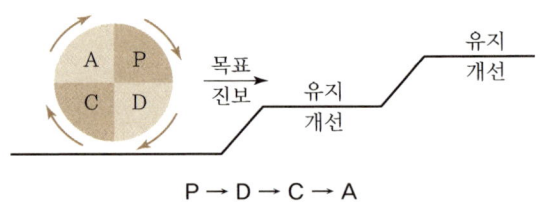

관리대상 (5R)	• Right product(적정 제품) • Right quantity(적정 수량) • Right time(적정 시기)	• Right quality(적정 품질) • Right price(적정 가격)

7) 품질관리의 순서

① 대상 항목을 결정
② 품질표준을 결정
③ 작업의 표준 작성
④ 교육 및 훈련을 실시
⑤ 작업을 실시
⑥ 작업 결과를 검사
⑦ 검사자료로 관리도를 작성
⑧ 이상 유무 확인, 그 원인을 제거

03 통계적 기법에 의한 품질관리 방법

1) 분류

① 관리도
② 품질관리 7가지 도구
③ 정규분포 : 3σ 관리, 6σ 관리

2) 관리도 개요

① 품질의 특성치와 시료번호를 축으로 하는 그래프상 관리 한계선을 그려 관리한다.
② 불량 품질 직접 해결보다는 안정적 운영에 더 큰 가치를 둔다.
③ 작성도 및 목적
- 작성도 : $\overline{X}$ 관리도, R 관리도 2개 작성

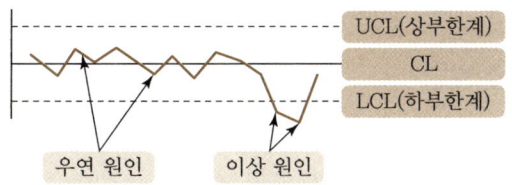

- 목적 : 한계선을 벗어난 이상 원인을 찾기 위함

3) 관리도의 종류

구분	호칭	용도 비교	구분	호칭	용도 비교
계량값 관리도	$\bar{x} - R$ 관리도	평균치와 범위	계수값 관리도	$Pn(P)$ 관리도	불량 개수(불량률)
	x 관리도	개개의 측정치		C 관리도	결점수
	$\tilde{x} - R$ 관리도	중위수와 범위		U 관리도	단위당 결점수

4) $\overline{X}-R$ 관리도

① 시료의 중량, 강도 등과 같은 연속 분포하는 계량값일 때 사용
② 아래 두 관리도를 함께 만든 것을 $\overline{X}-R$ 관리도라 함
- $\overline{X}$ 관리도 : 주로 분포의 평균값 변화 보기 위해 사용
- R 관리도 : 분포의 폭, 수량의 변화 보기 위해 사용

04 품질관리 7가지 기법(Tool)

1) 히스토그램(Histogram)

(1) 정의

① 다수의 계량치의 데이터가 어떠한 분포를 하고 있는지 알아보는 일종의 막대그래프
② 평균 산포도로 공사 또는 제품의 품질 상태가 만족한 상태에 있는가의 여부 판단

(2) 작성

① 데이터 수를 가능한 한 많이 수집한다(40개 이상).
② 범위 $R=$ 최대치$(X_{\max})-$ 최소치$(X_{\min})$를 구한다.
③ 계급의 폭과 그다음 경계치를 구한다.
④ 도수분포표를 작성한다(가로축 : 특정치, 세로축 : 발생건수).
⑤ 경계치를 결정 후 Histogram을 작성한다.

(3) Histogram의 판정방법

① 규격이 상·하한치 이내인지 확인
② 규격치에 대한 만족도 – 불만족 시 조치
③ 형태 검토 : 낙도형, 이빠진형, 비뚤어진형, 낭떠러지(절벽)형 등

2) 파레토도(Pareto diagram)

(1) 정의

① 불량 등 발생건수를 분류 항목별로 나누어 크기 순서대로 나열해 놓은 그림
② 중점적으로 처리해야 할 대상 선정 시 유효

(2) 작성 순서

① 여러 데이터를 항목별로 분류한다.

② 문제의 크기가 큰 순서대로 막대그래프 그림
③ 데이터의 누적 비율을 꺾은선으로 기입하여 완성

(3) Pareto diagram 판정 목적

① 현장에서 하자 발생, 결함 등 문제점을 판단하여 개선을 위한 목적
② 50% 내 집중관리 항목 결정

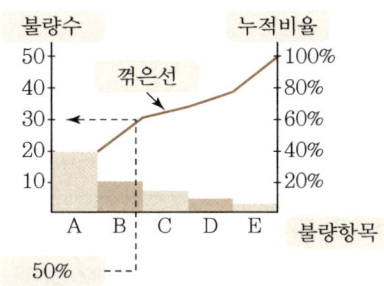

3) 체크 시트(Check sheet)

(1) 정의

계수치의 데이터를 항목별로 체크하여 집중된 사항을 쉽게 나타낸 표

(2) 종류

구분	기록용 Check sheet	점검용 Check sheet
정의	데이터를 몇 개의 항목별 분류	확인해 보고 싶은 것 나열
사례	방향별 불량 건수	날짜별 날씨

4) 그래프(Graph)

(1) 정의

① 품질관리에서 얻은 각종 자료의 결과를 알기 쉽게 그림으로 정리한 것
② 많은 데이터를 빠르고 자세하게 한눈에 볼 수 있게 표현

(2) 종류

① 막대그래프　　　　　　② 원그래프
③ 라인 그래프　　　　　　④ 꺾은선그래프

5) 특성 요인도(Cause and effects diagram)

(1) 정의

① 품질 특성(결과)과 요인(원인)의 상호관계를 쉽게 알 수 있게 생선 뼈 모양의 그림
② 품질 특성에 관계되는 요인을 찾는 데 사용

(2) 그림 작성

품질의 특성을 정하고 대·소 요인을 기입 : 하자 원인 분석

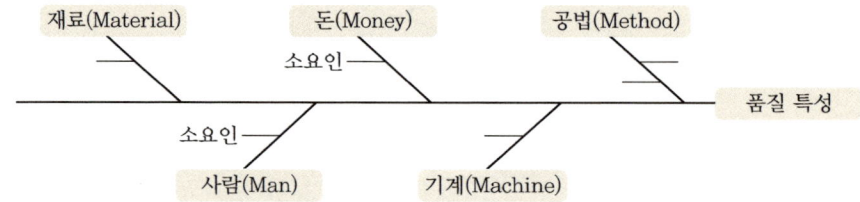

6) 산포도(산점도, Scatter diagram)

(1) 정의

① 대응하는 두 개의 짝으로 된 데이터의 상호관계를 나타낸 그림
② 품질에 영향을 미치는 두 종류의 상호관계 파악

(2) 작성방법

① 목적에 대응되는 그 종류의 특성 혹은 원인의 데이터를 모은다.
② 눈금을 그리고 특정치를 점으로 표시해 나간다.

(3) 종류

정상관, 부상관, 무상관 등

7) 층별

(1) 정의

① 구성하고 있는 집단의 다수 데이터를 특징에 따라 몇 개의 부분집단으로 나누는 것을 말한다.
② 어떤 요인에 따라 층별할 것인가가 중요하다.

(2) 층별의 방법

① 품질(결과)을 나타내는 데이터를 산포의 원인이라고 생각되는 것에 따라 여러 개의 작은 그룹으로 층별(구분)

② 품질에 대한 원인 영향 정도 파악
③ 층별 후 작은 집단의 품질을 비교하여 품질에 영향을 끼치는 원인 파악

CHAPTER 08 구조물의 유지관리

01 콘크리트 구조물의 유지관리

1) 구조물의 유지관리

① 유지관리 계획의 수립
② 점검 및 판정

구분	내용
점검 종류	• 초기점검　　• 정기점검 • 긴급점검　　• 진단
평가 및 판정	• 일반평가 • 상태평가 : 내구성 및 주변환경에 대한 영향

2) 내구성을 저하시키는 열화 원인

(1) 화학적 작용

구분	내용
염해	• 콘크리트 중에 염화물이 존재하여 철근을 부식 • 철근 부식＞철근 팽창＞콘크리트 균열＞열화
중성화	• 공기 중의 탄산가스로 인하여 콘크리트의 수산화칼슘이 탄산칼슘으로 변화 • 즉 강알칼리에서 약알칼리(중성화)로 되는 과정
알칼리 골재 반응	• 수산화 알칼리와 골재 중의 알칼리 반응성 광물과의 화학반응 • AAR(Alkali aggregate reaction) 종류 　- 알칼리 실리카 반응 　- 알칼리 탄산염 반응 　- 알칼리 실리게이트 반응

(2) 물리적 작용

구분	내용
동해	• Pop out(흡수율이 큰 골재 사용 시) • 박리 · 박락 : 표면의 일부가 얇은 층으로 분리, 파손 • Scaling : 표면이 박편상으로 박리되는 현상
진동, 충격	• 타설 후 3일 동안은 작업하중, 충격, 진동 등을 방지 • 양생 중의 진동, 충격은 내구성 저하의 요인
마모, 파손	• 과적재 하중으로 마모, 파손을 피해야 함 • 과중량의 재료 적재는 구조체 파손의 원인

(3) 균열

구분	내용
경화 전 균열	• 소성수축 균열(Plastic shrinkage crack) • 침하균열(Settlement crack)
경화 후 균열	• 건조수축 및 온도 변화에 의한 균열 • 과하중에 의한 균열 • 철근의 부식에 의한 균열

02 내구 수명 평가방법

1) 콘크리트의 내구성

① 열화 원인에 의해 콘크리트 본래의 성질을 잃지 않고 유지하는 성질이다.
② 내구성 저하 원인은 내적 원인과 외적 원인으로 구분할 수 있다.

2) 내구성 저하 원인

(1) 내적 원인

① 알칼리 골재 반응(AAR)
② 철근 부식 : $Fe \rightarrow Fe^{2+} + 2e \rightarrow Fe(OH)_2$

(2) 외적 원인

① 물리적 : 동해, 열, 마모, 진동
② 화학적 : 염해, 중성화, 화학적 침식

3) 평가방법

(1) 알칼리 골재 반응(AAR)

① 골재의 반응성 시험 : 알칼리 실리카 반응
② 화학법
③ 모르타르 봉법 : 6개월 후 팽창률 0.1% 미만

(2) 염해의 평가방법

$$\gamma_p \cdot C_d \leq \phi_k \cdot C_{\lim}$$

여기서, γ_p : 염해에 대한 환정계수(일반적으로 1.11)
C_d : 철근 위치에서 염소이온 농도의 예측값
ϕ_k : 염해에 대한 내구성 감소계수(일반적으로 0.86)
$C_{\lim}$: 철근 부식이 시작될 때의 임계염소이온 농도

(3) 중성화의 평가방법

중성화 속도 : $X = A\sqrt{t}\,(\mathrm{m})$

여기서, A : 속도계수
t : year

(4) 동해의 평가방법

① 내구지수(DF) : 고성능 콘크리트 80% 이상
② $DF = \dfrac{P \cdot N}{M}$

여기서, M : 동결 융해 횟수
P : N 횟수에서의 상대동탄성계수
N : 정해진 P에서의 동결 융해 횟수

(5) 복합열화

2종류 이상의 원인에 의해 열화 가속화

03 보수 · 보강 대책

1) 개요

① 보수 : 품질을 원래 수준으로 유지하는 것(기능 회복이 목적)
② 보강 : 더 좋게 하는 것(기능 증진이 목적)

2) 보수 · 보강 재료

합성수지, 모르타르, 강판, 콘크리트

3) 보수 대책

(1) 표면처리공법

① 균열 부위에 Cement paste 등으로 도막을 형성
② 경미하고 균열의 폭이 좁은 균열 발생 시 적용

(2) 충전공법(V-cut)

① 균열의 폭이 대단히 작고(약 0.3mm 이하) 주입이 곤란한 경우
② 폭, 깊이가 10mm 되게 V-cut 후 팽창 모르타르 또는 Epoxy 수지를 충전하는 공법

(3) 주입공법

① 균열의 표면뿐만 아니라 내부까지 충전시키는 공법
② 두꺼운 콘크리트 벽체나 균열의 폭이 넓은 곳에 적용
③ 주입용 pipe를 10~30cm 간격으로 설치 후 저점성의 Epoxy 수지를 사용

4) 보강 대책

(1) 분류

구분	내용	
Passive method(응력 유지)	• 강판 접착	• 탄산섬유 시트
Active method(응력 개선)	• Prestress	• Anchor

(2) 탄소 섬유시트 보강

① 구조 내력이 부족한 구조체 담면에 탄소 섬유시트를 붙임
② 인장강도가 강판의 10배로 강도, 내구성, 내진 성능 회복 향상

(3) Prestress 공법

① 구조체의 균열방향에 직각되게 PS 강선을 넣어 주입공법과 병행
② 균열이 크고 구조체가 절단될 염려가 있는 경우 외부에 설치

(4) 강재 Anchor 공법

① 꺾쇠형의 Anchor재로 균열이 더 이상 진행되는 것을 방지, 보강하는 공법
② 틈새는 시멘트 모르타르로 충전

핵심 예상문제

01 콘크리트 역학적 성질

01 다음 중에서 콘크리트의 워커빌리티에 영향을 주는 요소가 아닌 것은?

① 물과 골재
② 혼합온도와 혼합시간
③ 시멘트의 사용량
④ 양생기간

02 콘크리트의 압축강도에 영향을 미치는 요인 중 틀린 것은?

① 물-결합재비가 클수록 압축강도는 떨어진다.
② 콘크리트는 성형 시 압력을 가하여 경화시키면 압축강도는 떨어진다.
③ 습윤양생이 공기 중 양생보다 압축강도가 증가한다.
④ 부순돌을 사용 시 압축강도는 강자갈을 사용한 콘크리트보다 강도가 증가된다.

> **해설**
> • 콘크리트는 성형 시에 가압하여 경화시키면 일반적으로 강도는 크게 된다.
> • 가압에 의하여 기포나 잉여 수분이 배출됨으로써 강도가 증대한다.

03 콘크리트 크리프에 관한 설명 중 틀린 것은?

① 대기온도가 높을수록 크리프량이 증가한다.
② 재하 시 재령이 짧을수록 크리프량이 커진다.
③ 진동기 다짐을 한 콘크리트는 크리프량이 작다.
④ 콘크리트의 크리프 변형률은 탄성변형률에 반비례한다.

> **해설**
> 구조물 설계 시 콘크리트의 크리프 변형률은 탄성변형률에 비례한다.

정답 1 ④ 2 ② 3 ④

04 콘크리트의 건조수축에 관한 설명 중 틀린 것은?

① 단위수량이 증가할수록 콘크리트의 건조수축량은 증가한다.
② 단위수량이 감소할수록 콘크리트의 건조수축량은 감소한다.
③ 증기양생을 한 콘크리트의 경우 건조수축이 증가한다.
④ 흡수율이 큰 골재일수록 건조수축은 증가한다.

 증기양생 시 콘크리트 수분증발을 억제하여 건조수축을 감소시킨다.

05 수밀성과 내구성이 큰 콘크리트를 만드는 방법 중 설명이 틀린 것은?

① 습윤양생을 충분히 한다.
② 분말도가 큰 시멘트를 사용한다.
③ 물-결합재비를 크게 결정한다.
④ 부배합의 공기연행 콘크리트를 사용한다.

 콘크리트의 수밀성을 기준으로 물-결합재비를 정할 경우 50% 이하로 한다.

02 콘크리트 시험

01 굳지 않은 콘크리트의 슬럼프 시험에 관한 설명 중 틀린 것은?

① 전 작업시간을 3분 이내에 끝낸다.
② 콘 규격은 윗면의 안지름은 100mm, 밑면의 안지름은 200mm, 높이는 300mm이다.
③ 슬럼프 측정은 콘의 높이에서 주저앉은 높이를 5mm 정밀도로 측정한다.
④ 철근 콘크리트에서 단면이 큰 경우 슬럼프 표준값은 60~180mm이다.

• 철근 콘크리트에서 일반적인 경우 80~150mm, 단면이 큰 경우는 60~120mm이다.
• 무근 콘크리트에서 일반적인 경우 50~150mm, 단면이 큰 경우는 50~100mm이다.

02 콘크리트의 워커빌리티(Workability)를 측정하는 방법 중 옳지 않은 것은?

① 흐름 시험
② 케리볼 시험
③ 리몰딩 시험
④ 봉다짐 시험

 봉다짐 시험은 골재의 단위용적질량 시험에 속한다.

03 콘크리트의 압축강도 시험 결과 최대하중이 195,000N에서 공시체가 파괴되었다. 이 공시체의 압축강도는 얼마인가?(단, 공시체 지름은 100mm이다.)

① 19.5MPa
② 22.5MPa
③ 24.8MPa
④ 34.8MPa

 $f_c = \dfrac{P}{\pi \left(\dfrac{d}{2}\right)^2} = \dfrac{195,000}{3.14 \times \left(\dfrac{100}{2}\right)^2} = 24.8\text{MPa}$

04 콘크리트 인장강도 시험 결과 최대 파괴하중이 152,000N이었다면 이 공시체의 인장강도는 얼마인가?(단, 공시체의 지름 : 150mm, 높이 300mm)

① 1.08MPa
② 2.15MPa
③ 4.3MPa
④ 8.6MPa

 $f_{sp} = \dfrac{2P}{\pi dl} = \dfrac{2 \times 152,000}{3.14 \times 150 \times 300} = 2.15\text{MPa}$

05 콘크리트 구조물의 압축강도 측정을 슈미트 해머로 시험한 결과 측정치를 환산하는 데 관련없는 것은?

① 타격 방향에 따른 보정
② 재령에 따른 보정
③ 콘크리트 종류에 따른 보정
④ 콘크리트 표면 상태에 따른 보정

정답 2 ④ 3 ③ 4 ② 5 ③

03 콘크리트 배합설계

01 콘크리트의 배합설계 순서로 적합한 것은 어느 것인가?

> A : 잔골재율(S/a)의 결정 B : 단위수량(W)의 결정
> C : 슬럼프(Slump) 값의 결정 D : 물-결합재비(W/C)의 결정
> E : 현장배합으로 수정 F : 굵은 골재의 최대치수 결정
> G : 시방배합 산출 및 조정

① D-B-A-F-C-E-G ② B-D-C-A-F-G-E
③ B-D-C-F-E-A-G ④ D-C-F-A-B-G-E

> 콘크리트 배합설계 순서
> ① 설계기준강도 ② 배합강도 ③ 시멘트 강도
> ④ W/C비 ⑤ Slump치 ⑥ G_{max} 결정
> ⑦ S/a 결정 ⑧ 단위수량 결정 ⑨ 시방배합
> ⑩ 현장배합

02 콘크리트의 배합에 관하여 다음 설명 중에서 틀린 것은?

① 현장배합은 현장 골재의 조립률에 따라서 시방배합을 환산하여 배합한다.
② 콘크리트 배합은 질량배합을 사용하는 것이 원칙이다.
③ 콘크리트 배합강도는 설계기준강도보다 충분히 크게 정한다.
④ 시방배합에서는 잔·굵은 골재는 모두 표면건조 포화 상태로 한다.

> 현장배합은 입도 및 표면 수를 고려하여 환산한다.

03 콘크리트의 배합설계에서 단위수량이 156kg, 단위시멘트양이 300kg일 때 물-결합재비는 얼마인가?

① 50% ② 52%
③ 54% ④ 56%

> $\dfrac{W}{C} = \dfrac{156}{300} = 0.52 = 52\%$

1 ④ 2 ① 3 ② **정답**

04 콘크리트 배합에서 굵은 골재의 최대치수를 증가시켰을 때 발생되는 다음 설명 중 틀린 것은?

① 단위시멘트양이 증가될 수 있다.
② 단위수량을 줄일 수 있다.
③ 잔골재율이 작아진다.
④ 공기량이 작아진다.

 경제적으로 제조한다는 관점에서 될 수 있는 대로 최대치수가 큰 굵은 골재를 사용한다.

05 콘크리트를 배합할 때 잔골재 275L, 굵은 골재 480L를 투입하여 혼합한다면 이때 잔골재율(S/a값)은 얼마인가?

① 27.5% ② 36.4%
③ 48.0% ④ 63.5%

 $S/a = \dfrac{275}{275+480} = 0.364$

04 콘크리트 시공관리

01 콘크리트 재료의 계량에 관한 설명 중 틀린 것은?

① 혼화제를 녹이는 데 사용하는 물은 단위수량과 별도로 고려한다.
② 재료는 시방배합을 현장배합으로 고친 후 현장배합에 의해 계량한다.
③ 각 재료는 1회의 비비기 양마다 질량으로 계량한다.
④ 시멘트의 1회 계량오차는 1% 이내가 되도록 한다.

• 혼화제를 녹이는 데 사용하는 물은 단위수량의 일부로 본다.
• 물과 혼화제 용액은 용적으로 계량해도 좋다.

02 일반 콘크리트 생산 시 각 재료의 계량오차의 허용범위가 틀린 것은?

① 혼화제 : 3%   ② 골재 : 3%
③ 시멘트 : 1%   ④ 혼화재 : 2%

- 시멘트 : −1%, +2%
- 골재 : ±3%
- 물 : −2%, +1%
- 혼화재 : ±2%
- 혼화제 : ±3%

03 콘크리트 비비기 시간은 가경식 믹서의 경우 얼마인가?

① 1분 이상 ② 1분 30초 이상
③ 2분 이상 ④ 2분 30초 이상

- 가경식 믹서의 경우 1분 30초 이상을 표준으로 한다.
- 강제식 믹서의 경우 1분 이상을 표준으로 한다.

04 콘크리트의 비빔 시작부터 부어 넣기 종료까지의 시간 한도는?(단, 외기기온이 25℃ 미만인 경우)

① 60분 ② 90분
③ 120분 ④ 150분

- 외기기온이 25℃ 미만인 경우 : 120분 이내
- 외기기온이 25℃ 이상인 경우 : 90분 이내

05 경사슈트의 출구에서 조절판 및 깔때기를 설치하여 재료 분리를 방지하는데 이 경우 깔때기의 하단과 콘크리트를 치는 표면과의 간격은?

① 0.5m 이하 ② 1m 이하
③ 1.5m 이하 ④ 2.0m 이하

06 내부 진동기는 가능한 한 연직으로 일정한 간격으로 찔러 넣는데 그 간격은?

① 0.2m 이하 ② 0.3m 이하
③ 0.5m 이하 ④ 1m 이하

정답 3 ② 4 ③ 5 ③ 6 ③

07 콘크리트 침하 균열에 대한 조치의 설명 중 틀린 것은?

① 벽 또는 기둥의 콘크리트 침하가 거의 끝난 후 슬래브, 보의 콘크리트를 쳐야 한다.
② 콘크리트 단면이 변하는 위치에서 치기를 중지한 다음 그 콘크리트의 침하가 생긴 다음 내민부분 등의 상층 콘크리트를 친다.
③ 콘크리트의 침하가 끝나는 시간은 1~2시간 정도가 일반적이다.
④ 침하 균열이 발생할 경우에는 탬핑을 실시해서는 안 된다.

- 콘크리트가 굳기 전에 침하 균열이 발생한 경우에는 즉시 탬핑을 하여 균열을 적게 한다.
- 침하 균열은 콘크리트의 침하나 철근이나 배설물에 구속되는 경우에도 발생한 경우가 있다.

08 레디믹스트 콘크리트로 발주할 경우 품질에 대한 지정 중 공기량은 보통 콘크리트의 경우 몇 %로 하는가?

① 4.5% ② 5%
③ 6%   ④ 7%

보통 콘크리트의 경우 4.5%, 경량 콘크리트의 경우 5.5%, 포장 콘크리트의 경우 4.5%, 고강도 콘크리트의 경우 3.5% 이하로 하며 허용오차는 ±1.5%로 한다.

09 콘크리트 강도에 영향을 주는 요인이 아닌 것은?

① 양생온도   ② 물-결합재비
③ 거푸집 크기   ④ 골재의 조립률

- W/C비가 강도에 가장 큰 영향, 골재의 입도가 적합하면 강도도 증가
- 구조물 설계에 사용하는 강도는 압축강도를 기준

10 레디믹스트 콘크리트의 염화물 이온(Cl^-)량은 원칙적으로 몇 kg/m³ 이하인가?

① 0.1kg/m³   ② 0.3kg/m³
③ 0.5kg/m³   ④ 0.6kg/m³

책임기술자의 승인을 얻은 경우에는 0.6kg/m³ 이하로 할 수 있다.

정답 7 ④ 8 ① 9 ③ 10 ②

05 거푸집 및 동바리

01 거푸집에 가해지는 콘크리트의 측압에 관한 다음의 설명 중 틀린 것은?

① 부재의 수평 단면이 클수록 크다.
② 콘크리트 치기 및 붓는 속도가 빠를수록 크다.
③ 기온이 낮을수록 크다.
④ 철근량이 많을수록 크다.

철근이 많을수록 콘크리트의 측압은 작아진다.

02 바닥판, 보 및 거푸집 설계에서 고려하는 하중에 속하지 않는 것은?

① 작업하중 ② 아직 굳지 않은 콘크리트 중량
③ 충격하중 ④ 측압

거푸집 설계 시 고려 하중

위치	설계 시 고려하여야 하는 하중
보 밑, 바닥판	① 생콘크리트 중량 ② 작업하중 ③ 충격하중
벽, 기둥, 보 옆	① 생콘크리트 중량 ② 생콘크리트 측압

03 한 구획 전체의 벽판과 바닥판은 ㄱ자형 또는 ㄷ자형으로 짜서 이동식 거푸집으로 이용되는 거푸집 명칭은?

① 터널거푸집(Tunnel form) ② 유로거푸집(Euro form)
③ 갱거푸집(Gang form) ④ 와플거푸집(Waffle form)

터널거푸집(Tunnel form) : 벽판과 바닥판을 ㄱ자형 또는 ㄷ자형으로 짜서 이동시키는 형태이다.

04 철근 콘크리트조 건축물의 거푸집 중 존치 기간이 가장 길어야 하는 곳은?

① 벽 ② 기둥
③ 보 밑 ④ 기초

1 ④ 2 ④ 3 ① 4 ③ **정답**

05 보 옆 및 기둥, 벽체 측면에 대한 콘크리트의 압축강도가 얼마 이상일 때 거푸집을 해체 가능한가?

① 5MPa   ② 8MPa
③ 12MPa ④ 14MPa

06 특수 콘크리트

01 프리스트레스트 콘크리트의 그라우트 품질 중 틀린 것은?

① 팽창성 그라우트의 팽창률은 0~10%로 한다.
② 블리딩률은 0%를 표준한다.
③ 그라우트 유하기간은 15~30초의 범위로 한다.
④ 팽창성 그라우트의 재령 28일 압축강도는 30MPa 이상이어야 한다.

> 해설: 팽창성 그라우트의 재령 28일 압축강도는 20MPa 이상이어야 한다.

02 경량 골재 콘크리트의 특징으로 옳지 않은 것은 어느 것인가?

① 강도가 낮다.   ② 탄성계수가 크다.
③ 열전도율이 적다. ④ 흡수율이 크다.

03 중량 콘크리트 재료로 사용되는 굵은 골재가 아닌 것은?

① 철편   ② 자철광
③ 중정석   ④ 팽창혈암

> 해설: 중량 콘크리트를 만들기 위해 갈철광, 동광재, 철골재 등이 사용되며 콘크리트 단위용적질량이 3~5t/m³ 범위이다.

04 한중 콘크리트 타설 시 가열한 재료를 믹서에 투입하는 순서로 옳은 것은?

| ① 물 | ② 시멘트 |
| ③ 잔골재 | ④ 굵은 골재 |

정답 5 ① / 1 ④ 2 ② 3 ④ 4 ④

① ①-③-②-④   ② ③-④-①-②
③ ①-③-④-②   ④ ①-④-③-②

> 해설: 믹서 안에 물, 굵은 골재, 잔골재, 시멘트 순서로 넣는다.

05 한중 콘크리트 시공 시 주의해야 할 사항 중 틀린 것은?

① 조기강도를 높이도록 한다.
② 급격한 온도 변화를 방지한다.
③ 물-결합재비를 높인다.
④ 거푸집을 오래 거치하고 보온양생한다.

> 해설: 한중 콘크리트의 경우 물-결합재비를 높이면 초기에 동해에 걸리기 쉬우므로 AE제 또는 공기연행 감수제를 사용하는 것을 표준으로 한다.

06 서중 콘크리트의 타설 시 저온의 재료를 사용하여 콘크리트의 온도를 낮추고자 하는 경우 가장 크게 영향을 미치는 재료는 어느 것인가?

① 골재   ② 시멘트
③ 물   ④ 혼화재료

> 해설: 시멘트 온도 ±8℃, 수온 ±4℃, 골재 온도 ±2℃에 대해 콘크리트 온도 ±1℃의 변화가 있어 골재를 냉각하면 효과적이다.

07 매스 콘크리트의 온도 제어 대책인 파이프 쿨링(Pipe-cooling)은 콘크리트 내부에 묻어 넣은 파이프에 냉각수를 통수하는데 이때 파이프의 지름은 어느 정도의 관을 사용하는가?

① 25mm   ② 20mm
③ 15mm   ④ 10mm

> 해설:
> • 파이프는 지름 25mm 정도의 얇은 관을 사용한다.
> • 수화열이 적은 중용열 포틀랜드 시멘트 등의 저발열 시멘트를 사용한다.

5 ③   6 ①   7 ①   정답

08 숏크리트 배합설계에 관련된 사항 중 틀린 것은?

① 배합은 노즐에서 토출되는 토출배합으로 표시한다.
② 굵은 골재 최대치수는 일반적으로 10~15mm인 것을 사용한다.
③ 공칭 길이가 30mm 이하의 강섬유를 혼입하여 사용한다.
④ 잔골재율이 커지면 리바운드량이 많아진다.

- 잔골재율이 커지면 시멘트양이 많아지고 비경제적이다.
- 잔골재율이 작아지면 리바운드가 많아지고, 호스의 막힘 현상을 일으킨다.

09 수중 콘크리트 시공에 관한 설명 중 틀린 것은?

① 트레미보다 밑열림 포대를 이용하는 것이 좋다.
② 프리플레이스트 콘크리트에 효과적으로 이용하면 좋다.
③ 정수중에 치는 것을 원칙으로 한다.
④ 콘크리트를 수중에 낙하시키지 않는 것이 좋다.

트레미 또는 콘크리트 펌프를 사용하는 것을 원칙으로 한다.

10 프리플레이스트 콘크리트 잔골재 조립률은?

① 1.4~2.2   ② 2.3~3.1
③ 2.5~3.5   ④ 6~8

조립률이 작은 가는 잔골재를 사용한다(2.5mm 이하가 적당).

11 고강도 콘크리트에 대한 설명 중 틀린 것은?

① 강자갈보다 쇄석이 적합하다.
② 잔골재의 조립률이 작은 것이 좋다.
③ 굵은 골재의 최대치수는 약간 작은 것이 좋다.
④ 강도가 40MPa 이상이면 고강도로 간주한다.

잔골재의 조립률 : 2.3~3.1

12 다음은 수밀성 콘크리트를 설명한 것이다. 옳지 않은 설명은?

① 시공이음은 될 수 있는 대로 피해야 한다.
② 물-결합재비는 50% 이하를 표준으로 하여야 한다.
③ 슬럼프 값은 210mm 이하로 하여야 한다.
④ 양질의 감수제 또는 공기연행제를 쓰는 것이 좋다.

 슬럼프 값은 180mm 이하로 하여야 한다.

13 유동화 콘크리트에 관한 설명 중 틀린 것은?

① 유동화 콘크리트는 균열저감 효과가 있다고 볼 수 없다.
② 단위시멘트양을 보통 콘크리트보다 적게 할 수 있다.
③ 유동화제는 고성능 감수제에 속해 다량을 혼입해도 이상 응결지연, 경화불량, 과잉 공기연행 등을 발생하지 않는 성질을 갖는다.
④ 단위수량은 보통 콘크리트보다 적다.

 콘크리트의 유동화로 균열저감 효과가 있다고 볼 수 있다.

14 섬유보강 콘크리트의 특성에 대한 설명 중 틀린 것은?

① 균열에 대한 저항이 크다.
② 철근 콘크리트와 병용하면 전단내력을 증대시킬 수 있다.
③ 내진성이 작은 것이 약점이다.
④ 섬유 혼입률을 증대할수록 포장의 두께나 터널 라이닝의 두께를 감소시킬 수 있다.

 인성이 우수하여 내진성이 요구되는 철근 콘크리트 구조물에 효과적이다.

12 ③ 13 ① 14 ③ 정답

07 품질관리

01 레디믹스트 콘크리트에 관한 설명 중 옳지 못한 것은 어느 것인가?

① 짧은 시간에 많은 양의 콘크리트를 시공할 수 있다.
② 콘크리트 반죽을 위한 현장설비가 필요 없고 치기가 능률적이다.
③ 콘크리트 품질은 염려할 필요가 없으며 워커빌리티를 단시간에 조절할 수 있다.
④ 운반 중 콘크리트의 품질이 저하되기 쉽다.

> 해설: 운반 도중 콘크리트 품질이 변동될 우려가 있고 워커빌리티를 단시간에 조절할 수 없다.

02 레디믹스트 콘크리트로 발주할 경우 품질에 대한 지정 중 슬럼프의 허용범위는 얼마인가? (단, 80 이상일 경우)

① ±10　　　　　　　　　　② ±15
③ ±25　　　　　　　　　　④ ±40

> 해설: 허용범위는 ±25이다.

03 다음 중 관리 사이클 4단계의 순서가 옳은 것은?

① 검토 → 실시 → 시정 → 계획　　② 계획 → 실시 → 검토 → 시정
③ 계획 → 검토 → 실시 → 시정　　④ 실시 → 검토 → 계획 → 시정

04 다음의 TQC를 위한 도구에 관한 설명 중 틀린 것은?

① 파레토도는 가로축에 시공 불량의 내용이나 원인별로 분류해서 크기순으로 나열하고 세로에는 그 영향도를 잡아 막대그래프를 작성하고 다음에 그 누적 비율을 꺾은 선으로 표시한다.
② 특성요인도를 원인과 결과의 관계를 알기 쉽게 나무 형상으로 도시한 것으로서 공정 중에 발생한 문제나 하자 분석을 할 때 사용한다.
③ 히스토그램은 공사 또는 품질 상태가 만족스러운 상태에 있는가의 여부를 판단하는데 가로축에 복성치를, 세로축에 도수를 잡고 구간의 폭으로 주상의 그림을 그린 도수도를 말한다.
④ 관리도는 품질 특성과 이것에 영향을 미치는 두 종류의 데이터의 상호관계를 보는 것으로서 상관도라고도 한다.

정답　1 ③　2 ③　3 ②　4 ④

관리도는 공정을 나타내는 특정치에 관해서 그려진 그래프로서 공정을 관리 상태 측 안전 상태로 유지하기 위해 사용, ④는 산포도에 관한 설명이다.

08 구조물의 유지관리

01 구조물의 유지관리에 포함되지 않는 것은?

① 구조물의 상태 파악을 위한 점검 및 진단
② 구조물의 손상 원인의 파악
③ 구조물의 사용 여부, 보수·보강 여부의 판단
④ 작업량의 적절한 배분 및 적절한 시기 고려

 작업량의 적절한 배분 및 적절한 시기 고려는 유지관리계획에 해당

02 초기점검은 신설 시설물의 경우 사용검사 후 몇 개월 이내에 실시하는가?

① 3개월 ② 4개월
③ 5개월 ④ 6개월

03 일반적으로 특수한 검사기구를 사용하지 않지만 열화의 현상이나 발생위치를 가능한 정확히 실시하는 점검은?

① 초기점검 ② 정기점검
③ 정밀점검 ④ 긴급점검

 정기점검은 육안관찰, 사진, 비디오, 쌍안경 등을 사용하여 실시하며 차를 타고 다니면서 그 승차감에 의해 실시하기도 한다.

04 콘크리트 중성화의 원인 중 틀린 것은?

① 탄산가스의 농도가 큰 경우 ② 시멘트의 분말도가 큰 경우
③ 습도가 높을 경우 ④ 경량 골재를 사용할 경우

1 ④ **2** ④ **3** ② **4** ③ 정답

중성화의 원인 : 습도가 낮을 경우

05 알칼리 골재 반응의 종류에 해당되지 않는 것은?
① 실리카 반응　　　　　　　　② 탄산염 반응
③ 실리케이트 반응　　　　　　④ 황산 반응

 보통 알칼리 골재 반응이라 부르는 경우는 알칼리 – 실리카 반응을 말한다.

06 구조물 표면이 하얗게 얼룩지는 현상으로 비에 젖었다 말랐다 하면서 염분용해와 수분증발이 되풀이되면서 생기는 현상을 무엇이라 하는가?
① 블리딩　　　　　　　　　　② 건조수축
③ 백화　　　　　　　　　　　④ 레이턴스

 백화는 시멘트의 가수분해에 의해 생기는 수산화석회 때문에 발생한다.

07 구조물을 구성하고 있는 재료의 평가에 속하는 항목 중 틀린 것은?
① 염화물 함유량　　　　　　　② 철근의 종류
③ PS 강재의 종류　　　　　　　④ 내하력

사용재료, 콘크리트의 배합, 등가알칼리양 등에 기초를 두어 실시한다.

08 콘크리트 동결 융해에 대한 대책 중 관계가 먼 것은?
① 동결 가능한 수분함량의 최소화
② 동결 시 팽창에 대한 충분한 여유공간 확보
③ 콘크리트 중의 알칼리양을 감소시킴
④ 보호피막 및 덧씌우기 작업

정답　5 ④　6 ③　7 ④　8 ③

알칼리양의 감소는 알칼리 골재 반응에 의한 손상 방지 목적이다.

09 균열폭이 0.3mm 이하의 작을 경우 깊이 10mm 되게 V – 커터 후 에폭시 등으로 충전하는 공법은 무엇인가?

① 에폭시(Epoxy) 주입공법　　② 표면처리공법
③ 충전공법　　④ 강재 Anchor 공법

10 콘크리트 구조물의 균열 보강공법에 해당되는 것은?

① 에폭시(Epoxy) 주입공법　　② 표면처리공법
③ 강재 Anchor 공법　　④ Prestress 공법

- 구조물의 균열 보강공법
  ① Prestress 공법　　② 강관부착공법　　③ 단면증설공법
- 구조물의 균열 보수공법
  ① 표면처리공법　　② 충진공법　　③ 주입공법
- 강재 Anchor 공법는 작업 범위에 따라 보강 또는 보수에 해당

PART 02

>> 건설재료시험기사 필기

건설시공 및 관리

CHAPTER 01 ▸ 토공
CHAPTER 02 ▸ 기초공
CHAPTER 03 ▸ 옹벽공
CHAPTER 04 ▸ 건설기계
CHAPTER 05 ▸ 발파공, 터널공
CHAPTER 06 ▸ 교량공, 포장공
CHAPTER 07 ▸ 하천공, 항만공, 댐공
CHAPTER 08 ▸ 공사관리(시공, 공정)

CHAPTER 01 토공

01 토공

1) 개요

① 토공(Earth works)은 흙의 깎기와 쌓기 및 다짐을 주로 행하는 공종
② 계획고에 맞게 절토, 싣기, 운반, 성토, 다짐에 의해 작업

2) 토공의 용어

① 흙깎기(절토) : 지반 흙을 굴착하는 작업
② 흙쌓기(성토) : 흙을 쌓는 작업
③ 매립 : 하천이나 항만에서 수중성토작업
④ 준설 : 하천이나 항만에서 수중굴착작업
⑤ 토취장 : 공사용 흙을 채취하는 장소
⑥ 사토장 : 남는 흙이나 불량토를 버리는 장소

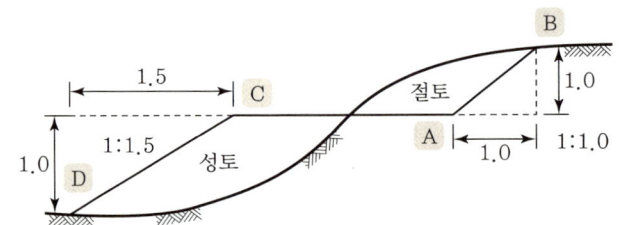

A	흙깎기 비탈기슭(비탈의 하단)	C-D	흙쌓기 비탈구배 (수평길이에 대한 연직 높이의 비)
B	흙깎기 비탈머리(비탈의 상단)		
C	흙쌓기 비탈머리(비탈의 상단)	A-B	흙깎기 비탈면
D	흙쌓기 비탈기슭(비탈의 하단)	A-C	FL(Formation Level : 시공기면)

| 시공기면 |

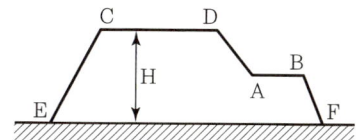

H	뚝쌓기 높이
C-D	뚝마루(천단 : 축제의 정단)
A-B	소단(Bench) 또는 턱(Berm) → 6m마다 설치

| 흙쌓기 |

02 절토공

1) 절토방법

① 토질의 변화에 주의
② 토질조사 실시 및 비탈면 안정 검토 필수

2) 굴착면의 기울기 기준(산업안전보건기준에 관한 규칙)

지반의 종류	굴착면의 기울기
모래	1 : 1.8
연압 및 풍화암	1 : 1.0
경암	1 : 0.5
그 밖의 흙	1 : 1.2

[비고]
1. 굴착면의 기울기는 굴착면의 높이에 대한 수평거리의 비율을 말한다.
2. 굴착면의 경사가 달라서 기울기를 계산하기가 곤란한 경우에는 해당 굴착면에 대하여 지반의 종류별 굴착면의 기울기에 따라 붕괴의 위험이 증가하지 않도록 위 표의 지반의 종류별 굴착면의 기울기에 맞게 해당 각 부분의 경사를 유지해야 한다.

3) 땅깎기의 표준

토질	땅깎기 높이
사질토	5m 이하
점토	10m 이하

4) 배수

① 절토 후 배수에 특히 유의하여야 한다.
② 토 사이 간극수압(v) 상승을 방지하기 위한 가장 기본적인 공종이다.

5) 굴착방법

① 인력굴착 시는 작업면적을 가능한 한 넓게 한다.
② 기계 굴착의 경우는 굴착기계의 파기 깊이로 한다.
③ 비탈지형인 경우 물이 괴지 않는 부분에서 절토하는 것이 좋다.
④ 암반 굴착 시는 풍화암이나 절리성 연암은 암반의 경도에 따라 불도저 리퍼, 유압식 백호에 브레이크를 장착하여 파쇄하며 경암은 폭약을 이용한다.
⑤ 절취를 끝낸 경우 즉시 옆 도랑을 만들어 배수가 되게 한다.

03 성토공

1) 기초지반 처리

① 성토의 자중 및 교통하중에 대하여 안전하게 지지
② 연약지반상의 성토 시공 대책 수립 필요

2) 성토재료의 구비조건

① 전단강도가 크고 안전성을 가질 것
② 유기질이 없는 압축성의 작은 흙
③ 시공기계의 Trafficability가 확보되는 흙
④ 불투수성 및 다루기 쉬울 것

3) 좋지 않은 흙

① 자연함수비가 액성한계보다 큰 흙
② 유기질토로서 흡수성이 크고 압축성이 큰 흙
③ 동결토, 초목 등 많은 부식물을 함유한 흙(유기질토)

4) 성토 시공법

(1) 수평층 쌓기

공기가 길어져 공사비가 많이 드는 단점이 있다.

▼ 수평층 쌓기 종류

구분	내용
박층(얇은) 쌓기	• 1층 높이 30~60cm, 매 층마다 적당한 함수비 유지 • 저수지, 흙댐, 옹벽, 교대 등의 뒤채움
후층(두꺼운) 쌓기	• 1층 높이 90~120cm, 약간의 기간을 두어 자연침하 • 하천, 제방, 도로 등의 축제

(2) 전방층 쌓기

① 공사 중 압축이 적어 공사 후에도 침하가 크다.
② 공비가 적고 공사기간이 짧다.
③ 도로, 철도 등의 낮은 축제에 많이 사용한다.

(3) 비계층 쌓기

가교 설치 후 레일을 깔고 흙을 운반하여 투하하여 쌓는 방법이다.

(4) 물다짐 공법(Hydraulic-fill method)

① 물을 펌프로 압송하여 분출하고, 흙을 매립지에 운송하여 성토한다.
② 모래질 흙에 적합하다.

5) 구조물 부분의 성토

① 뒤채움 및 다짐 불량 시 부동침하의 원인
② 지표수의 침투, 지하수의 용출로 인한 성토체의 연약화
③ 다짐 장비로 뒤채움 및 다짐 철저
④ 뒤채움 재료를 시멘트나 아스팔트로 안정처리하여 사용

04 비탈면 보호공

1) 목적

① 표면 침식이나 붕괴 방지
② 비탈면 경관 및 미관

2) 식생공(비탈면 녹화공법)

구분		내용
씨앗 뿌리기공		• 씨앗에 비료나 토지 개량재를 혼합 • 급한 절토면에 펌프로 뿌림(Spray)
식생공	식생 판공	흙(씨악+비료)을 판 모양-띠 형태로 붙임
	식생 포대공	흙(씨악+비료)을 그물 포대에 넣어 시공
떼 붙임공	평떼공	보통 30cm×30cm×3cm 크기
	줄떼공	폭 10cm 정도 간격 20~30cm 정도

3) 구조물에 의한 보호공

구분	내용
돌쌓기공	비탈면의 붕괴가 특히 위험한 장소에 사용
돌붙이기공	비탈면의 풍화, 침식 방지 목적으로 돌을 붙이는 공법
돌망태공	철망태에 큰 자갈, 호박돌을 넣어 비탈면에 쌓음
격자틀공	콘크리트나 플라스틱 틀 설치 후 그 속에 돌, 자갈 등을 채움

4) 비탈면 보강공법

구분	내용
흙 비탈면	• 억류 말뚝 공법 • 소일네일공법
암반 비탈면	• 록앵커볼트 공법 • 록볼트 공법

5) 작업 중 배수

① 흙쌓기 각층에 중앙부에서 4% 이상의 횡단구배를 둔다.

② 각 층 마무리면 외측에 흙을 쌓아 가배수시설을 설치한다.

6) 절성토 경계부

① 단차 발생 유의, 층따기
② 맹암거 매설, 배수 시설

05 시공계획

1) 토량의 변화

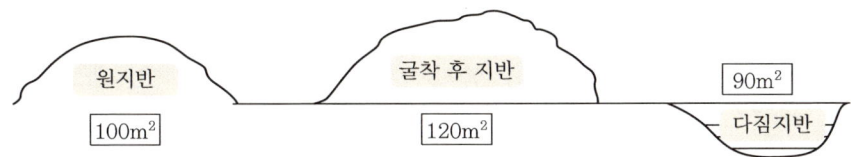

2) 토량 변화율

① $L = \dfrac{느슨한 \ 상태 \ 토량(\mathrm{m}^3)}{자연상태 \ 토량(\mathrm{m}^3)}$

종별	L	종별	L
경암	1.7~2.0	모래	1.1~1.2
연암	1.3~1.5	점토	1.25~1.35

② $C = \dfrac{다져진 \ 상태 \ 토량(\mathrm{m}^3)}{자연상태 \ 토량(\mathrm{m}^3)}$

③ 토량 환산계수

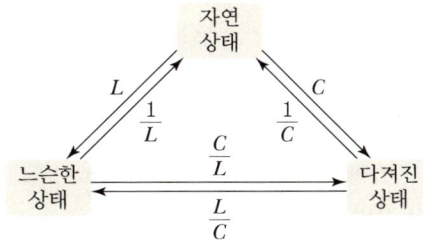

3) 여성토(더돋기)

① 성토 후 침하를 예상하여 계획고 높이보다 더 쌓는 작업이다.
② 흙의 성질과 상태에 따라 다르나 보통 10% 정도 더돋기를 한다.

4) 토량곡선

(1) 개요

① 토적곡선 또는 유토곡선(Mass curve)이라고 한다.
② 토량배분, 평균운반거리 및 작업방법을 결정하는 목적

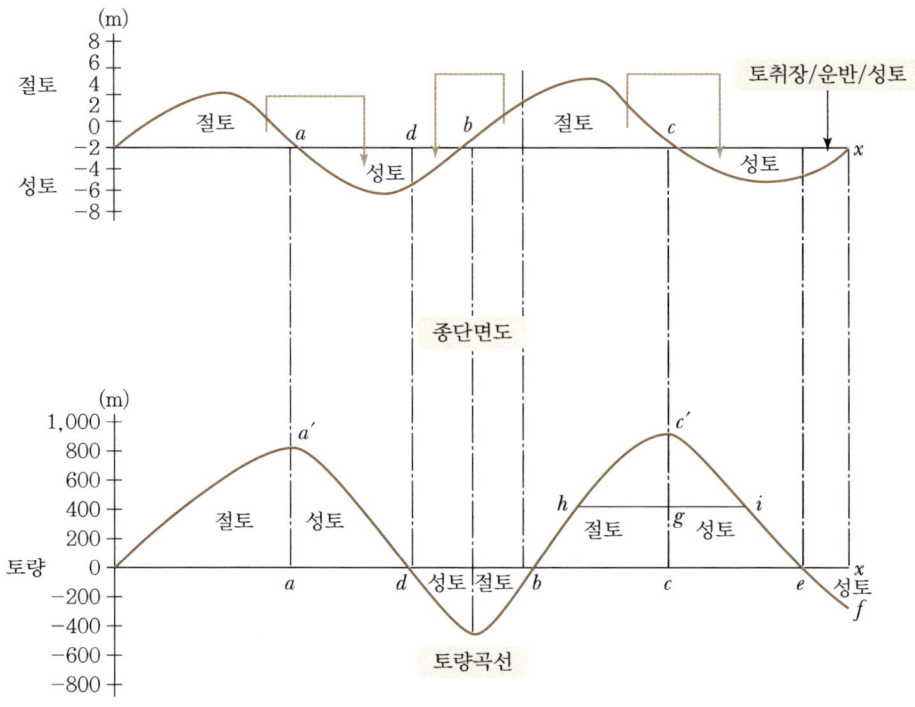

(2) 토량곡선

① 곡선의 상향구간은 절토구간이고, 하향구간은 성토구간이다.
② 곡선의 극대점은 절토에서 성토로의 변이점, 극소점은 성토에서 절토로의 변이점이다.
③ 곡선과 기선과의 교차점 d, b, e에서 누계 토량은 0이다(절토량과 성토량 균형).
④ 유용토의 평균운반거리는 $bc'e$에서 cc' 중간점(2등분) g를 지나는 수평선을 그어 곡선과 교차하는 점 h, i를 연결한 거리를 말한다.
⑤ 곡선이 기선 위에 끝나면 절토하여 토사장에 버리고, 기선 아래에 끝나면 토취장에서 운반하여 성토해야 한다.

⑥ 토량곡선이 위쪽에 있을 때 절취토는 좌측에서 우측으로 운반되고, 아래는 반대가 된다.
⑦ 동일 단면 내 횡방향 유용토는 유토곡선에서 구할 수 없다.

5) 시공 기면(Fomation level)

① 시공하는 지반 계획고의 최종 끝 마무리면을 말한다.
② 결정 시 고려사항
- 토공의 균형을 위해 절토량이 성토량과 같게 배분한다(토공량을 최소).
- 암석굴착량을 작게 한다(공비에 영향).
- 연약지반, 낙석 등의 위험이 있는 지역은 피한다.

6) 토취장과 사토장

구분	내용
토취장 선정조건	• 토질이 양호하고 풍부할 것 • 운반로가 양호하고 장애물이 적을 것 • 용지 매수, 보상이 싸고 용이할 것 • 성토 장소를 향하여 하향구배 1/50～1/100 정도일 것
사토장 선정조건	• 진입조건과 공간이 양호할 것 • 배수 및 지반의 지지력이 양호할 것 • 용지 매수 및 보상이 용이할 것 • 토사 장소를 향하여 하향구배 1/50～1/100 정도일 것

06 토공량 계산

1) 각주법

① 4각주법

$$\frac{ab}{4}(\sum h_1 + 2\sum h_2 + 3\sum h_3 + 4\sum h_4)$$

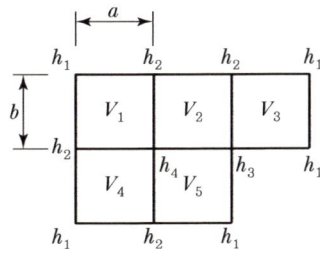

② 3각주법

$$\frac{ab}{6}(\sum h_1 + 2\sum h_2 + 3\sum h_3 + \cdots + 8\sum h_4)$$

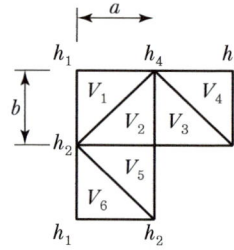

③ 등고선법

$$V = \frac{h}{3}(A_1 + 4\sum A_{짝수} + 2\sum A_{홀수} + A_n)$$

2) 횡단면도를 사용하는 방법

① 양단면적 평균법

$$V = \frac{A_1 + A_2}{2}l$$

② 중앙단면적법

$$V = \frac{1}{2}\left(\frac{b_1 + b_2}{2} \times \frac{h_1 + h_2}{2}\right)l = \frac{l}{8}(b_1 + b_2)(h_1 + h_2)$$

③ 주상체 각주(Prismoide)방법

$$V = \frac{h}{6}(A_1 + 4A_m + A_2)$$

④ 비례 중앙법

$$V = \frac{h}{3}(A_1 + A_m + A_2)$$

CHAPTER 02 기초공

01 흙막이 공법

1) 개요

① 기초 흙파기 시 흙막이 배면에 작용하는 토압에 대응하는 구조물
② 지지방식과 구조방식으로 분류할 수 있음

2) 공법 선정 시 고려사항

① 지반의 특성에 맞는 공법
② 흙막이 구축 및 해체하기 쉬운 공법
③ 안전하고 경제적

3) 공법 분류

지지방식	구조방식	최신 방식
• 자립식 • 버팀대식(Strut 공법) • Earth anchor식 • 당김줄식	• H-pile 공법 • Steel sheet pile 공법 • Slurry wall 공법 • Top down 공법	• IPS • SPS

4) 주용 공법

(1) Slurry wall 공법

안정액(벤토나이트)을 이용한 지중굴착 RC 연속벽
① 인접 건물에 근접 시공이 가능하다.
② 소음과 진동이 적다.
③ 벽체의 강성이 높아 본 구조체로 사용 가능하다.

(2) Top down 공법(역타공법)

지하연속벽(Slurry wall)에 의해 구축된 흙막이벽을 본 구조체의 벽체로 이용하여 기둥을 먼저 시공한 다음 지상공사를 동시에 병행하여 실시하는 공(대도심지 공사)
① 완전역타공법
② 부분역타공법

02 기초 일반

1) 개요

① 상부에서 오는 하중을 받아 지반에 안전하게 전달시키는 구조부
② 기초하부 지반이 연약할 시 파일을 박아 지지력 증대

2) 지정

① 기초를 보강하거나 지반의 지내력을 향상시키기 위해 만든 구조부
② 도해

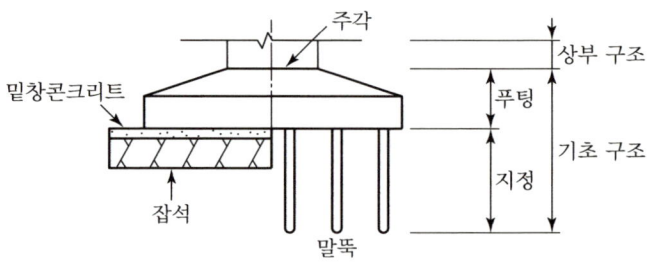

3) 기초의 구비조건

① 안전하게 하중을 지지할 것
② 침하가 허용치를 넘지 않을 것
③ 최소한의 근입 깊이를 가질 것
④ 시공이 가능하고 경제적일 것

03 기초의 분류

1) 분류

기초판 형식	지정 형식	깊은 기초
• 독립기초 • 줄(연속)기초 • 복합기초 • 온통기초	• 직접기초 • 말뚝기초	• Well 기초 • Caisson 기초

2) 얕은 기초의 최소깊이 결정 시 고려사항

① 하천의 흐름, 유수에 의한 세굴, 하상의 저하
② 지하수위 변화 및 동해(동상) 현상
③ 인접 구조물의 영향

- 얕은 기초 $\dfrac{D_f}{B} \leq (1\sim4)$
- 깊은 기초 $\dfrac{D_f}{B} > (1\sim4)$

04 말뚝 기초

1) 기능(지지방식)에 따른 분류

① 선단지지 말뚝(End bearing pile) : 말뚝의 선단만으로 하부의 지지층에 지지
② 하부지지 말뚝(Bearing pile) : 선단지지 말뚝 + 마찰 말뚝
③ 마찰 말뚝(Friction pile) : 말뚝의 주변 마찰력에 의해 지지하는 말뚝
④ 인장 말뚝(Tensile pile) : 인발력에 저항하는 말뚝

2) 기성 말뚝

(1) 공장 제작 말뚝

구분	종류
R.C 말뚝	원심력(초기 말뚝)
PSC 말뚝	원심력+PS 강선(프리텐션 방식, 포스트텐션 방식)
PHC 말뚝	원심력+PS 강선+증기양생+혼화재
강말뚝	Steel pile, H형강 말뚝, 강관 말뚝

(2) 공법

공법	종류	특성
타격 공법	• Drop, Steam hammer • Diesel, 유압 Hammer	• 소음, 진동 큼 • 말뚝 훼손, 민원 발생
매설 공법	• 압입, Water jet • Pre-boring, 중공굴착	• 유압, 물분사, Auger 등으로 선행 • 작업 후 말뚝 삽입
개선 공법	SIP, SDA	• Pre-boring 개선된 공법 • 지반과 일체 위해 시멘트 페스트 사용

(3) 말뚝 간격

말뚝 종류	말뚝 간격
암반 위의 선단지지 말뚝	2.5D
점토층 관통 모래층에 박은 지지 말뚝	2.5D
느슨한 모래층 위의 마찰 말뚝	3D
굳은 점토층 속의 마찰 말뚝	3~3.5D
연약 점토층 속의 마찰 말뚝	3~3.5D

(4) 말뚝 이음 방법

① 장부 이음   ② 충전 이음
③ 볼트 이음   ④ 용접 이음

(5) 시험말뚝박기

① 실제 사용한 말뚝과 동일한 조건
② 3본 이상으로 소정 침하량까지 도달
③ 수직으로 세워 휴식시간 없이 연속(말뚝머리 위치 오차 10cm 이하)
④ 최종 관입량은 5~10회 타격한 평균 침하량

3) 현장 말뚝

(1) 개요

① 현장타설 말뚝은 제자리 Con'c 말뚝이라고도 함
② 현장에서 소정의 위치에 구멍을 뚫고, Con'c를 충진해서 만드는 말뚝

(2) 공법 분류

① 관입공법 : 과거 공법으로 현재 사용하지 않는 공법
  - Pedestal pile
  - Simplex pile
  - Franky pile
  - Raymond pile
  - Compressol pile

② Prepacked concrete pile : 소구경 제자리 말뚝

굴착공법 종류	굴착기계	공법 순서	적용지반
C.I.P 말뚝	Earth auger	• 철근망, 자갈 채움 • 모르타르 주입	점토
P.I.P 말뚝	Screw auger	• 프리팩트모르타르 • 철근망 또는 H형강	자갈
M.I.P 말뚝	Auger의 회전	• 시멘트 페이스트 분출 • 혼합 교반	모래

③ 굴착공법 : 대구경 제자리 말뚝

굴착공법 종류	굴착기계	공벽보호공법	적용지반
Earth drill 공법	Drilling bucket	안정액(Bentonite)	점토
Benoto 공법	Hammer grab	All casing	자갈
R.C.D 공법	특수 Bit + Suction pump	정수압($0.2kg/cm^2$)	모래, 암반

④ 보강대책
  - 주입공법(Grouting 주입)
  - 고압분사주입
  - Micropile 공법

05 케이슨 기초

1) 오픈케이슨(정통 기초)

(1) 장단점

장점	단점
• 침하 깊이에 제한이 없음 • 기계설비 간단(공사비가 저렴)	• Con'c의 수중시공으로 품질 저하 • 중심이 높아 케이슨이 경사질 우려

(2) 정통(케이슨)의 제자리 놓기

① 육상거치 : 심초, 심관
② 수중거치

구분	내용
축도법	수중 5m까지의 수심에서는 축도를 한다.
비계식(발판식)	소형의 Well에 사용된다.
예향식(부동식)	수심 5m 이상일 때 사용된다.

2) 공기 케이슨(Pneumatic caisson 공법)

장점	단점
• 침하공정이 빠름(Dry work) • 저부 Con'c의 신뢰도가 큼 • 배수를 하지 않고 시공	• 굴착 깊이에 제한이 있음 • 소음, 진동이 큼 • 노무자 모집이 곤란 : 케이슨병(잠함병)

3) 박스 케이슨(Box caisson) : 항만구조물

(1) 장단점

장점	단점
• 육상제작 품질 확보 용이 • 설치 용이	• 지지층 요철 영향이 큼 • 대형 기중기 필요

(2) 침하작업 시 편심 유의

① 유수에 의해 이동하는 경우
② 지층의 경사, 장애물 또는 날끝의 지지력 불균등
③ 수중기계굴착이 한쪽으로 치우친 경우

CHAPTER 03 옹벽공

01 옹벽

1) 옹벽의 종류(구조에 의한 분류)

구분	내용
중력식 옹벽	• 지반이 견고한 곳에 높이 4m 이하의 옹벽 • 무근 콘크리트 구조
반중력식 옹벽	• 무근 콘크리트 + 인장 부위 철근 • 4m 이하의 옹벽
역T형 및 L형 옹벽	• 철근 콘크리트 자중과 뒤채움 토사 중량 • 캔틸레버 옹벽 – 6m 정도 유리
부벽식 옹벽	• 지반이 불량한 경우 • 높이가 6m 이상

2) 옹벽의 안정조건

① 전도에 대한 안정

$$F = \frac{M_r}{M_o} \geq 2.0 \left(x \geq \frac{d}{3},\ e = \frac{d}{6} \text{일 때 안정} \right)$$

여기서, F : 안전률
M_r : 저항모멘트, M_o : 회전모멘트

② 활동에 대한 안정

$$F = \frac{H_r(f \cdot \Sigma V)}{\Sigma H} \geq 1.5$$

여기서, H_r : 저항력, ΣH : 수평분력
f : 옹벽과 지면 사이 마찰계수

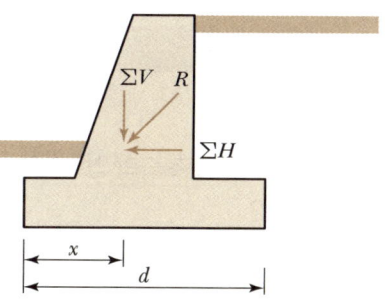

③ 지지력에 대한 안정

$$F_s = \frac{q_a}{q_{\max}} > 1$$

④ 원호활동에 대한 안정 : $F_s \geq 1.5$
    Sliding에 대한 안정

3) 설계 및 구조상 주의사항

① 15~20m 이내에 신축이음을 설치한다.

중력식 옹벽	캔틸레버식 옹벽
10m 이내	15~20m

② 철근 콘크리트 옹벽에서 3m마다 지름 5~10cm의 배수공(수발공)을 설치한다 : $4m^2$에 $60cm^2$
③ 전면벽에서 1 : 0.02 정도의 경사를 둔다.

4) 옹벽의 안정상 수평저항력을 증가시키기 위한 방법

① 전단키(Shear key)를 만든다.
② 저판폭을 크게 한다.
③ 사항을 설치한다.

5) 보강토 옹벽

(1) 개요

정의	구성
• 흙 쌓기 때 보강재를 설치하고 이것을 앞면(Skin)과 연결 • 흙 구조물 보강 및 연직 쌓기에 유리	• 전면 구조(옹벽재) • 보강재 : 아연강판, 합성수지

(2) 도해

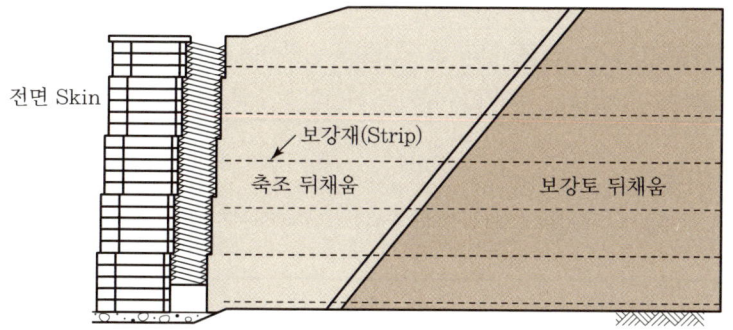

(3) 공법 특징

① 시공이 신속하고 공사비 절감
② 교대 뒤채움이나 토압 저항용 등 활용범위 넓음
③ 자중이 적어 연약지반 위에 시공 가능하며, 높이가 클수록 경제적
④ 부등침하나 지진의 저항성 높음

02 배수

1) 배수공(Weep hole)

① 옹벽의 종벽에 수직 및 수평간격 3m 이내마다 설치한다.
② 배수공의 지름은 5~10cm가 좋고, 면적은 $4m^2$에 대해 $60cm^2$가 적당하다.
③ 배수층은 조약돌, 부순돌, 자갈을 사용한다.
④ 부벽식 옹벽에서는 부벽 사이의 한 구획마다 1개 이상 설치한다.

2) 암거공

(1) 암거의 종류

구분	내용
맹암거	운동장 또는 광장과 같은 넓은 지역의 배수
관암거	Pipe drain
관거	Pipe culvert

구분	내용
함거	Box culvert
사이펀 암거	도로, 철도 등 구조물을 횡단하여 배수 또는 송수하는 시설
유공관 암거	일종의 집수암거로 하천의 복수류를 이용하기 위하여 쓰임

(2) 매설관의 기초

① 자갈기초
② 콘크리트기초
③ 기성 말뚝기초

(3) 암거 배수의 조직

① 흡수거
② 집수거
③ 수갑 : 지하수의 조절 또는 역수를 방지
④ 배수구 : 집수거에서 배수로로 나가는 토출구

3) 돌쌓기공

(1) 돌쌓기 분류

① 모르타르의 사용 여부

메쌓기(Dry masonry)	높이 2m 이하, 물이 잘 빠져 토압 안전
찰쌓기(Wet masonry)	줄눈, 채움에 모르타르 사용. 배수 유의

② 줄눈의 모양

정층 쌓기	궤쌓기, 바른층 쌓기
부정층 쌓기	골쌓기
난층 쌓기	막쌓기

(2) 시공 시 주의사항

① 통줄 쌓기를 피하여 부등침하를 방지한다.
② 쌓기 순서를 준수하여 안정적인 형상으로 쌓는다.
③ 큰 돌을 아래에 쌓아 안정성을 확보한다.
④ 찰쌓기는 돌과 돌 사이 빈틈이 없게 한다.
⑤ 모르타르나 콘크리트를 밀실하게 시공한다.

⑥ 반드시 배수구멍을 설치한다.
⑦ 기초는 동해를 입지 않도록 동결선 이하로 시공한다.
⑧ 뒤채움과 다짐 철저히 한다.

(3) 붕괴 원인 및 대책

붕괴 원인	붕괴 대책
• 기초 불량 • 배면토압 증대 • 뒤채움 불량 • 배수 불량 • 돌쌓기 불량	• 기초를 보강 • 기초 깊이 확보(동해 방지) • 뒤채움 철저 • 배수 원활 • 돌쌓기 시공 철저

CHAPTER 04 건설기계

01 건설기계

1) 기계화 시공의 특징

장점	단점
• 공기 단축 • 공사비 절감 • 불가능한 공사의 해소	• 기계 구입비가 큼 • 숙련된 기술자 필요 • 소규모 공사시 불합리

2) 건설기계 선정 시 고려사항

① 시공성, 경제성
② 공사규모
③ 표준기계와 특수기계
④ 기계의 용량

3) 건설기계 분류

(1) 작업 종류별

건설기계	규격의 표현방법	작업 종류
Bulldozer	장비의 중량(ton)	굴착, 운반, 다짐, 정지, 벌개작업
Motor grader	Blade의 길이(m)	정지, 비탈면 고르기, 측구의 굴착
Scraper	Bowl의 용적(m^3)	굴착, 싣기, 운반
Shovel	버킷의 용적(m^3)	굴착

(2) 작업 거리별

구분	거리	토공기계의 종류
단거리	70m	Bulldozer, Tractor shovel
중거리	70~500m	Scraper Dozer, Scraper
장거리	500m 이상	Shovel계 굴삭기 + Dump truck

4) 건설기계 구비사항

① 충격 등 하중에 견딜 것
② 경사지, 한냉 및 고온의 악조건에 운전이 가능할 것
③ 부하 변동 시에 대응할 수 있을 것

02 기계경비

1) 기계손료 구성요소

① 상각비　　　　　　② 정비비
③ 관리비　　　　　　④ 수리비

2) 경비 적산

① 시간당 기계손료 = 취득가격 × 시간당 손료계수의 합계
　　　　　　(상각비 계수 + 정비비 계수 + 관리비 계수)
② 상각비 = (구입가격 − 잔존가격) / 내용연수

3) 용어와 정의

① 가동률 = [(공사일수 − 휴지일수) / 공사일수] × 100
　　　　 = (실작업시간 ÷ 총가동시간) × 100
② 시공효율 : 작업효율 + 가동률 + 시간율
③ 작업효율(E) = $E1$(작업능률계수) × $E2$(작업시간율)

④ 트래피커빌리티(Trafficability) : 건설기계의 주행성(콘지수로 측정)

건설기계의 종류	콘지수(MPa)
습지 불도저	0.4 이하라도 작업이 가능
중형 불도저	0.5~0.7
대형 불도저	0.7~1.0
피견인식 스크레이퍼	0.7~1.0
자주식 스크레이퍼	1.0~1.3
덤프트럭	1.5 이상 필요

⑤ 불도저의 접지압 = 전장비 중량 ÷ 접지면적

03 도저계 굴착기

1) 불도저(Bulldozer)

(1) 특징

① 절토, 운반, 집토
② 정지 작업 및 다지기 작업
③ 운반거리는 70m가 적당
④ 크기는 전장비의 중량으로 표시

(2) Bulldozer 작업능력

$$Q = \frac{60 \cdot q \cdot f \cdot E}{C_m} \quad (q : q_0 \text{배토판용량} \cdot p : \text{구배계수})$$

여기서, Q : 1시간당 작업량(m³/h)
q : 1회 굴착압토량(m³/h)
f : 토량 환산계수
E : 불도저의 작업효율
C_m : 사이클타임(min)

$$C_m = \frac{l}{V_1} + \frac{l}{V_2} + t_g$$

여기서, l : 평균굴착거리(m)
V_1 : 전진속도(m/min), 1~2단
V_2 : 후진속도(m/min), 2~4단
t_g : 기억 변속시간 및 가속시간(min) (고정값은 보통 0.25분)

(3) 리퍼(Ripper) 작업능력

$$Q = \frac{60 \cdot A_n \cdot l \cdot f \cdot E}{C_m}$$

여기서, Q : 시간당 작업량(m³/h)
A_n : 1회 리핑(Ripping) 단면적(m²)
l : 1회 작업거리(m)

(4) 불도저와 리퍼의 합성 작업능력

$$Q = \frac{Q_1 \times Q_2}{Q_1 + Q_2}$$

여기서, Q_1 : 불도저의 시간당 작업량(m³/hr)
Q_2 : 리퍼의 시간당 작업량(m³/hr)

2) 그레이더(Grader)

(1) 특징

① 주로 정지 작업용
② 도로의 신설 작업(비탈면 고르기, 길어깨를 마무리)
③ 땅고르기, 흙깔기, 측구파기, 잔디 벗기기 및 제설작업 가능
④ 규격은 배토판의 길이로 표시
⑤ 추진각도

경토	연토	흙을 옆으로 밀어낼 때	최후 끝마무리 작업
45°	55°	60°	90°

(2) 그레이더 작업능력

$$Q = \frac{60 \cdot l \cdot L \cdot D \cdot f \cdot E}{C_m}$$

여기서, Q : 1시간당 작업량(m³/h)
l : Blade의 유효길이(m)
L : 1회 편도작업거리(m)
D : 굴착깊이 또는 흙고르기 두께(m)
f : 토량 환산계수
E : 그레이더의 작업효율
C_m : 사이클타임(min)

(3) 작업소요시간

작업소요시간 = (평균작업속도 × 작업효율) / (통과횟수 × 작업거리)

3) 스크레이퍼(Scraper)

(1) 특징

① 굴착, 적재, 운반, 사토 및 흙깎기 작업
② 운행속도는 6.4km/hr 정도
③ 15ton 트랙터에 6m³의 스크레이퍼를 장착한 것을 표준
④ 배토는 짧은 구간에서 단기간(30초 이내)에 함

(2) 스크레이퍼 작업능력

$$Q = \frac{60 \cdot q \cdot f \cdot E}{C_m} \quad (q = q_0 \cdot K)$$

q_0 : 배토판의 용량(m³)
K : 적재계수

여기서, Q : 1시간당 작업량(m³/h)
q : 1회 굴착압토량(m³/h)
f : 토량 환산계수
E : 도저의 작업효율
C_m : 사이클타임(min)

04 셔블계 굴착기

1) 굴착기계의 종류

구분	내용
파워 셔블(Power shovel)	• 지반보다 높은 곳의 굴착(일명 Dipper shovel) • 규격은 버킷용량(m³)으로 표시
드래그 셔블(Drag shovel), 백호(Back hoe)	• 지반보다 낮은 곳 • 규격은 버킷용량(m³)으로 표시 • 일명 포크레인

구분	내용
드래그 라인(Drag line)	• 지반보다 낮은 곳, 높은 곳 • 넓은 범위의 작업 • 규격은 버킷용량(m^3)으로 표시
클램셸(Clamshell)	• 좁은 곳의 수직굴착 • 규격은 버킷용량(m^3)으로 표시
기 타	Skimmer, Scoup, Bucker, 굴착기, Trencher

2) 셔블계 작업능력

$$Q = \frac{3{,}600 \cdot q \cdot k \cdot f \cdot E}{C_m}$$

여기서, Q : 1시간당 작업량(m^3/h)
q : 버킷의 산적용적(m^3)
k : 버킷계수
f : 토량 환산계수
E : 작업효율
C_m : 사이클타임(sec)

05 운반기계

1) 덤프트럭

(1) 흐트러진 상태 운반 작업량

$$Q = \frac{60 \cdot q_t \cdot f \cdot E_t}{C_m}$$

여기서, Q : 1시간당 작업량(m^3/h)
q_t : 흐트러진 상태의 1회 적재량(m^3)
E_t : 덤프트럭의 작업효율(표준값 $E_t = 0.9$)
C_m : 사이클타임(min)
f : 토량 환산계수
n : 덤프트럭 1대 적재 시 요하는 적재기계의 사이클 횟수

$$q_t = \frac{T}{r_t} \cdot L$$

$$n = \frac{q_t}{q \cdot k}$$

여기서, T : 덤프트럭의 적재량(t)
　　　　r_t : 자연 상태에서 토석의 단위질량(t/m³)
　　　　L : 토량변화율
　　　　q : 적재기계 버킷의 산적용적(m³)
　　　　k : 버킷계수

(2) 덤프트럭 여유계수

$$N = 1 + \frac{T_1}{T_2}$$

여기서, T_1 : 왕복과 사토에 요하는 시간
　　　　T_2 : 원위치에 도착한 후부터 싣기를 완료하고 출발할 때까지의 시간

(3) 하루 운반 가능 횟수

$$\frac{1일\ 작업시간}{왕복시간} = \frac{T}{\dfrac{d}{m} \cdot 2(왕복) + t}$$

여기서, T : 가능시간
　　　　m : 차량속도(km/min)
　　　　d : 운반거리
　　　　t : 적재, 하역시간(min)

06 롤러계

1) 전압식 다짐기계

① 기계 자중에 의해 다짐하고, 규격은 전장비 중량(ton)으로 표시
② 종류

구분	내용
로드(road) roller	• Macadam roller : 자갈 및 아스팔트 포장의 1차 다짐 • Tandem roller : 아스팔트 포장의 3차 다짐

구분	내용
탬핑(Tamping) Roller	• 다짐 유효 깊이 크고, 함수비 높은 점질토 다짐에 효과 • 종류 : Sheeps foot roller, Grid roller, Tapper foot roller, Turn foot roller
타이어(Tire) Roller	• 사질토 다짐에 적합 • 아스팔트 포장의 2차 다짐

2) 진동식

구분	내용
진동 roller	• 사질 및 자갈질토에 적합 • 점성토에는 효과 적고, 포장보수에 이용
진동 compactor	• 기계가 작고 가벼움 • 소규모 공사, 협소한 곳
Soil compactor	• 노견 비탈면, 도로 노반, 제방 등 • 자갈 모래질에 적합

3) 충격식

구분	내용
Rammer	• 낙하 충격, 협소한 곳 • Dam core 다짐
Tamper	• 협소한 곳 • 소구조물의 뒤채움, 노견 다짐
Fog rammer	• Rammer 대형 • Earth dam 공사에 쓰임

4) 롤러계 작업능력

(1) 토공량을 다져진 토량으로 표시하는 경우

$$Q = \frac{1,000 \cdot V \cdot W \cdot H \cdot f \cdot E}{N}$$

여기서, Q : 1시간당 작업량(m³/h)
V : 작업속도(km/h)
W : 1회의 유효다짐폭
H : (다져진 상태) 흙을 까는 두께 또는 1층의 끝손질 두께
f : 토량 환산계수
E : 다짐기계의 작업 효율
N : 소요다짐횟수

(2) 충격식 다짐기계 작업능력

$$Q = \frac{A \cdot N \cdot H \cdot f \cdot E}{P}$$

여기서, P : 되풀이 찍기 다짐횟수

(3) 다짐관리

- 다짐기종 및 다짐횟수에 의한 판정
- 건조밀도로 판정 : $C = \dfrac{\gamma_d}{\gamma_{d\max}} \times 100(\%)$
- 포화도(S) 및 공기간극률(e)로 판정
- 강도로 판정 : CBR치, PBT의 K치, cone지수(q_c)
- 상대밀도로 판정 : $D_r = \dfrac{e_{\max} - e}{e_{\max} - e_{\min}} \times 100(\%)$
- 변형량으로 판정 : Proof rolling법, 벨켄만 빔법

07 준설기계

종류	종류별 특징
그래브(Grab) 준설선	• 소규모의 준설에 적합하고 기초 터파기, 소운하의 준설, 물막이 흙의 제거 등에 사용 • 소규모의 준설, 협소한 장소의 준설에 적합 • 건조비가 저렴하나, 준설능력이 적음 • 준설 깊이를 용이하게 증가할 수 있음
디퍼(Dipper) 준설선	• 굴착량이 많으나, 연약 토질은 능률 저하 • 암석이나 굳은 토질에도 적합
버켓(Bucket) 준설기	• Bucket 준설기를 Pontoon 위에 장치한 것 • 준설능력이 크고, 준설단가가 저렴 • 비교적 광범위한 토질에 적합(하저 평탄) • 암석 및 단단한 토질에 부적합

펌프(Pump) 준설선	• 준설과 매립을 동시에 신속하게 가능
	• 토량이 많을 때 유리
	• 자항식과 비항식(대부분 비항식)이 있음
	• 대량 준설이나 토지조성 매립에 많이 사용
	• 기타
	  − Ladder : 사다리(Ladder) 속에 Cutter shaft가 통하여 흡입관이 달려 있음
	  − Spud : 배, 꼬리에 2개가 있고 강철제의 긴 원관으로 되어 있어 이것을 하저에 박아서 선체를 고정
	  − 쇄암선 : 수저의 암반 혹은 굳은 토질을 파쇄할 목적으로 만든 배

CHAPTER 05 발파공, 터널공

01 발파공

1) 발파 일반

(1) 기본 용어

자유면	암석이 공기(또는 물)와 접하는 표면
최소저항선(W)	장약의 중심에서 자유면까지의 최단거리
누두반경(R)	누두공의 반지름
누두공(분화구)	폭파에 의해 자유면 방향에 생긴 원추형의 구멍
누두지수 $n = \dfrac{R}{W}$	$n = 1$: 표준장약, $n > 1$: 과장약, $n < 1$: 약장약
임계심도(N) $N = EL^{\frac{1}{3}}$	분화구가 최대의 체적을 표시할 때의 심도(단위 : m) E : 변형에너지(암석의 경우 4~5) L : 장약량(kg)

(2) 도해

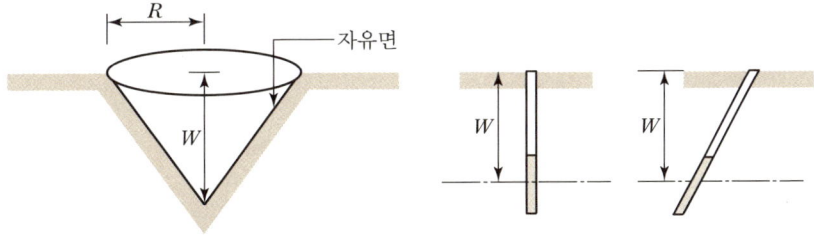

(3) 지질조사사항

구분	내용
표층 퇴적물	갱구 부근이나 토피가 적은 구간
암질	시공법의 선정, 골재 등의 적부

구분	내용
지하수 및 지표수	터널용수 및 갈수에 관한 조사
지질구조	단층 파쇄대, 습곡구조, 변질대 등의 성상 파악

2) 발파 준비

(1) 시험 발파

① 발파방법, 사용량 등을 변화시키면서 시험적으로 폭파
② 시험 발파의 주목적 : 폭파계수 C를 구하기 위해

(2) 도화선

① 흑색 화약이나 뇌관을 점화하기 위해
② 연소속도 : 120~140sec/m

(3) 착암기의 종류(천공방향에 따른 분류)

구분	내용
드리프터(Drifter)	수평천공용
싱커(Sinker)	하향천공용
스토퍼(Stopper)	상향천공용

(4) 폭파약

① 다이너마이트
② TNT
③ 팽창성 파쇄재

(5) 팽창성 파쇄재의 종류

① 캄마이트
② S-마이트
③ 브라이스터(Brister)

(6) 발파의 장약량(기본식)

Hauser 공식	$L = CW^3$	• L : 표준장약량(kg) • C : 발파계수 • W : 최소저항선

3) 폭파에 의한 암반 굴착

(1) 심빼기(심발) 발파

구분	내용
V컷(다이아몬드 컷)	• 큰 단면이나 강한 암석에 적합 • 큰 부피로 파괴 – 비경제적
피라미드 컷(Pyramid cut)	• 중심에 향하게 3방향 천공 • 상향, 하향 굴진에 유효하고, 강한 암반에 유효
스윙 컷(Swing cut)	• 수직갱에 물이 고여 있을 때 번 컷(Burn cut)
번 컷(Burn cut)	• 좁은 도갱의 긴 구멍 발파에 용이 • 버럭의 비산거리가 가장 짧음
노 컷(No cut)	• 심빼기 부분에 수직평행공 많이 천공 • 장약량을 집중시키면서 순발뇌관으로 폭파

(2) 벤치 컷(Bench cut) 발파

① 경사면을 계단상으로 점차 후퇴하면서 굴착
② 장약량 계산

Bench cut 공법	$L = CW^3$ $= CWSH$	• L : 장약량(kg) • C : 발파계수 • W : 최소저항선 길이(m) • S : 천공간격(m) • H : 벤치의 높이(m)

(3) 폭파조절공법(Controlled blasting)

구분	내용
라인 드릴링 공법 (Line drilling method)	• 굴착선 무장약 일열 착공(2열 50%, 3열 100%) • 천공비 바싸고, 균일한 암에 효과
쿠션 블라스팅 공법 (Cushion blasting method)	• 굴착선(1열) 작게, 2~3열 100% 장약 • 착공수가 적어 절감 및 연암에도 적용 가능
프리 스플리팅 공법 (Pre-splitting method)	• 굴착선을 먼저 폭파하여 파괴단면을 만든 후 전면의 주발파를 하는 공법 • 제1열은 50% 장약공, 제2, 3열은 100% 장약공
스무드 블라스팅 공법 (Smooth blasting method)	• 주굴착의 폭발공과 동시에 점화하고 그 최종단에서 폭파시키는 것이 특징 • 예비파괴와 본파괴를 동시에 시킴 • 1열은 정밀화약, 제2, 3열은 100% 장약공

02 터널공

1) 터널의 굴착 단면

구분	내용	
직벽식 반원형 단면	터널 지질이 양호할 때	
마제형 단면	3심원	터널 지질이 다소 불량할 때
	5심원	터널 지질이 불량할 때
원형 단면	터널 지질이 아주 불량할 때	

2) 도갱(Heading)

(1) 정의

터널을 굴착할 때 일부분을 먼저 굴착하는 부분

(2) 도갱(Pilot tunnel)의 역할

① 지질의 확인
② 반출
③ 배수 및 환기
④ 작업 장소의 확대

(3) 도갱 분류

구분	설치 위치	적용가능 지반
정설도갱(Top heading)	중앙 상부에 설치	지질이 연약한 경우
저설도갱(Bottom heading)	중앙 저부에 설치	비교적 지질이 양호
측벽도갱(Side heading)	저부 양측에 설치	단면 크고 지질 나쁨
중심도갱(Center heading)	단면 중앙에 설치	지질이 대단히 양호

3) 터널의 굴착방법

구분	종류	특징
도갱을 굴착 하는 경우	선진 도갱식 공법	해저터널이나 장대터널에 사용
	측벽도갱 선진링 굴착 공법	• 팽창성 토질에 의해 측압이 많이 작용 • 지질이 연약한 경우에 적용

구분	종류	특징
도갱을 굴착 않는 경우	전단면 공법	지질이 안전하고 양질의 경암일 때 적용
	상부 반단면 공법	• 용수가 적고 지질이 양호 • 상부단면을 굴착하고 하반부를 굴착
	버섯형 반단면 공법	• 터널 단면적이 크고 전단면 굴착공법 • Lining 역권법으로 시공

4) 터널 공법

(1) 개착공법(Open cut method)

공법 특징	• 토질이 좋고 대지면적이 넓을 때 시공
흙막이 공법	• H-Beam과 흙막이 판의 병용 • 강널말뚝 • 지하연속벽
굴착공법의 종류	• V형 cut 공법 • 전단면/부분 굴착공법

(2) 실드공법(Shield method)

① 하천, 바다 밑 등의 연약지반이나 대수층 지반의 터널 공법으로 개발
② 최근에는 도시 터널 시공에 널리 사용

(3) 침매공법(Immersed tunnel method)

① 터널 일부를 케이슨 모양으로 지상 제작 후 물에 띄워 침설 장소까지 예항한 후 소정의 위치에 침하시키고 가설부분과 연결하여 되메우기하고 속의 물을 빼서 터널을 구축하는 공법
② 국내에서는 거가대교 현장에 첫 적용됨
③ 침매공법의 장단점

장점	단점
• 단면형상 자유롭고 큰 단면 가능 • 깊은 곳에서도 시공이 가능 • (지상제작) 신뢰성 및 공기도 단축	• 유수가 빠른 곳 침설작업이 곤란 • 항행 선박이 많은 곳에서는 장애 • 수저 암초 있을 시 트렌치 굴착이 곤란

(4) TBM공법(Tunnel boring machine method)

① 정의 : 발파 아닌 암석을 파쇄, 절삭하여 터널을 굴착하는 공법

② TBM 공법 장단점

장점	단점
• 낙반이 적고 안정성이 크다 • 정확히 절취가 가능하고 여굴이 적다. • 지보공, 복공 적어, 공기도 단축된다.	• 굴착단면을 변경할 수 없다. • 지질에 따라 적용에 제약이 있다. • 장비가 고가로 초기 투자비가 크다.

(5) NATM공법(New austrian tunneling method)

① 터널 발파 후 숏크리트나 록볼트 등 가축성 동바리를 병용하여 굴진
② 지질에 관계없으나, 용수가 많은 곳 곤란

5) 동바리공

(1) 지주식 동바리공(목재) : 현재 사용하지 않음

구분	내용
맞대임식(합장식)	지질이 암석 등으로 동바리공이 필요없을 때
뒤버팀보식(후광량식)	가장 강한 구조, 지질이 연약한 곳에 사용
버팀보식(지량식, 가지보식)	지주식으로 가장 많이 사용

(2) 강제 동바리공(아치식 동바리공)

구분	내용
2피스형	중·소단면의 터널에 사용, 가장 널리 사용
Invert strut형	측압이 큰 경우나 저부에 팽창압이 있을 때 사용
전원형	팽창압이나 좌굴토압이 작용하는 경우에 사용
4피스형	대단면 터널에 사용

6) 굴착중 지압 대책 공법

구분	내용
메서(Messer) 공법	특수 강판인 메서를 본바닥에 압입 후 굴착
파이프 루프 공법	굴착 보조 공법, 강관 수평 삽입 후 루프를 지보공에 지지

7) 록볼트(Rock bolt)

구분	내용
목적	표면을 깊은 곳의 경암까지 볼트로 고정암반의 탈락을 방지
특징	• 원지반 자체가 가진 강도를 이용해 원지반을 지지 • 단면형상 적응성이 크고, 터널 내 공간을 넓게 활용
효과	매다는 작용 및 보강 작용

8) 복공(Lining)

구분	내용	
목적	터널 내부 Con'c 타설하여 터널의 지보, 굴착면의 열화 방지, 방수, 터널 조도 및 미관 향상	
분류 (타설 순서)	본권공법	바른치기공법
	역권공법	역치기공법

CHAPTER 06 교량공, 포장공

01 교량공

1) 교량계획

구분	내용
교량 위치 선정	• 하천에 직교가 되도록 한다. • 지질이 양호한 곳을 선정한다. • 유수가 안정된 곳을 선정한다. • 세굴작용이 심한 굴곡부는 피한다. • 교각의 축방향은 수류와 평행하게 한다.
교각수 및 경간의 결정	• 교량의 교통 • 하천 깊이 및 흐름 • 지질 상태 • 미관성

2) 교대공

(1) 개념도

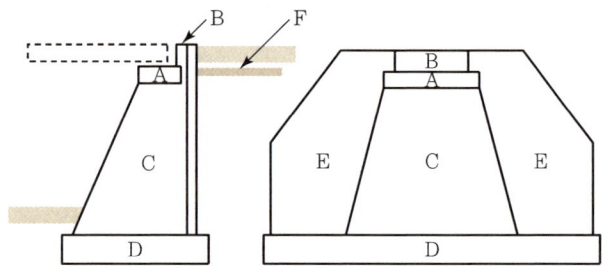

(2) 각부 명칭

구분	각부 명칭	역할
A	교좌(bridge seat)	교량의 일단을 지지하는 곳
B	배벽(parapet wall)	(=흉벽) 뒷면 축제의 상부를 지지하여 흙이 교좌에 무너지는 것을 막는 벽체

구분	각부 명칭	역할
C	구체(body)	상부구조에서 오는 전하중을 기초에 전달하고 배면토압에 저항
D	교대 기초(footing)	하중을 기초지반에 넓게 분포시킨 확대 기초
E	날개벽	뒷면 흙의 무너짐을 막고 물에 의한 세굴 방지
F	답괴판	교대 뒤쪽에 설치하여 구조물 단차 및 부등침하 방지

(3) 교대(Abut)의 종류

구분	내용
직벽교대(Straight)	양안에 따라 직면을 가진 간단한 구조
U형 교대(U-type)	U자형, 공사비 크나, 강도가 크고 세굴에 유리
T형 교대(T-type)	T자형, 양쪽이 뒤쪽의 흙부분과 일치, 교대 높을 시
익벽교대(Wing)	교대 양 끝에 날개 모양의 벽을 붙인 것
라멘교대(Rahmen)	보와 기둥을 일체, 고가교, 물 흐름 장애 적음

(4) 교대의 시공

① 교대 전면의 경사는 1/24~1/12이 보통
② 교대저폭은 높이의 4/10 정도
③ 교좌의 폭은 교량의 베드플레이트에 필요한 폭보다 30cm 이상 넓어야 함
④ 길이는 교량의 전폭원보다 1.2m 이상 크게 함
⑤ 배벽 및 측벽의 상면폭은 철도교에서는 60cm, 기타교에서는 45cm 이상

3) 교각

(1) 교각공 형상

① 유수 저항이 적은 타원형이 가장 좋다.
② 기타 형상 : 원형, 중공형, 직사각형 등

(2) 교각에 작용하는 외력

구분	내용
연직력	• 교각 자중, 상부의 중량, 통과하는 활하중 및 충격하중 • 연직력은 교각의 전도, 활동에 저항하는 역할
수평력	• 활하중의 견인력, 풍압, 유수압 • 선박 등에 의한 충격력 등

(3) 교각의 세굴 방지 공법

① 근고공(밑다짐공) : 사석공, 돌망태공, Con'c 블록공
② 바닥 다짐공 및 수제공
③ 상류측에 말뚝박기공을 설치하는 방법
④ 상류측에 Sheet file을 선두 3각 형상으로 항타하는 방법

4) 교량의 가설공법

(1) 비계를 사용하는 공법

구분	내용
새들(Saddle) 공법	가장 간단. 교량 낮을 시
벤트(Bent) 공법	기둥, 보를 벤트라 하며, 데릭으로 보를 들어올려 연결
가설 트러스 (Erection truss) 공법	• 가설 트러스 설치 후 크레인으로 하나씩 조립 • 양안이 암반이고 유수가 심한 계곡(가설 트러스 공법)
스테이징 벤트 (Staging bent) 공법	• 스테이지 설치 후 크레인으로 올려 설치 • 가설 트러스 공간 높이가 낮을 시

(2) 비계를 사용하지 않는 공법

구분	내용
ILM 공법(압출 공법)	Bracket 공법(손펴주기식, 추진코식)
MSS 공법 (이동 동바리)	유압잭으로 트러스 이동
FCM 공법 (캔틸레버식)	• 캔틸레버식으로 단계적 조립 • 장대교 시공에 유리
케이블 공법	계곡이 수류가 심한 곳
크레인식 공법	크레인으로 보를 들어서 시공
플로팅 크레인 (Floating crane) 공법	띄우는 방식
리프트업 바지 (Lift-up barge) 공법	하부에 설치, 유압잭으로 상부 이동

(3) PC교 가설공법

구분	내용
동바리 공법(FSM)	콘크리트 치는 경간에 동바리 설치
캔틸레버 공법	• 1Segment씩 순차적 시공 • 이동식 작업차, 공장 만듦
이동 동바리 공법(MSS 공법)	유압잭으로 트러스 이동, Main girder의 상하좌우 조절이 가능
압출 공법(ILM 공법)	추진코(Nose)를 사용하여 가설, 직선이나 동일곡선의 교량에 적합

(4) 현수교의 가설순서

① 주탑 세우기
② Cat work의 가설 : Main cable 가설작업을 하기 위한 비계
③ Main cable의 가설
④ Hanger rope 설치
⑤ 보강 Girder 설치
⑥ 보강 Girder 위에 각종 바닥판을 설치

02 포장공

1) 포장 비교

구분	아스팔트 포장	콘크리트 포장
내구성	• 포장수명이 짧음 • 5~10년마다 덧씌우기 필요	• 내구성 양호 • 공용성 20년 이상
주행성	• 주행성이 좋음 • 소음 진동이 적고 평탄성 양호	• 주행성이 나쁨 • 평탄성 불리(소음 진동)
미끄럼 저항성	다소 불리	초기에는 다소 유리
양생기간	양생기간이 짧음	양생기간이 긺
유지보수	• 유지보수가 잦아 보수비 고가 • 보수작업이 용이함	• 보수가 별로 없어 보수비 저렴 • 보수작업이 어려움

2) 아스팔트 포장

(1) 도해

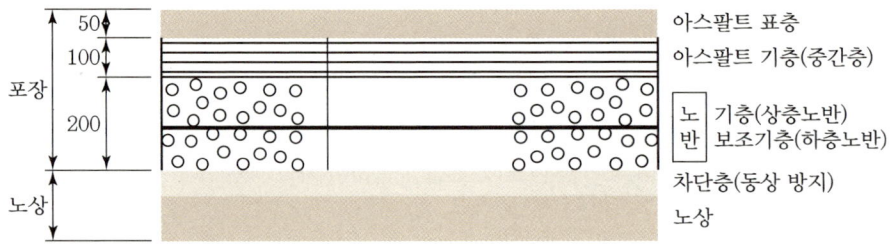

(2) 노상, 노반의 안정처리 공법

① 용어

구분	내용
노상	포장 두께를 결정하는 기초 부분(포장 아래 1M의 층)
노반	교통하중을 분산시켜 노상이 안전하도록 전달하는 역할

② 목적 : 밀도 향상, 침하 방지, 지지력 증대

③ 종류

구분	내용
물리적 방법	입도조정, 함수비 조정, 치환
첨가제에 의한 방법	석회, 시멘트, 역청
기타 공법	Macadam

④ 프루프 롤링(Proof rolling)

노상, 보조기층의 다짐도를 판정하기 위해 노상의 최종 마무리를 하기 전에 Tire roller나 Dump truck을 노면상에 주행시켜 유해한 변형을 일으키는 불량개소를 조사하는 것

(3) 품질규정

① 입도조정기층 재료의 품질

구분	기준
마모감량(%)	40 이하
소성지수	4 이하
CBR(%)	80 이상

② 보조기층의 품질규정

구분	규정
마모 감량	50% 이하
소성지수	6 이하
실내 CBR값	30 이상

(4) 아스팔트 포설

① 아스팔트 포설 시 혼합물 온도

구분	내용
1차 다짐	110~140℃(Macadam)
2차 다짐	70~90℃(Tire)
3차 다짐	60℃ 이상(Tandem Roller)

② 아스팔트의 혼합물의 연소방지를 위해 180℃ 이상 가열하면 안 된다.

③ Coat

구분	내용
Prime coat	보조기층과 기층의 접합
Tack coat	기층과 표층의 접합
Seal coat	내구성, 수밀성, 미끄럼 저항성

(5) 유지보수 공법

구분	내용
Patching 공법	부분적인 균열 부분을 걷어내고 보수 후 포장재료를 채우는 응급적인 보수공법
표면처리 공법	표면부위 처리공법
Over lay 공법	덧세우기
재포장 공법	전체 다시 포장

3) 콘크리트 포장

(1) 시멘트 콘크리트 포장

① 노상
- 기초가 되는 흙의 부분으로 포장 아래 1m의 흙
- 노상토 지지력은 평판재하시험과 CBR에 의해 판정
- 노상의 CBR이 2.5% 이하인 경우에는 동상방지층을 15~30cm를 설치

② 개념도

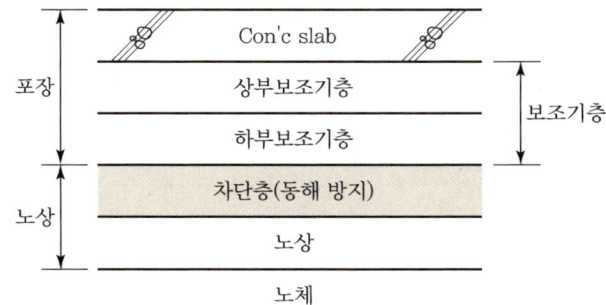

③ 보조기층
- 콘크리트 슬라브를 지지하는 층
- 균등하고 충분한 지지력

④ 콘크리트포장 줄눈
- 세로줄눈 : 도로의 중심선에 평행하게 만든 이음
- 가로줄눈 : 도로의 중심선에 직각방향으로 만든 이음
- 팽창줄눈 : Con'c slab의 팽창수축을 쉽게 하기 위해 만든 이음

	줄눈	줄눈의 간격
6~9월 시공 시	Slab 두께 15~20cm	120~240m
	Slab 두께 25cm 이상	240~480m

(2) 연속철근 콘크리트 포장(CRCP)

① 개요 : 연속된 종방향의 철근을 사용하여 콘크리트 포장의 가로줄눈을 생략

② 장단점

장점	단점
• 가로 수축줄눈이 생략 • 주행성 양호 • 소음 감소	• 시공 경험 부족 • 공사비 고가 • 유지보수가 어려움

(3) 진공 콘크리트(Vacuum concrete) 포장

① 개요

타설 후 진공 mat, vacuum pump 등을 이용, Con'c 속에 잔류해 있는 잉여수 및 기포 등을 제거함으로써 콘크리트 강도를 증대시킨 포장

② 특성
- 초기강도 및 장기강도 증대, 마모저항성 증대 및 동해에 대한 저항성 기대

- 타설 후 20분 내에 혼합용수의 30%를 흡수하여 물-시멘트비가 작아짐
- 진공처리하게 되면 수축이 일반 Con'c의 약 20% 정도로 감소함

(4) 콘크리트 포장의 유지보수 공법

① Patching 공법 : 표면 작은 파손 조기에 응급 보수
② 표면처리 공법 : 국부적 파손을 2.5cm 이하의 얇은층 시공
③ Over lay 공법 : 국부적 파손을 덧씌우기
④ Sealing 공법 : 줄눈 및 균열부의 주입공법
⑤ 재포장 공법 : 파손이 심하여 재포장

CHAPTER 07 하천공, 항만공, 댐공

01 하천공

1) 제방

(1) 제방의 종류

① 본체(Main levee) : 유수 범람을 직접 방지하는 제방
② 부제(Secondary levee) : 본체와 적당한 거리를 두고 설치
③ 윤중제(Polder levee) : 일정 지역 홍수 방지를 위해 포위하도록 축조된 제방
④ 횡제(Cross levee) : 하폭 넓고 유수지 이용 시 유속 감소
⑤ 우의제(Wing levee) : 제방호안의 안전을 위해 유수를 하천의 중심부에 이르게 하도록 하안에서 먼 각도로 돌출된 공작물
⑥ 도류제(Trainning levee of jetty) : 하천이 호수, 바다에 유입될 경우 유세를 조절

(2) 하천 수위

구분	내용
갈수위	1년 중 365일은 이것을 넘는 수위
평수위	1년 중 185일은 이것을 넘는 수위
풍수위	1년 중 95일은 이것을 넘는 수위

2) 호안

(1) 호안의 구조

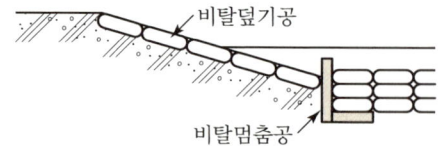

구분	내용
비탈덮기	제방 또는 하안의 비탈면을 보호하기 위해 설치하는 것
기초	비탈덮기의 밑부분을 지지하기 위해 설치
비탈멈춤	비탈덮기 토사의 유출을 방지(기초와 겸하는 경우도 있다)
밑다짐	비탈멈춤 앞쪽하상에 설치, 세굴 방지, 기초와 비탈덮기를 보호

(2) 호안공법

① 비탈덮기공(법복공) : 비탈면을 보호하기 위해 설치
② 비탈멈춤공(법류공) : 비탈 끝부분, 비탈덮기공 기초
③ 밑다짐공(근고공) : 침상공, 돌망태공, 사석공, Con'c 블록공

3) 수제

구분	내용
수제의 기능	물의 흐름방향을 조정, 유속을 감소, 하상을 보호
수제의 설치 목적	유속 감소, 침식 방지, 유수방향 전환

4) 바닥다짐공 설치 목적

① 하상 세굴 및 국부 세굴의 방지
② 하상 저하의 방지

02 항만공

1) 항만의 위치 결정

① 자연적 조건
② 경제, 사회적 조건

2) 방파제

(1) 방파제의 기능

① 외부로부터 진입한 파랑 에너지를 저지 및 반사하는 기능
② 선박 항행, 하역 원활, 정박의 안전

(2) 방파제의 종류

구분	내용
직립제(Uplift break water)	양측면이 수직구조
경사제(Oblique face break water)	양 측면이 경사구조
혼성제(Composite break water)	경사제 + 직립제

(3) 방파제 배치 시 주의사항

① 정온도 : 파고 0.5m 이내
② 소파공 : 공극률 50~60% 이상
③ 지반 적응성
④ 장비 선정 및 재료 구득

3) 경사제

① 사석, 블록 등을 이용한 경사진 방파제
② 연약지반에는 쇄석 자체가 기초가 되어 가장 경제적

4) 혼성제

① 수심이 깊은 곳에 사용하는 형식
② 하부는 경사부로 상부는 직립부

03 댐(Dam)공

1) 댐의 가설계획

① 댐의 규모, 공정을 고려하여 설비 용량 결정
② 설비능력을 고려하여 공정계획
③ 지형을 고려하여 가설비 계산
④ 소음, 분진 등 공해 대책 수립

2) 유수 전환

① 댐을 건설하기 위하여 댐지점의 하천수를 다른 방향으로 이동시킴

② 가물막이공 + 물돌리기공
- 전체절 + 가배수터널(Diversion tunnel) : 국내 대부분 적용
- 부분체절 + 가배수거(Open channel)
- 단계식체절 + 가배수로(Ditch)

3) 댐의 종류

(1) 콘크리트댐

① 중력댐(Gravity dam)
- 안전율이 가장 높고 내구성도 풍부
- 설계이론이 간단하고 시공도 용이

② 중공 중력댐
- 중력댐 내부를 중공 : 댐의 자중 감소
- 댐 높이가 높은 곳에 유리(최소 40m 이상)

③ 아치댐
- 내구성이 풍부하고 활동에 대한 안전율이 중력댐보다 큼
- 중력댐보다 Con'c양이 적게 소요됨

④ 부벽댐(버트레스댐)
- 지지력, 내구성이 비교적 적은 장소
- 거푸집 작업이 복잡하나 콘크리트 소요량이 적고 댐체 검사가 용이
- 재료의 채취, 운반이 곤란한 장소에 적합

⑤ 중력댐의 안정조건
- 댐의 각 부재에 인장력이 생기지 않을 것(댐에 작용하는 외력의 합력이 수평 저면의 중앙 1/3을 통과)
- 활동하지 않을 것
- 허용압축응력을 초과하지 않을 것

(2) 필(Fill)댐

① 필댐의 특성
- 물의 월류에 의해 손상 혹은 파괴되기 쉬움
- 적당한 용량의 여수로를 만들어 홍수를 방류시킴
- 콘크리트댐보다 부등침하에 의한 영향이 작음
- 기초가 다소 불량해도 시공할 수 있음

② 어스댐(Earth dam, 흙댐)
- 확실한 안전율을 추정하기 어렵고 지진에 약하다.
- 흙댐의 형식

구분	내용
균일형	배수를 고려하여 만들어야 하는 댐
존형	중앙에 불투수성의 흙을, 양측에 투수성의 흙을 배치
심벽형	중앙부에 불투수성의 심벽 설치

- 침윤선이 하류쪽 비탈면에 나타나지 않게 해야 한다.
- 소단 등으로 동수구배를 작게 한다.

③ 락필댐(Rock fill dam)
- 흙댐보다 견고한 기초지반을 필요로 한다.
- 높이한도 : 100m(균일형 어스댐의 높이한도 : 30m)
- 락필댐은 침하를 피할 수 없어 댐 높이의 1~2% 정도의 여유고를 확보

구분	내용
표면차수벽형	상류측에 차수벽을 만드는 형식
내부차수벽형	표면 중앙 사이, 상류측에 보호층
중앙차수벽형	댐체의 침하 변형으로 파괴되는 일이 거의 없고 투수량도 적은 형식

④ 필댐(Fill dam) 시공 시 주의사항
- 제체와 기초 등의 접합부의 수밀성에 유의한다.
- 성토작업은 다짐을 충분히 하여 물이 침투하지 않도록 한다.
- 성토작업에 사용되는 재료는 최적함수비에서 실시한다.
- 경사지(25% 이상)에서는 계단상으로 절토한 후 성토한다.
- 기초지반이 투수성일 때는 Piping 현상이 생기지 않도록 한다.

⑤ 필댐(Fill dam)의 누수방지공법
- 비탈면 피복공, 지수벽, 코어존 설치 및 압성토 공법
- 제방폭을 넓히는 공법 및 불투수성 블랭킷(Blanket) 설치

4) 콘크리트댐의 시공

(1) 천공방법

구분	내용
Percussion boring	얕은 심도의 Consolidation grouting 천공에 사용
Rotary boring	깊은 심도의 Curtain grouting 천공에 사용

(2) 그라우팅 주입약액

① 시멘트계
② 벤토나이트
③ 아스팔트계, 약액

(3) 기초처리 공법

① 그라우팅(grouting)

구분	내용
Curtain grouting	• 기초암반을 침투하는 물을 방지하기 위한 지수 목적 • 댐 축방향 상류측에 병풍 모양으로 컨솔리데이션 • 그라우트보다 깊게 그라우팅하는 것
Consolidation grouting	기초암반의 지내력 개량 목적 댐 등의 표층부를 고결시켜 지지력을 증대시키기 위함
Contact grout	암반한 댐 접촉부 차수 목적
Joint grout	시공이음부분 차수 목적
Rim grout	좌·우안 보강 차수 목적

② 콘크리트 치환공법 : 연약층 제거 후 콘크리트로 치환

(4) Dam Con'c 배합

① Slump는 20~50mm, 단위수량은 120kg 이하를 표준으로 함
② G_{max} : 150mm 이하를 표준으로 함
③ 단위수량을 최소화하여 단위시멘트양을 가능한 한 줄임

(5) 콘크리트 치기

① 1Lift(치기 높이)의 높이는 1.5~2.0m(0.75~1.0m는 최소)를 표준으로 함
② 콘크리트 치기 두께는 다짐한 후 40~50cm 정도 이하를 표준으로 함
③ 모르타르의 두께는 암반에서 2cm, 시공이음면에서 1.5cm를 표준으로 함
④ 원칙적으로 수중 콘크리트를 쳐서는 안 됨

(6) 수화열의 제어방법

① 저열이나 중용열 포틀랜드 시멘트를 사용
② Pozzolan(포졸란) 등의 혼화재를 사용
③ 단위시멘트양을 줄이거나 블록의 크기, 치기 높이, 치는 속도를 제한
④ Pre-cooling(재료 냉각) 실시
⑤ 냉각법 : 습윤양생, Pipe cooling

5) 특수콘크리트댐

(1) 콘크리트댐의 합리화 시공

구분	내용
BCP 공법	Belt Conveyer Placing
RCD 공법	Roller Compacted Dam, 최근 시공사례가 늘고 있음
PCD 공법	Pump Compacted Dam

(2) 콘크리트댐 시공순서

공사용 동력설비, 급수설비 → 유수전환공 → 가제철공 → 기초공 → 댐 Con'c, 여수로

(3) 댐콘크리트 양생기간

구분	양생기간
보통, 중용열 시멘트	14일 이상
Fly ash, 고로 시멘트	21일 이상

6) 댐의 부속설비

(1) 여수로(Spill way)

구분	내용
사이펀 여수로	상하류면의 수위차를 이용한 여수로
그롤리 홀 여수로	원형 나선팔로 되어 있는 여수로
측수로 여수로	필댐과 같이 댐 정상부를 월류시킬 수 없을 때 댐 한쪽 또는 양쪽에 설치한 여수로
슈트식 여수로	댐 본체에서 완전히 분리시켜 설치하는 여수로
댐마루 월류식 여수로	중력댐의 경우 홍수량을 댐마루 수문에 의해 조절하는 여수로

(2) Gate : 가동 방죽, Movable weir의 수문

① Tainter gate　　② Sluice gate
③ Stoney gate　　④ Roller gate

(3) 검사랑 : 위험을 사전에 예측

① 댐 시공 후 관리상 예상되는 사항을 검사하기 위해 댐 내부에 설치
② 크기 : 1.2~2m × 1.8~2.5m
③ 내용 : Con'c 내부의 균열 검사, 누수 및 배제, 양압력, 온도 측정, 수축량 검사

CHAPTER 08 공사관리(시공, 공정)

01 시공관리

1) 개요
① 요구 성능에 만족하도록 합리적이고 경제적으로 만들기 위해 실시하는 관리 수단
② 수단의 체계로는 적절한 품질기준을 정하고, 이를 달성하기 위한 통제 관리활동

2) 시공관리의 3대 목표 및 생산수단 5M

(1) 시공관리
① 원가관리   ② 품질관리   ③ 공정관리   ④ 안전관리

(2) 생산수단 5M
Man, Machinery, Material, Money, Method

(3) 진행절차(Deming의 관리 Cycle)

구분	내용
Plan 단계	• 작업하는 목적을 명확히 결정 • 목적달성을 위한 수단과 방법의 결정 • 품질 표준 작업 표준 결정
Do(실시) 단계	• 작업 표준의 교육 실시 • 집단교육과 일시교육 병행 • 작업 표준의 훈련 실시
Check(검사) 단계	• 품질 데이터 채취 • 결과와 실시방법을 대상으로 검사 • 품질 상태 조사
Action(조치) 단계	• 이상 원인 발견 시 시정조치 • 재차 발생이 없도록 조치 • 원인분석 결과를 Feed-back

3) 활성화 방안

① 기업의 체질 개선 : 경영 차원 개선, 결과보다 과정 중시
② ISO 9000 품질관리 System 도입 : 체계적인 선진 관리법 도입
③ 품질에 대한 인식 전환 : 검사만으로 품질 향상 불가, 전 사원 참여
④ 표준공기 이행 : 표준공기를 이행하여 정밀도가 높은 양질의 시공으로 품질 확보
⑤ 품질관리 체계적 교육 : 품질관리의 중요성 및 방법의 지속적인 교육 실시
⑥ 품질관리 System : 품질관리의 과정 중심 System의 도입으로 환경 변화에 대응
⑦ 품질관리기법 도입 : 관리도, 파레토도, V.E 기법, T.Q.C 활동, 통계적 관리수법 등
⑧ 전문인력 양성 및 전담 부서 : 전문인력의 육성과 전담 부서 조직

02 공정관리

1) 정의

① 건축생산에 필요한 자원(5M)을 경제적으로 운영하여 주어진 공기 내에 좋고, 싸고, 빠르고, 안전하게 건축물을 완성하는 관리기법
② 공정관리를 위해서는 공정표를 작성하여야 한다.

2) 공정관리 기법의 종류별 비교

구분	Gantt식 공정표	Network식 공정표
종류	• 횡선식 공정표(Bar chart) • 사선식 공정표	• CPM / PERT • PDM / Over lapping
정의	공사의 종류 및 작업 순서에 따라, 소요시간에 따라 단순하게 작도된 공정표	전체 Project를 단위작업으로 분해하여 상호 작업관계를 ○와 →로 표기한 망상도
특성	• 작성이 용이하다. • 판단이 쉬워 초보자도 이용할 수 있다. • 작업 상호관계 및 진도관리가 어렵다.	• 작성이 어려우나 공사 파악이 용이하다. • 상호관계, 문제점의 발견이 쉽다. • 주공정선(CP)을 알기 쉽다.

3) 네트워크(Network) 공정표 PERT, CPM 관리기법의 비교

구분	PERT	CPM
대상	신규사업, 경험이 없는 사업	반복사업, 경험이 있는 사업
개발과정	미 해군	미 Dupont Co.
주목적	공기 단축(Time)	공비 절감(Cost)
소요시간	• 3점 추정 • $t_e = t_o + 4t_m + t_p/6$	• 1점 추정 • $t_e = t_m$
MCX	적용 안 됨	적용됨
일정 계산	• 일정 계산이 복잡 • 결합점(Event) 중심	• 계산 상세, 작업 간 조정 가능 • 작업(Activity) 중심
여유시간	Slack	Float(TF, FF, DF)

4) 표시방법

(1) 일정계산법

EST, EFT, ET	LST, LFT, LT
• 작업의 진행방향으로 진행한다. • 최초 작업 = 0 • EST + 소요일수 = EFT • 복수의 작업이 만날 때는 최댓값	• 작업의 역전방향으로 진행 • 최종 LFT = 최종 LST • LFT − 소요일수 = LST • 복수의 작업이 만날 때는 최솟값

(2) 여유시간

구분	내용
TF	작업을 EST로 시작하고 LFT로 완료 시 생기는 여유기간 TF = LFT − EFT
FF	작업을 EST로 시작하고 후속작업도 EST로 시작해도 존재하는 여유기간 FF = 후속작업 EST − 그 작업의 EFT
DF	후속작업의 TF에 영향을 끼치는 여유시간 DF = TF − FF

5) 주공정선(CP)의 특징

① 여유시간이 없다(TF = 0, FF = 0, DF = 0).
② CP는 복수의 경로가 존재할 수 있다.
③ 더미가 CP가 될 수도 있다.

④ 여러 경로 중 가장 많은 날수를 소모한다.
⑤ 개시결합점에서 종료결합점까지 연결되어야 한다.

6) 최적 시공속도

① 공사비는 직접비와 간접비의 합으로 구성되며, 그 Total cost가 최소일 때를 최적시공속도 또는 경제 시공속도라고 한다.
② 공기를 단축함으로써 직접비는 증대하고, 간접비는 감소한다.
③ 시공속도 × 공기 = 공사량 = 일정

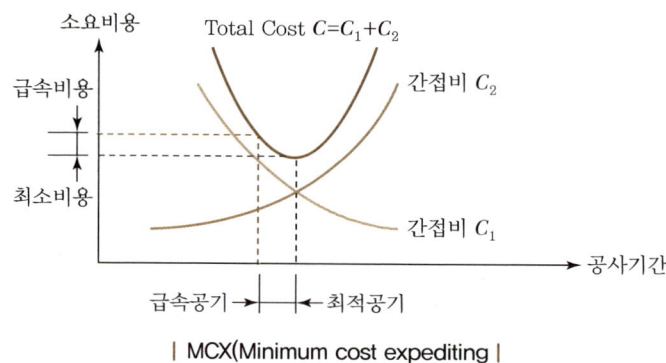

| MCX(Minimum cost expediting |

핵심 예상문제

01 토공

01 토취장 선정에 있어 고려할 사항이 아닌 것은?

① 성토 장소를 향하여 하향구배로 1/50~1/100 정도일 것
② 싣기에 용이한 지형일 것
③ 용지 매수, 보상 등이 값싸고 용이할 것
④ 사토량을 충분히 수용할 수 있는 용량일 것

 사토량을 충분히 수용할 수 있는 용량일 것은 사토장의 선정 조건에 해당한다.

02 다음은 토공에서의 토량 배분에 관한 사항과 유토곡선에 관한 설명 중 옳지 않은 것은?

① 경제적인 토공 단가가 되도록 토량을 배분하는 것이 이상적이다.
② 유토곡선을 이용하여 토량을 배분하는 것이 보통이다.
③ 유토곡선의 작도는 차인 토량으로 그린다.
④ 유토곡선의 토적 계산에서 보정 토량은 성토량을 본바닥 토량으로 환산하는 것이 일반적이다.

 유토곡선을 그릴 때는 누가 토량을 이용한다.

03 사질토로 25,000m³의 성토를 할 경우 굴착 및 운반토량은 얼마인가?(단, 토량의 변화율은 $L=1.25$, $C=0.9$이다.)

	굴착토량	운반토량		굴착토량	운반토량
①	35,600.2m³	323,650.6m³	②	27,531.5m³	36,372.5m³
③	27,777.7m³	334,722.2m³	④	19,865.3m³	28,652.8m³

1 ④ 2 ③ 3 ③ 정답

$$L = \frac{\text{운반할 토량}}{\text{굴착할 토량}}, \quad C = \frac{\text{성토한 토량}}{\text{굴착할 토량}}$$

- 굴착할 토량 $= \dfrac{25{,}000}{0.9} = 27{,}777.7\text{m}^3$
- 운반할 토량 $= L \times$ 굴착할 토량 $= 1.25 \times 27{,}777.7 = 34{,}722.2\text{m}^3$

04 토적곡선(mass curve)에 대한 설명 중 틀린 것은?

① 절토 구간의 토적곡선은 상승 곡선이 되고, 성토 구간의 토적곡선은 하향 곡선이 된다.
② 절토에서 성토에의 평균운반거리는 절토의 중심과 성토의 중심과의 사이의 거리로 표시된다.
③ 동일 단면 내의 절토량, 성토량은 토적곡선에서 구할 수 있다.
④ 절토와 성토가 대략 평형이 된 구간은 그은 평생선은 반드시 하나의 연속된 직선으로 되지 않는다.

동일 단면 내의 횡방향 유용토는 제외되어 있어 토적곡선에서 구할 수 없다.

02 기초공

01 공기 케이슨(pneumatic caisson) 공법의 장점이 아닌 것은?

① 지지층을 확인 시공함으로써 안전성이 크다.
② 침하 하중의 증감이 쉽고 케이슨에 비하여 중심위치가 낮아 경사가 적다.
③ 부등침하가 생기기 쉽다.
④ 장애물 제거가 쉽고 공기도 확실히 예정할 수 있다.

케이슨 내부에 압축공기의 압력을 3.5kg/cm² 정도 가하므로 지하수의 침입을 막으며 시공하므로 부등침하가 생길 우려가 없다.

02 압성토 공법은 연약 지반에 있어서 어떤 역할을 하는가?

① 압밀 침하를 촉진시킨다.
② 전단 저항을 크게 한다.
③ 활동에 대한 저항 모멘트를 크게 한다.
④ 침하 현상을 방지한다.

정답 4 ③ / 1 ③ 2 ③

연약지반에 성토를 하면 성토가 침하하여 그 측방에 융기하는 일이 있어 활동을 막아 준다.

03 최근 지하철이나 지하상가 굴착 시 고압으로 가압된 경화제를 Air Jet와 함께 복수 노즐로부터 분사시켜 지반의 토립자를 교반하여 경화제와 혼합시켜 지반 보강과 차수벽 공사에 이용하는 무진동 무소음 공법은?

① JSP 공법　　　　　　　　② SGR 공법
③ SCW 공법　　　　　　　　④ Slurry Wall 공법

04 굴착공사에서 오거에 케이싱을 설치하여 굴착하고 시멘트 용액을 주입하여 현장토사와 교반 혼합하여 지수벽을 만드는 공법은?

① SCW 공법　　　　　　　　② CIP 공법
③ Slurry wall 공법　　　　　　④ SGR 공법

 SCW(Soil Cement Wall) 공법

05 Top down 공법의 특징에 대한 설명 중 틀린 것은?

① 지상 및 지하층의 병행작업으로 공기 단축을 할 수 있다.
② 인접건물이나 인접지대에 영향을 주지 않는다.
③ 굴착된 흙이나 버럭의 배출이 용이하다.
④ 지하층의 주벽을 먼저 시공하므로 지하수의 차단이 용이하다.

 굴착된 흙이나 버럭의 배출이 어렵다.

06 우물통의 침하에 대한 다음 설명 중 옳지 않은 것은?

① Well 하부를 굴착하여 마찰력을 감소시킬 것
② Well을 경사지게 하면 침하가 쉽다.
③ 침하는 평형 상태로 해야 한다.
④ 재하중을 증가시키면서 침하시킬 것

우물통 기초는 수직을 유지하면서 굴착해야 침하가 쉽다.

07 강널말뚝의 특징에 관한 설명 중 옳지 않은 것은?

① 단면이 강하면 벤딩 모멘트에 대한 저항이 크다.
② 비교적 쉽게 뽑아서 반복하여 사용할 수 있다.
③ 견고한 지반에도 박을 수 있다.
④ 물막이 효과가 적다.

 강널말뚝은 물막이 효과가 크다.

08 Earth drill기로 말뚝 구멍을 굴착하여 굵은 골재를 채워서 그 속의 모르터 주입관으로 프리팩트 모르타르를 주입하여 프리팩트 콘크리트 파일을 형성하는 공법은?

① ICOS 공법　　　　　　　　② MIP 공법
③ CIP 공법　　　　　　　　　④ PIP 공법

09 굴착 구멍과 저수 탱크 사이에 물을 환류시켜 정수압으로 공벽을 무너지지 않게 하고 특수 비트 등으로 토사를 굴착하는 공법은?

① Benoto 공법　　　　　　　② Reverse circulation 공법
③ PIP 공법　　　　　　　　　④ Earth drill 공법

10 기설 구조물에 대하여 기초 부분을 신설, 개축 또는 보강하는 공법으로서 고층 건물의 시가지 등에서 지하철을 건설하면서 이용되는 공법은?

① Under pinning 공법　　　　② Well point 공법
③ Preloading 공법　　　　　　④ Sand drain 공법

기존 구조물의 기초를 보강하는 공법이다.

정답　7 ④　8 ③　9 ②　10 ①

03 옹벽공

01 다음의 옹벽 설명에서 역T형 옹벽에 관한 내용으로 맞는 것은?

① 자중과 뒤채움 토사의 중량으로 토압에 저항한다.
② 자중만으로 토압에 저항한다.
③ 일반적으로 옹벽의 높이가 낮은 경우에 사용된다.
④ 자중이 다른 방식보다 대단히 크다.

중력식 옹벽	지반이 견고한 곳에 높이 4m 이하의 무근 RC 옹벽
반중력식 옹벽	무근 콘크리트 + 인장 부위 철근(4m 이하)
역T형 및 L형 옹벽	• 철근 콘크리트 자중과 뒤채움 토사 중량 • 캔틸레버 옹벽 – 6m 정도 유리
부벽식 옹벽	지반이 불량한 경우(높이가 6m 이상)

02 높이가 6m 이상일 때 사용되며, 지지벽 옹벽이 T형 옹벽에 있어서 옹벽 벽체의 강도가 부족한 경우에 채택되는 옹벽은?

① 중력식 옹벽　　　　　② L형 옹벽
③ 반중력식 옹벽　　　　④ 부벽식 옹벽

옹벽 벽체의 강도 부족 시 적당한 간격으로 부벽을 만들어 강도를 보강하는 방식이다.

03 다음 옹벽의 종류 중 무근 콘크리트 단면의 벽 내에 생기는 인장력으로 철근으로 지지시키는 옹벽은?

① 중력식　　　　　② 반중력식
③ 역T형식　　　　④ L형식

04 석축이 파괴되는 원인을 설명한 것 중 옳지 않은 것은?

① 뒤채움 조약돌의 중량　　　② 기초지반의 불량
③ 배면의 토압　　　　　　　④ 침투수의 공극수압 증가

뒤채움 토사의 침강, 배수의 불량, 돌쌓기의 불량

1 ①　**2** ④　**3** ②　**4** ①　정답

05 석축의 찰쌓기, 콘크리트 옹벽, 콘크리트 쌓기 블록 등의 배면 배수처리 공법 중 지표수 침투 방지를 위한 공법은 다음 중 어느 것인가?

① 경사 배수공   ② 배수용 도랑
③ 연속 배면 배수공   ④ 간이 배수공

04 건설기계

01 모터 그레이더를 사용하는 주된 작업에 대한 설명 중 옳지 않은 것은?

① 운반로 보수   ② 광장 정지
③ 암거부의 되메우기   ④ 고속 제설작업

모터 그레이더는 정지작업, 옆 도랑 파기, 비탈끝 손질, 도로변 끝손질, 잔디 벗기기 작업

02 벌개작업에 가장 적합한 토공기계는 다음 중 어느 것인가?

① 스크레이퍼, 트랙터 셔블   ② 로드 롤러, 디퍼 셔블
③ 백호, 클램 셀   ④ 불도저, 레이크 도저

나무 뿌리 등을 벌개할 때는 불도저나 레이크 도저를 이용한다.

03 제방이나 흙댐의 시공에 있어서 성토 다짐할 경우 함수비(含水比)가 높은 흙이라면 함수비 조절을 위하여 어떤 롤러(Roller)를 사용하면 가장 효과적이겠는가?

① 탬핑 롤러(Tamping roller)   ② 머캐덤 롤러(Macadam roller)
③ 탠덤 롤러(Tandem roller)   ④ 타이어 롤러(Tire roller)

탬핑 롤러는 다짐 유효 깊이가 커 함수비 조절이 용이, 함수비가 높은 흙의 다짐에 효과적이다.

정답 5 ② / 1 ③ 2 ④ 3 ①

04 흙을 굴착, 적재, 운반, 깔기의 작업을 일관되게 연속 작업할 수 있는 토공장비는?

① 백호우 ② 스크레이퍼
③ 로더 ④ 불도저

 스크레이퍼는 굴착, 적재, 운반, 사토(깔기) 작업을 할 수 있다.

05 트랙터의 단위 중량 17t, 전장비 중량 22t, 접지장 270cm, 캐터필러 폭 55cm, 캐터필러의 중심 거리가 2m일 때 불도저의 접지압은 얼마인가?

① 0.37kg/cm^2 ② 0.74kg/cm^2
③ 1.11kg/cm^2 ④ 2.96kg/cm^2

 접지압 = $\dfrac{\text{전장비 중량}}{\text{접지 면적}} = \dfrac{22,000}{2 \times 270 \times 55} = 0.74 \text{kg/cm}^2$

06 다음 불도저의 1시간당 작업량(본바닥 토량)은?

[조건]
$l = 40\text{m}$ $V_1 = 2.4\text{km/h}$ $V_2 = 6.0\text{km/h}$ $t = 12\text{sec}$
$q = 2.3\text{m}^3$ $L = 1.15$ $E = 80\%$

① 45m^3 ② 48m^3
③ 55m^3 ④ 60m^3

$C_m = \dfrac{l}{V_1} + \dfrac{l}{V_2} + t = \dfrac{40}{40} + \dfrac{40}{100} + 0.2 = 1.6 \text{min}$

$V_1 = \dfrac{2,400}{60} = 40\text{m/min}, \quad V_2 = \dfrac{6,000}{60} = 100\text{m/min}, \quad t = \dfrac{12}{60} = 0.2\text{min}$

$\therefore Q = \dfrac{60 \cdot q \cdot f \cdot E}{C_m} = \dfrac{60 \times 2.3 \times \dfrac{1}{1.15} \times 0.8}{1.6} = 60\text{m}^3/\text{hr}$

4 ② 5 ② 6 ④ **정답**

07 0.7m³의 백호(Back hoe) 1대를 사용하여 6,000m³의 기초 굴착을 시행할 때 굴착에 요하는 일수는 얼마인가?(단, Back hoe의 cycle time은 24초, dipper 계수는 0.9, 토량 변화율 $L=1.2$, 작업 능률은 0.8, 1일의 운전시간은 7시간이다.)

① 14일　　　　　　　　　　② 13일
③ 10일　　　　　　　　　　④ 15일

- $\dfrac{3{,}600 \cdot q \cdot k \cdot f \cdot E}{C_m} = \dfrac{3{,}600 \times 0.7 \times 0.9 \times \dfrac{1}{1.2} \times 0.8}{24} = 63\,\text{m}^3/\text{hr}$
- 1일 작업량 $= 63 \times 7 = 441\,\text{m}^3/\text{day}$
- $\therefore$ 굴착일수 $= \dfrac{6{,}000}{441} \fallingdotseq 14$일

08 흐트러진 상태의 $L=1.25$, 단위 중량이 1.7t/m³인 토사를 15t 덤프트럭으로 운반하고자 할 때 적재 가능량은?

① 7.05m³　　　　　　　　　② 11.03m³
③ 12.0m³　　　　　　　　　④ 20.4m³

$q_t = \dfrac{T}{\gamma_t} \cdot L = \dfrac{15}{1.7} \times 1.25 \fallingdotseq 11.03\,\text{m}^3$

05 발파공, 터널공

01 터널공사에서 사용하는 천공(穿孔) 방법 중 번컷(Burn Cut) 공법의 장점에 대한 설명 중 옳지 않은 것은?

① 긴 구멍의 굴착이 용이하다.
② 터널폭의 관계없이 천공 길이를 깊게 하여도 경제적이다.
③ 폭약이 절약된다.
④ 빈 구멍을 자유면으로 하여 연직폭파를 하므로 천공이 쉽다.

빈 구멍을 자유면으로 하여 수평공, 평행공으로 천공하여 폭파하므로 천공이 쉽고, 비석이 적고 버럭이 도갱 부근에 집중된다.

02 수직갱에 있어서 물이 고였을 경우 어떤 발파방법이 좋은가?

① 벤치 컷 ② 번 컷
③ 피라미드 컷 ④ 스윙 컷

> 해설: 버럭이 너무 비산하지 않는 곳에 유효하다.

03 최근 터널 굴착에 있어서 록 볼트(rock bolt)와 뿜어 붙이기 콘크리트와 가축(可縮)성 동바리공을 병용하는 터널 굴착방법은?

① 링 컷(ring cut) 공법 ② 상부 링 컷 공법
③ NATM 공법 ④ JTM 공법

> 해설: Rock bolt를 천공 삽입하고 얇은 라이닝이나 방수처리를 하여 도시 지하철 공사에 시공을 적용한다.

04 다량의 암석을 계단 모양으로 굴착하여 점차 후퇴하면서 발파작업을 하는 암석 굴착방법은?

① 대발파 ② 소발파
③ 스무드 블라스팅 ④ 벤치 컷

05 터널의 계획, 설계, 시공 시 본바닥의 성질 및 지질 구조를 정확하게 알기 위한 조사 방법은 어느 것인가?

① 물리적 탐사 ② 탄성파 탐사
③ 전기 탐사 ④ 보링(Boring)

> 해설: 보링 조사를 통해 코어 채취로 물리적 시험 성과 결과 정확한 조사가 가능하다.

06 터널의 지질이 연암이고 또 다소 나쁘다고 보았을 때 터널 단면형은 다음의 어느 형이 가장 적당한 것인가?

① 마제형 단면 ② 구형 단면
③ 원형 단면 ④ 직벽식 반원형 단면

정답 2 ④ 3 ③ 4 ④ 5 ④ 6 ①

> **해설** 원형 단면의 경우에는 지질이 아주 불량하고 대단히 큰 토압이 작용하는 터널에 적합한 단면 및 직벽식 반원형 단면은 터널의 지질이 양호할 때 적합하다.

07 다음 지하철 공법 중 연약한 지중에 지하철을 건설할 때 선두에 강고한 강관을 설치하고 압력으로 압입시켜 나가는 공법은 무엇인가?

① Caisson 공법　　　② Shield 공법
③ Cut and cover 공법　　　④ Under pining 공법

> **해설** 실드 공법은 연약하고 팽창 또는 붕괴의 우려가 있는 지질의 터널 굴착에 이용된다.

08 터널 단면이 크고 일시에 굴착이 어려워서 측벽부를 남기고 상부 반단면과 중앙부를 함께 굴착하고 복공은 역권법으로 시공하는 굴착 공법은?

① 상부 반단면 굴착공법　　　② 버섯형 반단면 굴착공법
③ 측벽도갱 선진 굴착공법　　　④ 저설도갱 선진 링 굴착공법

> **해설** 도갱과 상부 반단면이 버섯형 모양으로 복공은 역권법으로 한다.

06 교량공, 포장공

01 교대에서 날개벽(Wing)의 역할로 가장 적당한 것은?

① 배면(背面) 토사를 보호하고 교대 부근의 세굴을 방지한다.
② 교대의 하중을 부담한다.
③ 유량을 경감하여 부담한다.
④ 교량의 상부 구조를 지지한다.

02 다음 중 주로 고가교(高架橋)에 많이 이용되는 교대는?

① U형 교대　　　② 상자형 교대
③ 수직 날개벽 교대　　　④ 라멘 교대

정답　7 ②　8 ② / 1 ①　2 ④

03 유압 잭(Hydraulic jack)을 이용하여 거푸집을 이동시키면서 진행 방향으로 Slab를 타설하는 교량가설 공법으로 Main girder의 상하좌우 조절이 가능한 공법은?

① 이동식 지보공법(MSS) ② 프리캐스트 세그먼트 공법
③ 프리캐스터 거더 공법 ④ Dywidag 공법

> 해설
> • 높은 교각, 경간이 많고, 교장의 길이가 긴 교량의 시공에 유리하다.
> • 전천후 시공이 가능하고, 교각에 붙은 가설 받침대(Bracket)가 필요하다.

04 교량가설 공법은 비계를 사용하는 공법과 비계를 사용하지 않는 공법, 비계를 병용하는 공법으로 분류한다. 다음 중 비계를 사용하는 공법에 해당하는 것은?

① 브래킷식 가설공법 ② 캔틸레버식 가설공법
③ 디비닥식 가설공법 ④ 이렉션 트러스식 가설공법

05 교대 후방의 제작장에서 1매(segment)씩 제작된 교량의 상부 구조물에 교량 구간을 통과할 수 있도록 프리스트레스를 가한 후 특수장비를 이용하여 밀어내는 공법은 무엇인가?

① MSS ② ILM
③ FCM ④ FSM

> 해설
> 교대 뒤쪽 작업장에서 점차적으로 밀어 가설하는 공법이다.

06 역청계 포장의 유지수선으로 포장의 표층뿐만 아니라 필요에 따라서는 기층, 보조기층을 절취하고 아스팔트 혼합물로 채우는 방법은?

① 표면처리 ② 패칭(patching)
③ 덧씌우기 ④ 파상고르기

> 해설
> 아스팔트 포장의 파손 부위를 조기에 보수하는 방법이다.

3 ① 4 ④ 5 ② 6 ② **정답**

07 노반(路盤) 또는 기층에서는 수분의 모관상승을 차단하고 표면을 안정시키기 위해 표면이 흡수성일 때 혼합물의 포설(鋪設)에 앞서 시공하는 것은?

① 프라임 코트(Prime coat)　　② 실 코트(Seal coat)
③ 피치(Pitch)　　④ 컷백 아스팔트(Cut back asphalt)

08 콘크리트 포장용 팽창줄눈의 진충재로서 사용되는 역청 줄눈판은 어느 것인가?

① 일레스타이트(Elastite)　　② 아스팔트 블록(Asphalt block)
③ 타르 펠트(Tar felt)　　④ 토페카(Topeca)

 블론 아스팔트에 섬유나 고무분말을 혼합한 일레스타이트를 사용한다.

09 연속된 종방향의 철근을 사용하여 콘크리트 포장의 횡줄눈을 생략시켜 주행성을 좋게 하는 포장 공법을 무엇이라 하는가?

① 아스팔트 포장　　② 시멘트 콘크리트 포장
③ 투수 콘크리트 포장　　④ 연속 철근 콘크리트 포장

 줄눈이 없어 콘크리트 슬래브의 온도 수축에 의해 생기는 응력은 철근이 받아준다.

10 다음 진공 콘크리트 포장의 특징이다. 이 중 옳지 않은 것은?

① 조기 강도가 크고, 양생기간이 짧아도 되며 교통 개방시기가 단축된다.
② 동결 융해에 대한 저항이 적다.
③ 표면이 강경하고 마찰 저항이 크다.
④ 경화 수축이 작다.

 동결 융해에 대한 저항이 크다.

정답　7 ①　8 ①　9 ④　10 ②

07 하천공, 항만공, 댐공

01 고수공사(高水工事)에 있어서는 유수가 제방, 호안에 격돌(激突)하는 것을 방지하고 유수의 방향을 변경해서 하신(河身)으로 옮겨 제방, 호안을 보호하며 저수공사에서 유수폭을 극한하여 그 사이의 수심을 유지하고 토사 침전되도록 하는 것은?

① 수제(水制)
② 바닥다짐
③ 통문(通門)
④ 도수(導水)

 물의 흐름을 제어하는 공작물로 하천의 흐르는 방향에 직각으로 물 속에 돌출시킨다.

02 다음 밑다짐공 중 가장 간단하면서도 비교적 효과가 큰 것은?

① 돌망태공
② 콘크리트 블록공
③ 돌방틀
④ 사석공

 돌이나 콘크리트 블록으로 비탈 멈춤공의 전면에 씌우며 시공이 쉽고 효과도 크다.

03 다음 중 방파제에 관한 설명 중 틀린 것은?

① 우리나라에서는 사석제(捨石堤)가 가장 많이 사용된다.
② 방파제의 선형은 요철이 많은 것이 좋다.
③ 방파제는 파의 침입을 막기 위한 구조물이고 방향과 파의 진행방향과 이루는 각은 60~90°가 좋다.
④ 방파제의 배치 계획에서 표사에 의한 매몰이 일어나지 않도록 고려한다.

 방파제의 선형은 요철이 없는 것이 좋다.

04 방파제의 단면을 결정하는 파압을 구할 때 관계없는 것은?

① 파고
② 파장
③ 제체 전면수심
④ 조류

 밀물과 썰물로 말미암아 일어나는 바닷물의 흐름인 조류와는 관계없다.

1 ① **2** ④ **3** ② **4** ④ 정답

05 다음 중 해안 제방의 형식 분류에 속하지 않는 것은?

① 중력형 ② 경사형
③ 직립형 ④ 혼성형

> 해설) 방파제는 경사제, 직립제, 혼성제로 분류한다.

06 위아래 슬래브와 측벽을 가진 4각형 라멘 구조이고 통수량에 따라 여러 개의 문을 갖게 되며 도로, 철도와 같이 동하중이 작용하는 배수거에 대단히 유리한 구조물은?

① 다공관거 ② 관거
③ 사이펀 관거 ④ 함거

> 해설) 암거 또는 함거라 한다.

07 운동장 또는 광장과 같은 넓은 지역의 배수는 주로 어떤 배수를 하여야 물이 고이지 않는가?

① 개수로 배수 ② 지표 배수
③ 맹암거 배수 ④ 암거 배수

> 해설) 물이 고이지 않고 배수가 잘 되게 지표는 흙을 깔고 밑에 투수성의 재료를 포설한다.

08 기초 암반의 변형성이나 강도를 개량하여 균일성을 주기 위하여 기초 전반에 걸쳐 격자형으로 그라우팅하는 방법은?

① 컨솔리데이션 그라우팅 ② 주 커튼 그라우팅
③ 보조 커튼 그라우팅 ④ 스태빌라이저 그라우팅

> 해설) 기초 암반의 개량을 목적으로 기초의 표층부를 고결시켜 지지력과 수밀성을 증대시킨다.

정답 5 ① 6 ③ 7 ③ 8 ①

09 지진에 대해서 가장 약한 댐은?

① 중력 댐　　　　　　　　② 부벽 댐
③ 흙 댐　　　　　　　　　④ 록필 댐(rock fill dam)

 지진에 대해서 가장 약한 댐은 흙 댐(Earth dam)이다.

10 중력식 댐의 시공 후 내부에 설치하는 검사랑의 시공 목적이 아닌 것은?

① 누수 검사　　　　　　　② 간극수압 측정
③ 수화열 감소　　　　　　④ 온도 측정

 균열 검사, 수축량 검사 등을 한다.

08 공사관리(시공・공정)

01 공사 준비로서 시공업자는 다음 중 어느 것을 제일 먼저 해결해야 하는가?

① 가설물의 건설　　　　　② 건설 대지의 조성
③ 건설 장비의 정비　　　　④ 현장원의 편성

 현장 발족 시 가장 먼저 해결해야 하는 사항은 현장원의 편성이다.

02 건축공사는 시공 전에 수립하는 시공계획이 공사의 성패를 좌우한다고 할 수 있다. 다음 중 시공계획의 원칙이라 할 수 없는 항목은?

① 작업량을 최소화한다.
② 각 작업 또는 설비는 가능한 한 장기간 균일한 작업량을 할 수 있게 한다.
③ 기계 설비에 다소 비용을 요해도 인건비를 절감하는 방안을 모색한다.
④ 설비의 공비시간을 크게 한다.

 작업량을 최소화하고, 설비의 공비시간을 작게 하여야 경제적인 시공을 이룩할 수 있다.

9 ③　10 ③　/　1 ④　2 ④　**정답**

03 다음 네트워크 공정표의 장점을 기술한 것 중 틀린 것은 어느 것인가?

① 공사작업 전에 수정을 가할 수 있다.
② 공사계획의 전모와 공사의 전체 파악이 유리하다.
③ 계획단계에서 공정상의 문제점이 명확치 않다.
④ 공사 진척사항이 누구에게나 알려지게 된다.

> **해설** 계획단계에서 공정상의 문제점이 쉽게 발견되므로, 공사작업 전에 수정을 가할 수 있다.

04 PERT와 CPM의 차이점에 관한 설명 중 옳지 않은 것은?

① PERT의 주 목적은 공기 단축, CPM은 공비 절감이다.
② PERT는 작업 중심의 일정 계산이고 CPM은 결합점 중심의 일정 계산이다.
③ PERT는 3점 시간 추정이고 CPM은 1점 시간 추정이다.
④ PERT의 이용은 신규 사업, 비반복 사업에 이용되고 CPM은 반복 사업, 경험이 있는 사업에 이용된다.

> **해설** PERT는 결합점(Event) 중심, CPM은 작업활동(Activity)으로 일정 계산을 한다.

05 공정관리의 용어에서 다음 중 관계가 없는 것은 어느 것인가?

① 네트워크(Network)
② 히스토그램(Histogram)
③ 간트 차트(Gantt chart)
④ 퍼트(PERT)

> **해설** 히스토그램은 품질관리의 기법이다.

06 Critical path(한계 경로)의 설명 중 옳지 않은 것은?

① Critical path 상에서는 모든 여유는 0이다.
② Critical path는 반드시 하나만 존재한다.
③ 경로상의 작업이 늦은 만큼 공기가 늦어진다.
④ Critical path에 의해 전체 공정(工程)이 좌우된다.

> **해설** Critical path는 하나 이상이 존재한다.

정답 3 ③ 4 ② 5 ② 6 ②

07 다음 네트워크 공정표에서 Activity ② → ③의 디펜던트 플로트(Dependent Float)는 얼마인가?

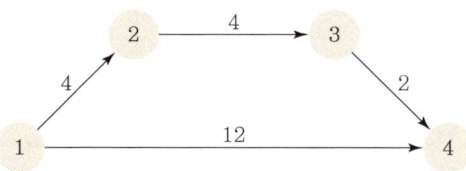

① 0일
② 2일
③ 4일
④ 8일

해설 F=TF−FF, 그런데 TF=10−4−4=2일

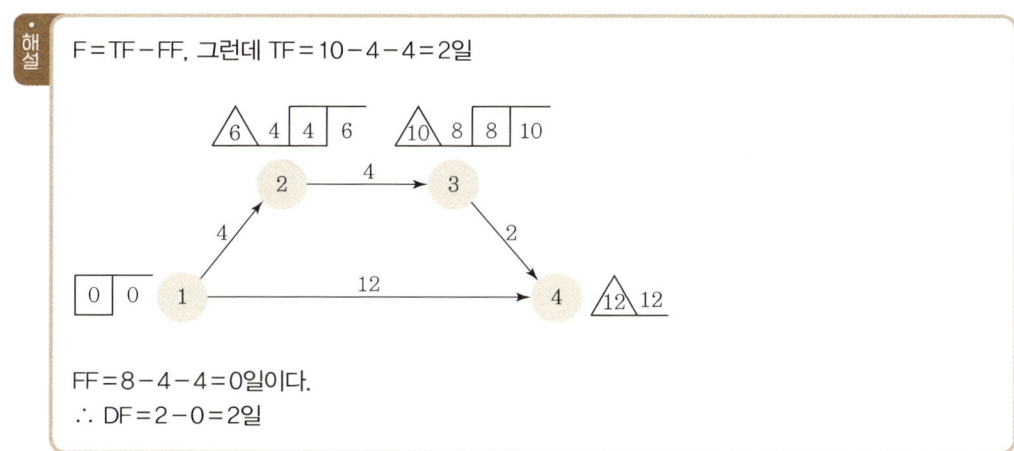

FF=8−4−4=0일이다.
∴ DF=2−0=2일

7 ② **정답**

PART 03

>> 건설재료시험기사 필기

건설재료 및 시험

CHAPTER 01 ▸ 재료 일반
CHAPTER 02 ▸ 시멘트 및 혼화제
CHAPTER 03 ▸ 골재
CHAPTER 04 ▸ 금속재료
CHAPTER 05 ▸ 목재 및 석재
CHAPTER 06 ▸ 역청재료
CHAPTER 07 ▸ 도료, 폭약, 합성수지

CHAPTER 01 재료 일반

01 재료의 규격

1) 산업 표준화의 효과
① 품질 향상 증대
② 생산 능률과 생산비 절감
③ 재료의 절약
④ 거래의 공정화

2) 한국산업표준규격(KS) : 21개 부문으로 분류

건설 부문	F	
금속 부문	D	철근, 강재
요업 부문	L	시멘트, 혼화재료
화학 부문	M	아스팔트

02 재료의 분류

1) 생산에 의한 분류

천연재료	인공재료
목재, 석재, 자갈, 모래, 천연아스팔트	벽돌, 시멘트, 금속, 석유아스팔트

2) 화학적 조성에 의한 분류
① 유기재료 : 목재, 역청재료, 플라스틱

② 무기재료

금속재료	비금속재료
철금속, 비철금속	석재, 시멘트 콘크리트, 점토제품

03 재료의 용어 정리

1) 강도와 강성

구분	내용
강도(Strength)	• 재료가 외력에 저항할 수 있는 힘의 최댓값 • 압축강도, 인장강도, 휨강도, 전단강도 등이 있다.
강성(Rigidity)	• 재료가 외력에 의한 변형에 저항하는 성질 • 변형이 작은 재료가 강성이 크다.

2) 탄성과 소성

구분	내용
탄성(Elasticity)	외력을 받아 변형한 재료에 외력을 제거하면 원상태로 돌아가는 성질
소성(Plasticity)	외력을 제거해도 그 변형은 그대로 남아 있고 원형으로 되돌아가지 못하는 성질

3) 인성과 취성

구분	내용
인성(Toughess)	재료가 파괴될 때까지 높은 응력에 견디면서 많은 변형을 일으키는 성질
취성(Brittleness)	재료가 작은 변형에도 쉽게 파괴되는 성질

4) 연성, 전성과 경도

구분	내용
연성(Ductility)	재료가 인장응력을 받아 파괴될 때까지 길게 늘어나는 성질. 연성이 큰 재료는 인성이 큼
전성(Malleability)	재료를 얇게 두드려 펼 수 있는 성질
경도(Hardness)	재료를 긁었을 때 재료가 자국, 절단, 마모 등에 저항하는 저항성

5) 내구성과 피로성

구분	내용
내구성(Durability)	재료가 동결, 화학작용, 기계적인 힘의 반복 작용 등의 외력에 대해 저항하여 그 본래의 성질을 유지하는 능력
피로성(Fatigue)	하중이 반복하여 작용할 때 정적 강도보다 낮은 강도에서 파괴되는 피로파괴(Fatigue rupture)에 저항하는 성질

04 재료의 역학적 성질

1) 강재의 응력 – 변형곡선

(1) 응력 – 변형곡선

① 비례한도 ② 탄성한도 ③ 상항복점
④ 하항복점 ⑤ 최대응력(극한강도) ⑥ 파괴점

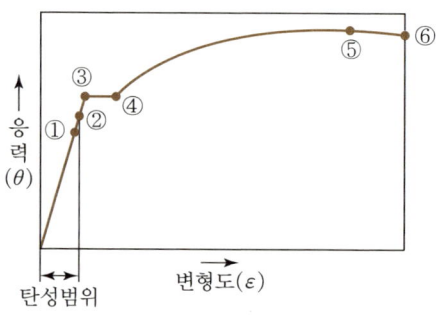

| 응력 – 변형률 곡선 |

(2) 해설

구분	내용
① P : 비례한도(Proportional limit)	탄성한도 내에서 응력과 변형이 비례하는 최대한도
② E : 탄성한도(Elastic limit)	외력을 제거해도 변형이 없이 원래 상태로 돌아가는 응력의 최대한도
③ · ④ Y 항복점(Yielding point)	외력의 증가가 없이 변형이 증가하였을 때의 최대 응력점
⑤ U : 극한강도(Ultimate strength)	재료가 응력을 최대로 받았을 때의 강도
⑥ F : 파괴점(Failure point)	재료가 파괴되는 점

2) 재료의 필요조건

① 재료를 구입 및 가공하기가 쉬워야 한다.
② 역학적 강도(압축, 인장, 전단 등)가 커야 한다.
③ 내구성, 내화성이 있어야 한다.
④ 강성이 크고 크리프가 작아야 한다.
⑤ 팽창, 수축 등의 체적 변화가 작아야 한다.

3) 재료의 파괴 원인

물리적 원인	화학적 원인
• 탄성의 상실 • 균열 • 크리프 • 자연적인 마모	• AAR • 중성화 • 재료의 부식

4) 크리프와 릴렉세이션

구분	내용
크리프(Creep)	재료에 외력이 작용하면 외력의 증가가 없어도 시간이 경과함에 따라 변형이 증대되는 현상
릴렉세이션(Relaxation)	재료에 외력을 작용시키고 변형을 억제하면 시간이 경과함에 따라 응력이 감소하는 현상

5) 강재의 피로 파괴

① 부재가 지속적인 반복 하중을 받을 때 정적 하중 조건보다 훨씬 작은 하중에서 부재의 파괴가 발생하는 현상이다.
② 피로 파괴의 원인 : 반복 재하 하중

내적 요인	외적 요인
잔류 응력, 재료(소재)	반복 응력, 응력 집중

③ 피로 파괴 검사방법
   • 육안 검사
   • 비파괴 시험 : RU, UT, MT, PT

6) 콘크리트의 탄성계수와 푸아송수

① 정탄성계수(Young 계수, E) : $E = \dfrac{응력(\sigma)}{변형률(\epsilon)} = \dfrac{\dfrac{P}{A}}{\dfrac{\Delta l}{l}}$ (MPa, N/mm²)

② 정탄성계수의 종류

초기 탄성계수(E_i)	Initial tangent modulus
할선 탄성계수(E_s)	Second modulus (파괴강도 $\dfrac{1}{3}$ 점을 탄성계수 값으로 가정)
접선 탄성계수(E_t)	Tangent modulus

③ 푸아송비(ν)

- 푸아송비 $\nu = \dfrac{1}{m} = \dfrac{\Delta d/d}{\Delta l/l}$
- m : 푸아송수로서 푸아송비의 역수(5~7)

④ 전단 탄성계수(G)

- $G = \dfrac{전단응력(\tau)}{전단변형률(\gamma)}$
- 통상 $m = 6$으로 가정하면 $G = \dfrac{E}{2}\left(\dfrac{m}{m+1}\right) \fallingdotseq 0.43E$

CHAPTER 02 시멘트 및 혼화제

01 시멘트

1) 시멘트의 화학적 성분

① 시멘트 : 석회석과 점토 등의 광물을 혼합 분쇄 후 1,450℃의 소성로(Kiln)를 거쳐 생산된 Clinker를 분쇄한 재료이다.
② KS에서는 1~5종까지 분류한다.

2) 구조물 종류에 따른 특성 보유

① 분말도(비표면적)
② 응결 및 경화시간 → 수화열
③ 충분한 강도 및 풍화가 일어나지 않아야 한다.

3) 시멘트의 화학적 성분

주성분	부성분
• CaO : 석회(60% 수준) • SiO_2 : 실리카(20~25%) • Al_2O_3 : 알루미나(5% 내외)	• Fe_2O_3 : 산화철 • MgO : 마그네시아 • SO_3 : 아황산 등

4) 시멘트 화합물의 특성

구분	화합물	초기강도	장기강도	수화열	화학저항성	수화반응속도	수축
C_3S	$3CaO \cdot SiO_2$	크다	중간	높다	보통	빠르다	보통
C_2S	$2CaO \cdot SiO_2$	작다	크다	낮다	높다	늦다	보통
C_3A	$3CaO \cdot Al_2O_3$	크다	작다	매우 높다	낮다	매우 빠르다	높다
C_4AF	$4CaO \cdot Al_2O_3 \cdot Fe_2O_3$	작다	작다	낮다	보통	늦다	작다

5) 시멘트의 종류

포틀랜드 시멘트	혼합 시멘트	특수 시멘트
• 보통 포틀랜드 시멘트(1종) • 중용열 포틀랜드 시멘트(2종) • 조강 포틀랜드 시멘트(3종) • 저열 포틀랜드 시멘트(4종) • 내황산염 포틀랜드 시멘트(5종)	• 고로 Slag 시멘트 • Fly ash 시멘트 • Silica 시멘트	• Alumina 시멘트 • 초속경 시멘트 • 팽창 시멘트 • 백색 시멘트

6) 종류별 특성

(1) 보통 포틀랜드 시멘트

일반 공사에 사용되는 콘크리트이다.

(2) 중용열 포틀랜드 시멘트

① 초기강도는 늦으나 장기강도에는 유리하다(서중 콘크리트용).
② 경화 시 발열량이 적어 건조수축 균열이 적다.

(3) 조강 포틀랜드 시멘트

① 초기강도 확보에 유리하다(한중 콘크리트용).
② 7일 강도가 보통 포틀랜드 시멘트의 28일 강도와 비슷하다.
③ 수화열이 높아 건조수축 균열이 발생한다.

(4) 저열 포틀랜드 시멘트

① 중용열 시멘트보다 수화열이 적다(Mass, 수밀 콘크리트용).
② 건조수축이 적으며, 초기강도 발현이 지연된다.

(5) 내황산염 포틀랜드 시멘트

① 황산염으로 인한 침식 방지 목적(온천지대, 해안, 항만용)
② C_3A 함량을 적게 하고, C_2S 함량을 증대

(6) 고로 slag 시멘트

① 수화열이 작고 장기강도가 크며, 내구적이다(Dam과 같은 Mass con'c용).
② 해수, 하수, 지하수 등에 대한 내침투성이 우수하다.

(7) Fly ash 시멘트

① 화력발전소의 미분탄회(미소립자 석탄회)
② 혼합성, 유동성이 좋고, 균열이 적으며, 수화열이 낮고, 장기강도가 좋아진다.

(8) Silica 시멘트

① 천연 및 인공이 있으며 Pozzolan이라 한다(화학적 저항력, 장기강도가 증대).
② 공극 충진 효과가 크고, 투수성이 작고 백화 현상이 적어진다.

(9) Alumina 시멘트

① 알루민산 석회를 주광물로 사용한 시멘트이다.
② 경화가 급속히 진행된다(7일 강도가 보통 포틀랜드 시멘트의 28일 강도와 비슷).
③ 내화성, 화학약품에 대한 저항력이 강하다(긴급 공사, 한중 콘크리트용).

(10) 초속경 시멘트

① 재령 1~2시간에 압축강도가 10MPa에 도달한다.
② 뿜칠 콘크리트, 그라우트재에 사용 및 긴급보수공사(도로, 교량 등)

(11) 팽창 시멘트

① 물과 반응하여 경화과정에서 팽창한다(균열보수에 사용).
② 팽창력 증대로 철근의 신장을 일으켜 Prestress가 도입되는 효과가 있다.
③ 수축보상 시멘트(Self stressing cement)라고도 한다.

7) 시멘트의 품질 시험(분안당 시비하면 강하게 응수하라)

(1) 분말도 시험

① 분말도는 시멘트 입자의 가늘고 굵음을 나타내는 것으로, 클수록(미세할수록) 표면적이 증가하고, 수화작용은 빨라지며 강도는 크다.
② 보통 시멘트의 경우 2,800~3,200cm^2/g(중용열 2,800 이하, 조강 4,000 이상)

(2) 안정성 시험(Soundness test)

① 시멘트 약 100kg과 물 25%로 Cement paste를 만든 후, 유리판 위에 놓고, 밑에서 가만히 두드려 외측에서 내측으로 밀어 지름 10cm 얇은 Pad를 만든다.
② 일정한 습기함에 넣고 24시간 저장 후 수중보양을 27일 한 후 팽창성과 갈라짐, 뒤틀림을 검사한다.

(3) 시료 채취
① 시멘트 50t 또는 그 단수마다 5kg 이상의 시료를 채취한다.
② 포대일 경우는 15t 또는 그 단수마다 한 포로 한다(4분법으로 하여 한 구를 시료).

(4) 비중(밀도)시험
① 르 샤틀리에 비중병 사용 : 비중은 최소 3.05 이상, 보통 3.15 정도
② 시멘트 비중 = $\dfrac{\text{시멘트 중량(g)}}{\text{비중병의 눈금자(cc)}}$

(5) 강도시험
① 휨시험용의 공시체는 단면 4cm×4cm×16cm의 네모 기둥을 쓰고, 압축시험에는 4cm×4cm×16cm를 사용한다.
② 압축강도시험은 3일, 7일, 28일의 재령으로 휨시험과 병행한다.

(6) 응결시험
① 알루민산 삼석회($3CaO \cdot Al_3O_3$)가 많으면 응결이 빠르다.
② Cement paste를 온도 $20 \pm 3℃$, 습도 80% 이상 때 응결
③ 시작은 1시간 후, 종결은 10시간 이내

(7) 수화열 시험
① 수화열은 70cal/g 정도
② 조강 시멘트는 수화열이 많고, 중용열 시멘트는 수화열이 적다.

8) 기타 시멘트 성질

(1) 풍화(Aeration)
① 시멘트가 공기 중의 수분 및 이산화탄소를 흡수하여 가벼운 수화 반응을 일으킨다.
② 종류
- 수분 흡수 : $CaO + H_2O \rightarrow Ca(OH)_2$
- CO_2 흡수 : $CaO + CO_2 \rightarrow CaCO_3$

(2) 풍화된 시멘트의 특징
① 밀도가 떨어지고 응결이 지연된다.
② 초기강도가 현저히 작아지고 특히 압축강도에 큰 영향을 미친다.

9) 시멘트의 창고

① 지상 30cm 이상 되는 마루에 적재한다.
② 입하 순서대로 사용한다(선입선 사용).
③ 풍화된 시멘트를 사용해서는 안 된다.
④ 시멘트의 창고 면적(A) $= 0.4 \times \dfrac{\text{시멘트 포대수}(N)}{\text{쌓기 단수}(n)}$

02 혼화재료

구분	내용
n (쌓기 단수)	• 단기저장 : 13포 • 장기저장 : 7포
N(시멘트 포대수)	• 600포 미만 : 포대수 그대로 적용 • 600포~1,800포 : 600포 적용 • 1,800포 이상 : N/3 적용

1) 사용 목적

① 성질 개선(가장 큰 목적) ② 시공연도 개선
③ 강도 및 내구성 개선   ④ 응결시간 조절
⑤ 수밀성 증진   ⑥ 철근의 부식 방지

2) 종류

혼화제(混和劑)	혼화재(混和材)
• AE제, 감수제, AE 감수제, 고성능 감수제 • 방수제, 방청제, 방동제, 발포제 • 응결경화 조절제 • 수중 불분리성 혼화제 • 유동화제(流動和劑)	• Pozzolan • 고로 slag • Fly ash • 실리카슘 • 팽창재 • 착색재(着色材)
첨가량이 시멘트 중량의 5% 미만	시멘트 중량의 5% 이상

03 종류별 특징

1) AE제(Air entraining agent)

① 시공성 향상 및 동결 융해에 대한 저항성 증대 목적
② 혼화제 없어도 자연적으로 1~2% 정도의 공기(Entrapped air)를 포함
③ AE제를 3~5% 증가시키면 시공연도를 향상(시방규정 7% 이하)
④ 공기량 1% 증가 시 슬럼프는 약 15~25mm 증가, 압축강도는 3~5% 감소

2) 감수제, AE 감수제(AE water reducing agent)

① Cement 입자를 분산시켜 시공연도를 향상
② AE제 경우는 감수 효과가 8%, AE 감수제를 사용 시 10~15%의 감수 효과
③ 시공연도를 향상 및 단위수량을 감소

3) 고성능 감수제

① 시멘트를 효과적으로 분산시켜 단위수량을 대폭적으로 감수
② 감수 효과는 20~30%로 고강도 콘크리트 제조 시 사용

4) 고성능 AE 감수제

① 감수 효과(감수 효과는 20% 내외)가 좋고 Slump 손실도 적음
② 압축강도 50MPa 이상의 고강도 콘크리트 제조에 사용

5) 기타 혼화제(Agent)

구분	내용
방수제 (Water proofing A)	• 공간 충진 재료 : 미세한 물질 혼입하여 공극을 충진 • 발수성의 물질을 도포, 흡수성을 차단하는 성능
방청제 (Corosion inhibiting A)	• 방청제는 철근의 부식을 억제할 목적 • 철근의 부식은 일종의 전기화학반응에 의해 발생
방동제	• 염화칼슘, 식염 등으로 콘크리트의 동결을 방지 • 다량 사용하면 강도 저하 및 급결작용이 발생
발포제(Gas foaming A)	• 화학반응으로 발생하는 가스를 이용하여 기포를 형성 • 수소가스, 산소가스, 아세틸렌 가스, 탄산가스 사용

구분	내용
응결경화 조절제	• 촉진제(Accelerator) • 지연제(Retarder) • 급결제(急結濟) • 초지연제
수중 불분리성 혼화제	• 수중에서 시멘트와 골재가 분리되는 것을 방지 • Bleeding 현상을 억제, 강도 및 내구성을 증대
유동화제 (Super plasticizer)	• 콘크리트의 유동성을 증대시키기 위해서 미리 혼합된 콘크리트에 첨가하여 사용하는 혼화제를 말함 • 감수제의 기능을 더욱 향상시켜 콘크리트 품질을 저하시키지 않고 타설 및 다짐작업을 향상시킬 수 있음

6) Pozzolan

① 시멘트가 수축할 때 생기는 $Ca(OH)_2$과 화합하여 콘크리트의 강도 및 화학적 저항성, 수밀성 등을 개선 목적(잠재적 수경성)

② 효과
- 시공연도, 장기강도, 수밀성 향상
- 수화열 감소(Mass con'c에 적용)
- 알칼리 골재 반응 억제 효과 및 화학 성능 향상

③ 재료

구분	내용
천연산	화산재, 규조토, 규산백토
인공재료	고로 슬래그, 소성점토, 혈암, 플라이 애시

7) 고로 Slag

① 용광로에 알루미노 규산염으로 구성되는 슬래그를 물, 공기 등으로 서냉, 급랭하여 입상화한 것이다(잠재적 수경성).
② 장기강도 증진과 해수, 하수 등에 대한 내침투성이 우수해진다.
③ 내열성이 크고 건조수축도 약간 크다.

8) Fly ash

① 화력발전소 등에서 부산되는 석탄재로서, Pozzolan계의 대표적인 혼화재
② 효과
- 초기강도 증진은 늦으나 장기강도는 크다(잠재적 수경성).
- 구상의 미립자로, 볼 베어링(Ball bearing) 작용 시공연도가 개선

9) 팽창재

① 경화하는 과정에서 콘크리트가 팽창하는 성질을 가지는 혼화재
② 균열이 거의 없어 균열보수 공사, Grouting 재료 및 PS 콘크리트에 사용

10) 착색제(着色材)

① 콘크리트에 색을 입히는 혼화제(착색 콘크리트 또는 컬러 콘크리트)
② 종류
- 빨강 : 산화제2철
- 파랑 : 군청
- 갈색 : 이산화망간
- 노랑 : 크롬산바륨
- 검정 : Carbon black
- 초록 : 산화크롬

CHAPTER 03 골재

01 골재 일반

1) 골재의 구비조건

① 흙, 먼지, 유기불순물 등이 없는 청정, 견고, 내구적인 것
② 자갈은 둥글고 표면이 거친 것
③ 모래는 미세립분이나 염분이 포함되지 않을 것

2) 골재의 분류

(1) 산지 및 제조에 의한 분류

구분	내용
천연골재	하천(강모래, 강자갈)
	바다(바다모래, 바다자갈 등)
	산(산모래, 산자갈)
인공골재	부순모래, 부순자갈
	인공 경량 골재
	슬래그, 동슬래그 골재(부산물 골재)
순환골재	순환 잔골재
	순환 굵은 골재

(2) 입경에 따라

① 모래(잔골재) : 5mm 체(No.#4)를 다 통과하고 0.08mm 체에 다 남는 골재
② 자갈(굵은 골재) : 5mm 체에 다 남는 골재

(3) 비중에 따라

① 경량 골재 : 비중이 2 이하(경량 콘크리트용)

② 보통 골재 : 비중이 2.5 정도(보통 콘크리트용)
③ 중량 골재 : 비중이 3 이상(중량 콘크리트용)

3) 단위용적질량(Unit weight)

① 정의 : 1m³의 골재질량(1,400~1,700kg/m³)
② 공극률(Percentage of voids)

$$V = \left(1 - \frac{w}{g}\right) \times 100(\%)$$

- 여기서, V : 공극률, w : 단위용적질량(t/m³), g : 밀도
- 공극률이 작을수록 콘크리트의 밀도, 마모저항, 수밀성, 내구성이 증대

③ 실적률(Percentage of solids)

$$d = \frac{w}{g} \times 100(\%)$$

- 여기서, d : 실적률
- 실적률이 클수록 골재의 모양이 좋고 입도가 적당하다.

④ 골재의 단위용적질량 시험(KS F 2505)
- 봉다짐 시험
- 지깅(Jigging) 시험
- 쇼벨(삽) 시험

4) 알칼리 골재 반응(Alkali-aggregate reaction)

① 알칼리 성분에 팽창하는 골재의 화학반응을 일으킴
② 실리카, 실리게이트, 탄산화 반응으로 콘크리트가 팽창되어 균열이 발생
③ 알칼리량이 0.6% 이하인 저알칼리형 시멘트를 사용
④ 포졸란을 적절히 사용하면 반응을 억제시킬 수 있음
⑤ 알칼리 팽창 골재 : 이백석, 규산질, 고로질 석회암, 응회암

5) 굵은 골재의 최대치수

① 질량으로 90% 이상 통과시키는 체중에서 최소치수의 체눈의 호칭치수
② 클수록
- 빈틈이 작아져 단위수량 및 시멘트양이 감소
- 골재의 혼합이 어렵고 재료 분리가 많아지며 취급이 곤란

③ 굵은 골재 사용

구조물의 종류		굵은 골재 최대치수	
무근 콘크리트		100mm 이하	
무근 콘크리트		부재 최소 치수의 $\frac{1}{4}$ 이하	
철근 콘크리트	일반적인 경우	20 또는 25mm	50mm
철근 콘크리트	단면이 큰 경우	40mm	부재 최소 치수의 $\frac{1}{5}$ 또는 철근의 최소 수평순간격의 $\frac{4}{3}$ 이하
포장 콘크리트		40mm 이하	
댐 콘크리트		150mm 이하	

6) 경량골재(Light weight aggregate)

(1) 경량골재의 종류 : 밀도가 2.0 이하인 골재

① 천연 경량골재 : 화산암, 응회암, 용암, 경석 등
② 인공 경량골재 : 팽창성 혈암, 팽창성 점토 등을 소성한 것

(2) 특징

① 단위용적질량 : 허용치에서 10% 이상 틀려서는 안 된다.
② 내구성 : 황산나트륨 시험에 의한 경량골재 손실질량은 1~5% 정도
③ 부립률 : 한도를 10% 이하로 규정

7) 입도(Grading)

① 골재의 대소립자의 혼입 정도
② 적당한 입도를 가진 골재를 사용한 콘크리트의 특징
  • 강도, 내구성, 수밀성이 증대된다.
  • 단위수량 및 단위시멘트양이 적고 워커빌리티가 우수하다.

8) 조립률(Fineness Modulus, FM)

① 골재의 입도를 정량적으로 산출한 방법(Abrams의 방법)
② 10개 체 이용 : 80, 40, 20, 10, 5, 2.5, 1.2, 0.6, 0.3, 0.15mm
③ 허용기준 : 잔골재 FM=2.3~3.1, 굵은 골재 FM=6~8

④ 조립률(Fineness Modulus, FM) 계산

체 번호	잔유량(g)	잔유율(%)	가격 잔유율(%)
80mm		0	0
40mm	10	5	5
20mm	60	30	35
10mm	60	30	65
5mm	40	20	85
2.5mm	20	10	95
1.2mm	10	5	100
0.6mm			100
0.3mm			100
0.15mm			100
소계	200	100	685

$$F.M = \frac{5+35+65+85+95+(100\times 4)}{100} = \frac{685}{100} = 6.85$$

9) 밀도(Density)

밀도	표건내포 밀도	겉보기 밀도	골재 밀도
$\frac{A}{B-C}$	$\frac{B}{B-C}$	$\frac{A}{A-C}$	• 잔골재 : 2.50~2.65 • 굵은 골재 : 2.55~2.70

여기서, A : 대기 중 시료의 노건조 무게(g)
  B : 대기 중 시료의 표면건조 포화 상태의 무게(g)
  C : 물 속에서 시료의 무게(g)

02 골재 품질 및 시험

1) 골재 유해물질이 콘크리트 품질에 미치는 영향

점토 덩어리	• 콘크리트와 철근의 부착강도 저하 • 과다 시 배합수의 과다 소요에 따른 균열 발생
0.08mm 체 통과 골재	• 단위수량 과다로 균열 발생 확률이 커짐 • Workability 불량

염화물(Cl^-)	• 철근 부식 촉진 • 활성태된 철근의 분해

2) 골재 유해물에 대한 콘크리트 품질 향상 대책

① 점토 덩어리 함량 규제 : 잔골재(1.0%), 굵은 골재(0.25%)
② 0.08mm 체 통과량 제한 : 굵은 골재 1.0% 이하
③ 염화물 함유량 제한 : 잔골재 NaCl 농도 0.04% 이하
④ 기타 : 연한 석편 및 비중 2.0의 액체에 뜨는 한도 관리

3) 골재의 품질관리시험

(1) 혼탁 비색법(유기불순물 시험)

① 모래 속 유기불순물의 유해량 파악을 위한 시험
② 유리병에 NaOH 3% 용액을 넣어 흔들어 섞고, 24시간 후에 빛깔로 비교

(2) 공극률 시험

① 공극률(%) $= \dfrac{(G \times 0.999) - M}{G \times 0.999} \times 100 (\%)$

　　G : 비중, M : 단위용적중량(t/m³)

② 골재의 공극률이 적으면 밀도, 마모, 수밀성, 내구성이 증대

(3) 체가름 시험(조립률 : Fineness Modulus, FM)

① 골재의 체가름 분포(입도)를 표시하는 방법으로 조립률(FM)이 있다.
② 10개 체를 사용하여 가적 잔유율의 누계를 백으로 나눈 값

$$FM(조립률) = \dfrac{80\text{mm} - 0.15\text{mm 체까지의 가적 잔유율의 누계}}{100}$$

③ 골재의 조립률은 일반적으로 잔골재는 2.3~3.1, 굵은 골재는 6~8 정도이면 양호

(4) 마모시험

① 굵은 골재는 마모저항을 측정하여 마모한도를 정할 수 있다.
② 마모율(%) $= \dfrac{\text{시험 전 시료의 무게} - \text{시험 후 시료의 무게}}{\text{시험 전 시료의 무게}} \times 100(\%)$

(5) 강도시험

① 골재의 강도는 직접 시험이 어려워 부서지는 세기를 이용하고 있다.
② 압축기로 가압해 골재의 파쇄율 등으로 시험 또는 배합의 콘크리트 강도로 비교한다.

(6) 흡수율 시험

① 굵은 골재의 흡수율 시험
- 콘크리트 배합설계에서 골재의 절대용적을 알기 위한 시험
- 사용수량을 조절하기 위한 시험, 비중 및 강도가 크면 흡수량은 적다.

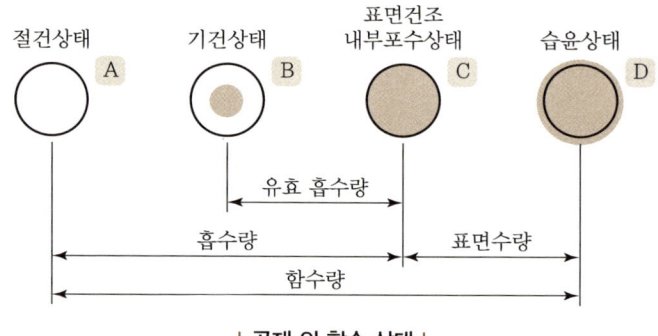

| 골재 외 함수 상태 |

㉮ 흡수율(Absorption) $= \dfrac{C-A}{A} \times 100\,(\%)$

㉯ 유효 흡수율(Effective absorption) $= \dfrac{C-B}{B} \times 100\,(\%)$

㉰ 표면수율(Surface moisture) $= \dfrac{D-C}{C} \times 100\,(\%)$

② 잔골재의 비중 및 흡수율 시험
- 배합설계 시 잔골재의 절대용적을 알기 위한 시험이다.
- 비중 및 건조포화 비중, 흡수율을 시험에 의해 구한다.

CHAPTER 04 금속재료

01 금속 일반

1) 금속재료의 특징

① 금속 광택이 있다.
② 전기, 열의 전도율이 크다.
③ 가소성이 있고 밀도가 크다.
④ 가공성이 좋다.
⑤ 다른 금속과 합금이 되는 성질이 있다.

2) 장단점

장점	단점
• 고강도 • 소성능력 크다. • 내마모성이 크다.	• 부식성 • 자중이 크다. • 취성이 큰 재료가 많다.

3) 화학 성분에 의한 강재의 성질

① 탄소(C) : C량 증가 시 강도는 증가하지만 연성과 용접성이 떨어진다.
② 망간(Mn) : 강도와 인성을 증가시킨다.
③ 인(P), 황(S) : 가공성을 높이지만 취성적이 된다.
④ 구리(Cu) : 인성을 저하시키며 내식성을 향상시킨다.
⑤ 니켈(Ni), 크롬(Cr) : 내식성을 증가시킨다.

4) 강재의 분류

(1) 강재의 제법

구분	내용
제선	재의 원료가 되는 철광석에서 선철을 뽑아내는 과정
제강	고로에서 선철을 변화시켜 강재로 만드는 것
성형	일정한 형태와 단면 성능을 갖는 부재로 만드는 과정

(2) 탄소강에 의한 분류

구분	내용
철	C<0.04%
강	C=0.04~1.70%
주철	C>1.70%

3) 구조용 강재의 분류

구분	내용
탄소강	• 가격 저렴, 가장 널리 사용 • 인성과 용접에 나쁜 인(P)과 황(S)의 억제 필요
구조용 합금강	• 탄소강 단점 보완을 위해 합금원소 첨가 • Cr, Mo, V 등을 사용, 탄소강보다 고강도 및 인성 감소
열처리강	• 담금질 : 가열한 후 급랭하여 조직을 변화시켜 강재의 강도와 경도 향상 • 뜨임 : 적당한 온도로 가열 후 서서히 냉각하여 인성을 증가
TMCP	• 온도제어 열처리강 • 용접성과 내진성이 뛰어난 극후판의 고강도 강재

02 철금속

1) 선철(Pig iron)

철광석을 용광로 내에서 환원하여 만들며 주로 제강용의 원료이다.

▼ 선철의 종류별 특성

구분	내용
백선철 (White pig iron)	• 선철을 저급랭할 경우 Si가 적은 백선철이 된다. • 비교적 경질이고 수축이 크므로 주조나 담금질이 곤란하다.
회선철 (Gray pig iron)	• 선철을 높은 열로 서서히 식혔을 때 파단면이 회색의 회선철이 된다. • 연하고 강도가 작으나 유동성이 크고 수축이 작아 주조에 적합하다.

2) 강(Steel)

(1) 강의 물리적 성질

① 탄소함유량이 클수록 : 밀도, 팽창계수, 열전도율 감소, 비열 및 전기저항 증가
② 탄성계수 $E = 2 \sim 2.2 \times 10^5 \text{MPa}$
③ 인장강도 : C=0.9%일 때 최대이며, 이보다 증가하거나 감소하더라도 강도는 비례하여 감소한다.
④ 경도 : C=0.9%까지는 탄소량의 증가에 따라 증대하나 그 이상 증가해도 감소하지는 않는다.

(2) 화학 성분에 의한 분류

구분	내용
탄소강 (Carbon steel)	• 저탄소강 : C<0.3% • 중탄소강 : C=0.3~0.6% • 고탄소강 : C>0.6%
합금강 (Alloy steel)	• 니켈강(Nickel steel) : 5% 이하의 니켈을 첨가 • 니켈 – 크롬강(Nickel – chrome steel) • 스테인레스강(Stainless steel)
냉간압연강 (Cold rolled steel)	• 강을 특별히 가열하지 않고 상온에서 압연 • 인장강도, 항복점, 경도가 커지나, 밀도, 신장률이 작아짐

(3) 강의 제조법

구분	내용
평로 제강법(Siemens method)	선철을 원료로 제강
전로 제강법(Besseme method)	고압 산소로 탄소를 태우고 불순물 제거
전기로 제강법(Electric method)	특수강 제조(양질)
도가니 제강법(Crucible method)	공구. 고급 특수강 제조

3) 주철(Cast iron)

① C=2.5~4.5%, 철(92~96%), 나머지 : 크롬, 규소, 망간, 유황, 인
② 분류 : 백주철(White cast iron)과 회주철(Gray cast iron)

03 강의 열처리

구분	내용
풀림(Annealing)	내부 응력을 제거시키고 강을 연화시키기 위해서 일정한 온도로 가열한 후 천천히 식힘
불림(Normalizing)	결정을 미립화하고 균일하게 하기 위해 적당한 온도로 가열한 후 대기 중에서 냉각
담금질(Quenching)	높은 온도로 가열된 강을 수중 또는 유중에 급속하게 냉각시켜 강의 경도와 강도를 증가시키는 작업
뜨임(Tempering)	강철의 지나친 취성과 강도를 조절하고 적당한 강인성을 주기 위해 변태온도 이하로 다시 가열하여 서서히 냉각하는 열처리

04 금속의 부식 방지 방법

구분	내용
도포법	• 페인트(녹막이) • 아스팔트 도포
금속 피막법	• 유기 : 에폭시 • 무기 : 아연도금, 모르타르
전기방식	• 외부 전원법 : 대규모 공사 • 희생양극법 : 소규모 공사

05 철강제품

1) 구조용 압연강재

1) 봉강(Bar)	φ 지름 또는 변의 길이(mm)×길이(m)	압연하여 만든 봉상의 강재
2) 평강(Flat steel)	수량~Fs폭(mm)×두께(mm)×길이(m)	
3) 강판(Steel plate)	수량~Pis폭(mm)×두께(mm)×길이(m)	압연하고 얇고 넓게 만든 철판
4) 형강(Shape steel)	형강의 종류~높이(mm)×폭(mm)×두께(mm)×길이(m)	열간압연 구조용 강재

2) 알루미늄 및 알루미늄 합금

① 알루미늄(Aluminum) : 경량
② 알루미늄 합금 : 경량이면서 고강도

3) 구리 및 구리 합금

① 내식성, 전성, 연성, 가공성, 열전도율, 전기전도율이 좋다.
② 경도가 강보다 작고 합금하면 귀금속적 성질을 갖는다.

구분	내용
황동(놋쇠)	40% 이하의 아연 첨가
청동(Bronze)	동에 15% 이하의 주석을 첨가

4) 주석(Tin)

5) 니켈(Nickel)

내식성, 변색성이 높고 기계적 성질이 우수하다.

6) 강의 역학적 성질

(1) 강의 인장강도

$$\sigma = \frac{P_{\max}}{A}$$

여기서, A : 단면적, $P_{\max}$: 최대하중

(2) 파단 연신율

$$\delta = \frac{I - I_o}{I_o} \times 100 (\%)$$

여기서, I_o : 시험 전 표점거리(mm)
I : 시험 후 표점거리(mm)

(3) 단면수축률

$$\varphi = \frac{A - A_o}{A_o} \times 100 (\%)$$

여기서, A_o : 시험 전 단면적(mm^2)
A : 시험 후 단면적(mm^2)

CHAPTER 05 목재 및 석재

01 목재

1) 목재의 일반적 성질

① 건축용 구조재로는 침엽수가 주로 쓰이고, 활엽수는 치장제, 가구재로 많이 쓰인다.
② 기둥 등의 수직재는 수목의 밑둥을 밑으로, 위끝을 위로 채우는 것을 원칙으로 한다.
③ 나무거죽은 나무속에 비하여 수축이 심하고, 나무거죽 쪽으로 우그러든다.
④ 대패질할 때는 나무거죽은 끝에서 밑동으로, 나무속은 밑동에서 끝으로 밀어 나간다.
⑤ 강도 : 인장 > 휨 > 압축 > 전단

2) 목재의 특성

① 가볍고 취급 및 가공이 쉽다.
② 밀도에 비해 강도가 크고, 열팽창계수는 작다.
③ 열, 음, 전기 등에 부도체이다.
④ 탄성과 인성이 크며 충격, 진동 등을 잘 흡수한다.

3) 목재의 성분과 조직

목재의 성분	목재의 조직	
셀룰로오스(60% 정도) 리그닌(20~28% 정도)	심재	어두운 암색, 강도 및 인성이 큼
	변재	밝은색, 수액의 전달, 양분의 저장 등의 역할

4) 목재의 물리적 성질

① 밀도 : 기건밀도를 말하며 0.3~0.9 정도
② 함수율의 영향 : 목재 질량의 15 ± 3%
③ 벌목 : 가을에서 겨울 사이

5) 접합의 종류

구분	내용
이음	2개의 목재를 하나의 재료로 사용해 접합하거나 2개의 목재를 긴 방향으로 접합하는 방법
맞춤	• 기둥에 보를 접합하는 형태 • 가재와 기둥, 기둥이나 멍에를 토대에 접합하는 형태로 방향이 다른 부재를 접합하는 방법
쪽매	• 재를 섬유방향과 평행으로 옆대어 붙이는 방법 • 맞댄, 반턱, 빗, 오니, 제혀, 딴혀, 쪽매 등이 있음

6) 목재의 결함

구분	내용
옹이	절, Node
입피 (Bank pocket)	껍질박이 : 나무껍질의 일부가 외상으로 인해 나무껍질 또는 나이테의 일부가 목질 속으로 파고 들어간 것
파열(갈라짐)	보통 바람, 눈의 작용, 온도 변화, 기생충 등 건조과정에서 발생
혹(Wen)	균, 박테리아로 나이테 원주면의 일부가 혹 모양으로 융기된 부분
만곡	목재의 섬유가 매듭과 같이 비틀려 생긴 부분

7) 합판

① 합판의 특징 : 미관이 우수하고 팽창, 수축이 적은 편임
② 단판의 제조방법

구분	내용
로터리 베니어 (Rotary veneer)	통나무 원목의 축을 중심으로 회전시켜 축에 평행하게 붙어 있는 칼날로 목재를 얇게 깎아내는 것으로, 원목의 낭비가 없어 최근에는 이 방법을 사용
슬라이스 베니어 (Sliced veneer)	증기로 가열·변화시켜 통나무를 2등분 또는 4등분으로 자른 것으로 곧은 결을 얻기 용이함
소드 베니어 (Sawed veneer)	• 각재에서 세로방향의 톱을 사용하여 단판을 깎아내는 것 • 아름다운 나뭇결을 얻을 수 있지만 톱밥이 많아 비경제적

8) 목재의 함수율 및 건조법

(1) 함수율

$$함수율 = \frac{목재의\ 함수량}{전건재\ 중량} \times 100\% = \frac{W_2 - W_1}{W_1} \times 100(\%)$$

여기서, W_1 : 전건재 중량, W_2 : 함수된 상태 목재 중량

(2) 종류별 함수율

① 생목 : 45%
② 섬유포화점 : 30%
③ 구조재 : 18~24%
④ 수장재 : 15, 20, 24 %

(3) 함수율의 영향

① 섬유포화점(함수율이 약 30% 정도) 이상의 함수율에는 수축 팽창이 없음
② 섬유포화점 이하부터 목재의 수축이 시작
③ 섬유포화점 이하부터 함수율에 따른 강도, 신축률이 급격히 일어남
④ 널결방향 : 곧은결방향 : 섬유방향의 수축률 비=20 : 10 : 1~1.5

(4) 목재의 건조법

① 건조 목적
   강도 및 내구성 증진, 목재의 수축, 균열을 방지 및 부식과 해충 방지
② 건조법(Seasoning)

구분	내용
자연(Natural) 건조법	• 공기 건조법(Air seasoning) • 침수법(Water seasoning)
인공(Artificial) 건조법	• 훈연법　　　　• 증기법 • 열기법　　　　• 자비법(끓임법)

9) 목재의 방부법 및 내화공법

(1) 목재의 부식(Corrosion of timber) : 내구성 상실 원인

① 온도와 습도에 의한 부식
② 균류에 의한 부식 : 20~30℃에서 가장 발육이 왕성. 습도가 85% 내외에서 최적이고 20% 이하에는 사멸 또는 발육 억제

(2) 목재 방부법

구분	내용	
도포법	건조 후 균열이나 이음부 등에 솔 등으로 방부제를 도포하는 방법	
표면탄화법	표면을 두께 3~10mm 정도 태워서 탄화시키는 방법	
침지법	방부제 용액 중에 목재를 몇 시간 또는 며칠 동안 침지	
주입법	상압주입법	방부제 용액 중에 목재를 침지
	가압주입법	압력용기 속에 넣어 7~12기압의 고압하에서 방부제를 주입

(3) 내화공법

구분	내용
표면처리	목재 표면에 아스팔트, 금속판 등으로 피복
난연처리	방화약제가 열분해되어 불연성 가스가 발생하므로 방화 효과
방화도료	방화 페인트를 도포(연소 시 산소를 차단)
방화 목재	가압 상압으로 방화재 주입한 목재 사용

10) 결론

① 목재는 응력의 종류와 용도에 따라 적당한 재료와 시공 공법을 선택해야 한다.
② 모양을 위해 복잡하게 가공하면 내력이 약해지므로 주의해야 한다.
③ 목재의 검사 : 외관, 강도, 비중, 수축, 함수율 등으로 품질 확보가 필요하다.

02 석재

1) 석재 일반

① 자연재로서 내구성과 더불어 외관이 장중, 치밀하고 불연성이므로 고층 건축물의 내·외장재 등의 다양한 용도로 사용된다.
② 강도가 균열과 절리의 영향을 많이 받으며, 기상작용에 의해 풍화하기 쉽다.

2) 암석의 분류

(1) 화성암 : 화강암, 안산암

① 용융 상태에 있던 지구 내부의 암장이 응결된 것(구조용, 장식용)

② 석질이 견고하고 강하며, 풍화는 적으나 화염에 약하다.

(2) 수성암(퇴적암) : 사암, 점판암, 용회암, 석회암
기존의 암석 조각이나 수중에 용해한 광물질 생물의 유기물이 물밑이나 지상에 퇴적하여 응고한 것

(3) 변성암 : 대리석 사문석
화성암과 수성암이 지반의 변동에 의한 압력과 열로 조직 또는 광물 성분이 변화한 것

3) 암석의 구조

① 절리(joint)

구분	내용
주상절리	돌기둥을 배열한 것과 같은 모양이다.
판상절리	판자를 겹쳐 놓은 모양이다.
구상절리	암석의 노출부가 양파 모양이다.
다면괴상 절리	암석 생성 시 생기는 평행상의 불규칙 절리이다.

② 층리 : 퇴적암이나 변성암의 일부에서 생기는 평행상의 절리
③ 편리 : 변성암에서 주로 생기는 불규칙한 절리, 박편 모양으로 작게 갈라지는 것
④ 석리 : 석재를 조성하고 있는 광물의 조직에 따라 생기는 눈의 모양
⑤ 석목(돌눈) : 석재의 가공이나 채석에 이용되는 것으로 석재의 갈라지기 쉬운 면

4) 암석의 압축강도(KS F 2530)

종류	압축강도(MPa)	흡수율(%)
경석	50 이상	5 이하
준경석	10~50	5~15
연석	10 이하	15 이상

5) 암석의 성질

(1) 물리적 성질

① 밀도(Density) : 겉보기 밀도 2.65
② 흡수율(Absorption) $= \dfrac{w_3 - w_1}{w_1} \times 100 \, (\%)$

③ 공극률 = $\dfrac{w_3 - w_1}{V}$

w_1 : 절대건조 질량(g), w_3 : 공기 중 질량(g), V : 겉보기 전 체적

(2) 역학적 성질

① 강도
- 압축강도가 가장 크며 인장, 휨, 전단강도는 매우 작다.
- 인장강도는 압축강도의 $\dfrac{1}{10} \sim \dfrac{1}{20}$ 정도(시험을 실시하지 않는다)
- 강도는 밀도에 비례한다(밀도에 의해 강도를 추정).

② 내구성 : 조암광물이 미립, 등립일수록 내구성이 크다.

③ 내화성 : 석영질이 다량 분포한 암석의 경우 내화성이 크게 떨어진다.

④ 그 외 : 인성, 탄성계수

6) 각종 석재

(1) 화성암(Igneous rock)

① 화강암(Igranite)
- 조직이 균일하고 강도 및 내구성이 크다.
- 내화성이 작아 고열을 받는 곳에서는 적당하지 못하다.
- 균열이 작기 때문에 큰 재료를 채취 및 외관이 아름답다.
- 경도 및 자중이 커 가공 및 시공이 곤란하다(조각에 부적당).

② 섬록암(Diorite)
- 암질이 딱딱하고 돌눈이 없기 때문에 가공하기 힘들다.
- 외관이 아름답지 못하기 때문에 주로 구조용재로 사용된다.

③ 현무암(Basalt)
- 내화성이 크며 밀도가 크다.
- 가공이 어려워 주로 부순 돌로 이용한다.

④ 안산암(Andesite)
- 암질이 딱딱하고 돌눈이 없기 때문에 가공하기 힘들다.
- 강도, 내구성 및 내화성이 크다.
- 채석 및 가공이 쉽지만 큰 재료를 얻기 어렵다(절리).
- 교량, 하천, 호안, 돌쌓기 등에 이용된다.

(2) 퇴적암(수성암, Sedementary rock)

① 응회암(Tuff) : 화산재(회) 또는 화산사가 퇴적되어 응고한 것
- 연하고 다공질로서 흡수율이 크기 때문에 동해의 피해를 받아 풍화하기 쉽다.
- 강도는 가장 작지만 내화성은 풍부하다.

② 사암(Sand stone) : 모래가 퇴적하여 경화한 것
- 규산질 사암, 석회질 사암, 점토질 사암으로 구분된다.
- 규산질 사암이 가장 강하고 내구성이 크다.
- 점토질 사암이 가장 연약하다.

③ 혈암(Shale) : 점토가 불완전하게 응고한 것
석질이 연하여 시멘트의 원료로 많이 사용된다.

④ 점판암(Clay slate)
- 조직이 치밀하고 강하며 흡수성이 작고 아름답다.
- 지붕, 판석재, 벼루돌 등으로 쓰인다.

⑤ 석회암(Lime stone)
인성이 가장 작다.

(3) 변성암(Matamorphic rock)

① 편마암(Gneiss)
② 편암(천매암, Schist)
③ 대리석(Marble)

7) 석재 형성

(1) 석재의 인력 가공

혹두기 → 정다듬 → 잔다듬 → 물갈기

(2) 석재의 형성

구분	내용
각석	폭이 두께의 3배 미만이고 어느 정도의 길이를 가진 석재
판석	두께가 15cm 미만이고 폭이 두께의 3배 이상인 석재
견치석	면은 규칙적으로 거의 정사각형에 가깝고 면에 직각으로 잰 공장은 면의 최소변의 1.5배 이상인 석재
사고석	면은 원칙적으로 정사각형에 가깝고 면에 직각으로 잰 공장은 면의 최소변의 1.2배 이상인 석재

CHAPTER 06 역청재료

01 아스팔트 일반

1) 정의

① 보통 원유를 정제하면 끈적거리고 검은색의 점성을 가진 액체나 반고체 상태로 남아 있는 석유 화합물을 말한다.
② 유전에서 천연으로 얻을 수도 있다.

2) 분류

구분		내용	
천연 아스팔트	천연 아스팔트	Rock asphalt	암석 사이에 스며들어 생김
		Lake asphalt	지표 낮은 곳에 괴어 생김
		Sand asphalt	모래 속에 스며들어 생김
	아스팔 타이트	길소나이트(Gilsonite)	암석의 갈라진 틈 사이로 침입한 후 지열 등으로 그 내부에서 장기간 화학 반응을 일으켜 생긴 탄력성이 풍부한 화합물
		그라하마이트(Grahamite)	
		그랜스 피치(Grance pitch)	
석유 아스팔트	Straight asphalt	탄력성이 풍부한 블론 아스팔트와 비슷하다.	신장성, 점착성, 방수성이 좋다. 충격에 강하다.
	Blown asphalt		연화점이 높다. 감온비가 작다. 내후성이 높다.

3) 석유 아스팔트 특성 비교

구분	Straight asphalt	Blown asphalt
신도	크다.	작다.
연화점	35~60℃	70~130℃

구분	Straight asphalt	Blown asphalt
감온성	크다.	작다.
인화점	높다.	낮다.
점착성	매우 크다.	작다.
방수성	크다.	작다.
탄력성	작다.	크다.
밀도	크다.	약간 작다.

4) 아스팔트 혼합물

아스팔트	Asphalt paste	Asphalt mortar	Asphalt concrete
Filler(석분)			
잔골재			
굵은 골재			

02 아스팔트 성질

1) 밀도(Density)

① 밀도시험 시 표준온도 : 25℃에서 $1.0 \sim 1.1 \text{g/cm}^3$
② 밀도가 작을수록 연화점이 낮아진다.
③ 밀도가 작을수록 침입도가 크다.

2) 신도(Ductility)

① 역청재료의 신장능력, 즉 연성을 말한다.
② 아스팔트를 사용할 수 있는지의 여부를 판단한다(단위는 cm).
③ 신도시험(KS M 2254)에 의해 평가한다(온도와 신장속도에 가장 큰 영향).
④ 신도시험 시 규정속도 : 5 ± 0.25cm/min
⑤ 스트레이트 아스팔트는 크고 블론 아스팔트는 작다.

3) 침입도(Penetration)

① Plastic한 역청재의 반죽질기(Consistency)를 표시하는 방법이다.
② 시험법
- 25℃의 시료를 유리용기에 넣고 표준침을 100g의 하중으로 5초 동안 아스팔트 중에 관입시켜 관입 깊이를 측정한다.
- 침입도는 관입 깊이를 $\frac{1}{10}$ mm 단위로 나타낸다.

③ 침입도 지수(Penetration Index, PI)
- 아스팔트의 온도에 대한 침입도의 변화를 나타내는 지수
- $\dfrac{\log 800 - \log P}{T - 25} = \dfrac{20 - PI}{10 + PI} \times \dfrac{1}{50}$

▼ 침입도 분류

구분	내용
석유 아스팔트 침입도	20~180
아스팔트 콘크리트 포장용의 침입도	40~60

4) 점도(Viscosity)

① 굳기 정도를 판단하기 위해 실시 : 온도의 상승에 따라 점도는 감소한다.
② 유출구에서 유출하는 데 요하는 시간을 측정하여 점성을 나타낸다.
③ 점도계의 종류

구분	내용
Saybolt 점도계	스트레이트 아스팔트에 사용
Englar 점도계	아스팔트 유제에 사용
기타 점도계	Red wood 점도계, Stomer 점도계

5) 감온성(Temperature susceptibility)

온도에 대해 민감한 정도를 말한다.

6) 연화점, 인화점, 연소점 및 고화점

구분	내용
연화점 (Softening Point)	가열하면 점차 연화되어 묽은 액체로 되는데 때의 온도시험은 환구법(KS M 2250)으로 측정(35~75℃)
인화점 (Flash Point)	가열하여 인화할 때 최저온도(250~320℃)
연소점 (Burning Point)	계속 가열하여 불꽃이 5초 동안 계속될 때 최저온도(25~60℃)
고화점 (Hardening Point)	• 고체가 되어 점착성을 상실하는 최고의 온도 • 도로포장용 역청재는 고화점이 낮아야 함

7) 증발 감량

① 시료 50g의 아스팔트를 163℃ 건조기에서 5시간 건조시킬 때
② 감량을 질량비(%)로 나타냄
③ 가열 전후 질량이 크게 다르며 품질 변화 등을 예상

03 각종 아스팔트

1) 액체(유화) 아스팔트

① 연질 석유 아스팔트에 유화제나 안정제를 섞은 물을 혼합시켜 액체화
② 프라임코트, 택코트, 실코트 등에 사용
③ 종류

구분	내용
급속응결(RS : Rapid Setting)	침투 공법용
중속응결(MS : Medium Setting)	굵은 골재 혼합용
완속응결(SS : Slow Setting)	잔골재 혼합용

2) 컷백 아스팔트(Cut back asphalt)

① 연질 석유 아스팔트에 위발성 유분을 용제로 넣고 섞어 만든다.

② 종류

구분	내용
급속경화(RC : Rapid Curing)	침입도 80~120
중중속경화(MC : Medium Curing)	침입도 120~300
완속경화(SC : Slow Curing)	휘발 성분이 없는 증유로 컷백한 것

3) 고무 혼입 아스팔트(Rubberized asphalt)

① 스트레이트 아스팔트 + 고무 2.5~5% 첨가
② 감온성 작고, 응집력과 부착력이 크다(추운 지역 도로포장).
③ 탄성, 충격 저항성이 크고 내후성 및 마찰계수가 크다.

4) 수지 혼입 아스팔트(Plastic asphalt)

① 아스팔트 에폭시 수지, 폴리소프렌 수지 + 고분자 재료를 혼입한 아스팔트
② 아스팔트의 인성, 탄성, 감온성 등의 개선을 목적으로 한다.
③ 비행장의 포장에 주로 이용되며 열, 용제, 중하중에 잘 견딘다.

04 타르

1) 타르 특성

아스팔트는 석유질에 용해되나 타르는 석탄에서 만들어졌으므로 용해되지 않는다.

2) 타르 종류

구분	내용
콜타르(Coal tar)	석탄에서 코크(Coke)와 벤젠을 생산할 때 건류에 의해 만들어지는 부산물
가스타르(Gas tar)	경유를 분해하여 수성가스를 생산할 때 건류에 의해 만들어지는 부산물
피치(Pitch)	타르를 다시 가열하여 경유, 중유 등을 생산하고 남은 잔여물, 고체로서 밀도가 큼
컷백타르	타르나 피치 등을 경유와 같은 휘발성 물질로 용해시킨 것

05 아스팔트 및 타르의 제품

1) Asphalt 펠트(Felt)

① 걸레, 헌 종이 등으로 두꺼운 종이를 만들어 아스팔트를 도포한 것
② 유연하나 Roofing보다 방수성이 떨어져 차광, 차열, 기계의 방습, 전기절연용으로 사용된다.

2) 루핑(Roofing)

① Asphalt felt의 뒷면에 Blown asphalt를 도포하고 표면의 접착을 막기 위해 운모, 활석, 점토분말 등을 뿌린 것
② 흡수성, 투수성이 작고 유연해서 건축물이나 상하수도, 터널 등의 방수용이나 공장, 창고 등의 지붕용으로 사용된다.

3) 일래스타이트(Elastite)

① 양질의 블론 아스팔트에 석유나 광물질 분말 등을 혼합하고 양면에 역청질의 펠트를 붙여 성형한 것
② 콘크리트 포장에서 팽창줄눈의 충전재로 사용된다.

4) 펠트 백 시트(Felt back seat)

① 아스팔트에 모래, 돌가루, 시멘트와 같은 채움재를 결합시킨 것
② 도로포장의 표층에 사용된다.

06 아스팔트 콘크리트 포장

1) 사용재료

① 필러(석분) : 0.08mm 체를 65% 통과하는 석회암, 소석회, 슬래그 등 기타 광물질의 미분말
② 골재

2) 배합설계순서

① 소요품의 품질에 맞는 재료를 선정하여 시료를 채취한다.

② 입도범위에 들고 완만한 입도곡선이 되도록 각 골재의 배합비를 결정한다.
③ 설계 아스팔트량을 결정한다.
④ 마샬시험을 실시하여 최종적인 현장배합을 결정한다.

3) 배합설계에 필요한 계산

① 이론 최대밀도 : $D = \dfrac{W}{V_a + V_g} = \dfrac{W}{\dfrac{W_a}{G_a} + \dfrac{W_g}{G_g}} \cdot \gamma_w \, (\text{g/cm}^3)$

② 공극률 : $V = \left(1 - \dfrac{d}{D}\right) \times 100 \, (\%)$

③ 포화도 : $V_{fa} = \dfrac{V_a}{V_a + V} \times 100 \, (\%)$

   V_a : 아스팔트 체적, V : 공극률
- 골재 공극 중에 아스팔트가 채워져 있는 비율

4) 보조기층의 품질규정

구분	시험방법	규정
마모감량	KS F 2508	50% 이하
소성지수	KS F 2304	6 이하
실내 CBR값	KS F 2320	30 이상

07 아스팔트 혼합물 시험

1) 마샬 안정도 시험(ASTM D 1559)

(1) 적용범위

① 아스팔트 혼합물의 배합설계와 현장에서의 품질관리에 적용한다.
② 교통하중에 따라 혼합물이 고온에서 유동하여 파상의 변형을 일으키는 데에 대한 저항성

(2) 혼합물의 준비

① 골재의 최대 크기가 25mm 이하의 가열혼합물을 준비한다.
② 110±5℃로 건조한 골재를 각 입도별로 노건조기 또는 가열판 위에서 160~190℃로 가열한다.

③ 아스팔트를 용기에 넣어 150~160℃로 가열한다.
④ 1배치만큼 계량한 후 충분히 혼합한다.

(3) 마샬시험에 대한 기준값

혼합물의 종류	조립도 아스팔트 콘크리트	세립도 아스팔트 콘크리트
안정도(kg)	500 이상	350 이상

(4) 공시체 다짐 횟수

① 소요의 온도(140℃)가 되면 혼합물을 넣은 몰드 다짐 실시
② 래머로 소요 횟수(50회)로 다진다.

(5) 수조온도

① 공시체 : 60±1℃의 항온수조 속
② 시간 : 30~40분 넣어둔다.

2) 잔류안정도

(1) 정의

① 아스팔트 혼합물의 안정도 시험의 하나를 말한다.
② 물의 영향을 받기 쉬운 혼합물의 배합 설계용으로 이용한다.

(2) 잔류안정도

① $\dfrac{60℃,\ 48시간\ 수침\ 후의\ 안정도(\text{kg})}{안정도(\text{kg})} \times 100(\%)$

② 잔류안정도가 75% 이상이어야 한다.

3) 아스팔트 혼합물의 추출시험

① 원심분리법 : KS 2354
② 혼합률을 결정하기 위해 사용

CHAPTER 07 도료, 폭약, 합성수지

01 도료

1) 도료의 원료

① 기름(油)   ② 희석재   ③ 수지
④ 안료   ⑤ 건조제

2) 도장의 목적

① 미화 : 미관 부여, 색채, 광택, 모양
② 보호 : 구조체 보호 및 부식, 침식, 파손으로부터 보호
③ 성능 부여 : 내수, 내구, 내후, 내약품성, 절연성, 강도 부여
④ 가치 향상 : 목적물의 품질 가치를 향상

3) 재료의 종류 및 특성

종류	특성
수성페인트 (Water paint)	• 내알칼리성이나 내수성이 약함. 주로 내부용 사용 • 아교, 전분, 카세인, 물, 안료 등을 혼합 제조 • 콘크리트 면, 미장 면, 텍스 면
에멀션 페인트 (Emulsion p−)	• 물에 용해되지 않는 유성도료, 니스, 래커, 수지 등을 사용 • 여기에 에멀션화제(유화제)에 의해 물속에 분산시킨 도료
유성페인트 (Oil paint)	• 광물질과 안료와 건성 유지, 그리고 건조제를 혼합 제조 • 산성이며, 내수, 내구, 내후성이 좋음 • 건물 외벽, 욕실, 부엌 등 물을 많이 사용하는 곳
바니시 페인트 (Vanish paint)	• 유성 바니시, 휘발성 바니시 • 투명 피막 형성
래커 페인트 (Laquer paint)	• 에나멜 래커는 클리어 래커에 안료를 혼합한 것 • 건조가 빨라 3.5kg/cm² 압력의 스프레이 건 사용 • 도막이 견고, 광택이 있으며, 내후, 내유, 내수성이 좋음

종류	특성
녹막이 페인트 (Rust proofing)	• 광명단 : 유성의 일종으로 금속 녹막이 • 징크로메이트 : 알루미늄판이나 아연철판 초벌용 • 역청질 도료 : 아스팔트 역청 주원료로 일시적 방청 목적
합성수지 도료	• 건조시간이 빠르고 단단함 • 내산성, 내알칼리성이 있어 콘크리트면에 바를 수 있음 • 인화하지 않아 방화성이 큼

4) 칠공사에 관한 주의사항

① 바탕의 건조가 불충분하거나 공기의 습도가 높을 때에는 시공하지 않는다.
② 초벌부터 정벌까지 색을 달리하여 횟수 구분이 가능하도록 시공해야 한다.
③ 야간은 색을 잘못 칠할 염려가 있으므로 시공하지 않는다.
④ 직사광선은 가급적 피하고 도막이 손상될 우려가 있을 때에는 칠하지 않는다.

5) 칠공법

(1) 솔 칠

① 칠을 충분히 묻혀 이음새, 틈서리 등에 먼저 눌러 바른다.
② 초기 건조가 빠른 래커 등에는 부적당하다.

(2) 롤러 칠

① 롤러는 스펀지나 털이 깊은 롤러를 써서 균일하게 칠한다.
② 주로 평활하고 넓은 면을 칠할 때 쓴다.

(3) 문지름 칠

① 헝겊에 솜을 싸서 칠을 듬뿍 품게 하여 되게 문질러 바른다.
② 건조 진행 도중에 마찰을 주어 도막을 평활히 하고 광택이 나게 한다.

(4) 뿜 칠

① 칠을 압축공기로 분무상으로 만들어 뿜어 칠하는 방법이다.
② 능률이 좋고 균등한 도막이 되므로 래커 이외의 칠에도 많이 이용한다.

(5) 정전 공법

① 미립화된 도료를 고전압의 정전장에 분사시켜 표면에 도료를 부착시키는 공법이다.
② 도료의 손실이 적고, 효율이 좋고 위생적이다.

6) 도장 검사

(1) 육안 검사

① 바탕 검사 : 금속면은 녹, 용접 자국, 모르타르 면은 균열, 평활도
② 색, 광택, 결함 등

(2) 도장 중 검사

악천후 또는 습기가 많을 시에는 작업 금지

(3) 도장 후 검사

① 인장시험, 피막두께 검사
② 경도 검사 : 손톱으로 눌러 봄
③ 부착강도
- 철 : 2mm 간격을 25칸 중 20개 이상
- 콘크리트, 목재 5mm 테이프로 박리

02 폭파약

1) 화약

① 폭파속도 340m/sec 이하로 연소하는 것
② 화약류의 종류

흑색 화약(유연 화약)	무연 화약
초산염에 유황(S), 목탄(C), 초석(KNO_3)의 미분말을 15 : 15 : 70의 질량으로 혼합	니트로셀룰로오스 또는 니트로글리세린을 주성분
• 발연량이 많고 수분이 많으면 발화하지 않는다. • 폭발력은 다른 화약보다 약하다. • 저렴, 발화 쉽고 취급이 안전하다(좁은 장소 사용). • 대리석, 화강암 등 큰 석재를 채취할 때 사용한다.	• 화약에 비해 압력은 높지 않다. • 연소성을 조절할 수 있다. • 총탄, 포탄, 로켓 등에 사용한다.

2) 폭약

① 2,000~7,000m/sec로 폭발하여 충격파를 일으키는 것

② 기폭약(기폭제)

구분	내용
뇌홍	발화온도 → 170~180℃, 가장 낮다.
질화연	뇌홍에 비해 저렴하고 보존성이 우수하다.
DDNP	기폭약 중에서 가장 강력(뇌홍의 2배), 발화온도는 180℃ 충격감도는 둔하나 열에 대해 예민하다.
데토릴	뇌관의 기폭제로 하용

③ 기폭용품

구분	내용	
도화선 (Blasting Fuse)	• 분말로 된 흑색 화약을 마사와 종이테이프로 감고 도료로 방수 • 완연도화선의 폭발속도 : 1m에 120~140sec	
도폭선 (Blasting Cord)	• 흑색 화약이 아닌 면화약을 심약으로 함 • 마사, 면사, 종이 등으로 감아 도료를 피복한 것 • 대폭파 또는 수중 폭파를 동시에 실시하기 위해 뇌관 대신 사용	
뇌관 (Detonator)	보통 뇌관 (공업용 뇌관)	• 뇌홍뇌관 : 동관 사용 • 진화연뇌관 : 알루미늄관 사용
	전기 뇌관	• 공업 뇌관 윗부분 전기점화장치 조합 • 여러 개 동시에 일정 시간 두고 폭발

④ 폭약 종류

구분	내용
카알릿 (Carlit)	• 유해가스 발생량이 많고 흡수성이 커서 터널 공사에는 부적합 • 채석장에서 큰 돌의 채석에 적합 • 다이너마이트보다 발화점(295℃)이 낮음
니트로 – 글리세린 (Nitro – glycerine)	• 무색, 무취의 투명한 액체(상온)로서 충격 등에 아주 예민 • 가장 강력한 폭약 • 일반적으로 10℃에서 동결 → 동해가 가장 쉬움
다이너마이트 (Dynamite)	• 니트로 글리세린에 초산, 니트로 화합물을 첨가한 것 • 교질(Gelatine) : 폭발력이 가장 강하고 수중에서도 폭발, 암석용 • 블라스팅(Blasting) : 내수성이 좋아 수중폭파에 적합하며 굳은 암석의 발파에만 사용 • 암모니아 젤라틴 : 노화가 늦고 뇌관에 의해 정상폭발을 함(불발 거의 없다)
슬러리 폭약 (함수폭약)	• 충격 등에 대단히 둔함 • 내수성이 아주 좋음 • 위력은 ANFO 폭약보다 강력, 다이너마이트보다 약간 약함 • 상향천공에는 부적당
ANFO 폭약 (초유폭약)	• 질산암모늄이 주성분 • 천공 내에서 직접 혼합, 압축공기로 장전해서 사용 • 현장에서 혼합하여 사용하므로 저렴, 취급 및 보관이 용이 • 내습성이 불량하므로 용수가 없는 갱외용에 사용

3) 취급 시 주의점

(1) 취급상

① 다이너마이트는 직사를 피하고 화기에 접근 금지한다.
② 운반 시에 화기나 충격을 받지 않도록 해야 한다.
③ 뇌관과 폭약은 다른 장소에 보관해야 한다.
④ 온도, 습도에 변질되지 않도록 하고, 동결 방지에 필요하다.

(2) 사용상

① 사용방법을 정확히 숙지한다.
② 안전관리에 유의한다.

03 합성수지(Plastic)

1) 개요

합성수지란 석탄, 석유, 목재 등을 원료로 하여 화학적으로 가공한 것이다.

2) 장단점

장점	단점
• 강도에 비해 비중이 작다. • 일반적으로 투광성이 양호하다. • 내수성, 내투습성이 크다. • 착색이 자유롭고, 높은 투영성이 있다.	• 강도 및 탄성계수가 작다. • 내구, 내성이 약하다. • 열에 대한 변형이 발생한다. • 팽창수축이 크다.

3) 종류

(1) 열가소성 수지(Thermoplastic)

수지의 종류	특징	용도
아크릴수지	투명도와 착색성이 우수하나 고가이다.	도료, 채광 재료
염화비닐수지 PVC	• 약품에 침식되지 않고, 성형이 용이하다. • 착색이 자유롭고, 내열성이 낮고(약 70℃) 온도에 의한 신축이 크다.	필름, 시트판, 관, 타일, 도료 등

수지의 종류	특징	용도
초산비닐수지	에멀션 또는 염화비닐수지의 중합체로 사용한다.	도료 접착제
폴리에틸렌수지 PE	• 저온에서 탄성이 풍부, 내약품성이 크다. • 노화가 비교적 되지 않는다.	필름, 시트 전선 피복
폴리스틸렌수지	• 내수성과 내약품성이 크다. • 발포스티로폴은 단열 및 완충재로 사용한다.	조장재, 스틸렌페이퍼 단열 및 완충재
폴리아미드수지	인조섬유제로서 인장강도와 내마모성이 우수하며, 나일론의 재료이다.	내장재

(2) 열경화성 수지(Thermosetting plastic)

수지의 종류	특징	용도
에폭시수지	내약품성이 크고, 접착성과 내열성이 있다.	구조용 접착제, 도료
실리콘수지	내열성이 크고, 발수성이 있다.	접착제, 방수제, 윤활제
페놀수지	강도가 크며, 내약품성, 내열성도 있다. 흑색 또는 흑갈색	전기절연재료, 도료 접착제
요소수지	강도, 내약품성이 크고, 내열성이 있으며, 투명성 착색이 자유롭다.	• 기구, 합판 접착제 • 완구, 식기
멜라닌수지	투명하고, 표면강도가 크며, 내약품성과 내열성이 좋아 표면 치장재로 쓴다.	호마이카 접착제
폴리에스텔수지	강도가 크고, 투명하다. 유리섬유와 혼합하여 FRP 제품을 만든다.	• 강화판 도료 • 우레탄

핵심 예상문제

01 재료 일반

01 다음 설명 가운데 옳지 않은 것은?

① 탄성계수가 큰 재료일수록 강도가 크고 변형률은 적다.
② 탄성계수를 구하는 목적은 강도와 변형률을 구하기 위함이다.
③ 강성은 외력을 받아 이에 저항하는 성질을 말한다.
④ 취성은 충격강도와 관계가 거의 없다.

> 해설 취성은 작은 변형에도 파괴되는 성질이므로 충격강도와 반비례 관계가 있다.

02 직경이 20cm, 길이 5m인 강봉에 축방향으로 50ton의 인장력을 주어 지름이 0.1mm가 줄고, 길이가 10mm 늘어난 경우의 이 재료의 푸아송 수는 얼마인가?

① 3.5   ② 4.0
③ 1.25 ④ 0.25

> 해설
> • $v = \dfrac{\beta}{\epsilon} = \dfrac{1}{m}$
> • $v = \dfrac{\frac{\Delta d}{d}}{\frac{\Delta l}{l}} = \dfrac{l \cdot \Delta d}{d \cdot \Delta l} = \dfrac{5{,}000 \times 0.1}{200 \times 10} = 0.25$
> ∴ $m = \dfrac{1}{v} = \dfrac{1}{0.25} = 4$

03 다음 그림은 강의 응력과 변형률의 관계를 표시한 곡선이다. 외력을 제거해도 변형 없이 원래 상태대로 되는 응력의 한계점은 다음 중 어느 것인가?

① ①   ② ②
③ ③   ④ ⑤

정답 1 ④ 2 ② 3 ②

해설
- 탄성한계 : ②
- 비례한계 : ①

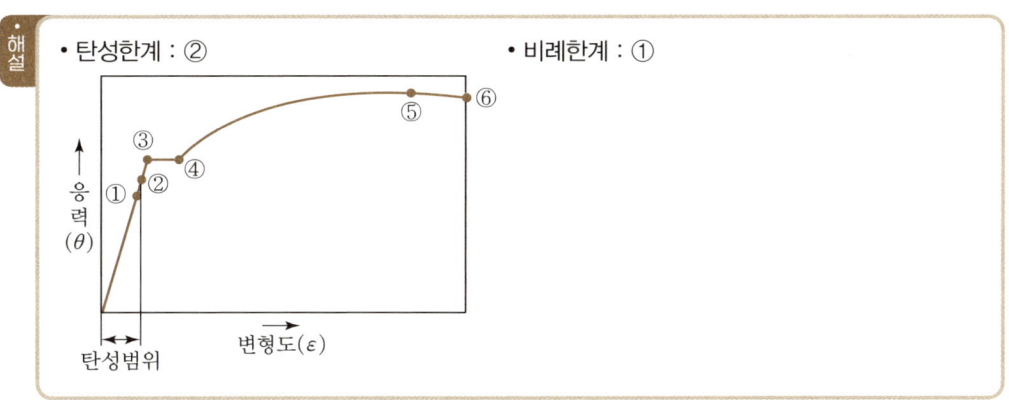

04 어떤 재료의 푸아송 비가 1/3이고, 탄성계수는 204,000MPa일 때 전단탄성계수는?

① 25,600MPa
② 76,500MPa
③ 544,000MPa
④ 229,500MPa

해설
$$G = \frac{E}{2(1+v)} = \frac{204,000}{2\left(1+\frac{1}{3}\right)} \fallingdotseq 76,500\text{MPa}$$

02 시멘트 및 혼화제

01 시멘트의 성질에 대한 설명으로 옳지 않은 것은?

① 보통 포틀랜드 시멘트가 모든 분야에 걸쳐 가장 많이 사용된다.
② 조강 포틀랜드 시멘트는 발열량이 많고 저온에서도 강도의 저하가 적다.
③ 플라이 애시 시멘트는 워커빌리티를 증가시킨다.
④ 알루미나 시멘트는 댐 등의 거대한 구조물에 적합하다.

해설 알루미나 시멘트는 수화열(발열량)이 많아 거대한 구조물에 적합하지 않다.

정답 4 ② / 1 ④

02 시멘트가 수화작용을 할 때 발생하는 수화열이 가장 작은 것은 다음 중 어느 것인가?

① 실리카 시멘트
② 보통 포틀랜드 시멘트
③ 고로 시멘트
④ 중용열 포틀랜드 시멘트

 수화열이 작은 중용열 포틀랜드 시멘트는 댐 공사에 적합하다.

03 포졸란(Pozzolan) 시멘트와 플라이 애시(Fly-ash) 시멘트의 특성 설명 중 틀린 것은?

① 수밀성이 크므로 댐(Dam) 등의 큰 구조물에 사용한다.
② 바닷물과 같은 염화물에 대한 저항성이 크다.
③ 장기강도는 낮으나 조기강도가 증대한다.
④ 균일한 콘크리트를 만들기가 어렵다.

- 조기강도는 낮으나 장기강도가 크다.
- 포졸란 시멘트는 수화열이 낮다.

04 시멘트의 저장 및 관리에 있어 다음 중 적당하지 않은 것은 어느 것인가?

① 방습적인 구조로 된 사일로 또는 창고에 저장해야 한다.
② 지상 30cm 이상 되는 마룻바닥에 쌓아야 하며 13포 이상 쌓아서는 안 된다.
③ 저장기간이 길어질 때는 7포 이상으로 쌓아 올리지 않는 것이 좋다.
④ 장기 저장된 것은 품질시험을 하여야 하고, 단기 저장품으로 약간 굳은 것은 사용해도 좋다.

 약간 굳은 시멘트라도 사용해서는 안 된다.

05 시멘트의 응결시간에 대한 설명이다. 다음 사항 중에서 옳은 것은 어느 것인가?

① 분말도가 낮으면 응결이 빠르다.
② 물의 양이 많으면 응결이 빨라진다.
③ C_3A가 많으면 응결이 빠르다.
④ 온도가 낮을수록 응결이 빠르다.

- 분말도가 낮거나 온도가 낮으면 응결이 늦어진다.
- 물의 양이 많으면 응결이 늦어진다.

정답 2 ④ 3 ③ 4 ④ 5 ③

06 르샤틀리에 병에 0.5cc 눈금까지 광유를 주입하고 시료로 시멘트 64g을 넣어 눈금이 21.5cc로 증가되었을 때 이 시멘트의 비중은 어느 것인가?

① 3.0
② 3.05
③ 3.12
④ 3.17

시멘트 비중 = $\dfrac{64}{21.5 - 0.5} ≒ 3.05$

07 다음 혼화재료 중 콘크리트의 워커빌리티를 개선하는 효과가 없는 것은?

① 시멘트 분산제
② 공기연행제
③ 포졸란
④ 응결 경화 촉진제

응결 경화 촉진제는 경화속도를 촉진시키므로 워커빌리티가 감소된다.

08 콘크리트 시공 시 블리딩 방지 대책에 관한 설명 중 틀린 것은?

① 분말도가 큰 시멘트를 사용한다.
② 세립자가 많은 잔골재를 사용한다.
③ 가능한 한 단위수량을 적게 한다.
④ 굵은 골재의 최대치수를 크게 한다.

- 적당한 세립자가 포함된 잔골재를 사용한다.
- 부배합으로 시공, 분산제를 사용한다.

09 공기연행제를 사용한 콘크리트에 있어 다음 중 옳지 못한 것은 어느 것인가?

① 철근 콘크리트에서는 기포로 인하여 철근과 부착력이 떨어진다.
② 동결 융해에 대한 저항이 적어진다.
③ 수밀성, 내구성이 증대된다.
④ 알칼리 골재 반응이 영향이 적다.

- 동결 융해에 대한 저항이 커진다.
- 화학적인 침식에 대한 내구성이 증대된다.

정답 6 ② 7 ④ 8 ② 9 ②

10 시멘트의 강열감량에 관한 설명 중 틀린 것은?

① 시멘트가 풍화하면 강열감량이 적어지며 풍화의 정도를 파악하는 데 이용된다.
② 강열감량은 시멘트에 1,000℃의 강한 열을 가했을 때 시멘트의 감량을 뜻한다.
③ 강열감량은 클링커와 혼합하는 석고와 결정수량과 거의 같은 양이다.
④ 강열감량은 시멘트 중에 함유된 H_2O와 CO_2의 양을 뜻한다.

 풍화된 시멘트는 강열감량이 증가되며 시멘트의 풍화의 정도를 파악하는 데 감열감량이 사용된다.

03 골재

01 굵은 골재의 최대치수란 질량으로 전체 골재 질량의 몇 % 이상을 통과시키는 체 눈의 최소공칭 치수를 의미하는가?

① 75%   ② 85%
③ 80%   ④ 90%

02 다음은 골재의 입도에 대한 설명이다. 적당하지 못한 것은 어느 것인가?

① 입도시험을 위한 골재는 4분법이나 시료분취기에 의하여 필요한 양을 채취한다.
② 입도란 크고 작은 골재알이 혼합되어 있는 정도로 체가름시험에 의하여 구할 수 있다.
③ 입도가 좋은 골재를 사용한 콘크리트는 간극이 커지기 때문에 강도가 저하된다.
④ 입도곡선이란 골재의 체가름시험 결과를 곡선으로 표시한 것, 표준 입도곡선 내에 들어가야 한다.

 입도가 좋은 콘크리트는 간극이 적어 시멘트가 적게 소요되므로 경제적이며 강도가 증대된다.

03 다음은 아래 조건 시의 굵은 골재의 마모시험 결과 값이다. 이 중 맞는 것은?

[조건]
(1) 시험 전 시료 질량 : 10,000g
(2) 시험 후 1.7mm 체에 남은 질량 : 6,700g

① 마모율 : 33%   ② 마모율 : 49%
③ 마모율 : 25%   ④ 마모율 : 32%

정답 10 ① / 1 ④ 2 ③ 3 ①

해설: $\dfrac{10{,}000 - 6{,}700}{10{,}000} \times 100 = 33\%$

04 밀도가 큰 골재를 사용했을 때의 일반적인 특성과 관계가 없는 것은 다음 중 어느 것인가?

① 내구성이 좋아진다.　　② 흡수성이 증대된다.
③ 동결에 피해 줄어든다.　　④ 강도가 증가한다.

해설: 밀도가 큰 골재는 흡수율이 적다.

05 단위용적질량이 1.65t/m³인 골재의 밀도가 2.65g/cm³일 때 이 골재의 간극률은 얼마인가?

① 37.7%　　② 34.3%
③ 37.1%　　④ 33.1%

해설: 간극률 $= \left(1 - \dfrac{\omega}{\rho}\right) \times 100 = \left(1 - \dfrac{1.65}{2.65}\right) \times 100 = 37.7\%$

06 다음 설명 중 골재의 내구성이 가장 뛰어난 것은?

① 밀도가 크고 흡수율이 큰 골재　　② 밀도가 크고 흡수율이 작은 골재
③ 밀도가 작고 흡수율이 큰 골재　　④ 밀도가 작고 흡수율이 작은 골재

해설: 밀도가 크고 흡수율이 작은 골재는 골재 속의 조직이 치밀하다는 뜻이다.

07 다음은 잔골재의 조립률에 대한 사항이다. 설명 중에서 틀린 것은?

① 조립률은 10을 넘을 수 없다.
② 골재의 크기가 클수록 조립률은 크다.
③ 혼합골재의 조립률은 가중평균을 이용하여 구한다.
④ 0.08mm 체에 상당한 양이 남아 있을 경우에는 그 값도 고려해야 한다.

4 ②　5 ①　6 ②　7 ④　정답

- 조립률은 10개 체를 이용하여 각 체의 잔류율을 누계로 하여 100으로 나눈 값
- 10을 넘을 수 없고, 0.08mm 체는 조립률 구하는 체와 관계없다.

08 알칼리 골재 반응(AAR)에 대한 설명 중 잘못된 것은?

① 시멘트 속의 알칼리 성분이 골재 속의 실리카질광물과 화학반응을 일으키는 것을 말한다.
② AAR을 일으키는 시멘트는 팽창하므로 콘크리트 표면에 많은 균열이 발생한다.
③ 이백석, 규산질, 또는 고로질 석회암, 응회암 등을 모암으로 하는 골재로 알려져 있다.
④ 우리나라 골재는 AAR이 자주 발생하여 시멘트 내의 알칼리양을 0.6g 이하로 하는 것이 좋다.

AAR을 억제하기 위해 알칼리양을 0.6% 이하로 하는 것이 좋다.

09 습윤 상태의 굵은 골재 5,035g이 있다. 굵은 골재의 함수 상태별 질량을 측정한 결과 표면 건조 포화 상태일 때 4,956g, 절대 건조 상태(노건조 상태)일 때 4,885g이었다. 이때 표면수율과 흡수율은 얼마인가?

① 표면수율 : 3.1%, 흡수율 1.4%   ② 표면수율 : 3.1%, 흡수율 1.5%
③ 표면수율 : 1.6%, 흡수율 1.5%   ④ 표면수율 : 1.6%, 흡수율 1.4%

- 표면수율 $= \dfrac{5,035 - 4,956}{4,956} \times 100 ≒ 1.6\%$
- 흡수율 $= \dfrac{4,956 - 4,885}{4,885} \times 100 ≒ 1.5\%$

10 골재의 안정성 시험에 대한 설명 중 옳은 것은?

① 시료를 금속제 망태에 넣고 시험용 용액에 24시간 담가둔다.
② 백분율이 10% 이상인 무더기에 대해서만 시험을 한다.
③ 용액은 자주 휘저으면서 21±1.0℃의 온도로 24시간 이상 보존 후 시험에 사용한다.
④ 황산나트륨 포화 용액의 붕괴 작용에 대한 골재의 저항성을 알기 위해서 시험한다.

시험 골재를 16~18시간 황산나트륨 수침 후 꺼내 24시간 노건조시키는 반복을 5회 실시하여 손실량을 구한다.

04 금속재료

01 다음 금속재료의 성질에 관한 설명 중 틀린 것은?

① 탄성이 커 소성변형이 일어나지 않는다.
② 열과 전기의 전도체이다.
③ 경도가 높지만 가공성은 좋다.
④ 일반적 인성은 크지만 취성은 적다.

> 해설 탄성한도를 넘으면 소성변형이 발생한다.

02 강의 열처리 방법 중에서 강의 조직을 미립화하고 강속의 변형을 제거, 성분을 평형 상태로 하기 위해 변태점 이상의 온도로 가열해서 적당한 시간을 두고 서서히 냉각하는 방법은?

① 풀림(Annealing)
② 담금질(Quenching)
③ 뜨임(Tempering)
④ 불림(Normalizing)

03 PS 콘크리트와 프리텐션 방식에 사용할 수 없는 강재는?

① PC 스트랜드
② 이형 PC 강선
③ PC 강선
④ PC 강봉

> 해설 PC 강봉은 포스트텐션 방식에 사용된다.

04 단면적이 80mm²인 강봉을 인장시험하는 항복점 하중 256N, 최대하중 368N을 얻었을 때 인장강도는 얼마인가?

① 7MPa
② 4.6MPa
③ 3.5MPa
④ 1.8MPa

> 해설 $f = \dfrac{P}{A} = \dfrac{368}{80} = 4.6\text{MPa}$

1 ① 2 ④ 3 ④ 4 ② 정답

05 금속재료에 관한 다음 설명 중에서 옳지 않은 것은 어느 것인가?

① 다른 금속과 용해해서 합금하는 성질이 있다.
② 밀도가 크고 질량이 크다.
③ 전기와 열의 전도율이 작고 독특한 광택을 가진다.
④ 상온에서는 대부분 결정에 의해서 고체로 구성되어 있다.

> 해설 전기, 열의 전도율이 크다.

06 단위용적질량이 1.65t/m³인 골재의 밀도가 2.65g/cm³일 때 이 골재의 간극률은 얼마인가?

① 37.7%   ② 34.3%
③ 37.1%   ④ 33.1%

> 해설 간극률 $= \left(1 - \dfrac{\omega}{\rho}\right) \times 100 = \left(1 - \dfrac{1.65}{2.65}\right) \times 100 = 37.7\%$

05 목재 및 석재

01 목재의 건조에 관하여 잘못된 것은 다음의 어느 것인가?

① 건조시키면 비틀림을 방지하는 효과가 있다.
② 건조시키면 강도는 증가한다.
③ 침수법은 공기건조법에 비하여 그 건조기간이 길다.
④ 건조시키면 도료나 주입제의 효과를 증대시킬 수 있다.

> 해설
> • 침수법은 공기건조법에 비하여 건조기간이 짧다.
> • 건조시키면 균류에 대한 저항성이 증가한다.

02 목재의 강도에 관한 다음 설명 중 틀린 것은?

① 밀도가 크면 압축강도가 커진다.
② 휨강도는 전단강도보다 크다.
③ 목재의 세로인장강도는 압축강도보다 작다.

정답 5 ③ 6 ① / 1 ③ 2 ③

④ 목재의 수분이 증가하면 압축강도는 감소한다.

> 해설: 목재의 세로 인장강도는 압축강도보다 크다.

03 다음은 목재의 함수율을 구하는 식이다. 이 중 옳은 것은?(단, W_1 : 건조 전 시험편 질량(g), W_2 : 절대건조 시험편 질량(g))

① 함수율 $= \dfrac{W_1 - W_2}{W_2} \times 100(\%)$ ② 함수율 $= \dfrac{W_2 - W_1}{W_2} \times 100(\%)$

③ 함수율 $= \dfrac{W_1 - W_2}{W_1} \times 100(\%)$ ④ 함수율 $= \dfrac{W_2 - W_1}{W_1} \times 100(\%)$

04 목재를 구성하고 있는 물질 중에서 목질부에서 가장 많은 양을 차지하고 있는 것은?

① 수렴제   ② 수지
③ 리그닌(Lignin)   ④ 셀룰로오스(Cellulose)

> 해설: 셀룰로오스가 60% 차지한다.

05 다음 석재 중 강도가 가장 작은 것은 어느 것인가?

① 화강암   ② 대리석
③ 응회암   ④ 안산암

> 해설:
> • 압축강도의 크기는 화강암, 안산암, 대리석, 응회암 순으로 응회암이 강도가 가장 작다.
> • 응회암은 불에 가장 잘 견딘다.

06 다음 중 화성암에 속하지 않는 것은?

① 대리석   ② 섬록암
③ 현무암   ④ 화강암

> 해설: 변성암 : 대리석, 석회암

3 ①   4 ④   5 ③   6 ①   정답

07 퇴적암에 주로 나타나는 평행상의 절리(Joint)를 무엇이라 하는가?

① 편리(片里) ② 층리(層理)
③ 석리(石理) ④ 석목(石目)

 퇴적암 및 변성암에 나타나는 평행상의 절리인 층리가 나타난다.

08 견치돌의 뒷길이는 앞면의 몇 배 이상이 적당한가?

① 1.0배 ② 1.5배
③ 2.0배 ④ 2.5배

견치석	① 면은 정사각형에 가깝다. ② 면에 직각으로 잰 공장은 면의 최소변의 1.5배 이상이다.
사고석	① 면은 정사각형에 가깝다. ② 면에 직각으로 잰 공장은 면의 최소변의 1.5배 이상이다.

09 다음은 암석을 성인에 따라 분류한 것을 설명한 것이다. 틀린 것은?

① 화성암이란 지구의 심부에서 암장이 분출하여 생성된 암석이다.
② 퇴적암이란 물이나 바람의 작용으로 퇴적되어 이루어진 암석이다.
③ 변성암이란 열, 압력, 풍화작용 등의 변질작용을 받아 생성된 암석이다.
④ 변성암은 심성암, 반심성암, 화강암 등으로 분류된다.

 심성암, 반심성암, 화강암 등은 화성암의 분류에 속한다.

06 역청재료

01 다음 중 천연 아스팔트가 아닌 것은?

① 록 아스팔트(Rock asphalt) ② 샌드 아스팔트(Sand asphalt)
③ 아스팔타이트(Asphaltite) ④ 아스팔트 콤파운드(Asphalt compound)

 레이크 아스팔트 등이 천연 아스팔트에 속한다.

정답 7 ② 8 ② 9 ④ / 1 ④

02 다음 중 천연 석유가 지층의 갈라진 틈 사이에 침입한 후 지열이나 공기 등의 작용으로 오랜 세월 사이에 그 내부에 중·축합 반응을 일으켜서 생긴 것은 어느 것인가?

① 아스팔타이트 ② 레이크 아스팔트
③ 록 아스팔트 ④ 샌드 아스팔트

 아스팔타이트는 탄성력이 풍부한 블론 아스팔트와 비슷하다.

03 블론 아스팔트와 스트레이트 아스팔트의 성질에 관한 설명 중 옳지 않은 것은?

① 스트레이트 아스팔트는 블론 아스팔트보다 연화점이 낮다.
② 스트레이트 아스팔트는 블론 아스팔트보다 감온성이 작다.
③ 블론 아스팔트는 스트레이트 아스팔트보다 점착성이 작다.
④ 블론 아스팔트는 스트레이트 아스팔트보다 방수성이 작다.

- 스트레이트 아스팔트는 신장성, 점착성, 방수성이 크며 감온성이 큰 것이 단점이다.
- 주로 블론 아스팔트는 방수용으로 사용한다.

04 역청 포장용 골재로서 지녀야 할 성질 중에서 틀린 것은?

① 내마모성이 클 것 ② 역청재료와 부착성이 클 것
③ 내화성이 클 것 ④ 평편하고 세장한 골재일 것

 골재는 입도가 양호하고 둥근 것이 좋다.

05 다음 중에서 역청재료의 신도에 가장 큰 영향을 끼치는 것은?

① 역청재의 온도와 신장속도 ② 역청재의 연화점 온도
③ 역청재의 점도와 침입도 ④ 역청재의 온도와 밀도

 역청재료란 이황화탄소에 용해되는 탄화수소의 아스팔트 혼합물로 상온에서 고체 또는 반고체의 것을 말한다.

2 ① 3 ② 4 ④ 5 ① **정답**

06 다음 중에서 아스팔트의 점도(Consistency)에 가장 큰 영향을 끼치는 것은?

① 아스팔트의 밀도　　② 아스팔트의 온도
③ 아스팔트의 인화점　④ 아스팔트의 종류

> 해설 아스팔트의 온도가 높으면 묽어지고 낮으면 굳어진다.

07 다음 역청재료의 침입도에 대한 설명 중 옳지 않은 것은?

① 침입도가 큰 아스팔트는 추운 지방에 사용하는 것이 좋다.
② 침입도가 작을수록 연화점이 높다.
③ 침입도 지수(PI)는 침입도와 신도와의 관계식이다.
④ 연한 아스팔트일수록 침입도가 크고 단단한 아스팔트일수록 침입도가 작다.

> 해설
> • 침입도 지수(PI)는 온도와 침입도 관계식이다.
> • PI가 크면 감온성이 적다.

08 아스팔트 혼합물의 안정도시험에 관한 다음 설명 중 틀린 것은?

① 이 시험을 통하여 품질관리를 할 수 있다.
② 마샬시험은 골재의 최대입경이 25mm 이하인 가열 혼합물에 적용한다.
③ 공시체를 수조에서 꺼낸 후 30초 이내에 최대하중을 측정하여야 한다.
④ 잘 건조된 골재는 시험 시에 가열할 필요가 없다.

> 해설 잘 건조된 골재는 공시체 제작 시 160~180℃ 정도 가열하여 아스팔트와 혼합한다.

09 다음 중 아스팔트 혼합물의 배합설계 시 필요하지 않은 것은?

① 마샬 안정도 시험　　② 흐름(flow)값 측정
③ 응결시간 측정　　　　④ 골재의 체가름

> 해설 응결시간 측정은 콘크리트에 관련된 시험이다.

10 다음 중에서 방수성이 가장 크고 지붕의 방수공사에 주로 사용하는 것은?

① 아스팔트 펠트(Asphalt felt)
② 아스팔트 루핑(Asphalt roofing)
③ 아스팔트 타일(Asphhalt tile)
④ 펠트 백 시트(Felt back seat)

07 도료, 폭약, 합성수지

01 철강교 등이 부식하는 것을 방지하기 위해 사용하는 도료로서 적당하지 않은 것은?

① 징크로메트계 유성 페인트
② 연탄 보일류 조합 페인트
③ 연단 이산화연 페인트
④ 에멀션 페인트

에멀션 페인트는 콘크리트 바탕에 사용하기 쉽고 실내·외에 모두 쓰인다.

02 다음 설명 중에서 틀린 것은?

① 유성 페인트는 도막에 팽창성이 있고 내구성이 상당히 크다.
② 안료란 색깔을 나타내는 원료를 말한다.
③ 수성 페인트는 분상 안료에 유용성 교착제를 혼합하여 습기가 없는 곳에 주로 사용한다.
④ 합성수지 도료에는 주로 비닐 수지계, 페놀 수지계, 알키드 수지계가 있다.

수성 페인트는 안료에 기름을 쓰지 않고 물을 혼합하여 사용한다.

03 흑색 화약이 아닌 면화약을 심약으로 하고 마사, 면사 등으로 싸서 방습포장을 한 것을 무엇이라 하는가?

① 전기뇌관
② 일반뇌관
③ 뇌홍
④ 도폭선

도폭선은 대폭파 또는 수중폭파 등 동시에 폭파가 가능하다.

04 다음은 폭약에 관한 사항이다. 옳지 않은 것은?

① 다이너마이트의 주성분은 니트로글리세린이다.
② TNT는 도화선만으로 폭발시킬 수 있다.
③ 도화선의 심약으로 주로 흑색 화약을 쓴다.
④ 흑색 화약의 주성분은 황산염이다.

 흑색 화약의 주성분은 초석(초산칼륨)이다.

05 다음 중에서 폭약으로 카알릿(carlit)의 사용이 부적당한 곳은?

① 채석장의 큰 석재의 채취용
② 경질토사의 절취용
③ 터널공사의 발파용
④ 암석의 절취 또는 제거용

 갱내 터널공사의 발파용으로는 부적당하다.

06 다음 폭약에 대한 설명 중 옳지 않은 것은?

① 질산암모늄 에멀션 폭약은 질산암모늄과 연료유의 단순한 혼합물이다.
② 다이너마이트는 니트로글리세린을 각종 고체에 흡수시킨 폭약이다.
③ 니트로글리세린은 폭약 중 동해 입기가 가장 쉽다.
④ 카알릿은 다이너마이트보다 발화점이 낮다.

 카알릿은 다이너마이트보다 발화점이 높다.

07 다음은 ANFO에 관한 사항이다. 옳지 않은 것은?

① 대발파에 좋다.
② 초안과 연료유의 혼합으로 만들어진다.
③ 다른 폭약에 비해 민감하여 접촉성 위험이 크다.
④ 다른 폭약에 비해 가격이 싸다.

 다른 폭약에 비해 둔감하다.

08 플라스틱 제품의 장점에 해당되지 않는 것은?

① 유기재료에 비해 내수성, 내구성이 있다.
② 밀도가 적고 가공이 쉽다.
③ 표면이 평화하고 아름답다.
④ 열에 의한 신축과 변형이 적다.

 열에 의한 신축과 변형이 크다.

09 다음 중 열경화성 수지인 것은?

① 아크릴 수지 ② 폴리에틸렌 수지
③ 요소수지 ④ 불소수지

 열경화성 수지 : 페놀수지, 요소수지, 멜라민수지, 실리콘수지, 에폭시수지, 우레탄수지, 규소수지, 폴리에스테르 수지 등이 있다.

10 플라스틱의 내식성에 대한 설명 중 옳지 않은 것은?

① 내식성이 우수하다.
② 일반적으로 비흡수성이다.
③ 약알칼리에 약하다.
④ 화학약품에 대한 저항성은 열경화성 수지와 열가소성 수지가 서로 다른 특성을 갖고 있다.

 플라스틱은 내알칼리성과 내산의 특징이 있다.

PART 04

>> 건설재료시험기사 필기

토질 및 기초

CHAPTER 01 ▸ 흙의 기본적 성질
CHAPTER 02 ▸ 흙의 분류 및 투수
CHAPTER 03 ▸ 유효응력 및 지중응력
CHAPTER 04 ▸ 흙의 압축성
CHAPTER 05 ▸ 흙의 전단강도
CHAPTER 06 ▸ 토압 및 사면 안정
CHAPTER 07 ▸ 흙의 다짐
CHAPTER 08 ▸ 토질조사 및 기초지반

CHAPTER 01 흙의 기본적 성질

01 흙의 구조(Structure of soil)

1) 비점성토의 구조(사질토)

구분	내용
단립 구조	점착력이 없고, 마찰력이 크다.
봉소 구조	단립 구조보다 공극이 크고 충격, 진동에 약하다.

2) 점성토의 구조

(1) 점성토의 구조

구분	내용
분산 구조 (이산 구조)	• 혼합(되비빔된) 흙, 습윤 상태로 다진 흙 등에서 생성된다. • 면모 구조보다 투수성 및 강도가 작다. • 점토입자의 이중층 두께가 얇은 때에는 면모 구조가 되고 두꺼울 때에는 이산 구조가 된다.
면모 구조	비교란된 점성토의 구조, 이산 구조보다 강도가 크다.

(2) 점토광물

구분	활성도	액성한계(WL)	소성한계(WP)
카올리나이트 (Kaolinite)	A<0.75	35~100	25~35
일라이트(Illite)	A=0.75~1.25	50~100	30~60
몬모릴로나이트 (Monmorillonite)	A>1.25	100~800	50~100

(3) 점성토와 사질토의 특성

항목	사질토	점토
투수계수	크다	작다
불교란시료	채취가 어렵다	채취가 쉽다
전단강도	크다	작다
동결 피해	작다	크다
압밀성	작다	크다
압밀속도	빠르다	느리다
내부 마찰각	크다	작다

02 흙의 기본적 성질

1) 흙의 구성

① 흙은 흙입자와 흙입자 사이의 간극으로 구성
② 간극은 물과 공기로 구성

공극비	$e = \dfrac{V_V}{V_S} = \dfrac{n}{100-n}$
공극률(n)	$n = \dfrac{V_V}{V} \times 100(\%) = \dfrac{e}{1+e} \times 100(\%)$
함수비(w)	$w = \dfrac{W_W}{W_S} \times 100(\%)$, $W_s = \dfrac{W}{1+\dfrac{w}{100}}$
포화도	$S = \dfrac{V_W}{V_V} \times 100(\%)$ 여기서, $V_V = V_W + V_a$

2) 밀도(Density)

습윤밀도	$\gamma_t = \dfrac{W}{V} = \dfrac{G_s + \dfrac{Se}{100}}{1+e} \cdot \gamma_w$
건조밀도	$\gamma_d = \dfrac{W_S}{V} = \dfrac{G_s}{1+e} \cdot \gamma_w$

포화밀도	$\gamma_{sat} = \dfrac{W_{sat}}{V} = \dfrac{G_s + e}{1+e} \cdot \gamma_w$ (흙의 부력을 고려하지 않은 밀도)
수중밀도	$\gamma_{sub} = \dfrac{W_{sub}}{V} = \dfrac{G_s - 1}{1+e} \cdot \gamma_w$ (흙의 부력을 고려한 밀도)

3) 포화도와 비중과의 관계

$S \cdot e = w \cdot G_s$

4) 상대밀도(사질토의 다짐 정도)

① $D_r = \dfrac{e_{\max} - e}{e_{\max} - e_{\min}} \times 100(\%)$

② $D_r = \dfrac{\gamma_{d\max}}{\gamma_d} \cdot \dfrac{\gamma_d - \gamma_{d\min}}{\gamma_{d\max} - \gamma_{d\min}} \times 100(\%)$

03 흙의 연경도(Consistency of soil)

1) 개념도

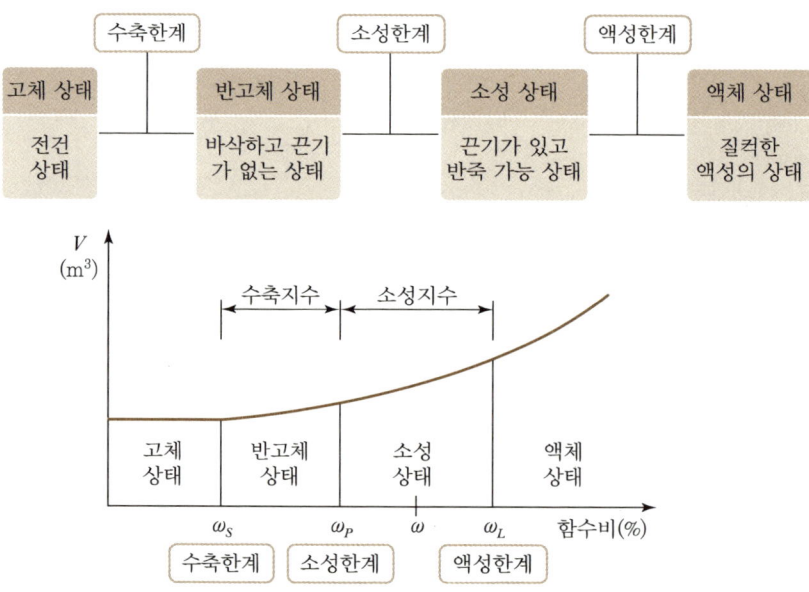

2) Atterberg 한계

① 액성한계(W_L)

② 소성한계(W_P)

③ 수축한계 : $W_S = \left(\dfrac{1}{R} - \dfrac{1}{G_s}\right) \times 100$,　$R(\text{수축비}) = \dfrac{W_s}{V_s \gamma_w}$

3) 연경도에서 구하는 지수

소성지수	$I_P = W_L - W_P$	수축지수	$I_S = W_P - W_S$
액성지수	$I_L = \dfrac{W_n - W_P}{I_P(W_L - W_P)}$	유동지수	$\dfrac{W_1 - W_2}{\log N_2 - \log N_1}$

4) 활성도(A)

① 점토가 많을수록 활성도가 커진다.

② 활성도가 클수록 공학적으로 불안정한 상태가 되며 수축, 팽창이 크다.

③ 활성도 : $A = \dfrac{I_P(W_L - W_P)}{2\mu \text{ 이하의 점토 함유율}(\%)}$

CHAPTER 02 흙의 분류 및 투수

01 흙의 분류

1) 입도에 의한 분류

(1) 일반적 분류

① 조립토 : 모래, 자갈
② 세립토 : 실트, 점토
③ 용어

구분	내용
양호한 입도	크고 작은 입자가 골고루 분포된 것
불량한 입도	크기가 비슷한 입자가 분포된 것

(2) 입경 분류법

① 체분석법 : 체가름 시험에 의함

잔류율	잔류율 = $\dfrac{\text{어떤 체에 남는 무게}}{\text{전체 무게}} \times 100$
가적 잔류율	가적 잔류율 = 각체의 잔류율을 누계한 값
가적 잔류율	가적 잔류율 = 100 − 가적 잔류율

② 비중계법 : 비중계 시험법
  • Stokes 법칙

$$V = \frac{(\gamma_s - \gamma_w)}{18n} \cdot d^2 \cdot g_o$$

  • 세립토 입경 결정(No 200 : 0.08mm)
  • 모든 입자를 구라고 가정했을 때 침강 속도

여기서, γ_s : 구체의 밀도(g/cm³), γ_w : 액체의 밀도(g/cm³)
n : 액체의 점성계수($P_a \cdot s$), d : 구체의 지름
g_o : 중력 가속도(cm/sec²)

2) 삼각좌표 분류법(농업용)

① 모래, 실트, 점토의 세 성분의 중량 백분율로 죄표를 이용하여 분류(10종류)
② 자갈이 제외되어 공학적 성질을 잘 나타내지 못함

3) 입도 및 Consistency를 고려한 분류법

(1) AASHTO 분류법

① 도로, 활주로, 노상토 재료 : 적정 판단 위해 사용
② GI(군지수) : 흙의 성질을 수로 나타낸 것
③ 범위는 0~20로 군지수가 크면 흙입자가 작으며 팽창 수축이 커져 노상토 재료로 부적합

(2) 통일분류법

① 정의 : 입경을 바탕으로 입도와 Consistency를 고려한 흙의 공학적 분류방법
② 분류방법

구분	제1문자	제2문자	표기
조립토	G	W P	GW, GP, GM, GC
조립토	S	M C	SW, SP, SM, SC
세립토	M C O	H L	MH, CH, OH ML, CL, OL
이탄	R	-	Pt

③ 표기 설명

조립토	0.08mm 체 통과량이 50% 이하(G, S)
세립토	0.08mm 체 통과량이 50% 이상(M, C, O)
자갈(G)	5mm 체 통과량이 50% 이하
모래(S)	5mm 체 통과량이 50% 이상
양입도(W)	균등계수(C_u)와 곡률계수(C_g) 기준 만족
불량입도(P)	균등계수(C_u)와 곡률계수(C_g) 기준 불만족
고압축성(H)	소성도에서 구함
저압축성(L)	소성도에서 구함

④ Casagrande의 소성도

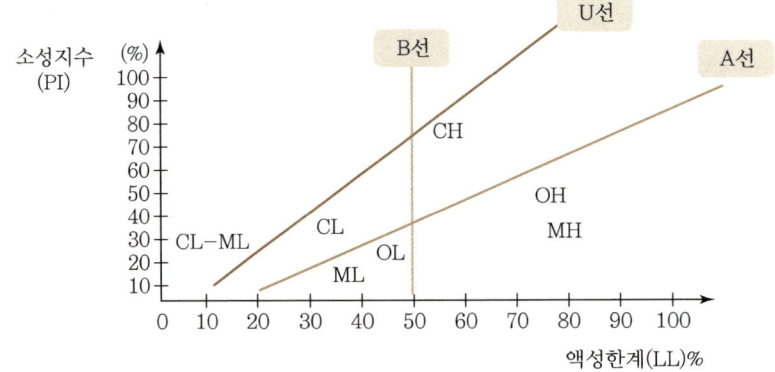

02 입경가적곡선(입도분포곡선)

1) 입경가적곡선

① 체분석과 비중계 분석의 조합이다.
② 곡선의 구배가 완만할수록 입도가 양호한 흙이다.
③ 곡선의 중간에 요철이 있을 수 없다.
④ 곡선이 일정 구간 수평이면 그 구간 사이의 흙은 없다.
⑤ 곡선 구배가 계단이면 2개 이상의 흙이 섞인 경우로 불량입도이다.

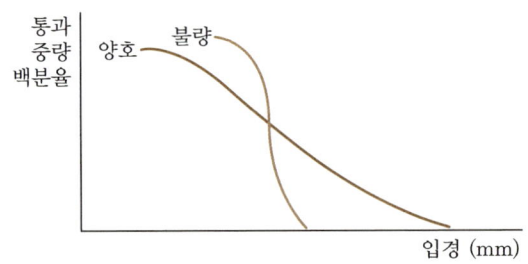

2) 주요 입경

D_{10}	통과중량 백분율 10%에 해당하는 입경(유효경)
D_{30}	통과중량 백분율 30%에 해당하는 입경
D_{60}	통과중량 백분율 60%에 해당하는 입경

3) 주요 계수

균등계수(C_u)	$C_u = \dfrac{D_{60}}{D_{10}}$	자갈>4, 모래>6, 점토>10
곡률계수(C_g)	$C_g = \dfrac{(D_{30})^2}{D_{10} \times D_{60}}$	$1 < C_g < 3$ 혹은 $1 < C_g < \sqrt{C_u}$

03 흙의 다짐 및 압밀

① 공기, 물 : 간극(흙의 압축성을 좌우)
② 다짐과 압밀 : 흙속의 공기와 물을 빼내어 흙의 밀도를 증진시켜 흙의 공학적 성질(전단강도 등)을 개선시켜 주는 작업이다.

구분	내용
다짐	외력을 가해 흙 속의 공기를 순간적으로 빼주는 것
압밀	물을 시간의존적으로 빼내는 것(장기적)

04 흙속의 모관상승 작용

1) 개요

① 물은 표면장력으로 위로 상승한다.
② 흙은 서로 다른 토립자로 구성되어 매우 복잡하다.
③ 따라서, 흙은 불규칙한 무수한 모관의 집합체이다.

2) 모세관 현상

$h_c = \dfrac{4T\cos\theta}{\gamma_w D}$	T : 표면장력 D : 모관의 지름
$h_c = \dfrac{0.3}{D}$ (cm)	15℃(표준온도)일 때 $\theta = 0$, $T = 0.75$g/cm

① 모관현상이 있는 부분은 '−' 간극수압이 발생하여 유효응력은 증가한다.

② 모관현상으로 지표면까지 포화되면 지표면의 유효응력은 $\sigma = \gamma_w \cdot h$이다.
③ 지하수면에서의 간극수압은 0이다.

3) 흙 내부의 모세관 현상

$$h_e = \frac{C}{e \cdot D_{10}}$$

여기서, C : 입자의 모양, 상태에 의한 상수($0.1 \sim 0.5\text{cm}^2$)
   e : 공극비
   D_{10} : 유효입경(cm)

05 Darcy의 법칙

층류 Re < 4에서 성립하며 난류에서는 성립하지 않는다.

$V = K \cdot i$	V : 평균속도, K : 투수계수 i : 동수경사 $\left[i = \dfrac{h(\text{수두차})}{L(\text{시료길이})} \right]$
$Q = A \cdot V = K \cdot i \cdot A(t)$	t시간 동안 전투수량
$V_s = \dfrac{V}{n}$	실제 침투속도

06 투수계수

1) 투수계수에 영향을 미치는 것

① 경사가 급할수록 유속이 빠르다.
② 수온이 높을수록 투수계수가 크다.

2) 투수계수와 관계되는 요소

$$K = D_s^2 \cdot \frac{\gamma_w}{\eta} \cdot \frac{e^3}{1+e} \cdot C$$

여기서, D_s : 흙의 지름, e : 공극비
η : 흙의 점성, C : 형상계수

① 간극비 : $K_1 : K_2 = \dfrac{e_1^3}{1+e_1} : \dfrac{e_2^3}{1+e_2} ≒ e_1^2 : e_2^2$

② 입경 : $K = C \cdot D_{10}^2$ (cm/sec)

　　C : 100~150cm/sec, D_{10} : 유효입경(cm)

③ 점성계수

④ 투수계수 측정은 포화 상태에서 실시하므로 포화도도 관계있다.

3) 투수계수의 측정

정수위 투수시험	사질토(자갈, 모래)	$k > 10^{-3}$cm/sec
변수위 투수시험	실트질	$k = 10^{-3} \sim 10^{-6}$cm/sec
압밀시험	점토질	$k < 10^{-7}$cm/sec

4) 비균질 흙에서의 평균 투수계수

수평방향 투수계수	$K_h = \dfrac{K_1 h_1 + K_2 h_2}{H}$
수직방향 투수계수	$K_v = \dfrac{H}{\dfrac{h_1}{K_1} + \dfrac{h_2}{K_2}}$

07 유선망(Flow net)

1) 작도 이유 : 유수의 흐름 파악

용어	유선	물이 흐르는 경로
	등수두선	유선상에서 수두가 서로 같은 점을 연결한 선
목적	• 침투수량을 구한다. • 등수두선 간의 공극수압을 측정한다.	

2) 개념도

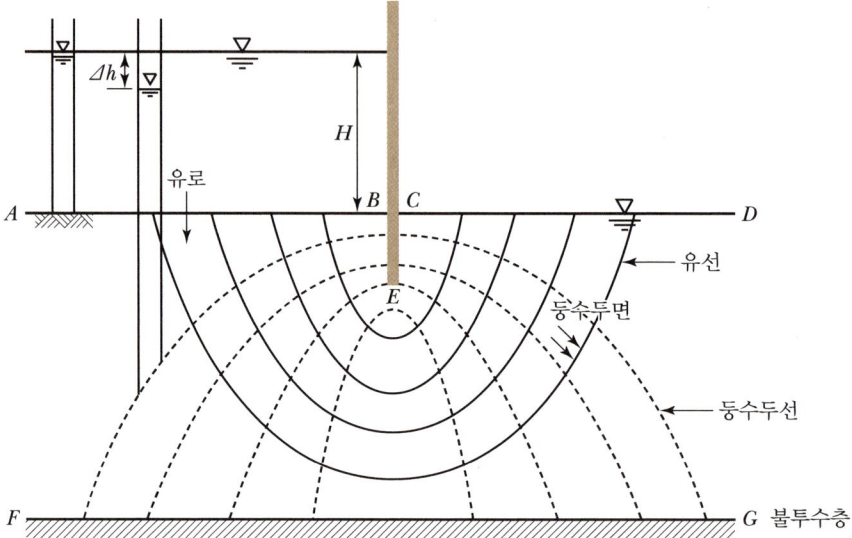

3) 특성

① 각 유로의 침투수량은 같다.
② 인접한 등수두선 간의 수두차는 모두 같다.
③ 유선과 등수두선은 서로 직교한다.
④ 유선망의 폭과 길이는 같다(정사각형).
⑤ 침투속도 및 등수구배는 유선망 폭에 반비례한다.

4) 침투수량 및 간극수압의 계산

(1) 침투수량

$$Q = KH \frac{N_f}{N_d}$$

여기서, Q : 단위폭당 제체의 침투유량(cm^3/sec)
K : 투수계수(cm/sec)
N_f : 유로의 수
N_d : 등수두면의 수
H : 상하류의 수두차(cm)

(2) 간극수압

$U_p = \gamma_w \times$ 압력수두	간극수압 공식
압력수두 = 전수두 − 위치수두	인접한 등압선 간의 수두손실은 압력수두 중에서 전수두
전수두 = $\dfrac{n_d}{N_d}H$	n_d : 구하는 점에서의 등수두면의 수 N_d : 등수두면의 수 H : 수두차

5) 동수경사

$$i = \frac{h_m}{d}$$

여기서, h_m : 높이차, d : 반경

08 흙댐에서의 투수

1) 침윤선 : 손실수두가 일정한 유선

① 침윤선상의 압력수두 = 0, 전수두 = 위치수두
② 따라서 침윤선상의 수두는 위치수두뿐이다.

2) 상류측 보정

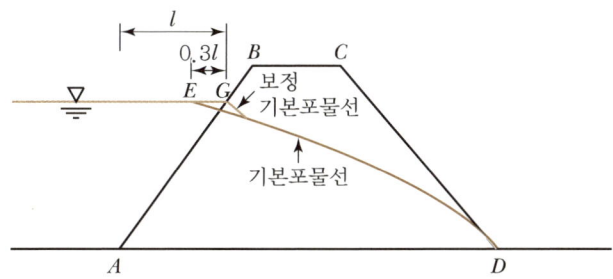

3) 경계조건

유선	GD	최상부의 유선으로 침윤선이다.
	AD	최하부의 유선이다.
동수두선	AG	전수두가 h로서 일정하다.

09 분사현상(Quick sand)

① 침투수압에 의해 토립자가 물과 함께 유출되는 현상이다.
② 사질지반에 일어난다.

$$F_s = \frac{i_c}{i} = \frac{\dfrac{G_s - 1}{1 + e}}{\dfrac{h}{L}}$$

- F_s : 안전율
- $F_s > 1$ 이면 분사 현상이 일어나지 않는다.

CHAPTER 03 유효응력 및 지중응력

01 유효응력

1) 흙의 자중으로 인한 응력

연직응력	$\sigma_v = \gamma_t \cdot h$
수평응력	$\sigma_h = \sigma_v \cdot K$

2) 유효응력과 간극수압

유효응력(σ')	단위면적당 토립자 상호 간의 접촉점에 작용하는 압력으로 토립자가 부담하는 압력
간극수압(u)	단위면적당 간극수가 부담하는 압력, 중립응력 $u = \gamma_w \cdot h$
전응력(σ)	토립자에 작용되는 단위면적당 법선응력 $\sigma = \sigma' + u$

3) 계산의 예

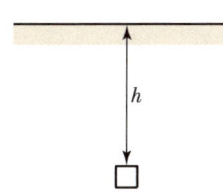

$u = \gamma_w \cdot h,\ \gamma_w = 1,\ P(\sigma) = \overline{P}(\sigma') + u$
$u = \gamma_{sat} \cdot h,$
$\sigma' = \sigma - u = (\gamma_{sat} - \gamma_w) \cdot h = \gamma_{sub} \cdot h$

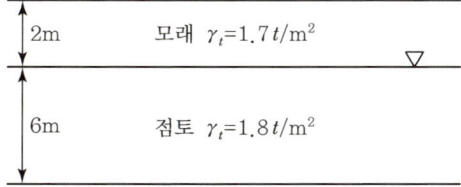

① 전응력 : $\sigma = 1.7 \times 2 + 1.8 \times 6 = 14.2 \text{t/m}^2$
② 간극수압 : $u = \gamma_w h = 1 \times 6 = 6 \text{t/m}^2$
③ 유효응력 : $\sigma' = \sigma - u = 14.2 - 6 = 8.2$

02 침투수압

1) 정의

단위면적당 침투수압	$F = i \cdot \gamma_w \cdot h$
전 침투수압	$F = i \cdot \gamma_w \cdot h \cdot A$

2) 흐름의 방향에 따른 유효응력의 변화

상향 침투 시	$\sigma = \sigma' - F$ $u = u' + F$
하향 침투 시	$\sigma = \sigma' + F$ $u = u' - F$

03 지중응력

집중하중에 의한 응력 증가	$\sigma_z = K \cdot \dfrac{Q}{Z^2} = \dfrac{3}{2\pi} \times \dfrac{Q}{Z^2}$
선하중에 의한 응력 증가	$\sigma_z = \dfrac{2L}{\pi} = \dfrac{Z^3}{(x^2 + Z^2)}$
구형(직사각형) 등분포 하중에 의한 연직응력 증가	$\sigma_z = K_{(m,n)} \cdot q$ * K(영향치)는 $m = \dfrac{B}{Z}$, $n = \dfrac{L}{Z}$
약산법(2 : 1 분포법, $\tan\theta = \dfrac{1}{2}$ 법)	$\sigma_z = \dfrac{q(B \times B)}{(B+Z)(B+Z)}$

04 기초지반에 대한 접지압 분포

점성토 위의 기초		사질토 위의 기초	
강성 기초	휨성 기초	강성 기초	휨성 기초

05 흙의 동해

1) 동결 깊이

$$Z = C\sqrt{F}$$
C : 정수(3~5)

여기서, Z : 동결심도(cm)
F : 동결지수
($F = \theta \cdot t$ = 영하의 온도 × 지속시간(day))

2) 동상 및 연화현상

동상현상	• 흙이 동상작용을 받으면 Ice lense가 형성되고 함수비는 증가한다. • 모관현상이 클수록 동상량이 크다. • 실트가 점토보다 동상현상이 크다(실트는 모관상승고가 크다).
연화현상	얼었던 흙이 상부부터 녹는 현상. 지반 연약

3) 토질에 따른 동해

실트 > 점토 > 사질토(사질토는 비동상성에 가깝다)

4) 흙의 동상 발생 원인(Mechanism)

① 모관고가 높은 흙(실트질)
② 지하수위 존재
③ 0℃ 이하의 온도 지속

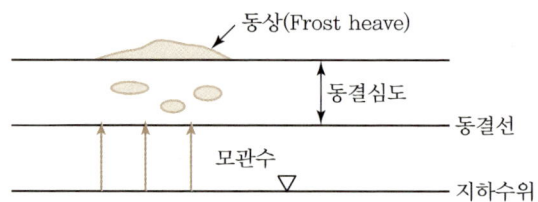

5) 흙의 동상 방지 대책

구분	내용
치환공법	비동결성 흙 치환(동결 심도의 80% 깊이)
차단공법	아스팔트 안정처리, 지하수위 저하 등
안정처리	약액, 약품처리 등
단열공법	스티로폼, 부직포 등

CHAPTER 04 흙의 압축성

01 흙의 압축성

1) Terzaghi의 1차원 압밀가정

① 반무한 평면에 하중이 작용하면 흙의 압축은 연직방향으로만 1차원적으로 일어난다.
- 토립자와 물은 전부 균일하다.
- 토립자는 물로 완전히 포화되어 있다.
- 토립자와 물은 비압축성이다.
- 투수와 압축은 1축적(수직적)이다.
- Darcy의 법칙이 성립한다.

2) 압밀침하

① 점토층의 두께가 두꺼울수록 2차 압밀침하는 크다.

구분	내용
1차 압밀침하	과잉간극수압이 0~100%일 때 발생되는 침하
2차 압밀침하	과잉간극수압이 소산된 이후에 발생되는 침하 • 원인 : 크리프(Creep) 변형 • 유기질토, 점토층의 두께가 두꺼울수록 크다.

② 따라서 유효응력은 압밀순간에는 0이고 압밀 후에는 최댓값이 된다.

경과시간	간극수압(u)	유효응력(σ')	피스톤에 가해진 힘(σ)
압밀순간($t=0$)	u	0	$\sigma = u$
압밀진행 중 ($0<t<\infty$)	u	σ'	$\sigma = \sigma' + u$
압밀 후($t=\infty$)	0	σ'	$\sigma = \sigma'$

3) 압밀시험 결과의 정리 : 시간-침하량 곡선

흙입자의 높이(H_s)	$H_s = \dfrac{W_s}{2AG_s\gamma_w}$	여기서, W_s : 시료의 건조중량, A : 시료의 단면적 G_s : 흙입자의 비중, γ_w : 물의 단위질량
초기 간극비(e_0)	$e_0 = \dfrac{V_V}{V_S} = \dfrac{H_V A}{H_S A} = \dfrac{H_V}{H_S}$	
압밀계수(C_v)	$C_v = \dfrac{K}{m_v \gamma_w}\,(\mathrm{cm^2/sec})$	
압축계수(a_v)	$a_v = \dfrac{e_1 - e_2}{P_2 - P_1}$	
체적변화계수(m_v)	$m_v = \dfrac{a_v}{1 + e_1}$	
압축지수(C_c)	$C_c = \dfrac{e_1 - e_2}{\log P_2 - \log P_1}$	

4) e-log P 곡선

e-log P 곡선 그리는 방법	e-log P 곡선 그리는 목적
압밀시험결과 하중-변위량으로부터 공극비를 환산해서 그린다.	• C_c(압축지수)를 구하여 압밀침하량을 계산한다. • P_c(선행 압밀하중)를 구하여 흙의 이력 상태를 파악한다.

5) 압밀침하량

$$\Delta H = m_v \cdot \Delta P \cdot H = \dfrac{e_1 - e_2}{1 + e_1} \cdot H = \dfrac{C_c}{1 + e} \cdot H \cdot \log \dfrac{P_2}{P_1}$$

6) 압밀계수와 압밀도

① 압밀계수(C_v)

$\sqrt{t}$ 법	$C_v = \dfrac{0.848 H^2}{t_{90}}$	여기서, H : 배수거리(양면배수 시 $= \dfrac{H}{2}$, 일면배수 시 $= H$) t_{90} : 압밀 90%가 될 때까지 걸리는 시간 t_{50} : 압밀 50%가 될 때까지 걸리는 시간
$\log t$ 법	$C_v = \dfrac{0.197 H^2}{t_{50}}$	

② 압밀도

$$\overline{U} = \frac{u_i - u}{u_i} \times 100$$

$$= \frac{P - u}{P} \times 100(\%)$$

여기서, u_i : 초기 과잉간극수압(kg/cm²)
 u : 임의점의 과잉간극수압(kg/cm²)
 P : 점토층에 가해진 압력(kg/cm²)

7) 과압밀 점토가 되는 원인

과압밀 상태 : $OCR = \dfrac{P_e}{P} > 1$

전응력의 변화	간극수압의 변화
• 지표면 토층의 제거 • 구조물 제거 • 빙하의 후퇴	• 지하수위의 변화 • 심정에 의한 양수

8) 정규압밀 점토

① 수중에서 퇴적되어 형성된 점토층이 퇴적 이후 지층이나 수위의 변화가 없는 경우
② 과거에 한 번도 대기에 접한 일이 없이 자연지층에서 압밀된 점토
③ 자연적으로 퇴적된 지반에 상재토압에 의해 압밀이 완료된 상태
④ 우리나라 연약지반 대부분이 포함

CHAPTER 05 흙의 전단강도

01 점성토의 성질

1) 예민비

① 점토에 있어서 흙의 이김에 의해서 약해지는 정도를 표시한 것

$$S_t = \frac{q_u}{q_{ur}}$$

여기서, q_u : 교란되지 않은 공시체의 일축 압축강도
q_{ur} : 다시 반죽한 공시체의 일축 압축강도

② 예민비가 클수록 공학적 성질이 나쁘다.

점토지반	모래지반
• $S_t ≒ 1.0$는 비예민성 점토(강점토) • $S_t < 2$는 비예민성, $S_t = 2\sim4$는 보통, $S_t = 4\sim8$은 초예민, $S_t = 8\sim64$는 퀵(Quick) 점토	$S_t < 1$

2) 강도회복현상(Thixotropy)

① 강도가 저하된 교란 상태의 점토가 시간이 경과함에 따라 강도가 서서히 회복되는 현상
② 점토의 시간 경과에 따른 Thixotropy 현상

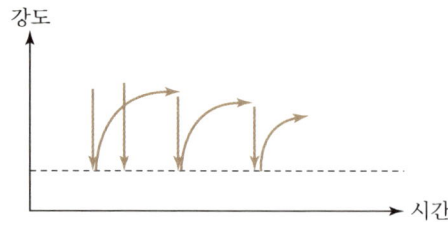

③ Thixotropy의 영향

구분	내용
말뚝박기	예민한 점토에서 말뚝타입 시 지반이 교란되면 시일이 지남에 따라 재하능력이 커짐
장비의 주행성 (Trafficability)	함수비가 비교적 적은 점토지반을 작업로로 이용할 때, 통과차량의 횟수가 증가함에 따라 Trafficability가 악화
부동침하	넓은 점토지반에서 공사 시 진동충격에 의해 인근 구조물의 부동침하 발생
지반의 연약화	도로공사 노상 상부공 하부노상의 Thixotropy의 현상으로 지반의 연약화

3) 리칭(Leaching) 및 비화작용(Slaking)

구분	내용
리칭 (Leaching)	① 해성점토가 민물에 씻기어 소금 성분을 잃었을 때 ② 지반개량을 위한 약액 성분이 소실될 때

비화작용
(Slaking)
	① 연암석에 물이 흡수되면, 체적이 팽창하면서 부스러지는 현상
	② Slacking이 심한 암석으로는 이암, 사문암 등이 있음
	③ 비화현상의 요인
	  • 지하수위의 변동
	  • 지반굴착에 따른 암석의 흡수 팽창

4) 흙의 체적 변화

구분	내용	
한계 간극비 (Critical Void Ratio)	조밀한 모래와 느슨한 모래가 일정한 한계에서 간극비가 일정해지고, 체적의 증감이 없는 현상	
액화 현상 (Liquefaction)	느슨하게 쌓여 있는 모래지반이 물로 포화되어 있을 때 지진이나 충격을 받으면 일시적으로 전단강도를 잃어버리는 현상(주로 수평하중의 영향을 받음)	
Dilatancy 현상	전단상자 속의 시료가 조밀하게 채워져 있는 경우 전단시험을 할 때 전단면의 모래가 이동하면서 다른 입자를 누르고 넘어가기 때문에 체적이 팽창하는 현상 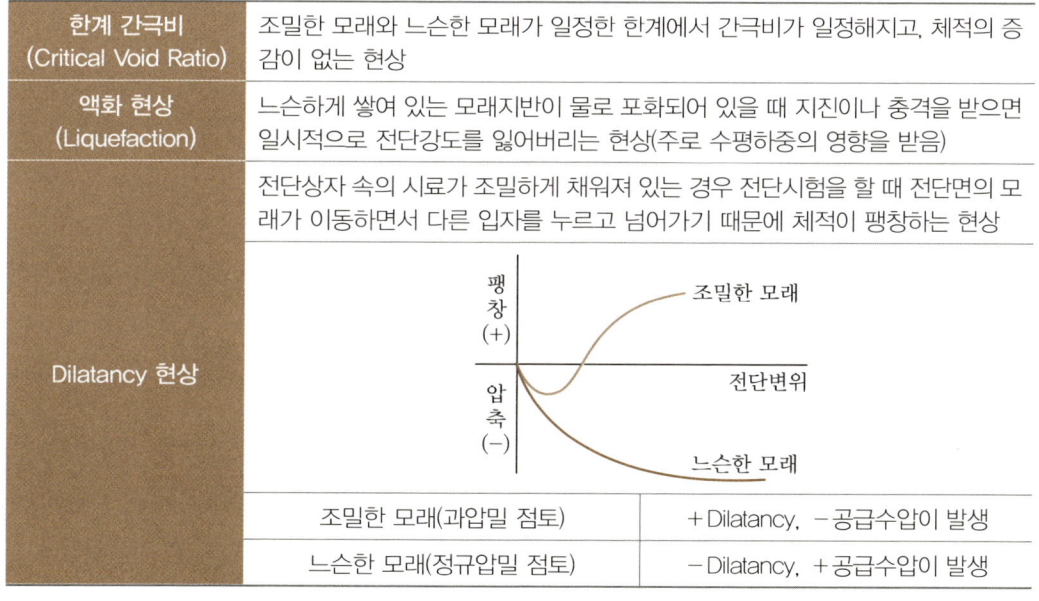	
	조밀한 모래(과압밀 점토)	+Dilatancy, -공급수압이 발생
	느슨한 모래(정규압밀 점토)	-Dilatancy, +공급수압이 발생

02 전단강도

1) 흙의 전단

① 공식 : $\tau = C + \sigma' \tan\phi$
② 흙 내부의 활동에 대해 저항하려는 단위면적당 내부저항

2) 흙의 종류에 따른 파괴 포락선

일반흙	$\tau = C + \sigma' \tan\phi$ → 내부마찰각에 의해 지배
모래	$\tau = \sigma' \tan\phi$
점토	$\tau = C$ → 점착력에 의해 지배

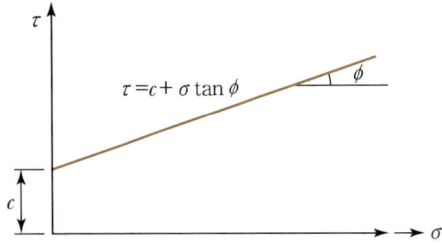

C, ϕ는 수직응력의 크기와는 무관하고 흙에 따라 일정하다.

3) 전단변형계수(G)

① 전단응력(τ)과 전단변형률(γ)의 비 $\left(G = \dfrac{\tau}{\gamma}\right)$
② 과압밀 점토에서 최대전단응력은 전응력으로 해석하는 경우가 유효응력으로 해석하는 경우보다 많다.
  - 액상화현상이 발생하면 전단강도가 작아진다.
  - Leaching 현상이 발생하면 전단강도가 작아진다.
  - 분사현상이 발생하면 전단강도가 작아진다.
  - 모세관현상이 발생하면 유효응력이 증가하므로 전단강도가 증가한다.

03 전단시험(Shear test)

1) 실내시험

구분	내용
직접전단시험	전단상자(Shear box)에 흙시료를 담아 수직력의 크기를 고정시킨 상태에서 수평력을 가하여 시험하며 점착력과 내부마찰각을 산출한다.
일축압축시험	불교란 공시체에 직접 하중을 가해 파괴시험을 하며 흙의 점착력은 일축압축강도의 1/2로 본다.
삼축압축시험	자연과 거의 같은 조건 속에서 일정한 측압을 가하면서 수직하중을 가해 공시체를 파괴하여 시험하며, 물의 응력원에 의해 간극수압과 점착력, 내부마찰각을 산출한다.

2) 직접전단시험(Direct shear test)

수직응력(σ)	$\sigma = \dfrac{N}{A}(\mathrm{N/mm^2})$
전단응력(τ)	$\tau = \dfrac{S}{A}(\mathrm{N/mm^2})$
특징	• 시험방법이 간편하다. • 시험값의 신뢰도는 다소 떨어진다.

3) 일축압축시험(Uncomfirmed compressure test)

특징	• ϕ가 작은 점토지반에 사용한다. • UU – Test에서 $\sigma_3 = 0$인 상태의 삼축압축시험과 같다. • $\tau = C = \dfrac{q_u}{2}$
일축압축강도	$q_u = 2C\tan\left(45° + \dfrac{\phi}{2}\right) \rightarrow C = \dfrac{1}{2}q_u\tan\left(45° + \dfrac{\phi}{2}\right)$
일축압축시험의 응력	$\sigma = \dfrac{P}{A_0} = \dfrac{P}{\dfrac{A}{1-\epsilon}} = \dfrac{P(1-\epsilon)}{A}$
최대주응력면과 파괴면이 이루는 각	$\theta = 45° + \dfrac{\phi}{2}$

4) 파괴면에 작용하는 수직응력과 전단응력

수직응력	$\sigma = \dfrac{\sigma_1 + \sigma_3}{2} + \dfrac{\sigma_1 - \sigma_3}{2}\cos 2\theta$
전단응력	$\tau = \dfrac{\sigma_1 - \sigma_3}{2}\sin 2\theta$

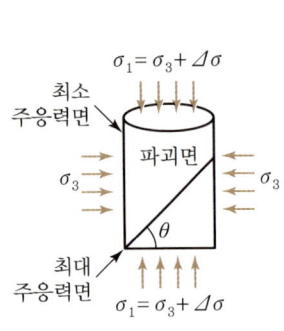 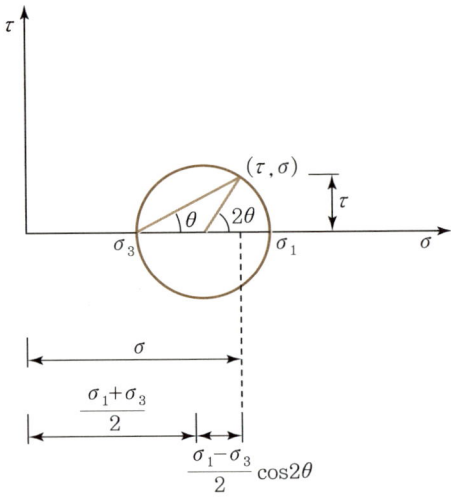

주응력 (Principal stress)	• 주응력면에 작용하는 법선응력을 주응력이라고 한다. • 주응력 중에서 최대인 것을 최대주응력(σ_1)이라 한다. • 최소인 것을 최소주응력(σ_3)이라 한다.
주응력면	주응력이 작용하는 면으로 전단응력이 "0"이다.
축차응력	$\sigma_1 - \sigma_3$을 축차응력(Deviator stress)이라 한다.

5) 삼축압축시험(Triaxial shear test)

① 측압을 받는 지반의 전단강도를 구하는 데 적합하다.
② 배수방법에 따른 분류

구분	내용
비압밀 비배수시험 (UU – Test)	• 시공 중 즉각적 함수비의 변화가 없고 체적의 변화가 없는 경우 • 포화점토지반에 성토 등 하중을 너무 급히 재하하여 간극수압이 소산될 시간적 여유가 없는 경우(일반적으로 사용) • 포화점토가 성토 직후에 급속한 파괴가 예상되는 경우 • 점토의 초기 안정해석(단기적 안정해석)에 작용

구분	내용
압밀 비배수시험 (CU – Test)	• Pre – loading에 의해 압밀된 다음 그 위에 다시 재하하는 경우 • 지반이 압밀된 다음 비배수 전단강도의 증기를 알고자 할 때나 굴착 등으로 지반이 팽창되었을 때 비배수 전단강도의 감소를 알고자 할 때 • 성토하중 때문에 어느 정도 압밀된 후 갑자기 파괴가 예상될 때 • 제방, 저수지나 운하의 사면 내의 지하수위가 급강하되는 경우
압밀 배수시험 (CD – Test)	• 심한 과압밀 지반에 재하하는 경우 등과 같이 성토하중에 의해 압밀이 서서히 진행되고 파괴도 극히 완만하게 진행되는 경우 • 점토지반의 장기간 안정검토 시 • 흙댐의 정상류에 의한 장기적인 공극수압을 산정할 때

③ 전단 특성

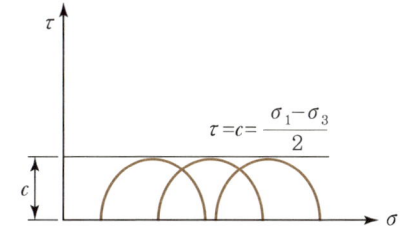

- $\phi = 0$이므로 $\tau = C = \dfrac{q_u}{2} = \dfrac{\sigma_1 - \sigma_3}{2}$
- C는 Mohr 원의 반지름과 같으므로 τ는 Mohr 원의 반지름과 같다.
- 유효응력에 대한 Mohr 원은 하나만 얻어진다.
- 전응력에 대한 축차응력($\sigma_1 - \sigma_3$)이 일정하므로 Mohr 원의 지름이 서로 같다.

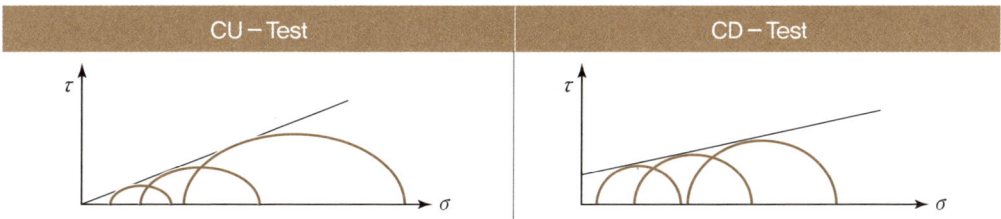

04 현장에서의 전단강도 측정

1) 보링의 목적

① 지반의 토질조사
② 실내토질시험을 위한 불교란 시료의 채취
③ 지하수위의 파악

2) 현장시험

구분	내용
표준관입시험 (SPT)	Sampler를 Rod에 끼우고 75cm의 높이에서 63.5kg의 떨공이를 자유낙하시켜 30cm 관입시키는 데 요하는 타격 횟수 N치를 구하는 시험(주로 사질지반)
베인전단시험 (Vane test)	Boring의 구멍을 이용하여 vane(+자형 날개)을 지반에 박고 회전시켜 저항하는 Moment 측정(연한 점토질)
화란식 원추관입시험	• Dutch cone penetration test • 2중관, 큰 자갈이 없는 보통 흙
정적관입시험	• Static cone test • 단관, 연약점토지반

3) 표준관입시험(SPT)

(1) 시험

① 중량 63.5kg, 높이 76cm에서 자유낙하, 30cm 관입 시 타격 횟수(N)치
② 흙의 지내력 판단, 사질토 적용
③ 교란된 시료가 얻어지는 동적 Sounding
④ N값을 구하여 모래의 상대밀도, 점토의 연경도(Consistency)를 추정

(2) N값의 수정

Rod 길이에 대한 수정	$N_1 = N'\left(1 - \dfrac{x}{200}\right)$	
토질에 의한 수정	$N_2 = 15 + \dfrac{1}{2}(N_1 - 15)$	
상재압에 의한 수정	$N = N_1 \times C_n,\ C_n = 0.77\log\left(\dfrac{20}{P_0}\right)$	P_0 : 유효상재하중(kg/cm²)

(3) N값을 통한 전단강도의 측정

① 사질토 : 내부마찰각
  • Peak 공식 : $\phi = 0.3N + 27$
  • Dunham 공식

토립자가 둥글고 입도 불량	$\phi = \sqrt{12N} + 15$
토립자가 둥글고 입도 양호 토립자가 모나고 입도 불량	$\phi = \sqrt{12N} + 20$
토립자가 모나고 입도 양호	$\phi = \sqrt{12N} + 25$

② 점성토 : 점착력 $C = \dfrac{q_u}{2} = \dfrac{\frac{N}{8}}{2} = \dfrac{N}{16}$

(4) N값과 상대밀도(D_r), 일축압축강도와의 관계

모래지반		점토지반		지반 상태
N	상대밀도(D_r)	N	일축압축강도(kg/cm²)	–
0~4	0~15	0~2	0~0.25	대단히 연약
4~10	15~35	2~4	0.25~0.50	연약
10~30	35~65	4~8	0.50~1.00	중간(보통)
30~50	65~85	8~15	1.00~2.00	단단한 지반
50 이상	85~100	15~30	2.00 이상	아주 단단
–	–	30 이상	–	경질

4) 베인전단시험(Vane test)

① 연약지반의 점착력을 지반 내에서 직접 측정하는 현장시험
② 지하수위를 알아내기 위해 실시

$$C = \dfrac{M_{\max}}{\pi D_2 \left(\dfrac{H}{2} + \dfrac{D}{6} \right)}$$

여기서, $M_{\max}$: 파괴 시 토크
 H : Vane의 높이(단위 cm)
 D : Vane의 지름

CHAPTER 06 토압 및 사면 안정

01 토압

1) 토압의 종류

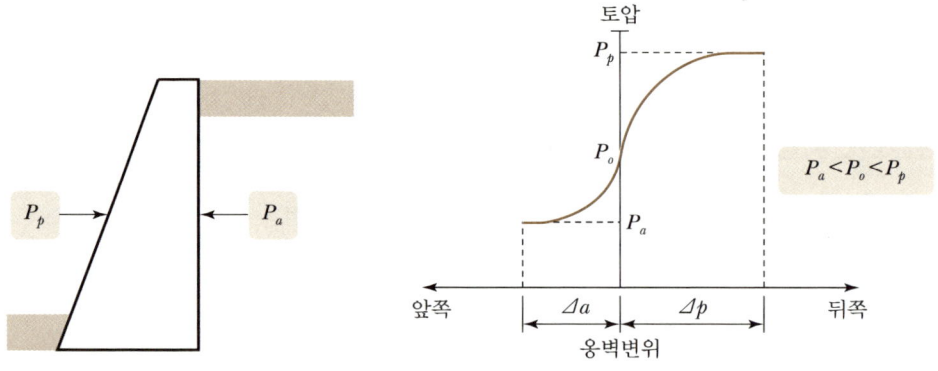

정지토압(P_0)	벽체의 변위가 없는 상태에서 적용하는 토압
주동토압(P_a)	뒤채움 흙의 압력에 의해 벽체가 흙으로부터 멀어지는 변위를 일으킬 때의 토압
수동토압(P_p)	벽체가 뒤채움 흙쪽으로 변위를 일으킬 때의 토압

2) 토압계수

정지토압계수(K_0)	• K_0는 조립토보다 세립토에서 크다. • 느슨한 사질토와 작은 전단저항각에 있어서 크다. • 과압밀토에 대하여 크다. • 사질토의 경우 : $K_0 = 1 - \sin\phi$ • 정규압밀점토인 경우 : $K_0 = 0.95 - \sin\phi$
주동토압계수	$K_a = \tan^2\left(45° - \dfrac{\phi}{2}\right)$ ($P_a < P_0 < P_p$)
수동토압계수	$K_p = \tan^2\left(45° + \dfrac{\phi}{2}\right) = \dfrac{1+\sin\phi}{1-\sin\phi}$

02 옹벽의 안정

1) 옹벽 안정조건

내적	• 콘크리트 : 균열, 중성화, 철근배근 • 지반 : 세굴, 뒤채움 침하, Pipin	
외적	전도($Fs \geq 2.0$)	저판 확대
	활동($Fs \dfrac{H_r}{\Sigma H} \geq 1.5$)	Shear key 설치, 말뚝기초
	지지력($q_a > q_{\max}$)	기초지반 개량, 말뚝기초, 침하 방지
	원호활동($Fs \geq 1.5$)	저판 근입깊이 증대

2) 옹벽 시공관리

① 기초지반처리
② 배수, 지하수관리
③ 뒤채움, 줄눈(신축, 수축),

03 Rankine 토압론 : 소성이론

1) 가정

① 흙은 균질이고 비압축성이다.
② 흙은 입자 간의 마찰에 의해 평행을 유지한다.
③ 지표면은 무한히 넓게 존재한다.
④ 토압은 지표면에 평행하게 작용한다.
⑤ 지표면에 하중이 작용한다면 등분포하중이다(선하중의 경우 해석이 불가능).
⑥ 흙 중 임의요소가 소성평형 상태에 있다고 가정한다.

2) Rankine 토압

① 주동 상태일 때 지표면과 평행한 토압의 크기는 최소이다.

　　수평방향과 파괴면의 각 $\theta = 45° - \dfrac{\phi}{2}$

② 수동 상태일 때 지표면과 평행한 토압의 크기는 최대이다.

수평방향과 파괴면의 각 $\theta = 45° + \dfrac{\phi}{2}$

③ 옹벽의 변위는 윗부분에서만 일어난다.

3) 지표면이 수평이고 $C=0$인 경우의 토압

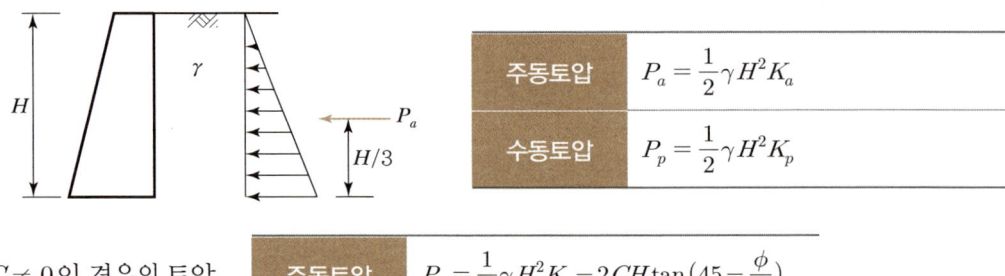

주동토압	$P_a = \dfrac{1}{2}\gamma H^2 K_a$
수동토압	$P_p = \dfrac{1}{2}\gamma H^2 K_p$

$C \neq 0$인 경우의 토압

주동토압	$P_a = \dfrac{1}{2}\gamma H^2 K_a - 2CH\tan\left(45 - \dfrac{\phi}{2}\right)$

4) 등분포 재하 시의 토압

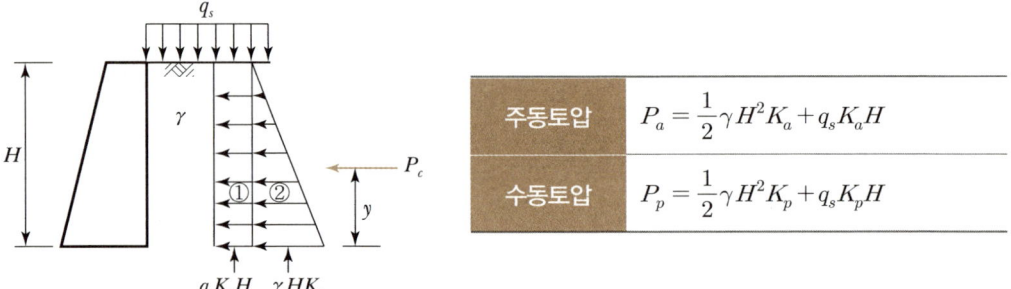

주동토압	$P_a = \dfrac{1}{2}\gamma H^2 K_a + q_s K_a H$
수동토압	$P_p = \dfrac{1}{2}\gamma H^2 K_p + q_s K_p H$

5) 지하수위가 있는 경우

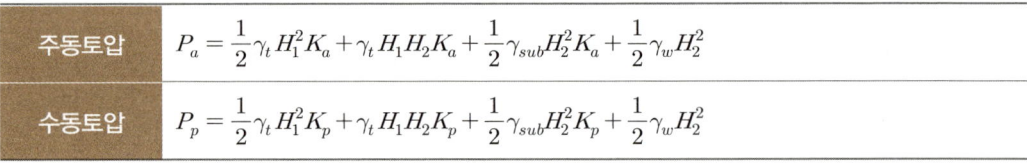

주동토압	$P_a = \dfrac{1}{2}\gamma_t H_1^2 K_a + \gamma_t H_1 H_2 K_a + \dfrac{1}{2}\gamma_{sub} H_2^2 K_a + \dfrac{1}{2}\gamma_w H_2^2$
수동토압	$P_p = \dfrac{1}{2}\gamma_t H_1^2 K_p + \gamma_t H_1 H_2 K_p + \dfrac{1}{2}\gamma_{sub} H_2^2 K_p + \dfrac{1}{2}\gamma_w H_2^2$

여기서, K_a : 주동토압계수

γ_{sub} : 흙의 수중 단위질량, γ_{sat} : 흙의 포화 단위질량

γ_t : 흙의 전체 단위질량, γ_w : 물의 단위중량

6) Coulomb 토압

① 흙쐐기 이론
② $\theta = 90°$, $i = 0°$, $\delta = 0°$인 경우
즉, 옹벽변이 연직, 직평면이 수직, 벽면 마찰각을 무시하면 Rankine의 토압과 같다.
③ $P_a = \dfrac{1}{2}\gamma H^2 K_a$

04 사면의 안정

1) 단순사면의 파괴 형태

① 사면 내 파괴
② 사면선단 파괴(사면끝 파괴)
③ 저부파괴(Base failure)

▼ 파괴 용어

구분	내용
임계활동면	안전율이 최소인 활동면(가장 불안전)
임계원	임계활동면을 원형으로 가정

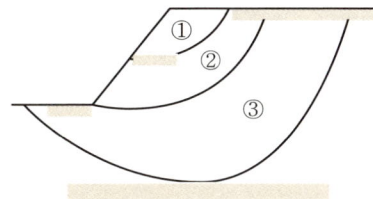

| 단순사면의 파괴 형태 |

2) 유한사면의 안정

한계고	$H_c = 2Z_c = \dfrac{4C\tan\left(45° + \dfrac{\phi}{2}\right)}{\gamma_t} = \dfrac{2q_u}{\gamma_t}$	Z_c : 인장균열깊이 → 주동토압이 0이 되는 깊이
	$H_c = \dfrac{N_s \cdot C}{\gamma_t}$	N_s : 안정계수$\left(= \dfrac{1}{\text{안정수}}\right)$
	$H_c' = \dfrac{2}{3}H_c$	인장균열 고려 시
안전율	$F_s = \dfrac{H_c}{H}$	H_c : 흙막이 없이 붕괴 없이 굴착 가능한 한계고
심도계수(N_d)	$N_d = \dfrac{H'}{H}$ H : 사면의 높이 H' : 사면의 어깨 높이에서 지반까지의 높이	

3) 반무한사면의 안정

연직 응력	전단 응력
$\sigma_v = \gamma \cdot Z\cos i$	$\tau = \sigma_v \sin i$
$C = 0$, 지하수위가 파괴면 아래에 있을 때	$C = 0$, 지하수위가 지표면과 일치할 때
$F_s = \dfrac{\tan\phi}{\tan i}$	$F_s = \dfrac{\gamma_{sub}}{\gamma_{sat}} \cdot \dfrac{\tan\phi}{\tan i} \fallingdotseq \dfrac{1}{2} \cdot \dfrac{\tan\phi}{\tan i}$

4) 흙댐의 사면 안정

상류측 사면이 가장 위험할 때	하류측 사면이 가장 위험할 때
• 시공 직후 • 수위급강하 시	• 시공 직후 • 정상 침투

5) 사면 안정 해석법

(1) 절편법(분할법)

① 가정

$$F = \frac{C \cdot L \cdot R}{W \cdot e}$$

여기서, $W = A \cdot r$(활동단면 흙의 총중량)

② Fellenius 방법 : 사면의 단기 안전 문제 해석에 유리
③ Bishop 방법 : 사면의 장기 안전 문제 해석에 유리

(2) 마찰원법

- 적용범위 : 토층이 균일한 지반에 적합하다.
- 안전율 : $F = F_e = F_\phi$

  점착력에 대한 안전율을 F_c와 내부마찰각에 대한 안전율 F_ϕ을 결정하고, 곡선을 그린 후 원점에서 가로축과 45°로 그은 직선과 만나는 점을 안전율로 한다.

CHAPTER 07 흙의 다짐

01 다짐의 개요

1) 다짐의 정의 및 목적

정의	목적
흙에 외력을 가해 흙속의 공기를 배출시켜 흙입자 간 간격을 줄이고 흙의 전단강도를 증대시켜 주는 작업	• 흙의 전단강도 및 지지력 증대 • 압축성 및 침하량 감소 • 흙의 투수성 감소

2) 다짐의 원리

(1) 다짐 원리 곡선

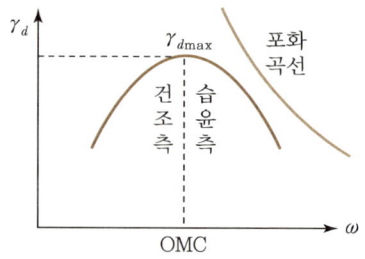

OMC(최적함수비)	최대 건조밀도일 때의 함수비
건조밀도(γ_d)	$\gamma_d = \dfrac{\gamma_t}{1 + \dfrac{w}{100}}$

(2) 다짐한 흙의 공학적 특성

최대 건조밀도($\gamma_{d\max}$)	최적함수비에서 발생
전단강도의 최댓값($\tau_{\max}$)	건조 측에서 발생
투수계수의 최솟값($K_{\min}$)	습윤 측에서 발생

02 다짐 효과에 영향을 주는 요인

1) 함수비

윤활단계에서 γ_d 최대

2) 토질

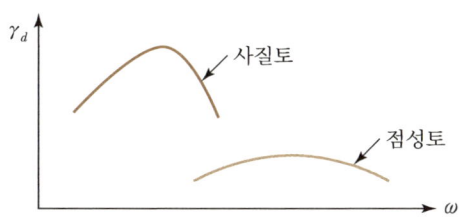

구분	$\gamma_{d\max}$	OMC
조립토, 양입토	크다	작다
점성토	작다	크다

3) 다짐 종류

구분	W_R	H	층	회	V
A	2.5kg	30cm	3층	25	1,000cm³
B	—	—	—	—	—
C, D, E	—	—	—	—	—

4) 다짐에너지

① 다짐에너지가 클수록 $\gamma_{d\max}$ 가 크다.
② 과다짐(Over compaction)에 유의한다.
③ $E = \dfrac{W_R \cdot H \cdot N_L \cdot N_B}{V}$

5) 유기질 함유량

① 유기질을 함유할수록 $\gamma_{d\max}$ 가 작아진다.
② 유기질을 함유할수록 OMC은 커진다.

6) 다짐제한 이유

① 과다짐 우려 → 다짐 횟수
② Scale effect 고려 → 다짐 두께
③ 다짐 속도

03 다짐관리 방법

1) 다짐도 관리

① 건조밀도

$$다짐도(C) = \frac{\gamma_d(현장건조밀도)}{\gamma_{d\max}(실내시험의 \ 최대건조밀도)} \times 100(\%)$$

② 포화도, 공기간극률

$$포화도(S) = \frac{G_s \cdot w}{e}$$

③ 강도 특성 규정 : 지반반력계수(K), CBR
④ 상대밀도(D_r)
⑤ 변형량 : Proof Rolling, Benkelman Beam Test
⑥ 다짐기종, 횟수

다짐 상황 분석	문제 발생 시
• Histogram • $\overline{X} - R$ 관리도	• Pareto도 • 특성요인도

2) 다짐 공법

(1) 비탈면 다짐

① 피복토를 설치 : 침식성, 비점착성
② 전문시방서 다짐기준에 따름

(2) 평면 다짐

공간이 넓은 경우	공간이 좁은 경우
• 사질토 : 진동식(Vibro roller 등) • 점성토 : 전압식(Dozer, 양족 Roller 등)	충격식(Rammer, Tamper)

04 들밀도시험

1) 목적 : 현장밀도시험

① 시공 다짐 후 다짐 상태(현장건조밀도)를 검사하여 다짐도를 구한다.
② 다짐도$(C) = \dfrac{\gamma_d(\text{현장건조밀도})}{\gamma_{d\max}(\text{실내시험의 최대건조밀도})} \times 100(\%)$

2) 들밀도시험

① 표준사의 단위중량 시험을 미리 실험실에서 깔때기 속 무게와 단위중량값을 구한다.
② 현장 위치에 밑판을 고정시키고 밑판 중앙부위를 끌과 망치를 이용하여 흙을 파서 구멍 속 흙무게를 측정한다.
③ 급속함수량 시험기로 함수비를 측정한다.
④ 들밀도시험기에 표준사를 가득 채우고 무게를 측정한 후 밑판에 세워 밸브를 내린다.
⑤ 표준사가 더 이상 내려가지 않으면 밸브를 잠그고 무게를 측정한다.
⑥ 성과표를 작성하여 γ_t와 γ_d를 구한 후 다짐도 계산 및 분석을 한다.

05 노반 및 노상의 지지력

1) 평판재하시험(PBT)

① 시험

목적	• 콘크리트 포장 두께 산정에 활용 • 지지력 계수(K)를 구해 지반 지지력을 구함
시험	• 하중을 0.35kg/cm² 씩 증가하면서 침하량 구함 • 침하량 15mm에 도달하거나 하중강도가 현장 최대접지압 또는 항복점이 넘을 때까지 시험 • 침하량($y = 0.125$cm)일 때 하중강도 q를 이용 K(지지력계수) 구함

② 지지력계수의 산정

지지력계수 (kg/cm³)	$K = \dfrac{q}{y} = \dfrac{\text{하중강도}(\text{kg/cm}^2)}{\text{침하량}(\text{cm})}$	• 가요성포장 : $y = 0.25$cm • 강성포장 : $y = 0.125$cm

- 재하판 규격과 지지력계수 $K_{75} = \dfrac{K_{40}}{1.5} = \dfrac{K_{30}}{2.2}$

시험 결과의 활용	Scale effect 고려
• 지반 지지력 측정 • 노상, 보조기층의 다짐도 관리 • 콘크리트 포장 설계에 활용	• 설계 구조물과 재하판의 Scale effect 고려 • 토질 종단면도 파악(깊은 Boring 실시) • 지하수위 영향 고려

2) CBR 시험

(1) CBR의 계산

$$\text{CBR} = \dfrac{\text{하중강도(하중)}}{\text{표준강도(표준하중)}} \times 100(\%)$$

관입량(mm)	표준하중강도(kgf/cm²)	표준하중(kgf)
2.5	70	1,370
5.0	105	2,030

(2) 결과의 판정

시험결과	• $CBR_{2.5} > CBR_{5.0}$이면 CRBR 값은 $CBR_{2.5}$ • $CBR_{2.5} < CBR_{5.0}$이면 재시험
재시험결과	• $CBR_{2.5} > CBR_{5.0}$이면 CRBR 값은 $CBR_{2.5}$ • $CBR_{2.5} < CBR_{5.0}$이면 CRBR 값은 $CBR_{5.0}$

(3) CBR 시험결과의 활용

① 설계 CBR : Asphalt 포장 두께의 결정
② 수정 CBR 산출 : 현장에서 기대할 수 있는 노반재료의 강도

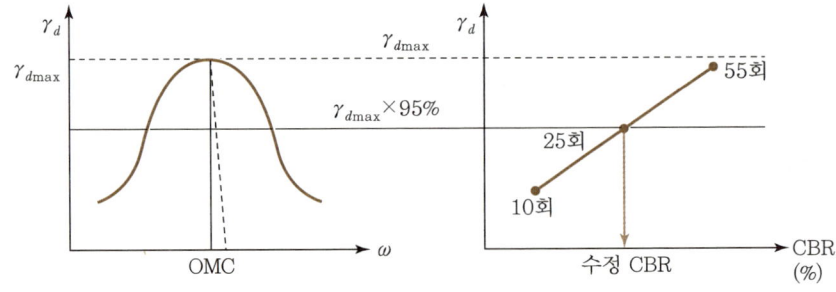

CHAPTER 08 토질조사 및 기초지반

01 토질조사

1) 목적

① 기초의 지지력 계산 및 예상 침하량 산정
② 구조물에 적합한 기초의 형태와 깊이 결정
③ 지반조건에 따른 시공법의 결정

2) 보링(Boring)

구분	내용	
목적	• 지반의 구성 상태 및 지하수위의 파악 • 실내 토질시험을 위한 시료의 채취	
심도	• 예상되는 기초 슬래브의 단변장 B의 2배 이상 • 구조물 폭의 1.5~2.0배	
종류	• 오거 보링(Auger boring)	인력으로 간단한 조사
	• 수세식 보링(Wash boring)	물분사로 흙의 종류 파악 정도
	• 회전식 보링(Rotary boring)	작업이 능률적, 시료의 채취 가능
	• 충격식 보링(Percussion boring)	코어 채취가 불가능

3) 사운딩

(1) 종류

계통	방식	장치 형식	시험 명칭	사용처
동적	타입식	단관 콘(Cone)	동적 원추관입시험 (Dynamic cone)	조밀한 모래, 자갈 이외의 흙
		단관 스플릿 스푼 샘플러 (Split spoon sampler)	표준관입시험(SPT)	사질토에 가장 적합 깊은 연약 지반(15m)

계통	방식	장치 형식	시험 명칭	사용처
정적	압입식	단관 콘	휴대용 원추관입시험 (Portable cone)	연약한 점토
		이중관 콘	화란식 원추관입시험 (Dutch cone)	큰 자갈 이외의 대체의 흙
	추재하 회전관입	단관 스크루 포인트 (Screw point)	스웨덴식 관입시험	Swedish penetration test
	인발	와이어로프(Wire rope), 저항날개	이스키 미터 시험 (Isky mether test)	연약한 점토
	완속회전	단관 베인(Vane)	베인시험(Vane test)	연약한 점토

02 평판재하시험

1) 허용지지력의 계산

(1) 장기 허용지지력

지지력도 안전하고 침하량도 허용값을 초과하지 않는 능력

$\dfrac{q_y}{2}$, $\dfrac{q_u}{3}$ 중 작은 값(q_y : 항복강도, q_u : 극한 강도)

(2) 단기 허용지지력 = 장기 허용지지력×2

- 회수율(TCR) = $\dfrac{\text{채취된 시료의 길이}}{\text{관입깊이}} \times 100(\%)$
- RQD = $\dfrac{\Sigma 10\text{cm 이상 채취된 시료의 길이}}{\text{관입깊이}} \times 100(\%)$

2) 평판재하시험의 기록

① 시간 – 하중곡선
② 시간 – 침하곡선
③ 하중 – 침하곡선(PS 곡선)

3) 평판재하시험 결과를 이용할 때 유의사항

① 시험할 지점의 토질 종단을 알아야 한다.

② 지하수위면과 그 변동을 고려하여야 한다.
- 지하수위가 상승하면 흙의 유효밀도는 약 50% 감소하므로 지반의 지지력도 대략 반감한다.

4) 재하판 크기에 의한 영향(Scale effect)

구분	지지력	침하량
점토지반	재하판 폭에 무관 $q_{u(기초)} = q_{u(재하판)}$	재하판 폭에 비례 $S_{(기초)} = S_{(재하판)} \cdot \dfrac{B_{(기초)}}{B_{(재하판)}}$
모래지반	재하판 폭에 비례 $q_{u(기초)} = q_{u(재하판)} \cdot \dfrac{B_{(기초)}}{B_{(재하판)}}$	침하량은 재하판의 크기가 커지면 약간 커지긴 하지만 폭 B에 비례하는 정도는 못 된다. $S_{(기초)} = S_{(재하판)} \cdot \left(\dfrac{2B_{(기초)}}{B_{(기초)} + B_{(재하판)}} \right)^2$

03 연약지반 개량 공법

1) 공법 분류

사질토 지반 개량 공법	사질토 지반 개량 공법
• 진동다짐 공법 • 다짐모래말뚝 공법 • 폭파다짐 공법 • 약액주입 공법 • 동압밀 공법(동다짐 공법)	• 치환 공법 • 압밀 공법(재하 공법) • 탈수, 배수 공법 • 고결 방법 • 전기침투 공법

2) 다짐모래말뚝 공법

① Sand compaction pile 공법(=Compozer 공법)
② 느슨한 모래지반에 효과가 좋다.
③ 특히 Hammering compozer 공법은 시공 및 관리가 힘들다.

3) Sand drain 공법

① 연약점토층이 두꺼운 경우 연약점토층에 모래말뚝을 박아 배수거리를 짧게 하여 압밀을 촉진시키는 탈수공법

② Sand drain의 설치(Barron의 삼각 배치)
- 압밀을 촉진하여 단시간 내에 연약지반을 처리하는 공법

정삼각형 배열	$d_e = 1.05d$	여기서, d_e : drain의 영향원 지름
정사각형 배열	$d_e = 1.13d$	d : drain의 간격

- Sand drain의 크기

지름	간격	길이
0.3~0.5m	2~4m	15m 이하에서 효과적

③ 수평, 연직방향 투수를 고려한 평균 압밀도
$U = 1 - (1 - U_v)(1 - U_h)$

④ 심지배수(Wick drain)
- 심지배수는 긴 튜브 속에 페이퍼나 플라스틱 띠를 넣은 것
- 굴착이 필요없기 때문에 sand drain 공법보다 좋고 빠르며, 비용도 저렴
- Sand drain 공법의 대안으로 최근에 개발된 공법

4) Paper drain 공법(Card board wicks method)

① Paper drain 공법 특징(Sand drain 공법과 비교)
- 시공속도가 빠르고, 배수 효과가 양호하다.
- Drain 단면이 깊이에 대하여 일정, 타입 시 교란이 없다.
- 장기간 시 열화현상이 생겨 배수 효과가 감소한다.
- 특수 타입 기계가 필요하나, 대량생산 시에 공사비가 싸다.

② Paper drain의 설계

$$D = \alpha \frac{2A + 2B}{\pi}$$

여기서, D : paper drain의 등치환산원의 지름
A, B : paper drain의 폭과 두께(mm)
α : 형상계수(= 0.75)

5) 일시적 지반 개량 공법

① Well point 공법
② Deep well 공법
③ 동결공법
④ 대기압공법(진공 압밀공법)

04 연약지반

1) 정의

① 내적 : 시간 경과 후 문제가 발생할 수 있는 지반 : 매립지, 유기질토
② 외적

절대적 기준	상대적 기준
• 점성토 : $N<4$, $q_u<0.5(kg/cm^2)$, $C<0.25(kg/cm^2)$ • 사질토 : $N<10$, $D_r \leq 35\%$	• 상부구조물 하중을 지지할 수 없는 지반 • 안정과 침하를 일으키는 지반

2) 문제점 : 침하

시간	양(量)
$t_v = \dfrac{T_v}{C_v} \cdot H^2$ • T_v : 시간계수 • C_v : 압밀계수	• C_c(압축지수) : $S_e = \dfrac{C_c}{1+e} \cdot H \cdot \log\dfrac{P+\Delta P}{P}$ • m_v(체적계수) • $e - \log P$

3) 대책

하중 조절	지반 개량		기타
• 하중 경량화 • 하중 분산 및 균형	• 치환 • 고결	• 탈수 • 다짐	지중구조물 형성 공법

4) 시공관리 : 계측관리를 바탕으로 하는 안정과 침하관리

안정	침하
• 정량적 지표에 의한 방법 : 범위 내 관리 • 정성적 지표에 의한 방법 : 수렴, 발산	• Hoshino법 : $\sqrt{t}$법 • Asaoka법 • 쌍곡선법

05 얕은 기초

1) 기초의 구비조건

구분	내용
동해에 대한 안정	최소한의 근입 깊이를 가질 것
지지력에 대한 안정	안전하게 하중을 지지할 것
침하에 대한 안정	침하가 허용값을 넘지 않을 것

2) 기초의 분류

① 직접 기초(얕은 기초) : $\dfrac{D_f}{B} \leq (1\sim4)$

푸팅 기초	전면 기초(Mat 기초)
• 독립 푸팅 기초 • 연속(줄) 푸팅 기초 • 복합 푸팅 기초 • 캔틸레버 푸팅 기초	• 푸팅 기초면적이 시공면적의 $\dfrac{2}{3}$ 이상일 때 시공 • 지반의 지지력이 작을 때 시공

② 깊은 기초 : $\dfrac{D_f}{B} > (1\sim4)$

말뚝(탄성)	기능	굴착	• All casing • Earth drill • RCD	대구경
		치환	• CIP • PIP • MIP	소구경
Caisson(강성)	• Open		• Pneumatic	• Box

3) 기초의 굴착방법

Open cut 공법	Trench cut 공법	Island 공법
절개공법으로 충분한 여유 공지가 있을 경우	먼저 둘레부분을 굴착하여 기초의 일부분을 시공한 다음 중앙부를 굴착, 시공하는 방법	굴착한 부분의 중앙부를 먼저 굴착 시공 후 둘레부분을 파고 나머지 부분을 시공하는 방법

4) Terzaghi의 극한지지력

① Terzaghi의 기초 파괴 현상
② 수정지지력 공식

$$q_u = \alpha C N_c + \beta B \gamma_1 N_r + D_f \gamma_2 N_q$$

$N_c,\ N_r,\ N_q$: 지지력계수로서 ϕ의 함수이다.
C : 기초저면 흙의 점착력(t/m³)
B : 기초의 최소폭(m) → 클수록 커진다.
γ_1 : 기초저면 흙의 단위질량(t/m³)
γ_2 : 근입깊이 흙의 단위질량(t/m³)
D_f : 근입깊이(m) → 클수록 커진다.

점토 지반일 때, $C \neq 0,\ \phi = 0\ (N_r = 0)$	$q_u = \alpha C N_c + D_f \gamma_2 N_q$ → 근입깊이에 비례한다.
모래 지반일 때, $C = 0,\ \phi \neq 0$	$q_u = \beta B \gamma_1 N_r + D_f \gamma_2 N_q$ → 기초의 폭과 근입깊이에 비례한다.

- $\alpha,\ \beta$: 기초 모양에 따른 형상계수

구분	연속	정사각형	원형	직사각형
α	1.0	1.3	1.3	$1 + 0.3 \dfrac{B}{L}$
β	0.5	0.4	0.3	$0.5 - 0.1 \dfrac{B}{L}$

- 허용지지력 : $q_a = \dfrac{q_u}{F_s}$, $F_s = 3$이므로, 약 $\dfrac{1}{3}$이다.

06 깊은 기초

1) 말뚝기초

지지방법에 의한 분류	재료에 의한 분류
• 선단지지 말뚝(End bearing pile) • 마찰 말뚝(Friction pile) • 인장말뚝(Tensile pile)	• 나무말뚝 • 기성 철근 콘크리트 말뚝 • 강재말뚝

2) 현장타설 콘크리트 말뚝 기초(피어 기초)

(1) 피어 기초의 특징

① 견고한 지지층에 기초를 설치하여 비교적 큰 하중을 전달한다.
② 큰 지름이므로 본당 지지력이 크고 수평저항력이 크다.

③ 시공 중 소음, 진동이 적다.

(2) 굴착 공법

관입공법	기계 굴착
• Franky 말뚝 • Pedestal 말뚝 • Raymond 말뚝	• Benoto(All casing) 공법 • Earth drill 공법 • RCD 공법

3) 케이슨 기초 : 공기압의 한도 3.5~4.0kg/cm²

(1) 시공방법에 의한 분류

- 오픈 케이슨 기초(정통 기초)
- 박스 케이슨 기초
- 공기 케이슨 기초

(2) 공기(뉴메틱, Pneumatic caisson) 케이슨 기초

장점	기계 굴착
• 토질을 확인할 수 있다. • 공정이 빠르고 장애물 제거가 쉽다. • 신뢰도가 높다(Dry work). • 경사가 작고 경사 수정이 쉽다.	• 소음, 진동이 크다. • 깊은 공사는 곤란하다. • 기계설비가 고가이다. • 케이슨병이 발생한다.

07 말뚝기초의 지지력

1) 지지력 공식

정역학적 지지력 공식	동역학적 지지력 공식
• Terzaghi 공식 • Dörr 공식 • Meyerhof 공식 • Dunham 공식	• Hiley 공식 • Engineering-news 공식 • Sander 공식 • Weisbach 공식

2) 지지력 산정방법과 안전율

분류	안전율	비고
재하시험	3	가장 확실하나 비경제적이다.
정역학적 지지력 공식	3	시공 전 설계 시(N값 이용 가능)
동역학적 지지력 공식	3~8	시공 시(점토지반에 부적합)

08 말뚝 시공

1) 타입 순서

① 중앙부부터 외측으로, 육지에서 해안쪽으로 타입한다.
② 인접 구조물이 있는 곳에서 바깥으로 타입한다.

2) 단항과 군항

① 판정기준 : 군항은 단항보다도 지지력이 작다.

$D = 1.5\sqrt{rl}$	여기서, D : 지중응력이 중복되지 않기 위한 말뚝 간격 l : 말뚝의 관입 깊이 r : 말뚝의 반지름		
단항	$D > d$	여기서, d : 말뚝의 중심 간 간격	• 적당한 간격은 $2.5d$ 이상
군항	$D < d$		• $4d$ 이상이면 비경제적

3) 부마찰력(Negative skin friction)

정의	극한지지력	발생 원인
연약층의 침하에 의하여 말뚝에 하중으로 작용하는 주면마찰력	$R_u = R_p - R_{nf}$	• 지반 중의 연약한 점토층의 압밀침하 • 연약한 점토층 위의 성토하중 • 지하수위 저하 • 파일(Pile) 간격을 조밀하게 시공

핵심 예상문제

01 흙의 기본적 성질

01 다음 중 점토광물과 가장 관계가 먼 것은?
① 격자구조(Sheet)   ② 결정구조(Crystal)
③ Kaolinite   ④ 단립구조

 단립(單粒)구조는 조립토(자갈, 모래)가 물속에서 침강할 때 생기는 구조이다.

02 자연 점토 시료를 함수비가 변하지 않은 상태로 되비빔(Remolding)하였다. 그 구조는 다음 중 어느 것이 될 것인가?
① 단립 구조   ② 봉소 구조
③ 이산(분산) 구조   ④ 면모 구조

 점토가 교란되면 이산(분산) 구조가 된다.

03 조립토와 세립토의 비교 설명 중 옳지 않은 것은?
① 동결해는 조립토가 작고 세립토는 크다.
② 마찰력은 조립토가 작고 세립토가 크다.
③ 압축성은 조립토가 작고 세립토가 크다.
④ 투수성은 조립토가 크고 세립토가 작다.

 마찰력은 조립토가 크고 세립토는 작다.

정답 1 ④   2 ③   3 ②

04 점토광물(Clay-mineral)에 관한 설명 중 옳지 않은 것은?

① Sheet형의 결정입자로 2μ 이하의 점토를 말한다.
② 기본구조단위로 정사면체 구조(Silica sheet)와 정팔면체 구조(Gibbsite)가 있다.
③ 카올리나이트(Kaolinite) 구조는 공학적으로 제일 안정되어 수축팽창이 거의 없다.
④ 몬모릴로나이트(Moinmorillonite) 구조는 공학적으로 안정되나 수축, 팽창은 조금 생긴다.

 몬모릴로나이트는 공학적으로 가장 불안정하고 수축, 팽창이 가장 크다.

05 포화 상태에 있는 흙의 함수비가 40%이고, 비중이 2.6이다. 이 흙의 공극비는 얼마인가?

① 0.85
② 0.065
③ 1.04
④ 1.40

 포화 상태이므로 $S=100\%$, $S \cdot e = G_s \cdot w$

$$\therefore e = \frac{G_s \cdot w}{S} = \frac{2.6 \times 40}{100} = 1.04$$

06 간극률이 37%인 모래의 비중이 2.65이었다. 이 모래가 완전히 포화되어 있다면 그 단위중량은?

① 1.04t/m³
② 2.04t/m³
③ 1.76t/m³
④ 2.65t/m³

$$e = \frac{n}{100-n} = \frac{37}{100-37} = 0.59$$

$$\gamma_{sat} = \frac{G_s + e}{1+e} \cdot \gamma_w = \frac{2.65 + 0.59}{1 + 0.59} \times 1 = 2.04 \text{t/m}^3$$

07 건조단위중량이 1.35g/cm³이고, 공극비가 0.95인 시료가 90% 포화되었을 때의 단위중량은?

① 1.92g/cm³
② 1.79g/cm³
③ 1.69g/cm³
④ 1.62g/cm³

4 ④ 5 ③ 6 ② 7 ② 정답

$$\gamma_d = \frac{G_s}{1+e} \cdot \gamma_w \quad 1.35 = \frac{G_s}{1+0.95} \times 1$$

여기서, $G_s = \frac{1.35 \times (1+0.95)}{1} = 2.63$

$$\therefore \gamma_t = \frac{G_s + \frac{S \cdot e}{100}}{1+e} \cdot \gamma_w = \frac{2.63 + \frac{90 \times 0.95}{100}}{1+0.95} \times 1 = 1.79 \text{g/cm}^3$$

08 단위중량이 1.68t/m³이고, 비중이 2.7인 건조한 모래를 비 속에 두었다. 비를 맞은 후 포화도가 40%로 되었으나 부피는 일정하다. 비를 맞은 후 이 흙의 단위중량은?

① 1.881g/cm³
② 1.381g/cm³
③ 1.831g/cm³
④ 1.318g/cm³

$$\gamma_d = \frac{W_S}{V} = \frac{G_s}{1+e} \cdot \gamma_w \rightarrow e = \frac{1}{1.68} \times 2.7 - 1 = 0.607$$

$$\gamma_t = \frac{G_s + \frac{S \cdot e}{100}}{1+e} \cdot \gamma_w = \frac{2.7 + \frac{40 \times 0.607}{100}}{1+e} \times 1 = 1.831 \text{g/cm}^3$$

09 흙의 컨시스턴시에 대한 다음 설명 중 잘못된 것은?(ω_L=LL : 액성한계, ω_P=PL : 소성한계, ω_S=SL : 수축한계)

① LL이란 흙이 이동할 때의 최소함수비이다.
② PL이란 흙이 소성을 띨 때의 최소함수비이다.
③ SL이란 흙이 반고체상을 이룰 때의 최대함수비이다.
④ 아터버그한계에는 액성한계, 소성한계 및 수축한계의 3가지가 있다.

수축한계(SL, w_s)는 반고체상을 이룰 때의 최소함수비이다.

10 어떤 흙에 있어서 자연함수비 40%, 액성한계 60%, 소성한계 20%일 때 이 흙의 액성지수는?

① 200%
② 150%
③ 100%
④ 50%

정답 8 ③ 9 ③ 10 ④

$$I_L = \frac{w - w_p}{I_p} = \frac{w - w_p}{w_L - w_p} = \frac{40 - 20}{60 - 20} = 0.5$$

11 현장에서 모래의 건조밀도를 측정한 결과 1.52g/cm³이고, 실험실에서 이 모래의 최대 및 최소 건조밀도를 구하면 각각 1.68g/cm³ 및 1.47g/cm³였다고 하면 이 모래의 상대밀도는?

① 0.58　　　　　　　　　② 0.31
③ 0.26　　　　　　　　　④ 0.13

$$D_r = \frac{\gamma_{d\max}}{\gamma_d} \cdot \frac{\gamma_d - \gamma_{d\min}}{\gamma_{d\max} - \gamma_{d\min}} \times 100(\%)$$
$$D_r = \frac{1.68}{1.52} \times \frac{1.52 - 1.47}{1.68 - 1.47} \times 100 = 26.3\%$$

12 노건조된 점토시료 중량이 12.38g, 수은을 사용하여 수축한계에 도달한 시료의 용적을 측정한 결과 5.98cm³이었다. 이때의 수축한계는?(단, 비중은 2.65이다.)

① 10.57%　　　　　　　② 12.5%
③ 14.7%　　　　　　　　④ 15.5%

$$R = \frac{\gamma_s}{\gamma_w} = \frac{W_s}{V_s \cdot \gamma_w} = \frac{12.38}{5.98 \times 1} = 2.07$$
$$w_s = \left(\frac{1}{R} - \frac{1}{G_s}\right) \times 100 = \left(\frac{1}{2.07} - \frac{1}{2.65}\right) \times 100 = 10.57\%$$

02 흙의 분류 및 투수

01 통일분류법에서 CH로 표시되는 흙은 다음 중 어느 것인가?

① 자갈질 점토　　　　　② 모래질 점토
③ 실트질 점토　　　　　④ 소성이 큰 점토

CH : 압축성이 큰 점토

02 통일분류법으로 흙을 분류하는 데 직접 사용되지 않는 요소는?

① No.200체 통과율   ② No.4체 통과율
③ 소성지수   ④ 군지수

 군지수는 AASHTO 분류법에 사용된다.

03 그림과 같은 3가지 흙에 대한 입도곡선이 있다. 다음 설명 중 틀린 것은?

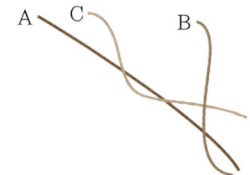

① A흙이 B흙에 비해 균등계수가 크다.
② A흙이 B흙에 비해 곡률계수가 크다.
③ A, B, C흙 중 A흙의 입도가 가장 양호하다.
④ C흙은 2종류의 흙을 합친 경우에 나타낼 수 있다.

 A흙이 B흙에 비해 곡률계수가 작다.

04 통일분류법에 의해 그 흙이 MH로 분류되었다면 이 흙의 대략적인 공학적 성질은?

① 액성한계가 50% 이상인 실트이다.
② 액성한계가 50% 이하인 실트이다.
③ 소성한계가 50% 이상인 점토이다.
④ 소성한계가 50% 이하인 실트이다.

제2문자 H : 액성한계가 50% 이상, 제1문자 M : 실트

정답 2 ④ 3 ② 4 ①

05 A, B, C 및 팬(Pan)으로 이루어진 한 조의 체로 체분석 시험한 결과 각 체의 잔유량이 이 표와 같다. B체의 가적 통과율은?

체	잔류량(g)
A	20
B	120
C	50
Pan	10

① 30%
② 70%
③ 60%
④ 40%

해설
B체의 가적 잔류율 $= \dfrac{140}{200} \times 100 = 70\%$

B체의 가적 통과율 $= 100 - 70 = 30\%$

06 단면적 30cm², 길이 25cm의 시료에 대하여 정수위 투수시험을 하였다. 이때 40cm의 수두에서 116초 동안에 200cc가 유출하였다. 이 시료의 투수계수는?

① 2.49×10^{-2} cm/sec
② 3.59×10^{-2} cm/sec
③ 4.25×10^{-2} cm/sec
④ 5.25×10^{-2} cm/sec

해설
$Q_t = A \cdot V \cdot t = A \cdot k \cdot \dfrac{h}{L} \cdot t$

$\therefore k = \dfrac{Q_t \cdot L}{A \cdot h \cdot t} = \dfrac{200 \times 25}{30 \times 40 \times 116} = 3.59 \times 10^{-2}$ cm/sec

07 그림의 유선망에 대한 것 중 틀린 것은?(단, 흙의 투수계수는 2.5×10^{-3} cm/s)

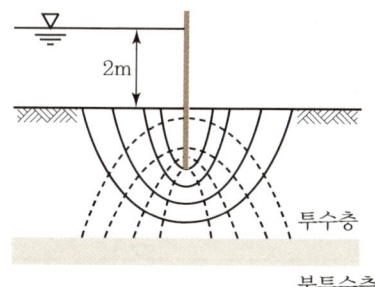

① 유선의 수=6
② 등수두선의 수=6
③ 유로의 수=5
④ 전침투유량 $Q = 0.278$ cm³/s

정답 5 ① 6 ② 7 ②

> **해설**
> - 등수두선의 수 : 10개
> - 등수두면의 수 : 9개
> - $Q = k \cdot h \cdot \dfrac{N_f}{N_d} = 2.5 \times 10^{-3} \times 200 \times \dfrac{5}{9} = 0.278 \text{cm}^3/\text{sec}$

08 그림과 같은 모래시료가 분사현상에 대한 안전율 3을 가지려면 h를 얼마 이하로 하여야 하는가?

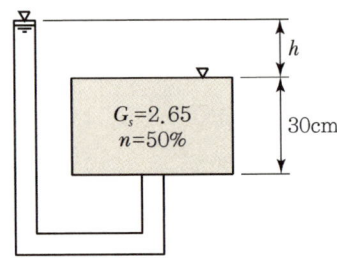

① 8.25cm
② 16.50cm
③ 24.75cm
④ 33.00cm

> **해설**
> $e = \dfrac{n}{100-n} = \dfrac{50}{100-50} = 1 \qquad F = \dfrac{i_c}{i} = \dfrac{\dfrac{G_s-1}{1+e}}{\dfrac{h}{L}} \qquad 3 = \dfrac{\dfrac{2.65-1}{1+1}}{\dfrac{h}{30}}$
>
> $\therefore h = 8.25 \text{cm}$

03 유효응력 및 지중응력

01 그림에서 모관수에 의해 A – A면까지 완전히 포화되었다고 가정하면 B – B면에서의 유효응력은 얼마인가?

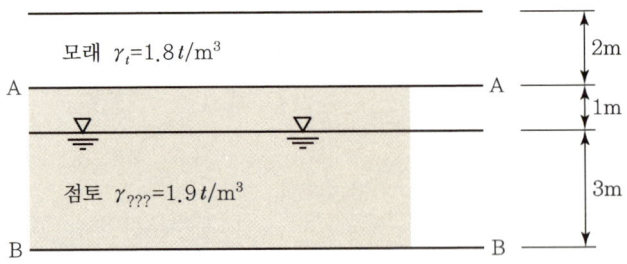

정답 8 ③ / 1 ④

① $\sigma' = 6.3\text{t/m}^2$ 　　　　　　　　② $\sigma' = 7.2\text{t/m}^2$
③ $\sigma' = 8.2\text{t/m}^2$ 　　　　　　　　④ $\sigma' = 12.2\text{t/m}^2$

> 해설
> $\overline{P} = P - u = 11.2 - 3.0 = 8.2\text{t/m}^2$
> $P = 1.8 \times 2 + 1.9 \times 4 = 11.2\text{t/m}^2$ 　　　$u = 1 \times 3 = 3\text{t/m}^2$

02 지표에서 2m×2m 되는 기초에 10t/m²의 하중이 작용한다. 깊이 5m 되는 곳에서 이 하중에 의해 일어나는 연직응력을 2 : 1 분포법으로 계산한 것은?

① 2.875t/m^2 　　　　　　　　② 0.816t/m^2
③ 0.083t/m^2 　　　　　　　　④ 1.975t/m^2

> 해설
> $10 \times (2 \times 2) = \sigma_z(7 \times 7)$
> $\therefore \sigma_z = \dfrac{10 \times (2 \times 2)}{7 \times 7} = 0.816\text{t/m}^2$

03 100t의 집중하중이 지표면에 작용할 때 하중의 바로 아래 5m 지점에서의 지중응력은?

① 2.95t/m^2 　　　　　　　　② 3.42t/m^2
③ 1.20t/m^2 　　　　　　　　④ 1.91t/m^2

> 해설
> $\sigma_z = K \cdot \dfrac{Q}{Z^3} = \dfrac{3}{2\pi} \cdot \dfrac{Q}{Z^2} = 0.4775 \times \dfrac{100}{5^2} = 1.91\text{t/m}^2$

04 다음 그림과 같이 2m×3m 직사각형 단면 위에 100t의 집중하중이 균등하게 분포하여 작용하고 있을 때 직사각형의 한 모서리 A점 아래 깊이 5m에서의 연직응력의 증가량은 얼마인가?(단, 지중응력의 영향치 $I_\sigma = 0.08$이고 흙의 단위중량은 1.9t/m²이다.)

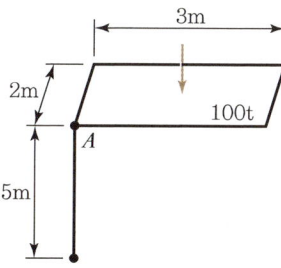

2 ② 　**3** ④ 　**4** ③ 　정답

① $\Delta\sigma_v = 16.67\text{t/m}^2$ ② $\Delta\sigma_v = 8.07\text{t/m}^2$
③ $\Delta\sigma_v = 1.33\text{t/m}^2$ ④ $\Delta\sigma_v = 9.67\text{t/m}^2$

$$\sigma = \frac{P}{A} = \frac{100}{2 \times 3} = 16.67\text{t/m}^2$$
$$\sigma_z = I_\sigma \cdot q = 0.08 \times 16.67 = 1.33\text{t/m}^2$$

04 흙의 압축성

01 다음 중 Terzaghi의 1차원 압밀 이론에 대한 가정과 관계가 먼 것은?

① 흙은 균질하다.
② 흙은 완전 포화되어 있다.
③ 압축과 흐름은 1차원적이다.
④ 물은 압축성이다.

토립자와 물은 비압축성이다.

02 점토의 압밀에 관한 다음 설명 중 틀린 것은?

① 재하된 순간(t=0)에서의 과잉공극수압은 재하량과 같다.
② 과잉공극수압은 재하시간이 경과함에 따라 감소해서 시간이 ∞가 될 때 0이 된다.
③ 과잉공극수압이 0이 될 때를 1차 압밀이 100% 진행되었다고 한다.
④ 유효응력은 재하된 순간에 최대치가 된다.

하중이 재하하는 순간 유효응력은 0이다.

03 어느 점토의 압밀계수 $C_v = 1.640 \times 10^{-4}\text{cm}^2/\text{sec}$, 압축계수 $a_v = 2.820 \times 10^{-2}\text{cm}^2/\text{kg}$이다. 이 점토의 투수계수는?(단, 간극비 $e = 1.0$)

① $2.014 \times 10^{-6}\text{cm/sec}$ ② $3.646 \times 10^{-6}\text{cm/sec}$
③ $3.114 \times 10^{-9}\text{cm/sec}$ ④ $2.312 \times 10^{-9}\text{cm/sec}$

정답 **1** ④   **2** ④   **3** ④

해설
$$m_v = \frac{a_v}{1+e} = \frac{2.82 \times 10^{-2}}{1+1} = 1.41 \times 10^{-2} \text{cm}^2/\text{kg} = 1.41 \times 10^{-5} \text{cm}^2/\text{g}$$
$$k = C_v \cdot m_v \cdot \gamma_w = 1.64 \times 10^{-4} \times 1.41 \times 10^{-5} \times 1 = 2.312 \times 10^{-9} \text{cm/sec}$$

04 압밀을 일으키는 토층의 두께가 3m이다. 이 토층의 시료가 구조물 축조 전의 공극비는 0.8이고, 축조 후의 공극비는 0.5이다. 이 흙의 전 압밀침하량은 몇 cm인가?

① 35cm ② 40cm
③ 50cm ④ 65cm

해설
$$\Delta H = \frac{e_1 - e_2}{1+e} \cdot H = \frac{0.8 - 0.5}{1+0.8} \times 300 = 50 \text{cm}$$

05 다음과 같은 포화점토층의 최종압밀침하량이 50%의 침하를 일으킬 때까지의 걸리는 일수 t_{50}은?(단, 압밀계수는 $C_v = 1 \times 10^{-5}$cm²/sec이다.)

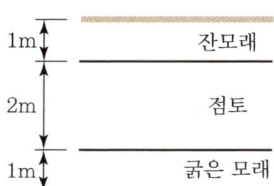

① 약 5,800일 ② 약 2×10^8일
③ 약 928일 ④ 약 2,280일

해설
$C_v = \dfrac{0.197 H^2}{t}$에서 양면배수이므로 $C_v = \dfrac{0.197\left(\dfrac{H}{2}\right)^2}{t_{50}}$

$$t_{50} = \frac{0.197\left(\dfrac{200}{2}\right)^2}{1 \times 10^{-3}} = 197{,}000{,}000 \text{sec} ≒ 2{,}280\text{일}$$

4 ③ 5 ④ 정답

06 그림과 같은 점토층의 압밀속도를 계산한 결과 90% 압밀에 소요되는 시간은 5년이었다. 만일 암반층 대신 모래층이 존재한다면 압밀소요시간은?

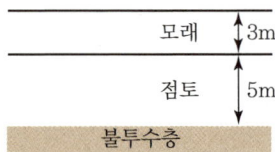

① 1.25년 ② 2.5년
③ 5년 ④ 10년

 해설 $t_1 : H_1^2 = t_2 : H_2^2$ 5년 : $(5m)^2 = x$년 : $\left(\dfrac{5}{2}m\right)^2$
∴ $x = 1.25$년

07 그림에서 지하 3m 지점의 현재 압밀도는?

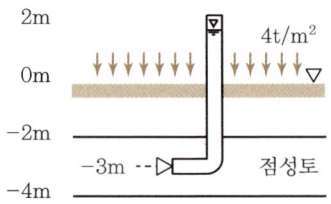

① 0.39 ② 0.4
③ 0.5 ④ 0.71

 해설 $U = \dfrac{P}{P} - \dfrac{u}{P} = 1 - \dfrac{2}{4} = 0.5$, $u = \gamma_w \cdot \Delta h = 1 \times 2 = 2t/m^2$

05 흙의 전단강도

01 아래 그림에서 A점 흙의 강도정수가 $c = 3.0t/m^2$, $\phi = 30°$일 때 A점의 전단강도는?

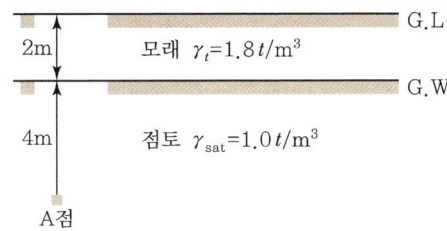

① $6.93t/m^2$ ② $7.39t/m^2$
③ $9.93t/m^2$ ④ $10.39t/m^2$

$\tau = c + \sigma' \cdot \tan\phi$
유효응력 $\sigma'(\overline{P}) = 1.8 \times 2 + 1 \times 4 = 7.6 t/m^2$
$\therefore \tau = 3 + 7.6\tan30° = 7.39 t/m^2$

02 다음 흙의 전단강도에 관한 설명 중 옳지 않은 것은?

① 최대주응력면과 최소주응력면은 직교한다.
② 주응력면에서는 전단응력(Tangential stress)은 0이다.
③ 최소주응력면은 전단응력축과 직교한다.
④ 최대주응력과 최소주응력의 차를 Deviator stress라고 한다.

최소주응력면과 최대주응력면이 직교한다.

03 점토층 지반 위에 성토를 급속히 하려 한다. 성토 직후에 있어서 이 점토의 안정성을 검토하는 데 필요한 강도정수를 구하는 합리적인 시험은?

① 비압밀 비배수 시험 ② 압밀 비배수 시험
③ 압밀 배수 시험 ④ 투수 시험

UU시험으로 점토의 단기 안정 검토에 이용한다.

1 ②   2 ③   3 ①   정답

04 전단에 소요되는 시간이 너무 길고 그 결과가 $\overline{CU}$-test와 거의 같으므로 간극수압의 측정이 어려울 때 또는 중요한 공사 외에는 잘 사용하지 않는 시험은 다음 중 어느 것인가?

① 비압밀 비배수 시험
② 압밀 비배수 시험
③ 압밀 배수 시험
④ 압밀 비배수 시험

 CD시험으로 장기 안정 해석에 사용한다.

05 토립자가 둥글고 입도분포가 나쁜 모래지반에서 N치를 측정한 결과 $N=20$이 되었을 경우 Dunham의 공식에 의한 이 모래의 내부마찰각 ϕ는?

① 10
② 20
③ 30
④ 40

 $\phi = \sqrt{12N} + 15 = \sqrt{12 \times 20} + 15 = 30$

06 물로 포화된 실트질 세사의 N값을 측정한 결과 $N=33$이 되었다고 할 때 수정 N값은?(단, Rod의 길이는 35m)

① 43
② 35
③ 21
④ 18

- $N_R = N\left(1 - \dfrac{x}{200}\right) = 33\left(1 - \dfrac{35}{200}\right) = 27$
- 토질에 의한 수정 : $N = 15 + \dfrac{1}{2}(N_R - 15) = 15 + \dfrac{1}{2}(27 - 15) = 21$회

정답 4 ③ 5 ③ 6 ③

07 다음은 정규압밀점토의 삼축압축 시험결과를 나타낸 것이다. 파괴 시 전단응력 τ와 수직응력 (σ)가 옳게 짝지어진 것은?

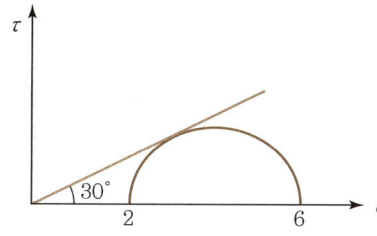

① $\tau=1.73\text{t/m}^2$, $\sigma=2.50\text{t/m}^2$
② $\tau=1.41\text{t/m}^2$, $\sigma=3.00\text{t/m}^2$
③ $\tau=1.52\text{t/m}^2$, $\sigma=2.50\text{t/m}^2$
④ $\tau=1.73\text{t/m}^2$, $\sigma=3.00\text{t/m}^2$

$$\sigma = \frac{\sigma_1+\sigma_3}{2} + \frac{\sigma_1-\sigma_3}{2}\cos 2\theta$$
여기서, $\theta = 45° + \dfrac{\phi}{2} = 45° + \dfrac{30°}{2} = 60°$
∴ $\sigma = \dfrac{6+2}{2} + \dfrac{6-2}{2}\cos 2\times 60° = 3\text{t/m}^2$, $\tau = \dfrac{\sigma_1-\sigma_3}{2}\sin 2\theta = 1.73\text{t/m}^2$

08 어떤 점토지반의 표준관입 시험치 N이 8이다. 이 점토의 일축압축강도 q_u는 얼마로 추정되는가?

① 0.5kg/cm^2
② 1kg/cm^2
③ 1.5kg/cm^2
④ 2kg/cm^2

 $q_u = \dfrac{N}{8} = \dfrac{8}{8} = 1\text{kg/cm}^2$, $C = \dfrac{N}{16} = \dfrac{8}{16} = 0.5\text{kg/cm}^2$

09 점성토의 예민비에 대한 설명 중 옳지 않은 것은?

① 예민비는 불교란 시료와 교란 시료와의 강도 차이를 알 수 있는 재성형 효과를 말한다.
② 예민비의 측정은 보통 일축압축시험으로 한다.
③ 예민비가 크다는 것은 점토가 교란의 영향을 크게 받지 않는 양호한 점토지반을 말한다.
④ Tschebotarioff는 예민비를 등변형 상태에 있어서의 강도비로 정의하였다.

 예민비가 크면 공학적 성질이 나빠 안전율을 크게 고려해야 한다.

7 ④ 8 ② 9 ③ 정답

06 토압 및 사면 안정

01 주동토압을 P_A, 수동토압을 P_P, 정지토압을 P_0라 할 때 크기 순서가 맞는 것은?

① $P_A > P_P > P_0$ ② $P_P > P_0 > P_A$
③ $P_P > P_A > P_0$ ④ $P_0 > P_A > P_P$

해설 수동토압>정지토압>주동토압

02 합력의 수평분력이 기초저면과 지반 사이의 마찰저항보다 작아야 된다는 옹벽의 안정조건은 다음 중 어느 것인가?

① 전도에 대한 안정   ② 침하에 대한 안정
③ 활동에 대한 안정   ④ 지반내력에 대한 안정

해설 옹벽 저면과 지반 사이의 마찰계수를 고려하여 활동에 대한 안정을 계산한다.

03 다음 그림에서 상재하중만으로 인한 주동토압과 작용위치는?

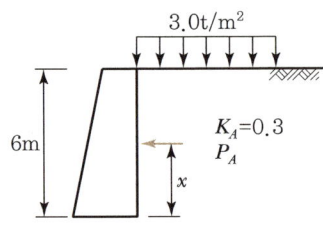

① $P_{A(qs)} = 0.9 \text{t/m},\ x = 2\text{m}$ ② $P_{A(qs)} = 0.9 \text{t/m},\ x = 3\text{m}$
③ $P_{A(qs)} = 5.4 \text{t/m},\ x = 2\text{m}$ ④ $P_{A(qs)} = 5.4 \text{t/m},\ x = 3\text{m}$

해설
- $P_a = q_s \cdot K_a \cdot H = 3 \times 0.3 \times 6 = 5.4 \text{t/m}$
- $x = \dfrac{H}{2} = \dfrac{6}{2} = 3\text{m}$

정답 1 ②   2 ③   3 ④

04 그림과 같은 옹벽에 작용하는 전주동토압은?(단, 흙의 단위중량은 1.7t/m³, 점착력은 0.1kg/cm², 내부마찰각은 26°이다.)

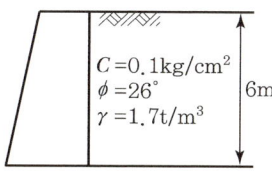

① 4.45t/m
② 7.50t/m
③ 11.95t/m
④ 19.45t/m

해설
$$P_a = \frac{1}{2}\gamma \cdot H^2 \cdot K_a - 2CH\tan\left(45° - \frac{\phi}{2}\right)$$
$$= \frac{1}{2} \times 1.7 \times 6^2 \times \tan^2\left(45° - \frac{26°}{2}\right) - 2 \times 1 \times 6\tan\left(45° - \frac{26°}{2}\right)$$
$$= 4.45\text{t/m}^2$$

05 점성토에서 점착력이 0.6t/m²이고, 내부마찰각이 30°이며, 흙의 단위중량이 1.7t/m³일 때 주동토압이 0이 되는 깊이는 지표면에서 약 몇 m인가?

① 1.52m
② 1.42m
③ 1.32m
④ 1.22m

해설
$$Z_c = \frac{2C}{\gamma}\tan\left(45° + \frac{\phi}{2}\right) = \frac{2 \times 0.6}{1.7}\tan\left(45° + \frac{30°}{2}\right) = 1.22\text{m}$$

06 어떤 굳은 점토층을 깊이 7m까지 연직절토하였다. 이 점토층의 일축압축강도가 1.4kg/cm², 흙의 단위중량 $\gamma = 2$t/m³라 하면 파괴에 대한 안전율은?

① 1.0
② 2.0
③ 2.5
④ 3.0

해설
$$H_c = \frac{2q_u}{\gamma} = \frac{2 \times 14}{2} = 14\text{m}$$
$$F = \frac{H_c}{H} = \frac{14}{7} = 2$$

4 ①　5 ④　6 ②　정답

07 그림과 같이 지하수위가 지표와 일치되는 반무한 사질토 사면이 놓여 있다. 이때의 안전율은 얼마인가?

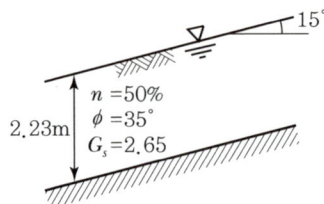

① 1.18
② 1.31
③ 2.33
④ 2.61

해설
$e = \dfrac{n}{100-n} = \dfrac{50}{100-50} = 1$

$\gamma_{sat} = \dfrac{G_s + e}{1+e} \cdot \gamma_w = \dfrac{2.65+1}{1+1} \times 1 = 1.825 \, \text{t/m}^3$

$F = \dfrac{\dfrac{\gamma_{sub}}{\gamma_{sat}} \cdot \tan\phi}{\tan i} = \dfrac{\dfrac{0.825}{1.825} \times \tan 35°}{\tan 15°} = 1.18$

08 다음 그림에서 활동에 대한 안전율은 얼마인가?

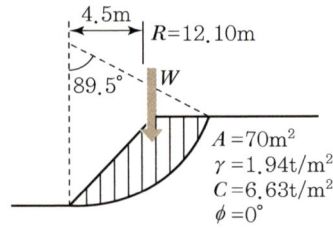

① 1.30
② 2.05
③ 2.15
④ 2.48

해설
$L : 89.5° = \pi D : 360°$
$\therefore L = 18.89 \, \text{m}$

$F = \dfrac{C \cdot L \cdot R}{W \cdot e} = \dfrac{6.63 \times 18.89 \times 12.1}{70 \times 1.94 \times 4.5}$
$= 2.48$

07 흙의 다짐

01 다음은 다짐에 관한 설명이다. 옳지 않은 것은?

① 다짐에너지가 커지면 최대건조단위중량은 커지고, 최적함수비는 작아진다.
② 양입도일수록 최대건조단위중량은 커지고, 빈입도일수록 최대건조단위중량은 작아진다.
③ 조립토일수록 최대건조단위중량은 크며, 최적함수비도 크다.
④ 점성토는 다짐곡선이 완만하고 조립토는 급경사를 이룬다.

해설 조립토일수록 최대건조단위중량은 크며 최적함수비는 작다.

02 그림과 같은 다짐 곡선을 보고 다음 설명 중 틀린 것은?

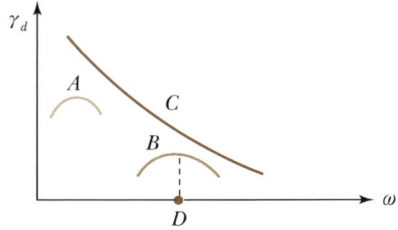

① A는 일반적으로 조립토이다.
② B는 일반적으로 세립토이다.
③ C는 과잉공극수압이다.
④ D는 최적함수비를 나타낸다.

해설 C는 영공기공극곡선(포화곡선)이다.

03 다짐에너지에 관한 설명 중 옳지 않는 것은?

① 래머의 중량에 비례한다.
② 시료의 체적에 비례한다.
③ 래머의 낙하고에 비례한다.
④ 래머의 타격 수에 비례한다.

해설 $E = \dfrac{W_R \cdot H \cdot N_L \cdot N_B}{V}$

1 ③ 2 ③ 3 ② **정답**

04 도로의 평판재하시험을 끝내는 다음 조건 중 옳지 않은 것은?

① 완전히 침하가 멈출 때
② 침하량이 15mm에 달할 때
③ 하중강도가 그 지반에 항복점을 넘을 때
④ 하중강도가 현장에서 예상되는 최대접지압력을 초과할 때

 완전히 침하가 멈추거나 1분 동안에 침하량이 그 단계 하중의 총침하량 1% 이하가 될 때 다음 단계 하중을 가하게 된다.

05 CBR 시험에서 관입깊이가 2.5mm일 때, 피스톤에 작용하는 하중이 900kg이다. 이 재료의 $CBR_{2.5}$의 값은?

① 90.0% ② 65.7%
③ 63.3% ④ 60.5%

 $$CBR_{2.5} = \frac{900}{1,370} \times 100 = 65.7\%$$

06 평판재하시험에서 침하량 1.25mm에 해당하는 하중강도가 2.35kg/cm²일 때 지지력 계수는?

① 15.5kg/cm³ ② 18.8kg/cm³
③ 7.8kg/cm³   ④ 5.5kg/cm³

 $$K = \frac{q}{y} = \frac{2.35}{0.125} = 18.8 \text{kg/cm}^3$$

07 현장 도로 토공에서 들밀도시험을 했다. 파낸 구멍의 체적이 $V = 1,980\text{cm}^3$이었고, 이 구멍에서 파낸 흙무게가 3,420g이었다. 이 흙의 토질시험결과 함수비가 10%, 비중이 2, 최대건조밀도 1.65g/cm³이었을 때 이 현장의 다짐도는?

① 85% ② 87%
③ 91% ④ 95%

정답 4 ① 5 ② 6 ② 7 ④

해설

다짐도(%) $= \dfrac{\gamma_d}{\gamma_{d\max}} \times 100 = \dfrac{1.57}{1.65} \times 100 = 95.15\%$

$\gamma_d = \dfrac{\gamma_t}{1+\dfrac{w}{100}} = \dfrac{\dfrac{3{,}420}{1{,}980}}{1+\dfrac{10}{100}} = 1.57\,\text{g/cm}^3$

08 토질조사 및 기초지반

01 보링의 목적이 아닌 것은?

① 흐트러지지 않은 시료의 채취
② 지반의 토질 구성 파악
③ 지하수위 파악
④ 평판재하시험의 재하면 형성

해설 표준관입시험 시 보링 구멍을 이용한다.

02 토질조사방법 중 사운딩에 대한 설명 중 옳지 않은 것은?

① 표준관입시험은 정적인 사운딩이다.
② 정적인 사운딩은 주로 점성토에 쓰인다.
③ 사운딩은 주로 현장시험으로서의 의의가 중요하다.
④ 사운딩은 보링이나 시굴보다도 지반 구성을 파악하기가 곤란하다.

해설 사운딩이란 Rod의 끝에 설치한 저항체를 땅 속에 삽입하여 관입, 회전, 인발 등의 저항에서 토층의 성질을 탐사하는 것으로 표준관입시험은 동적인 사운딩이다.

03 모래질 지반에 30cm×30cm 크기로 재하시험을 한 결과 15t/m²의 극한지지력을 얻었다. 2m×2m의 기초를 설계할 때 기대되는 극한지지력은?

① 100t/m²
② 50t/m²
③ 30t/m²
④ 22.5t/m²

1 ④ **2** ① **3** ① 정답

- 모래지반의 경우 지지력은 재하판의 크기에 비례한다.
- $0.3 : 15 = 2 : x$

$$\therefore x = \frac{15 \times 2}{0.3} = 100\text{t/m}^2$$

04 Sand drain 공법과 Paper drain 공법을 비교할 때 Paper drain 공법의 특징이 아닌 것은?

① 주변 지반을 흩트리지 않는다.   ② 시공속도가 더 빠르다.
③ Drain 단면이 길이 방향에 걸쳐 일정하다.   ④ 공사비가 더 많이 든다.

Paper drain 공법을 대량으로 시공할 경우 공사비가 싸다.

05 무게 320kg인 드롭 해머(Drop hammer)로 2m의 높이에서 말뚝을 때려 박았더니 침하량이 2cm였다. Sander의 공식을 사용할 때 이 말뚝의 허용지지력은?

① 1,000kg   ② 2,000kg
③ 3,000kg   ④ 4,000kg

$$R_a = \frac{W \cdot H}{8\delta} = \frac{320 \times 200}{8 \times 2} = 4{,}000\text{kg}$$

06 그림에서 정사각형 독립기초 2.5m×2.5m가 실트질 모래 위에 시공되었다. 이때 근입깊이가 1.50m인 경우 1.50m인 경우 허용지지력은?(단, $N_c = 35$, $N_r = N_q = 20$)

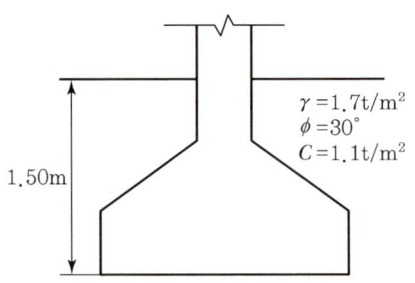

① 25.0t/m^2 ② 30.0t/m^2
③ 35.0t/m^2 ④ 45.0t/m^2

$$q_d = aCN_c + \beta\gamma_1 BN_r + \gamma_2 D_f N_q$$
$$= 1.3 \times 1.1 \times 35 + 0.4 \times 1.7 \times 2.5 \times 20 + 1.7 \times 15 \times 20$$
$$= 135.05 \text{t/m}^2$$
$$\therefore q_a = \frac{q_d}{3} = \frac{135.05}{3} ≒ 45\text{t/m}^2$$

07 Terzaghi의 극한지지력 공식에 관한 설명이다. 옳지 않은 것은?

① 극한지지력은 Footing의 근입깊이가 크면 클수록 커진다.
② 점성토($\phi = 0°$)의 극한지지력은 Footing의 크기와 무관하다.
③ 사질토($c = 0$)의 극한지지력은 Footing의 크기와 정비례한다.
④ 국부전단파괴 시의 극한지지력은 전반전단파괴의 극한지지력보다 크다.

국부전단파괴 시의 극한지지력은 전반전단파괴의 극한지지력보다 작다.

08 Terzaghi의 지반 지지력 공식을 모래지반에 적용하고자 한다. 기초폭은 B이고 지표면에 기초를 설치하고자 한다. 흙의 단위 체적중량을 γ_1라고 할 때 다음 중 적당한 것은?

① $q_u = aCN_c$
② $q_u = \beta\gamma_1 BN_r$
③ $q_u = aCN_c + \gamma_2 D_f N_q$
④ $q_u = aCN_c + \beta\gamma_1 BN_r + \gamma_2 D_f N_q$

모래지반이므로 $c = 0$, 지표면에 기초를 설치하므로 $D_f = 0$
$$\therefore q_u = \beta\gamma_1 BN_r$$

09 말뚝이 20개인 군항 기초에 있어서 효율이 0.75, 단항으로 계산된 말뚝 1개의 허용지지력이 15ton일 때 군항의 허용지지력은 얼마인가?

① 112.5t
② 225t
③ 300t
④ 400t

$R_{ag} = E \cdot N \cdot R_a = 0.75 \times 20 \times 15 = 225\text{t}$

7 ④ 8 ② 9 ②

10 부마찰력(Negative skin friction)에 대한 다음 설명 중 옳지 않은 것은?

① 연약지반을 통해 견고지층까지 말뚝을 박았을 때 생긴다.
② 연약지반에 말뚝을 박고 그 위에 성토를 하였을 때 생긴다.
③ 수중에 강말뚝을 박았을 때 생긴다.
④ 극한지지력의 계산치와 설계치가 다른 이유는 부마찰력 때문일 수 있다.

 수중에 항타한다고 부마찰력이 생긴다는 것은 잘못이다. 수저의 지반 상태에 관련이 된다.

정답 10 ③

PART 05

>> 건설재료시험기사 필기

과년도 기출문제

- 2019년 기출문제
- 2020년 기출문제
- 2021년 기출문제
- 2022년 기출문제
- 2023년 기출복원문제
- 2024년 기출복원문제
- 2025년 기출복원문제

2019년 과년도 기출문제

01 콘크리트 공학

01 다음 중 경화콘크리트의 강도 추정을 위한 비파괴 시험법이 아닌 것은?

① 반발경도법　② 초음파속도법
③ 조합법　　　④ 비중계법

해설 조합법은 콘크리트 배합설계를 위한 방법이다.

02 콘크리트의 다짐방법으로 내부진동기를 사용한 경우와 비교할 때 원심력 다짐의 특징이 아닌 것은?

① 물-시멘트비를 줄일 수 있다.
② 강도가 감소하는 경향이 있다.
③ 재료 분리가 일어나기 쉽다.
④ 원통형이 제품을 생산하기 쉽다.

해설 내부진동기를 사용한 다짐은 원심력 다짐보다 강도가 높은 경향이 있다.

03 해양 콘크리트 구조물이 해양 환경에 의한 철근 부식에 영향을 가장 많이 받는 위치는?

① 해중　　　　② 해상 대기 중
③ 물보라 지역　④ 구조물의 내부

해설 물보라 지역은 해중과 해상 대기 중의 부식 요인이 모두 작용한다.

04 콘크리트의 워커빌리티(Workability)를 측정하기 위한 시험방법 중 콘크리트에 일정한 에너지를 가하는 밀도의 변화를 수치적으로 나타내는 시험법은?

① 흐름시험(Flow Test)
② 슬럼프 시험(Slump Test)
③ 리몰딩 시험(Remolding Test)
④ 다짐계수시험(Compacting Tactor Test)

해설 다짐계수시험은 콘크리트에 일정한 에너지를 가하여 밀도 변화를 수치적으로 나타내는 방법이다.

05 팽창콘크리트의 팽창률에 대한 설명으로 틀린 것은?

① 콘크리트의 팽창률은 일반적으로 재령 28일에 대한 시험치를 기준으로 한다.
② 수축보상용 콘크리트의 팽창률은 $(150 \sim 250) \times 10^{-6}$을 표준으로 한다.
③ 화학적 프리스트레스용 콘크리트의 팽창률은 $(200 \sim 700) \times 10^{-6}$을 표준으로 한다.
④ 공장제품에 사용되는 화학적 프리스트레스용 콘크리트의 팽창률은 $(200 \sim 1,000) \times 10^{-6}$을 표준으로 한다.

해설 팽창콘크리트의 팽창률은 재령 28일뿐만 아니라 사용목적에 따라 다른 재령에서도 측정이 필요하다.

정답 01 ③　02 ②　03 ③　04 ④　05 ①

06 굵은 골재 최대치수는 질량비로서 전체 골재질량의 몇 % 이상을 통과시키는 체의 최소 호칭치수를 의미하는가?

① 80% ② 85%
③ 90% ④ 95%

해설
굵은 골재 최대치수는 전체 골재질량의 90% 이상이 통과할 수 있는 체의 최소 호칭치수를 말한다.

07 단면적이 600cm²인 프리스트레스트 콘크리트에서 콘크리트 도심에 PS강선을 배치하고 초기 프리스트레스 P_i = 340,000N을 가할 때 콘크리트의 탄성변형에 의한 프리스트레스의 감소량은 얼마인가?(단, 탄성계수비 N = 6이다.)

① 34MPa ② 38MPa
③ 42MPa ④ 46MPa

해설
PS강선과 콘크리트의 탄성변형률을 계산한 뒤 프리스트레스 감소량을 계산한다.
ε_p = 340,000/(1.57×200,000,000)
    = 1.077×10⁻⁴
ε_c = 340,000/(600×30,000,000)
    = 1.944×10⁻⁶
ΔP = 340,000×(1.077×10⁻⁴−1.944×10⁻⁶)×6
    = 34MPa

08 매스 콘크리트의 균열을 방지하기 위한 대책으로 잘못된 것은?

① 수화열이 적은 시멘트를 사용한다.
② 단위 시멘트양을 적게 한다.
③ 슬럼프를 크게 한다.
④ 프리쿨링을 실시한다.

해설
균열을 방지하기 위해서는 슬럼프를 적절하게 유지해야 한다.

09 레디믹스트 콘크리트에서 보통 콘크리트 공기량의 허용오차는?

① ±1% ② ±1.5%
③ ±2% ④ ±2.5%

해설
레디믹스트 콘크리트에서 보통 콘크리트 공기량은 4.5%이며, 허용오차는 ±1.5%이다.

10 유동화 콘크리트의 슬럼프 증가량은 몇 mm 이하를 원칙으로 하는가?

① 50mm ② 80mm
③ 100mm ④ 120mm

해설
슬럼프의 증가량은 100mm 이하를 원칙으로 하며, 50~80mm를 표준으로 한다.

11 소규모 공사에서 배합강도, f_{cr} = 24MPa을 얻기 위해서 $f_{28} = -21.0 + 21.5 \dfrac{C}{W}$ 식을 사용한다면 시멘트−물비는?

① 1.94 ② 2.00
③ 2.09 ④ 2.15

해설
$24 = -21.0 + 21.5 \times \dfrac{C}{W}$
$21.5 \times \dfrac{C}{W} = 45$
$\dfrac{C}{W} = 45 \div 21.5 = 2.09$

정답 | 06 ③ 07 ① 08 ③ 09 ② 10 ③ 11 ③

12 결합재로 시멘트와 시멘트 혼화용 폴리머(또는 폴리머 혼화제)를 사용한 콘크리트는?

① 폴리머 시멘트 콘크리트
② 폴리머 함침 콘크리트
③ 폴리머 콘크리트
④ 레진 콘크리트

해설
폴리머 시멘트 콘크리트는 시멘트와 시멘트 혼화용 폴리머(또는 폴리머 혼화제)를 결합재로 사용하는 콘크리트를 말한다.

13 다음은 고강도 콘크리트에 대한 설명이다. 옳지 않은 것은?

① 고강도 콘크리트는 공기연행 콘크리트로 하는 것을 원칙으로 한다.
② 고강도 콘크리트에 사용하는 골재의 품질 기준에 의하면, 잔골재의 염화물 이온량은 0.02% 이하이다.
③ 고강도 콘크리트의 설계기준압축강도는 일반적으로 40MPa 이상으로 하며, 고강도 경량골재 콘크리트는 27MPa 이상으로 한다.
④ 고강도 콘크리트에 사용하는 골재의 품질 기준에 의하면, 잔골재의 흡수율은 3% 이하, 굵은 골재의 흡수율은 2% 이하이다.

해설
공기연행은 콘크리트 강도를 감소시키는 요인이 될 수 있다.

14 콘크리트의 양생에 대한 설명 중 틀린 것은?

① 수밀성 콘크리트의 습윤 양생 기간은 일반 경우보다 길게 한다.
② 양생은 장기강도에 영향을 끼치므로 28일 이후의 양생에 특히 주의한다.
③ 콘크리트를 타설한 후 급격히 온도가 상승할 경우 콘크리트가 건조하지 않도록 주의한다.
④ 콘크리트를 타설한 후 경화를 시작하기까지 직사광선을 피한다.

해설
28일 이후 양생이 장기강도 발현에 중요한 역할을 하지만 28일 이전보다 특히 중요하다는 것은 잘못된 설명이다.

15 시합배상표상 단위잔골재량은 643kg/m³이며, 단위굵은 골재량은 1,212kg/m³이다. 현장배합을 위한 단위잔골재량은 얼마인가?(단, 현장골재의 체분석 결과 잔골재 중 5mm체에 남는 것이 5%, 굵은 골재 중 5mm체를 통과하는 것이 10%이다.)

① 538kg/m³   ② 588kg/m³
③ 613kg/m³   ④ 637kg/m³

해설
현장 단위잔골재량 = 단위잔골재량 × (1 − 0.05)
= 643 × (1 − 0.05)
= 613kg/m³

16 양단이 정착된 프리텐션 부재의 한 단에서의 활동량이 2mm로 양단 활동량이 4mm일 때 강재의 길이가 10m라면 이때의 프리스트레스 감소량으로 맞는 것은?[단, 긴장재의 탄성계수(E_p) = 2.0×10^5 MPa]

① 80MPa   ② 100MPa
③ 120MPa   ④ 140MPa

해설
프리스트레스 감소량 = $(2.0 \times 10^5 \times 4mm)/10m$
$$= \frac{2.0 \times 10^5 \times 4}{10,000} = \frac{800,000}{10,000}$$
= 80MPa

정답 12 ① 13 ① 14 ② 15 ③ 16 ①

17 콘크리트의 동결융해에 대한 설명 중 틀린 것은?

① 다공질의 골재를 사용한 콘크리트는 일반적으로 동결융해에 대한 저항성이 떨어진다.
② 콘크리트의 표층박리(Scaling)는 동결융해작용에 의한 피해의 일종이다.
③ 동결융해에 의한 콘크리트의 피해는 콘크리트가 물로 포화되었을 때 가장 크다.
④ 콘크리트의 초기 동결융해에 대한 저항성을 높이기 위해서는 물-시멘트비를 크게 한다.

해설
물-시멘트비를 크게 하면 오히려 콘크리트의 공극률이 증가하여 동결융해 저항성이 감소한다.

18 일반 콘크리트의 비비기는 미리 정해둔 비비기 시간의 최대 몇 배 이상 계속해서는 안 되는가?

① 2배 ② 3배
③ 4배 ④ 5배

해설
일반적으로 콘크리트 최대비빔시간은 3배까지 허용된다.

19 공기연행 콘크리트의 공기량에 대한 설명으로 옳은 것은?(단, 굵은 골재의 최대치수는 40mm를 사용한 일반 콘크리트로서 보통 노출인 경우)

① 4.0%를 표준으로 하며, 그 허용오차는 ±1.0%로 한다.
② 4.5%를 표준으로 하며, 그 허용오차는 ±1.0%로 한다.
③ 4.0%를 표준으로 하며, 그 허용오차는 ±1.5%로 한다.
④ 4.5%를 표준으로 하며, 그 허용오차는 ±1.5%로 한다.

해설
레디믹스트 콘크리트에서 보통 콘크리트 공기량은 4.5%이며, 허용오차는 ±1.5%이다.

20 압축강도에 의한 콘크리트의 품질검사에서 판정기준으로 옳은 것은?(단, 설계기준압축강도로부터 배합을 정한 경우로서 f_{ck} > 35MPa인 콘크리트이며, 일반 콘크리트 표준시방서 규정을 따른다.)

① ㉠ 연속 3회 시험값의 평균이 f_{ck}의 95% 이상
   ㉡ 1회 시험값이 f_{ck}의 90% 이상
② ㉠ 연속 3회 시험값의 평균이 f_{ck}의 95% 이상
   ㉡ 1회 시험값이 f_{ck}의 95% 이상
③ ㉠ 연속 3회 시험값의 평균이 f_{ck} 이상
   ㉡ 1회 시험값이 (f_{ck} - 3.5MPa) 이상
④ ㉠ 연속 3회 시험값의 평균이 f_{ck} 이상
   ㉡ 1회 시험값이 f_{ck}의 90% 이상

해설
- f_{ck} > 35MPa인 경우 연속 3회 시험값의 평균과 1회 시험값의 기준을 모두 충족해야 한다.
- 연속 3회 평균 : 3개의 연속된 시험체의 평균강도가 설계기준강도 f_{ck} 이상일 것
- 개별시험체 기준 : 모든 단일 시험값이 f_{ck}의 90% 이상일 것

정답 17 ④ 18 ② 19 ④ 20 ④

02 건설시공 및 관리

21 아래의 표에서 설명하는 아스팔트 포장의 파손은?

> • 골재 입자가 분리됨으로써 표층으로부터 하부로 진행되는 탈리 과정이다.
> • 표층에 잔골재가 부족하거나 아스팔트층의 현장 밀도가 낮은 경우에 주로 발생한다.

① 영구변형(Rutting)
② 라벨링(Raveling)
③ 블록 균열
④ 피로 균열

해설 해당 설명은 라벨링 파손에 관한 것이다.

22 다짐 장비 중 마무리 다짐 및 아스팔트 포장의 끝손질에 사용하면 가장 유용한 장비는?

① 탠덤 롤러 ② 타이어 롤러
③ 탬핑 롤러 ④ 머캐덤 롤러

해설 탠덤 롤러는 마무리 다짐에 효과적이다.

23 공사일수를 3점 시간 추정법에 의해 산정할 경우 적절한 공사일수는?(단, 낙관일수는 6일, 정상일수는 8일, 비관일수는 10일이다.)

① 6일 ② 7일
③ 8일 ④ 9일

해설 공사일수(T) = (낙관일수 + 4 × 정상일수 + 비관일수)/6
$$= \frac{6 + 4 \times 8 + 10}{6} = 8일$$

24 사장교를 케이블 형상에 따라 분류할 때 그 종류가 아닌 것은?

① 프랫형(Pratt)   ② 방사형(Radiating)
③ 하프형(Harp)   ④ 별형(Star)

해설 사장교는 케이블의 배치 형상에 따라 방사형, 하프형, 팬형, 스타형 등으로 분류할 수 있다.

25 필형 댐(Fill Type Dam)의 설명으로 옳은 것은?

① 필형 댐은 여수로가 반드시 필요하지는 않다.
② 암반강도 면에서는 기초 암반에 걸리는 단위 체적당 힘은 콘크리트댐보다 크므로 콘크리트댐보다 제약이 많다.
③ 필형 댐은 홍수 시 월류에도 대단히 안정하다.
④ 필형 댐에서는 여수로를 댐 본체(本體)에 설치할 수 없다.

해설 필형 댐은 댐 본체와 분리하여 여수로를 설치해야 한다.

26 암석 시험발파의 주된 목적으로 옳은 것은?

① 폭파계수 C를 구하려고 한다.
② 발파량을 추정하려고 한다.
③ 폭약의 종류를 결정하려고 한다.
④ 발파장비를 결정하려고 한다.

해설 폭파계수 C를 이용하여 폭파량, 암석의 파쇄도, 발파장비 등을 결정할 수 있다.

정답 21 ② 22 ① 23 ③ 24 ① 25 ④ 26 ①

27 아스팔트계 포장에서 거북등 균열(Alligator Cracking)이 발생하였다면 그 원인으로 가장 적당한 것은?

① 아스팔트와 골재 사이의 접착이 불량하다.
② 아스팔트를 가열할 때 Overheat하였다.
③ 포장의 전압이 부족하다.
④ 노반의 지지력이 부족하다.

해설 노반의 지지력 부족은 거북등 균열 발생의 가장 일반적 원인이다.

28 공정관리 기법인 PERT 기법을 설명한 것 중 틀린 것은?

① 공법의 주목적은 공기 단축이다.
② 신규 사업, 비반복 사업에 많이 이용된다.
③ 3점 시간 추정법을 사용한다.
④ Activity 중심의 일정으로 계산한다.

해설 PERT 기법의 주목적은 공사비용 최소화에 있다.

29 다음 조건일 때 트랙터 셔블(Tractor Shovel) 운전 1시간당 싣기 작업량은?(단, 버킷용량 1.0m³, 버킷계수 1.0, 사이클타임 50초, $f=1.0$, $E=0.75$)

① 125m³/h   ② 90m³/h
③ 54m³/h   ④ 40m³/h

해설 작업량 Q
$$= \frac{3{,}600 \cdot q \cdot k \cdot f \cdot E}{C_m}$$
$$= \frac{3{,}600 \times 1.0 \times 1.0 \times 1.0 \times 0.75}{50}$$
$$= 54\text{m}^3/\text{h}$$

30 옹벽 등 구조물의 뒤채움 재료에 대한 조건으로 틀린 것은?

① 투수성이 있어야 한다.
② 압축성이 좋아야 한다.
③ 다짐이 양호해야 한다.
④ 물의 침입에 의한 강도 저하가 적어야 한다.

해설 압축성이 좋으면 옹벽의 안정성에 문제가 생길 수 있으므로, 적절한 압축성을 가진 재료를 선택해야 한다.

31 터널의 계획, 설계, 시공 시 본바닥의 성질 및 지질구조를 가장 정확하게 알기 위한 조사 방법은?

① 물리적 탐사   ② 탄성파 탐사
③ 전기 탐사   ④ 보링(Boring)

해설 보링을 통해 상세하고 정확한 정보를 파악할 수 있다.

32 다음과 같은 점토 지반에서 연속기초의 극한지지력을 Terzaghi 방법으로 구하면 얼마인가?(단, 흙의 점착력 1.5t/m², 기초의 깊이 1m, 흙의 단위중량 1.6t/m³, 지지력계수 $N_c=5.3$, $N_q=1.0$)

① 7.05t/m²   ② 8.78t/m²
③ 9.55t/m²   ④ 12.98t/m²

해설 극한지지력 공식 활용
$$q_u = \alpha \cdot C \cdot N_c + \beta \cdot B \cdot \gamma_1 \cdot N_r + D_f \cdot \gamma_2 \cdot N_q$$
N_r이 없으므로
$$= \alpha \cdot C \cdot N_c + D_f \cdot \gamma_2 \cdot N_q$$
연속기초는 $\alpha=1.0$, $\beta=0.5$
$$= 1.0 \times 1.5 \times 5.3 + 1.0 \times 1.6 \times 1.0$$
$$= 9.55\,\text{t}/\text{m}^2$$

정답 | 27 ④ | 28 ① | 29 ③ | 30 ② | 31 ④ | 32 ③

33 성토재료로서 사질토와 점성토의 특징에 대한 설명 중 옳지 않은 것은?

① 사질토는 횡방향 압력이 크고 점성토는 작다.
② 사질토는 다짐과 배수가 양호하다.
③ 점성토는 전단강도가 작고 압축성과 소성이 크다.
④ 사질토는 동결 피해가 작고 점성토는 동결 피해가 크다.

해설 사질토보다 점성토의 횡방향 압력이 더 큰 편이다.

34 옹벽에 작용하는 토압을 산정하기 위해 Rankine의 토압론을 적용하고자 한다. Rankine 토압계산 시 이용되는 기본 가정이 아닌 것은?

① 토압을 지표에 평행하게 작용한다.
② 흙은 매우 균질한 재료이다.
③ 흙은 비압축성 재료이다.
④ 지표면은 유한한 평면으로 존재한다.

해설 표면이 유한한 평면으로 존재한다는 내용은 Rankine의 토압론에서 이용되지 않는다.

35 말뚝 기초공사에는 많은 말뚝을 박아야 하는데 일반적인 원칙은?

① 외측에서 먼저 박는다.
② 중앙부에서 먼저 박는다.
③ 중앙부에서 좀 떨어진 부분부터 먼저 박는다.
④ +자형으로 먼저 박는다.

해설 중앙부에서 먼저 박는 것이 일반적인 원칙이다.

36 각종 준설선에 관한 설명 중 옳지 않은 것은?

① 그래브 준설선은 버킷으로 해저의 토사를 굴삭하여 적재하고 운반하는 준설선을 말한다.
② 디퍼 준설선은 파쇄된 암석이나 발파된 암석의 준설에는 부적당하다.
③ 펌프 준설선은 사질해저의 대량준설과 매립을 동시에 시행할 수 있다.
④ 쇄암선은 해저의 암반을 파쇄하는 데 사용한다.

해설 쇄암선은 주로 해저의 암반을 굴착하여 적재하고 운반하는 데 사용한다.

37 도로공사에서 성토해야 할 토량이 36,000m³ 인데 흐트러진 토량이 30,000m³가 있다. 이때 $L=1.25$, $C=0.9$라면 자연상태 토량의 부족토량은?

① 8,000m³ ② 12,000m³
③ 16,000m³ ④ 20,000m³

해설 부족토량은 성토할 자연상태의 토량에서 자연상태 토량을 뺀 값으로 구한다.
• 자연상태 토량
$$= \frac{흐트러진\ 토량}{L} = \frac{30,000m^3}{1.25} = 24,000m^3$$
• 성토할 자연상태 토량
$$= \frac{성토해야\ 할\ 토량}{C} = \frac{36,000m^3}{0.9} = 40,000m^3$$
• 부족토량
=성토할 자연상태 토량－자연상태 토량
$= 40,000m^3 - 24,000m^3 = 16,000m^3$

정답 33 ① 34 ④ 35 ② 36 ④ 37 ③

38 불투수층에서 최소 침강 지하수면까지의 거리를 1m, 암거의 간격 10m, 투수계수 $k=1\times10^{-5}$cm/s라 할 때 이 암거의 단위 길이당 배수량을 Donnan식에 의하여 구하면 얼마인가?

① 2×10^{-2}cm³/cm/s
② 2×10^{-4}cm³/cm/s
③ 4×10^{-2}cm³/cm/s
④ 4×10^{-4}cm³/cm/s

해설
암거배수량 계산식
$$Q=\frac{4\cdot k\cdot H}{D}=4\times1\times10^{-5}\times\frac{100}{1,000}$$
$$=4\times10^{-4}\ \text{cm}^3/\text{cm/s}$$

39 단독말뚝의 지지력과 비교하여 무리말뚝 한 개의 지지력에 관한 설명으로 옳은 것은?(단, 마찰말뚝이라 한다.)

① 두 말뚝의 지지력이 똑같다.
② 무리말뚝의 지지력이 크다.
③ 무리말뚝의 지지력이 작다.
④ 무리말뚝의 크기에 따라 다르다.

해설
일반적으로 무리말뚝은 여러 말뚝이 서로 상호작용을 통해 지지력을 분산하여 효과적으로 하중을 분산시키므로 단독말뚝보다 지지력이 크다고 볼 수 있다(단, 크기에 따라 변할 수 있다).

40 본바닥의 토량 500m³를 6일 동안에 걸쳐 성토장까지 운반하고자 한다. 이때 필요한 덤프트럭은 몇 대인가?(단, 토량 변화율 $L=1.20$, 1대 1일당의 운반횟수는 5회, 덤프트럭의 적재용량은 5m³로 한다.)

① 1대   ② 4대
③ 6대   ④ 8대

해설
- 실제 운반 토량 = 본바닥 토량 × L
  = 500m³ × 1.20 = 600m³
- 1대 덤프트럭의 6일 운반량 = 5회 × 5m³ × 6
  = 25m³ × 6
  = 150m³
∴ 필요한 덤프트럭 대수 = $\frac{600\text{m}^3}{150\text{m}^3}$ = 4대

03 건설재료 및 시험

41 고무혼입 아스팔트(Rubberized Asphalt)를 스트레이트 아스팔트와 비교할 때 특징으로 옳지 않은 것은?

① 응집성 및 부착성이 크다.
② 내노화성이 크다.
③ 마찰계수가 크다.
④ 감온성이 크다.

해설
고무혼입 아스팔트는 일반적으로 온도에 따른 점도 변화가 상대적으로 덜 민감하다.

42 용어의 설명으로 틀린 것은?

① 인장력에 재료가 길게 늘어나는 성질을 연성이라 한다.
② 외력에 의한 변형이 크게 일어나는 재료를 강성이 큰 재료라고 한다.
③ 작은 변형에도 쉽게 파괴되는 성질을 취성이라 한다.
④ 재료를 두들길 때 엷게 펴지는 성질을 전성이라 한다.

해설
외력에 의해 변형이 크게 일어나는 재료는 강성이 작은 재료이다.

정답 | 38 ④ 39 ② 40 ② 41 ④ 42 ②

43 목재에 대한 설명으로 틀린 것은?

① 목재의 벌목에 적당한 시기는 가을에서 겨울에 걸친 기간이다.
② 목재의 건조방법 중 끓임법은 자연건조법의 일종이다.
③ 목재의 방부처리법은 표면처리법과 방부제 주입법으로 크게 나눌 수 있다.
④ 목재의 비중은 보통 기건비중을 말하며 이때의 함수율은 15% 전후이다.

해설 끓임법은 인공건조법에 해당된다.

44 콘크리트용 굵은 골재의 내구성을 판단하기 위해서 황산나트륨에 의한 안정성 시험을 할 경우 조작을 5번 반복했을 때 굵은 골재의 손실질량은 얼마 이하를 표준으로 하는가?

① 5% ② 8%
③ 10% ④ 12%

해설 잔골재의 안정성은 황산나트륨으로 5회 시험으로 평가하며, 그 손실질량은 10% 이하를 표준으로 한다.(콘크리트공사 표준시방서, 2024년 개정)

45 잔골재의 밀도 및 흡수율 시험(KS F 2504)에 대한 설명으로 틀린 것은?

① 일반적으로 플라스크는 검정된 것으로써 100mL로 하는 경우가 많다.
② 절대 건조 상태의 체적에 대한 절대 건조 상태의 질량을 밀도라고 한다.
③ 밀도는 2회 시험의 평균값으로 결정하는데 이때 시험값은 평균과의 차이가 $0.01g/cm^3$ 이하여야 한다.
④ 흡수율은 2회 시험의 평균값으로 결정하는데 이때 시험값은 평균과의 차이가 0.05% 이하여야 한다.

해설 절대 건조 상태의 체적에 대한 절대 건조 상태의 질량을 진밀도라고 한다.

46 시멘트 조성 광물에서 수축률이 가장 큰 것은?

① C_3S ② C_3A
③ C_4AF ④ C_2S

해설 C_3A는 물과 반응할 때 급격한 수화반응을 일으키며 이 과정에서 큰 수축이 발생한다.

47 아스팔트의 특성에 대한 설명 중 틀린 것은?

① 점성과 감온성이 있다.
② 불투성이어서 방수재료로도 사용된다.
③ 점착성이 크고 부착성이 좋기 때문에 결합재료, 접착재료로 사용한다.
④ 아스팔트는 증발감량이 작다.

해설 아스팔트는 증발감량이 크다는 특징이 있다.

48 포틀랜드 시멘트 주성분의 함유 비율에 대한 시멘트의 특성을 설명한 것으로 옳은 것은?

① 수경률(H.M)이 크면 초기강도가 크고 수화열이 큰 시멘트가 생긴다.
② 규산율(S.M)이 크면 C_3A가 많이 생성되어 초기강도가 크다.
③ 철률(I.M)이 크면 초기강도는 작고 수화열이 작아지며 화학 저항성이 좋은 시멘트가 된다.

정답 43 ② 44 ③ 45 ② 46 ② 47 ④ 48 ①

④ 일반적으로 중용열 포틀랜드 시멘트가 조강 포틀랜드 시멘트보다 수경률(H.M)이 크다.

해설
수경률이 크면 시멘트가 빠르게 수화되며 초기강도가 크고 수화열이 크게 발생한다.

49 고로슬래그 미분말을 사용한 콘크리트에 대한 설명으로 잘못된 것은?

① 수밀성이 향상된다.
② 염화물이온 침투 억제에 의한 철근 부식 억제에 효과가 있다.
③ 수화발열 속도가 빨라 조기강도가 향상된다.
④ 블리딩이 작고 유동성이 향상된다.

해설
고로슬래그 미분말을 사용한 콘크리트는 일반적으로 수화발열 속도가 느리기 때문에 조기강도 향상이 거의 없다.

50 석재의 내구성에 관한 설명으로 옳지 않은 것은?

① 알루미나 화합물, 규산, 규산염류는 풍화가 잘 되지 않는 조암광물이다.
② 동일한 석재라도 풍토, 기후, 노출 상태에 따라 풍화 속도가 다르다.
③ 흡수율이 작은 석재일수록 동해를 받기 쉽고 내구성이 약하다.
④ 조암광물의 풍화 정도에 따라 내구성이 달라진다.

해설
흡수율이 작은 석재는 물을 잘 흡수하지 않으므로 동해를 받기 어렵고, 내구성이 우수하다.

51 다음 중 토목공사 발파에 사용되는 것으로 폭발력이 가장 약한 것은?

① 흑색화약
② T.N.T
③ 다이너마이트(Dynamite)
④ 칼릿(Carlit)

해설
흑색화약은 폭발력이 가장 약하다.

52 광물질 혼화재 중의 실리카가 시멘트 수화 생성물인 수산화칼륨과 반응하여 장기강도 증진효과를 발휘하는 현상을 무엇이라 하는가?

① 포졸란 반응(Pozzolan Reaction)
② 수화 반응(Hydration Reaction)
③ 볼 베어링(Ball Bearing) 작용
④ 충전(Filler) 효과

해설
포졸란 반응은 장기강도 증진효과가 있다.

53 잔골재의 조립률 2.3, 굵은 골재의 조립률 7.0을 사용하여 잔골재와 굵은 골재를 1 : 1.5의 비율로 혼합하면 이때 혼합된 골재의 조립률은?

① 4.92
② 5.12
③ 5.32
④ 5.52

해설
혼합골재의 조립률 $= \dfrac{(1 \times 2.3) + (1.5 \times 7.0)}{1 + 1.5}$
$= 2.3 + 10.5$
$= \dfrac{12.8}{2.5} = 5.12$

정답 | 49 ③ 50 ③ 51 ① 52 ① 53 ②

54 컷백 아스팔트(Cutback Asphalt) 중 건조가 가장 빠른 것은?

① MC ② SC
③ LC ④ RC

해설
건조가 빠른 순서
MC > RC > LC > SC

55 시멘트의 저장방법으로 옳지 않은 것은?

① 방습 구조로 된 사일로(Silo) 또는 창고에 품종별로 구분하여 저장한다.
② 3개월 이상 장기간 저장한 시멘트는 사용하기 전에 시험을 실시한다.
③ 포대시멘트는 지상 100mm 이상 되는 마루에 쌓아 저장한다.
④ 저장 중에 약간이라도 굳은 시멘트는 공사에 사용해서는 안 된다.

해설
포대시멘트는 습기나 물에 의한 손상을 방지하기 위해 지상 150mm 이상 되는 곳에 저장한다.

56 길이가 15cm인 어떤 금속을 17cm로 인장시켰을 때 폭이 6cm에서 5.8cm가 되었다. 이 금속의 푸아송비는?

① 0.15 ② 0.20
③ 0.25 ④ 0.30

해설
푸아송비 계산식
$\nu = -\dfrac{\text{횡방향 변형률}}{\text{종방향 변형률}} = -\dfrac{-0.0333}{0.1333} = 0.25$

• 길이가 15cm에서 17cm로 늘어났으므로
종방향 변형률 $\left(\dfrac{\Delta L}{L_0}\right) = \dfrac{17-15}{15} = \dfrac{2}{15} = 0.1333$

• 폭이 6cm에서 5.8cm로 줄어들었으므로
횡방향 변형률 $\left(\dfrac{\Delta W}{W_0}\right) = \dfrac{6-5.8}{6} = \dfrac{0.2}{6} = 0.0333$

57 어떤 모래를 체가름 시험한 결과가 아래의 표와 같을 때 조립률은?

체	10 mm	5 mm	2.5 mm	1.2 mm	0.6 mm	0.3 mm	0.15 mm	팬
체의 잔류율 (%)	0	2	8	20	26	23	16	5

① 2.56 ② 2.68
③ 2.72 ④ 3.72

해설
조립률 $FM = \dfrac{0+2+1+30+56+79+95}{100}$
$= \dfrac{272}{100} = 2.72$
팬에 남은 것은 조립률 계산에서 제외한다.

58 콘크리트용 혼화재료에 관한 설명 중 틀린 것은?

① 플라이애시를 사용한 콘크리트의 경우 목표 공기량을 얻기 위해서는 플라이애시를 사용하지 않은 콘크리트에 비해 AE제의 사용량이 증가된다.
② 고로슬래그 미분말은 비결정질의 유리질 재료로 잠재수경성을 가지고 있으며, 유리화율이 높을수록 잠재수경성 반응은 커진다.
③ 실리카퓸은 평균입경이 $0.1\mu m$ 크기의 초미립자로 이루어진 비결정질 재료로 포졸란 반응을 한다.
④ 팽창재를 사용한 콘크리트 팽창률 및 압축강도는 팽창재 혼입량이 증가되면 될 수록 증가한다.

해설
팽창재는 콘크리트가 수축하지 않도록 하기 위해 사용된다.

정답 54 ① 55 ③ 56 ③ 57 ③ 58 ④

59 토목섬유(Geotextiles)의 특징에 대한 설명으로 틀린 것은?

① 인장강도가 크다.
② 탄성계수가 작다.
③ 차수성, 분리성, 배수성이 크다.
④ 수축을 방지한다.

해설 토목섬유는 지반보강, 배수 등의 역할을 하며 수축을 방지하는 기능은 거의 없다.

60 암석의 구조에 대한 설명 중 옳은 것은?

① 암석의 가공이나 채석에 이용되는 것으로 갈라지기 쉬운 면을 석리라 한다.
② 퇴적암이나 변성암의 일부에서 생기는 평행상의 절리를 벽개라 한다.
③ 암석 특유의 천연적으로 갈라진 금을 절리라 한다.
④ 암석을 구성하고 있는 조암광물의 집합상태에 따라 생기는 눈 모양을 층리라 한다.

04 토질 및 기초

61 Rod에 붙인 어떤 저항체를 지중에 넣어 관입, 인발 및 회전에 의해 흙의 전단강도를 측정하는 원위치 시험은?

① 보링(Boring)
② 사운딩(Sounding)
③ 시료채취(Sampling)
④ 비파괴 시험(NDT)

62 사면의 안정에 관한 다음 설명 중 옳지 않은 것은?

① 임계활동면이란 안전율이 가장 크게 나타나는 활동면을 말한다.
② 안전율이 최소로 되는 활동면을 이루는 원을 임계원이라 한다.
③ 활동면에 발생하는 전단응력이 흙의 전단강도를 초과할 경우 활동이 일어난다.
④ 활동면은 일반적으로 원형활동면으로 가정한다.

해설 임계활동면은 안전율이 가장 작게 나타나는 활동면을 말한다.

63 모래의 밀도에 따라 일어나는 전단특성에 대한 다음 설명 중 옳지 않은 것은?

① 다시 성형한 시료의 강도는 작아지지만 조밀한 모래에서는 시간이 경과됨에 따라 강도가 회복된다.
② 내부마찰각(ϕ)은 조밀한 모래일수록 크다.
③ 직접 전단시험에 있어서 전단응력과 수평변위 곡선은 조밀한 모래에서는 Peak가 생긴다.
④ 조밀한 모래에서는 전단변형이 계속 진행되면 부피가 팽창한다.

해설 조밀한 모래는 전단변형이 계속 진행되면 부피가 감소한다.

정답 | 59 ④ 60 ③ 61 ② 62 ① 63 ④

64 모래지반에 30cm×30cm의 재하판으로 재하실험을 한 결과 10t/m²의 극한지지력을 얻었다. 4m×4m의 기초를 설치할 때 기대되는 극한지지력은?

① 10t/m² ② 100t/m²
③ 133t/m² ④ 154t/m²

해설 모래지반의 경우 지지력은 재하판의 크기에 비례한다.
$0.3 : 10 = 4 : x$
$x = \dfrac{10 \times 4}{0.3} = 133.33 \cdots ≒ 133\text{t/m}^2$

65 단동식 증기해머로 말뚝을 박았다. 해머의 무게 2.5t, 낙하고 3m, 타격당 말뚝의 평균 관입량 1cm, 안전율 6일 때 Engineering-News 공식으로 허용지지력을 구하면?(해머의 효율은 고려하지 않음)

① 250t ② 200t
③ 100t ④ 50t

해설 Engineering-News 공식
드롭해머 $R_u = \dfrac{wh}{s+2.54}$, $F_s = 6$
단동식 증기해머 $R_u = \dfrac{wh}{s+0.254}$, $F_s = 6$
$\dfrac{2.5 \times 300}{1+0.254} = 598.08$
$598.08 \div 6 = 99.68$

66 흙의 다짐효과에 대한 설명 중 틀린 것은?

① 흙의 단위중량 증가
② 투수계수 감소
③ 전단강도 저하
④ 지반의 지지력 증가

해설 다짐은 일반적으로 흙의 전단강도를 증가시키는 효과가 있다.

67 아래 그림과 같이 지표면에 집중하중이 작용할 때 A점에서 발생하는 연직응력의 증가량은?

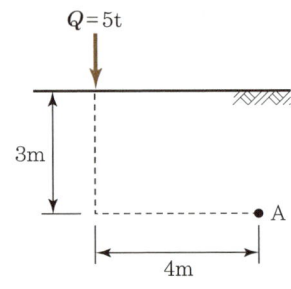

① 20.6kg/m² ② 24.4kg/m²
③ 27.2kg/m² ④ 30.3kg/m²

해설
$\sigma_z = \dfrac{3Q}{2\pi z^2} \times \dfrac{1}{\left[1+\left(\dfrac{5}{z}\right)^2\right]^{5/2}}$
$= \dfrac{3 \times 5,000}{2\pi \times 9} \times \dfrac{1}{12.85}$
$= 265.3 \times 0.0778 = 20.6\text{kg/m}^2$

68 다음 중 점성토 지반의 개량공법으로 거리가 먼 것은?

① Paper Drain 공법
② Vibro-Flotation 공법
③ Chemico Pile 공법
④ Sand Compaction Pile 공법

해설 Vibro-Flotation 공법은 사질토 지반 개량에 적합하다.

정답 64 ③ 65 ③ 66 ③ 67 ① 68 ②

69 다음은 전단시험을 한 응력경로이다. 어느 경우인가?

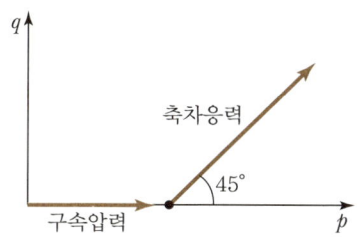

① 초기단계의 최대주응력과 최소주응력이 같은 상태에서 시행한 삼축압축시험의 전응력 경로이다.
② 초기단계의 최대주응력과 최소주응력이 같은 상태에서 시행한 일축압축시험의 전응력 경로이다.
③ 초기단계의 최대주응력과 최소주응력이 같은 상태에서 $K_o = 0.5$인 조건에서 시행한 삼축압축시험의 전응력 경로이다.
④ 초기단계의 최대주응력과 최소주응력이 같은 상태에서 $K_o = 0.7$인 조건에서 시행한 일축압축시험의 전응력 경로이다.

70 다음과 같이 널말뚝을 박은 지반의 유선망을 작도하는 데 있어서 경계조건에 대한 설명으로 틀린 것은?

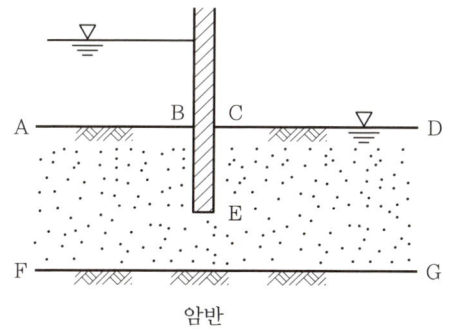

① $\overline{AB}$는 등수두선이다.
② $\overline{CD}$는 등수두선이다.
③ $\overline{FG}$는 유선이다.
④ $\overline{BEC}$는 등수두선이다.

71 아래 그림과 같은 3m×3m 크기의 정사각형 기초의 극한지지력을 Terzaghi 공식으로 구하면?[단, 내부마찰각(ϕ)은 20°, 점착력(c)은 5t/m², 지지력계수 $N_c = 18$, $N_\gamma = 5$, $N_q = 7.50$이다.]

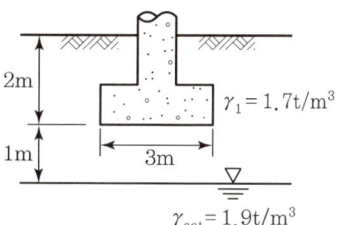

① 135.71t/m²   ② 149.52t/m²
③ 157.26t/m²   ④ 174.38t/m²

해설
- $q_u = \alpha \cdot C \cdot N_c + \beta \cdot B \cdot \gamma_1 \cdot N_r + D_f \cdot \gamma_2 \cdot N_q$
  $= 1.3 \times 5 \times 18 + 0.4 \times 3 \times 1.7 \times 5 + 2 \times 1.47 \times 7.5$
  $\fallingdotseq 149.52 \text{t/m}^2$
- $\gamma_2 = (\gamma_{sat} - \gamma_{sub}) + \dfrac{D}{B}(\gamma_1 - \gamma_{sub})$
  $= (1.9 - 1) + \dfrac{1}{3}(1.7 - 1) \fallingdotseq 1.47$

72 흙 입자의 비중은 2.56, 함수비는 35%, 습윤 단위중량은 1.75g/cm³일 때 간극률은 약 얼마인가?

① 32%   ② 37%
③ 43%   ④ 49%

해설
$e = \dfrac{\gamma_s}{\gamma} - 1 = \dfrac{2.56}{1.75} - 1 \approx 1.463 - 1 = 0.463$

정답   69 ①   70 ④   71 ②   72 ④

73 토압에 대한 다음 설명 중 옳은 것은?

① 일반적으로 정지토압계수는 주동토압계수보다 작다.
② Rankine 이론에 의한 주동토압의 크기는 Coulomb 이론에 의한 값보다 작다.
③ 옹벽, 흙막이벽체, 널말뚝 중 토압분포가 삼각형 분포에 가장 가까운 것은 옹벽이다.
④ 극한 주동상태는 수동상태보다 훨씬 더 큰 변위에서 발생한다.

[해설]
흙막이벽체는 토압분포가 다를 수 있다.

74 어떤 종류의 흙에 대해 직접전단(일면전단) 시험을 한 결과 아래 표와 같은 결과를 얻었다. 이 값으로부터 점착력(c)을 구하면?(단, 시료의 단면적은 10cm²이다.)

수직하중(kg)	10.0	20.0	30.0
전단력(kg)	24.785	25.570	26.355

① 3.0kg/cm² ② 2.7kg/cm²
③ 2.4kg/cm² ④ 1.9kg/cm²

[해설]
- $\tau = c + \sigma \cdot \tan\phi$
- $\tan\phi = \dfrac{26.355 - 24.785}{30 - 10} = 0.0785$
- $2.4785 = c + 10 \times 0.0785$
- $\therefore c = 2.4$

75 예민비가 큰 점토란 어느 것인가?

① 입자의 모양이 날카로운 점토
② 입자가 가늘고 긴 형태의 점토
③ 다시 반죽했을 때 강도가 감소하는 점토
④ 다시 반죽했을 때 강도가 증가하는 점토

76 그림과 같이 모래층에 널말뚝을 설치하여 물막이공 내의 물을 배수하였을 때, 분사현상이 일어나지 않게 하려면 얼마의 압력(↓)을 가하여야 하는가?(단, 모래의 비중은 2.65, 간극비는 0.65, 안전율은 3)

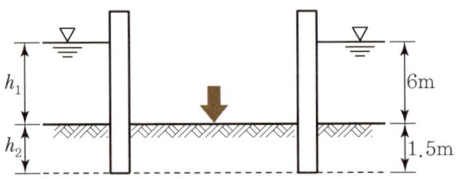

① 6.5t/m² ② 16.5t/m²
③ 23t/m² ④ 33t/m²

[해설]
분사현상 방지조건(필요상향수압)
- $P = \gamma \cdot h_1 \cdot F_s = 1 \times 6 \times 3 = 18t/m^2$
- 모래가 버틸 수 있는 유효응력 $= 1 \times 1.5 = 1.5t/m^2$
- $\therefore$ 부족한 압력 $= 18 - 1.5 = 16.5t/m^2$

77 표준압밀시험을 하였더니 하중강도가 2.4 kg/cm²에서 3.6kg/cm²로 증가할 때 간극비는 1.8에서 1.2로 감소하였다. 이 흙의 최종침하량은 약 얼마인가?(단, 압밀층의 두께는 20m이다.)

① 428.64m ② 214.29m
③ 642.86m ④ 285.71m

[해설]
- 압밀량 계산 $\Delta e = e_1 - e_2 = 1.8 - 1.2 = 0.6$
- 압축계수 $C_c = \dfrac{\Delta e}{\log\left(\dfrac{P_2}{P_1}\right)} = \dfrac{0.6}{\log\left(\dfrac{3.6}{2.4}\right)} = \dfrac{0.6}{0.1761}$
  $\fallingdotseq 3.41$
- 침하량 $\Delta H = \dfrac{C_c}{1+e_1} \cdot H \cdot \log\dfrac{P_2}{P_1}$
  $= \dfrac{3.41}{1+1.8} \times 20 \times \log 1.5$
  $= 1.218 \times 20 \times 0.1761$
  $\fallingdotseq 4.28m = 428.64cm$

정답 | 73 ① 74 ③ 75 ③ 76 ② 77 ①

78 토립자가 둥글고 입도분포가 나쁜 모래 지반에서 표준관입시험을 한 결과 N치는 10이었다. 이 모래의 내부마찰각을 Dunham의 공식으로 구하면?

① 21° ② 26°
③ 31° ④ 36°

[해설]
- Dunham의 공식 : 모래의 내부마찰각(ϕ)을 N치와 상대밀도(D_r)를 이용하여 계산하는 공식
  $\phi = 28.5 + 0.35N \times N \times D_r$
- 상대밀도 계산 : 표준관입시험 N치를 이용하여 상대밀도를 계산하는 방법은 여러 가지가 있으며, 이 문제에서는 상대밀도를 50%라고 가정
- ∴ 내부마찰각(ϕ)
  $= 28.5 + 0.35 \times 10 \times 0.5 = 26°$

79 말뚝의 부마찰력에 대한 설명 중 틀린 것은?

① 부마찰력이 작용하면 지지력이 감소한다.
② 연약지반에 말뚝을 박은 후 그 위에 성토를 한 경우 일어나기 쉽다.
③ 부마찰력은 말뚝 주변 침하량이 말뚝의 침하량보다 클 때 아래로 끌어내리는 마찰력을 말한다.
④ 연약한 점토에 있어서는 상대변위의 속도가 느릴수록 부마찰력은 크다.

[해설]
연약한 점토에서는 상대변위 속도가 빨라질수록 부마찰력이 커지는 경향이 있다.

80 유선망의 특징을 설명한 것으로 옳지 않은 것은?

① 각 유로의 침투유량은 같다.
② 유선과 등수두선은 서로 직교한다.
③ 유선망으로 이루어지는 사각형은 이론상 정사각형이다.
④ 침투속도 및 동수경사는 유선망의 폭에 비례한다.

[해설]
침투속도와 동수경사는 유선망의 폭과 비례하지 않는다.

정답 78 ② 79 ④ 80 ④

2020년 과년도 기출문제

01 콘크리트 공학

01 콘크리트의 탄산화 반응에 대한 설명 중 틀린 것은?

① 온도가 높을수록 탄산화 속도는 빨라진다.
② 이 반응으로 시멘트의 알칼리성이 상실되어 철근의 부식을 촉진시킨다.
③ 보통 포틀랜드 시멘트의 탄산화 속도는 혼합시멘트의 탄산화 속도보다 빠르다.
④ 경화한 콘크리트의 표면에서 공기 중의 탄산가스에 의해 수산화칼슘이 탄산칼슘으로 바뀌는 반응이다.

[해설] 혼합시멘트에는 보통 포틀랜드 시멘트보다 더 많은 실리카가 포함되어 탄산화 속도가 빠르다.

02 시방배합을 통해 단위수량 170kg/m³, 시멘트양 370kg/m³, 잔골재 700kg/m³, 굵은 골재 1,050kg/m³를 산출하였다. 현장 골재의 입도를 고려하여 현장배합으로 수정한다면 잔골재의 양은?(단, 현장골재의 입도는 잔골재 중 5mm체에 남는 양이 10%이고, 굵은 골재 중 5mm체를 통과한 양이 5%이다.)

① 721kg/m³ ② 735kg/m³
③ 752kg/m³ ④ 767kg/m³

[해설] 입도에 의한 조정

$$잔골재량 = \frac{100 \cdot S - b(S+G)}{100-(a+b)}$$

$$= \frac{100 \times 700 - 5(700+1,050)}{100-(5+10)}$$

$$= 721 \text{kg/m}^3$$

여기서, S, G : 시방배합 골재
a : 5mm체 잔류 잔골재율
b : 5mm체 통과 굵은 골재율

03 비벼진 콘크리트를 현장의 거푸집까지 운반하는 방법이 아닌 것은?

① 슈트 ② 드래그 라인
③ 벨트 컨베이어 ④ 콘크리트 펌프

[해설] 드래그 라인은 일반적으로 땅을 파내거나 채굴 작업에 사용한다.

04 한중 콘크리트의 양생에 관한 사항 중 틀린 것은?

① 콘크리트 타설한 직후 찬바람이 콘크리트 표면에 닿는 것을 방지하였다.
② 소요 압축강도가 얻어질 때까지 콘크리트의 온도를 5℃ 이상으로 유지하여 양생하였다.
③ 소요 압축강도에 도달한 후 2일간은 구조물을 0℃ 이상으로 유지하여 양생하였다.
④ 구조물이 보통의 노출상태였기 때문에 콘크리트 압축강도가 3MPa인 것을 확인하고 초기양생을 중단하였다.

[해설] 초기양생은 소요 압축강도에 도달할 때까지 지속한다.

정답 | 01 ③ 02 ① 03 ② 04 ④

05 콘크리트의 배합강도를 결정하기 위해서는 30회 이상의 시험실적으로부터 구한 콘크리트 압축강도의 표준편차가 필요하다. 시험횟수가 29회 이하인 경우는 압축강도의 표준편차에 보정계수를 곱하여 그 값을 구하는데 시험횟수가 23회인 경우의 보정계수 값은?

① 1.10
② 1.07
③ 1.05
④ 1.03

해설

시험횟수	보정계수
10	1.22
15	1.15
20	1.08
23	1.05
25	1.04
29	1.03
30 이상	1.00

06 철근이 배치된 일반적인 구조물의 표준적인 온도균열지수의 값 중 균열 발생을 방지하여야 할 경우의 값으로 옳은 것은?

① 1.5 이상
② 1.2~1.5
③ 0.7~1.2
④ 0.7 이하

07 프리스트레스트 콘크리트에 대한 설명 중 틀린 것은?

① 포스트텐션 방식에서는 긴장재와 콘크리트와의 부착력에 의해 콘크리트에 압축력이 도입된다.
② 프리텐션 방식에서는 프리스트레스 도입 시의 콘크리트 압축강도가 일반적으로 30MPa 이상 요구된다.
③ 외력에 의해 인장응력을 상쇄하기 위하여 미리 인위적으로 콘크리트에 준 응력을 프리스트레스라고 한다.
④ 프리스트레스 도입 후 긴장재의 릴랙세이션, 콘크리트의 크리프와 건조수축 등에 의해 프리스트레스의 손실이 발생한다.

해설
포스트텐션 방식에서는 긴장재를 콘크리트에 먼저 고정시키고, 그 후에 긴장재에 인장력을 가해 콘크리트에 압축력을 도입한다.

08 숏크리트에 대한 설명 중 틀린 것은?

① 일반 숏크리트의 장기 설계기준압축강도는 재령 28일로 설정하며, 그 값은 21MPa 이상으로 한다.
② 영구 지보재로 숏크리트를 적용할 경우 재령 28일 부착강도는 1.0MPa 이상이 되도록 한다.
③ 숏크리트의 분진농도는 $10mg/m^3$ 이하로 하며, 뿜어붙이기 작업 개소로부터 5m 지점에 측정한다.
④ 영구 지보재 개념으로 숏크리트를 적용할 경우 초기강도는 3시간 1.0~3.0MPa, 24시간 강도 5.0~10.0MPa 이상으로 한다.

09 프리스트레스트 콘크리트 그라우트의 덕트 내의 충전성을 확보하기 위한 조건으로 틀린 것은?

① 블리딩률은 0%를 표준으로 한다.
② 비팽창성 그라우트에서의 팽창률은 -0.5~0.5%를 표준으로 한다.
③ 팽창성 그라우트에서의 팽창률은 0~10%를 표준으로 한다.
④ 물-결합재비는 55% 이하로 한다.

정답 05 ③ 06 ① 07 ① 08 ④ 09 ④

해설) 일반적인 물-결합재비는 0.35~0.5%가 적당하다.

10 크리프(Creep)의 양을 좌우하는 요소로서 가장 거리가 먼 것은?

① 재하되는 기간
② 재하되는 응력의 크기
③ 재하되는 콘크리트의 AE제 첨가 여부
④ 재하가 시작되는 시점의 콘크리트의 재령과 강도

해설) AE제가 첨가되면 크리프 발생이 적어진다.

11 해양 콘크리트의 시공에 대한 설명으로 틀린 것은?

① 보통 포틀랜드 시멘트를 사용한 경우 5일 정도는 직접 해수에 닿지 않도록 보호하여야 한다.
② 만조위로부터 위로 0.6m, 간조위로부터 아래로 0.6m 사이의 감조부분에 시공이음이 생기지 않도록 한다.
③ 굵은 골재 최대치수가 20mm이고 물보라 지역인 경우, 내구성을 확보하기 위한 최소 단위결합재량은 280kg/m³이다.
④ 해상 대기 중에 건설되는 일반 현장 시공의 경우 공기연행 콘크리트의 최대 물-결합재비는 45%로 한다.

12 일반 콘크리트의 비비기에 대한 설명으로 틀린 것은?

① 비비기를 시작하기 전에 미리 믹서 내부를 모르타르로 부착시켜야 한다.
② 비비기는 미리 정해둔 비비기 시간의 3배 이상 계속해서는 안 된다.
③ 믹서 안의 콘크리트를 전부 꺼낸 후에 다음 비비기 재료를 투입하여야 한다.
④ 믹서 안에 재료를 투입한 후의 비비기 시간은 가경식 믹서의 경우 3분 이상을 표준으로 한다.

13 단위골재의 절대용적이 0.70m³인 콘크리트에서 잔골재율이 30%일 경우 잔골재의 표건밀도가 2.60g/cm³이라면 단위잔골재량은 얼마인가?

① 485kg   ② 546kg
③ 603kg   ④ 683kg

해설) 단위골재의 절대용적이 0.70m³이므로 이 중 잔골재의 비율은 30%이고, 잔골재의 용적은 $0.70 \times 0.30 = 0.21\text{m}^3$이다.
표건밀도가 2.60g/cm³이므로 1cm³의 잔골재의 질량은 2.60g이고, 1m³의 잔골재의 질량은 $2.60 \times 100,000 = 26,000\text{g} = 26\text{kg}$이다.
따라서 0.21m³의 잔골재의 질량은 $26\text{kg} \times 0.21 = 5.46\text{kg} = 546\text{kg}$이다.

14 굳지 않은 콘크리트에서 재료 분리가 일어나는 원인으로 볼 수 없는 것은?

① 단위골재량이 적은 경우
② 단위수량이 너무 많은 경우
③ 입자가 거친 잔골재를 사용한 경우
④ 굵은 골재의 최대치수가 지나치게 큰 경우

해설) 단위골재량이 적은 경우 콘크리트 내부에서 골재가 충분히 분산되지 않아 강도가 낮아지는 원인이 될 수 있다.

정답 10 ③ 11 ③ 12 ④ 13 ② 14 ①

15 압축강도에 의한 콘크리트의 품질검사의 시기 및 횟수, 판정기준에 대한 내용으로 틀린 것은?

① 배합이 변경될 때마다 실시한다.
② 1회/일 또는 구조물의 중요도와 공사의 규모에 따라 120m³마다 1회 실시한다.
③ 연속 3회 시험값의 평균이 설계기준 압축강도 이상이 되어야 합격이다.
④ 설계기준압축강도가 30MPa이고, 1회 시험값이 27MPa인 경우 불합격이다.

해설
1회 시험만으로 판정할 수 없다(연속 3회 시험값의 평균).

16 온도균열을 완화하기 위한 시공상의 대책으로 맞지 않는 것은?

① 단위시멘트양을 크게 한다.
② 수화열이 낮은 시멘트를 선택한다.
③ 1회에 타설하는 높이를 줄인다.
④ 사전에 재료의 온도를 가능한 한 적절하게 낮추어 사용한다.

17 포장용 시멘트 콘크리트의 배합기준으로 틀린 것은?

① 설계기준 휨강도(f_{28})는 4.5MPa 이상이어야 한다.
② 굵은 골재의 최대치수는 40mm 이하이어야 한다.
③ 슬럼프값은 80mm 이하이어야 한다.
④ AE 콘크리트의 공기량 범위는 4~6%이어야 한다.

18 구속되어 있지 않은 무근 콘크리트 부재의 건조수축률이 500×10^{-6}일 때 콘크리트에 작용하는 응력의 크기는?(단, 콘크리트의 탄성계수는 25GPa이다.)

① 인장응력 5.0MPa
② 압축응력 12.5MPa
③ 인장응력 12.5MPa
④ 응력이 발생하지 않는다.

해설
건조수축률 = 응력 ÷ 탄성계수
→ 응력 = 건조수축률 × 탄성계수
단, 구속되어 있지 않은 콘크리트 부재는 자유롭게 움직일 수 있기 때문에 응력이 발생하지 않는다.

19 일반 콘크리트 다지기에 대한 설명으로 틀린 것은?

① 콘크리트 다지기에는 내부진동기의 사용을 원칙으로 하나, 얇은 벽 등 내부진동기의 사용이 곤란한 장소에서는 거푸집 진동기를 사용해도 좋다.
② 내부진동기를 사용할 때 하층의 콘크리트 속으로 진동기가 삽입되지 않도록 하여야 한다.
③ 내부진동기는 연직으로 찔러 넣으며, 삽입간격은 일반적으로 0.5m 이하로 하는 것이 좋다.
④ 내부진동기를 사용할 때 1개소당 진동 시간은 다짐할 때 시멘트풀이 표면 상부로 약간 부상하기까지가 적절하다.

정답 | 15 ④ 16 ① 17 ③ 18 ④ 19 ②

20 다음 중 치밀하고 내구성이 양호한 콘크리트를 만들기 위하여 조기에 콘크리트의 경화를 촉진시키는 가장 효과적인 양생방법은?

① 습윤양생 ② 피막양생
③ 살수양생 ④ 오토클레이브 양생

해설 오토클레이브 양생은 콘크리트를 고온과 고압으로 처리하여 물질의 결합력을 강화시키는 방법이다.

02 건설시공 및 관리

21 피어기초 중 기계에 의한 시공법이 아닌 것은?

① 베노토(Benoto) 공법
② 시카고(Chicago) 공법
③ 어스 드릴(Earth Drill) 공법
④ 리버스 서큘레이션(Reverse Circulation) 공법

해설 시카고 공법은 숏크리트 기술을 활용한 공법이다.

22 다져진 토량 45,000m³를 성토하는 데 흐트러진 토량 30,000m³가 있다. 이때 부족 토량은 자연상태의 토량(m³)으로 얼마인가? (단, 토량변화율 L = 1.25, C = 0.9이다.)

① 18,600m³ ② 19,400m³
③ 23,800m³ ④ 26,000m³

해설
- 자연상태 토량 = $\dfrac{\text{흐트러진 토양}}{L} = \dfrac{30,000}{1.25}$
  $= 24,000\text{m}^3$
- 성토할 자연상태 토량 = $\dfrac{\text{다져진 토양}}{C} = \dfrac{45,000}{0.9}$
  $= 50,000\text{m}^3$
- ∴ 부족 토량 = 성토할 자연상태 토량 − 자연상태 토량
  $= 50,000 - 24,000 = 26,000\text{m}^3$

23 8t 덤프트럭으로 보통 토사를 운반하고자 할 때, 적재 장비를 버킷용량 2.0m³인 백호를 사용하는 경우 백호의 적재횟수는? [단, 흙의 밀도는 1.5t/m³, 토량변화율(L) = 1.2, 버킷계수(K) = 0.85, 백호의 사이클 타임은 25초이다.]

① 2회 ② 4회
③ 6회 ④ 8회

해설
- $q_t = \dfrac{8}{1.5} \times 1.2 = 6.4\text{m}^3$
- $n = \dfrac{6.4}{2 \times 0.85} = 3.76 ≒ 4$회

24 아스팔트포장에서 표층에 가해지는 하중을 분산시켜 보조기층에 전달하며, 교통하중에 의한 전단에 저항하는 역할을 하는 층은?

① 기층 ② 노상
③ 노체 ④ 차단층

해설 표층, 기층, 보조기층에서 하중을 분산하여 노상까지 전달한다.

25 건설사업의 기획, 설계, 시공, 유지관리 등 전 과정의 정보를 발주자, 관련 업체 등이 전산망을 통하여 교환·공유하기 위한 통합정보시스템을 무엇이라 하는가?

① Turn Key ② 건설 B2B
③ 건설 CALS ④ 건설 EVMS

정답 20 ④ 21 ② 22 ④ 23 ② 24 ① 25 ③ 26 ①

26 다음 중 보일링 현상이 가장 잘 발생하는 지반은?

① 모래질 지반 ② 실트질 지반
③ 점토질 지반 ④ 사질점토 지반

해설
- 히빙 현상이 잘 발생하는 지반은 점토질 지반이다.
- 보일링 현상이 잘 발생하는 지반은 모래질 지반이다.

27 다음에서 설명하는 교량 가설공법의 명칭은?

> 캔틸레버 공법의 일종으로 일정한 길이로 분할된 세그먼트를 공장에서 제작하여 가설현장에서는 크레인 등의 가설장비를 이용하여 상부구조를 완성하는 공법

① F.S.M ② I.L.M
③ M.S.S ④ P.S.M

28 그림과 같은 단면으로 성토 후 비탈면에 떼붙임을 하려고 한다. 성토량과 떼붙임 면적을 계산하면?(단, 마구리면의 떼붙임은 제외한다.)

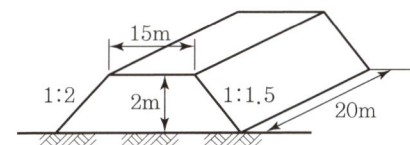

① 성토량 : 370m³, 떼붙임 면적 : 161.6m²
② 성토량 : 370m³, 떼붙임 면적 : 61.6m²
③ 성토량 : 740m³, 떼붙임 면적 : 161.6m²
④ 성토량 : 740m³, 떼붙임 면적 : 61.6m²

해설
- 성토량 = 단면적×길이 = $37 \times 20 = 740\text{m}^3$
- 떼붙임 면적 = $\sqrt{20} \times 20 + \sqrt{13} \times 20 ≒ 161.6\text{m}^2$

29 암석을 발파할 때 암석이 외부의 공기 및 물과 접하는 표면을 자유면이라 한다. 이 자유면으로부터 폭약의 중심까지의 최단거리를 무엇이라 하는가?

① 보안거리 ② 누두반경
③ 적정심도 ④ 최소저항선

해설
최소저항선을 따라 발파하여 폭발의 효과를 극대화한다.

30 댐 기초의 시공에서 기초 암반의 변형성이나 강도를 개량하여 균일성을 주기 위하여 기초 전반에 걸쳐 격자형으로 그라우팅을 하는 방법은?

① 커튼 그라우팅
② 블랭킷 그라우팅
③ 콘택트 그라우팅
④ 컨솔리데이션 그라우팅

31 벤토나이트 공법을 써서 굴착벽면의 붕괴를 막으면서 굴착된 구멍에 철근 콘크리트를 넣어 말뚝이나 벽체를 연속적으로 만드는 공법은?

① Slurry Wall 공법
② Earth Drill 공법
③ Earth Anchor 공법
④ Open Cut 공법

32 셔블계 굴착기 가운데 수중작업에 많이 쓰이며, 협소한 장소의 깊은 굴착에 가장 적합한 건설기계는?

① 클램셸 ② 파워 셔블
③ 어스드릴 ④ 파일드라이버

정답 27 ④ 28 ③ 29 ④ 30 ④ 31 ① 32 ①

33 터널공사에서 사용하는 발파방법 중 번 컷(Burn Cut) 공법의 장점에 대한 설명으로 틀린 것은?

① 폭약이 절약된다.
② 긴 구멍의 굴착이 용이하다.
③ 발파 시 버력의 비산거리가 짧다.
④ 빈 구멍을 자유면으로 하여 연직 발파를 하므로 천공이 쉽다.

해설 수평 방향으로 발파를 하기 때문에 천공이 어렵다.

34 교각기초를 위해 바깥지름이 10m, 깊이가 20m, 측벽두께가 50cm인 우물통 기초를 시공 중에 있다. 지반의 극한지지력이 200kN/m², 단위면적당 주변마찰력(f_s)이 5kN/m², 수중부력은 100kN일 때, 우물통이 침하하기 위한 최소 상부하중(자중 + 재하중)은?

① 5,201kN ② 6,227kN
③ 7,107kN ④ 7,523kN

해설 극한지지력 + 주변마찰력 + 수중부력
 = 200 × 14.92 + 5 × 628.32 + 100 ≒ 6,227kN

35 토공에서 토취상 선정 시 고려하여야 할 사항으로 틀린 것은?

① 토질이 양호할 것
② 토량이 충분할 것
③ 성토장소를 향하여 상향경사(1/5~1/10)일 것
④ 운반로 조건이 양호하며, 가깝고 유지관리가 용이할 것

해설 토취장 선정 시 토질, 운반로가 양호하고 토량이 충분한 곳을 선택해야 한다.

36 오픈 케이슨(Open Caisson) 공법에 대한 설명으로 틀린 것은?

① 전석과 같은 장애물이 많은 곳에서의 작업은 곤란하다.
② 케이슨의 침하 시 주면마찰력을 줄이기 위해 진동발파공법을 적용할 수 있다.
③ 케이슨의 선단부를 보호하고 침하를 쉽게 하기 위하여 커브 슈(Curb Shoe)라는 날끝을 붙인다.
④ 굴착 시 지하수를 저하시키지 않으며, 히빙이나 보일링 현상의 염려가 없어 인접 구조물의 침하 우려가 없다.

해설 히빙이나 보일링 현상은 주변 토질에 따라 굴착 시 발생할 수 있다.

37 운동장 또는 광장 등 넓은 지역의 배수는 주로 어떤 배수방법으로 하는 것이 적당한가?

① 암거 배수 ② 지표 배수
③ 맹암거 배수 ④ 개수로 배수

해설 맹암거 배수란 지하에 배수관을 설치하여 물을 배출하는 방법으로 주로 운동장 등 넓은 지역의 배수에 활용된다.

정답 33 ④ 34 ② 35 ③ 36 ④ 37 ③

38 공사 기간의 단축과 연장은 비용경사(Cost Slope)를 고려하여 하게 되는데 다음 표를 보고 비용경사를 구하면?

표준상태		특급상태	
공기	비용	공기	비용
10일	35,000원	8일	45,000원

① 5,000원/일 ② 10,000원/일
③ 15,000원/일 ④ 20,000원/일

해설
비용경사 = 추가비용 ÷ 단축일수
$= \dfrac{45,000-35,000}{10-8} = 5,000$원/일

39 아스팔트 콘크리트 포장에서 표층에 대한 설명으로 틀린 것은?

① 노상 바로 위의 인공층이다.
② 표면수가 내부로 침입하는 것을 막는다.
③ 기층에 비해 골재의 치수가 작은 편이다.
④ 교통에 의한 마모가 박리에 저항하는 층이다.

해설
일반적인 아스팔트 콘크리트 포장은 표층 - 기층 - 보조기층 - 노상으로 구성된다.

40 로드 롤러를 사용하여 전압회수 4회, 전압 포설두께 0.3m, 1회의 유효 전압폭 2.5m, 전압작업 속도를 3km/h로 할 때 시간당 작업량을 구하면?[단, 토량환산계수(f)는 1.0, 롤러의 효율(E)은 0.8을 적용한다.]

① 300m³/h ② 450m³/h
③ 600m³/h ④ 750m³/h

해설
$$Q = \dfrac{1,000 \cdot V \cdot W \cdot H \cdot f \cdot E}{N}$$
$$= \dfrac{1,000 \times 3 \times 2.5 \times 0.3 \times 1 \times 0.8}{4} = 450 \text{m}^3/\text{h}$$

03 건설재료 및 시험

41 석재 사용 시 주의사항 중 틀린 것은?

① 석재는 예각부가 생기면 부서지기 쉬우므로 표면에 심한 요철 부분이 없어야 한다.
② 석재를 사용할 경우에는 휨응력과 인장응력을 받는 부재에 사용하여야 한다.
③ 석재를 압축부재에 사용할 경우에는 석재의 자연층에 직각으로 위치하여 사용하여야 한다.
④ 석재를 장기간 보존할 경우에는 석재표면을 도포하여 우수의 침투방지 및 함수로 인한 동해방지에 유의하여야 한다.

해설
석재는 압축강도가 뛰어나며 휨이나 인장응력을 받는 부재에는 철강 등의 재료가 적합하다.

42 습윤상태의 질량이 100g인 골재를 건조시켜 표면 건조 포화 상태에서 95g, 기건 상태에서 93g, 절대 건조 상태에서 92g이 되었을 때 유효 흡수율은?

① 2.2% ② 3.2%
③ 4.2% ④ 5.2%

해설
유효흡수율(%) = $\dfrac{\text{포건 상태} - \text{기건 상태}}{\text{절건 상태}} \times 100$
$= \dfrac{95-93}{92} \times 100 ≒ 2.2\%$

정답 | 38 ① 39 ① 40 ② 41 ② 42 ①

43 일반적인 콘크리트용 골재에 대한 설명으로 틀린 것은?

① 잔골재의 절대건조밀도는 $0.0025g/mm^3$ 이상의 값을 표준으로 한다.
② 굵은 골재의 절대건조밀도는 $0.0025g/mm^3$ 이상의 값을 표준으로 한다.
③ 잔골재의 흡수율은 5.0% 이하의 값을 표준으로 한다.
④ 굵은 골재의 안정성은 황산나트륨으로 5회 시험을 하여 평가한다.

해설 일반적인 콘크리트용 골재의 흡수율은 1% 이하의 값을 표준으로 한다.

44 니트로글리세린을 20% 정도 함유하고 있으며 찐득한 엿 형태의 것으로 폭약 중 폭발력이 가장 강하고 수중에서도 사용이 가능한 폭약은?

① 칼릿 ② 함수폭약
③ 니트로글리콜 ④ 교질다이너마이트

45 강모래를 이용한 콘크리트와 비교한 부순 잔골재를 이용한 콘크리트의 특징을 설명한 것으로 틀린 것은?

① 동일 슬럼프를 얻기 위해서는 단위수량이 더 많이 필요하다.
② 미세한 분말량이 많아질 경우 건조수축률은 증대한다.
③ 미세한 분말량이 많아짐에 따라 응결의 초결시간과 종결시간이 길어진다.
④ 미세한 분말량이 많아지면 공기량이 줄어들기 때문에 필요시 공기량을 증가시켜야 한다.

해설 미세한 분말량이 많아지면 응결시간이 단축되는 경향이 있다.

46 알루미늄 분말이나 아연 분말을 콘크리트에 혼입하여 수소가스를 발생시켜 PSC용 그라우트의 충전성을 좋게 하기 위하여 사용하는 혼화제는?

① 유동화제 ② 방수제
③ AE제 ④ 발포제

47 시멘트의 화학적 성분 중 주성분이 아닌 것은?

① 석회 ② 실리카
③ 알루미나 ④ 산화마그네슘

해설 시멘트의 주성분은 석회, 실리카, 알루미나 등이며 산화마그네슘은 시멘트의 성분 중 보조적 역할을 한다.

48 고로슬래그 시멘트는 제철소의 용광로에서 선철을 만들 때 부산물로 얻은 슬래그를 포틀랜드 시멘트 클링커에 섞어서 만든 시멘트이다. 그 특성에 대한 설명을 틀린 것은?

① 내열성이 크고, 수밀성이 좋다.
② 초기강도가 작으나 장기강도는 큰 편이다.
③ 수화열이 커서 매스 콘크리트에는 적합하지 않다.
④ 일반적으로 내화학성이 좋으므로 해수, 하수, 공장폐수 등에 접하는 콘크리트에 적합하다.

해설 고로슬래그 시멘트는 시멘트 경화과정에서 발생하는 수화열이 낮은 것이 특징이다.

정답 43 ③ 44 ④ 45 ③ 46 ④ 47 ④ 48 ③

49 콘크리트용 혼화재료에 대한 설명으로 틀린 것은?

① 감수제는 시멘트 입자를 분산시켜 콘크리트의 단위수량을 감소시키는 작용을 한다.
② 촉진제는 시멘트의 수화작용을 촉진하는 혼화제로서 보통 나프탈렌 설폰산염을 많이 사용한다.
③ 지연제는 여름철에 레미콘의 슬럼프 손실 및 콜드조인트의 방지 등에 효과가 있다.
④ 급결제는 시멘트의 응결시간을 촉진하기 위하여 사용하여 숏크리트, 물막이 공법 등에 사용한다.

해설 나프탈렌 설폰산염은 염료, 세제, 콘크리트 감수제 등으로 사용되는 물질이다.

50 잔골재 밀도시험의 결과가 아래 표와 같을 때 이 잔골재의 진밀도는?

- 검정된 용량을 나타낸 눈금까지 물을 채운 플라스크의 질량 : 665g
- 표면 건조 포화 상태 시료의 질량 : 500g
- 절대 건조 상태 시료의 질량 : 495g
- 시료와 물로 검정된 용량을 나타낸 눈금까지 채운 플라스크의 질량 : 975g
- 시험온도에서의 물의 밀도 : 0.997g/cm³

① 2.62g/cm³   ② 2.67g/cm³
③ 2.72g/cm³   ④ 2.77g/cm³

해설
$$진밀도 = \frac{W_s}{(W_s+W_w)-W_w} \times \frac{1}{\rho_w}$$
$$= \frac{495}{(495+665)-975} \times \frac{1}{0.997} ≒ 2.67 g/m^3$$

51 포졸란을 사용한 콘크리트의 성질에 대한 설명으로 틀린 것은?

① 수밀성이 크고 발열량이 적다.
② 해수 등에 대한 화학적 저항성이 크다.
③ 강도의 증진이 빠르고 초기강도가 크다.
④ 워커빌리티를 개선시키고 재료의 분리가 적다.

해설 포졸란을 사용한 콘크리트는 초기강도가 상대적으로 낮고, 강도 증진이 서서히 일어난다.

52 중용열 포틀랜드 시멘트의 장기강도를 높여주기 위해 포함시키는 성분은?

① C_2S ② C_3A
③ CaO ④ MgO

53 Hooke의 법칙이 적용되는 인장력을 받는 부재의 늘음량(길이변형량)에 대한 설명으로 틀린 것은?

① 재료의 탄성계수가 클수록 늘음량도 커진다.
② 부재의 단면적이 작을수록 늘음량도 커진다.
③ 부재의 길이가 길수록 늘음량도 커진다.
④ 작용외력이 클수록 늘음량도 커진다.

해설 탄성계수가 클수록 재료는 늘어나는 양이 적어지기 때문에 더욱 높은 강도를 가지게 된다.

정답 49 ② 50 ② 51 ③ 52 ① 53 ①

54 아래 표에서 설명하고 있는 목재의 종류로 옳은 것은?

> - 각재를 얇은 톱으로 켜서 만든다.
> - 단단한 목재일 때 많이 사용되며 아름다운 결이 얻어진다.
> - 고급의 합판에 사용되나 톱밥이 많아 비경제적이다.
> - 공업적인 용도에는 거의 사용되지 않는다.

① M.D.F ② 소드 베니어
③ 로터리 베니어 ④ 슬라이스트 베니어

55 표점거리는 50mm, 지름은 14mm의 원형 단면봉으로 인장시험을 실시하였다. 축인장하중이 100kN 작용하였을 때, 표점거리는 50.433mm, 지름은 13.970mm가 측정되었다면 이 재료의 푸아송비는?

① 0.07 ② 0.247
③ 0.347 ④ 0.5

[해설]
- 축방향변형률 $\left(\dfrac{\Delta L}{L}\right) = \dfrac{50.433 - 50}{50} = 0.00866$
- 횡방향변형률 $\left(\dfrac{\Delta d}{d}\right) = \dfrac{13.970 - 14}{14} = -0.00214$

$\therefore \nu = -\dfrac{-0.00214}{0.00866} = 0.247$

56 스트레이트 아스팔트와 비교한 고무혼입 아스팔트의 특징으로 틀린 것은?

① 내후성이 크다.
② 응집성 및 부착력이 크다.
③ 탄성 및 충격저항이 크다.
④ 감온성이 크고 마찰계수가 작다.

[해설]
고무혼입 아스팔트는 스트레이트 아스팔트에 비해 감온성이 작고, 마찰계수가 크다.

57 블론 아스팔트와 스트레이트 아스팔트의 성질에 관한 설명으로 틀린 것은?

① 스트레이트 아스팔트는 블론 아스팔트보다 연화점이 낮다.
② 스트레이트 아스팔트는 블론 아스팔트보다 감온성이 작다.
③ 블론 아스팔트는 스트레이트 아스팔트보다 유동성이 작다.
④ 블론 아스팔트는 스트레이트 아스팔트보다 방수성이 작다.

58 토목섬유(Geosynthetics)의 기능과 관련된 용어 중 아래의 표에서 설명하는 기능은?

> 지오텍스타일이나 관련 제품을 이용하여 인접한 다른 흙이나 채움재가 서로 섞이지 않도록 방지함

① 배수기능 ② 보강기능
③ 여과기능 ④ 분리기능

59 아스팔트에 대한 설명으로 틀린 것은?

① 레이크 아스팔트는 천연 아스팔트의 하나이다.
② 석유 아스팔트는 증류방법에 의해서 스트레이트 아스팔트와 블로 아스팔트로 나눈다.
③ 아스팔트 유제는 유화제를 함유한 물속에 역청제를 분산시킨 것이다.
④ 피치는 아스팔트의 잔류물로서 얻어진다.

[해설]
피치는 석유나 석탄의 증류 과정에서 생성되는 고온 잔여물로 얻어진다.

정답 | 54 ② 55 ② 56 ④ 57 ② 58 ④ 59 ④

60 공시체 크기 50mm×50mm×300mm의 암석을 지간 250mm로 하여 중앙에서 압력을 가했더니 1,000N에서 파괴되었다. 이때 휨강도는?

① 2MPa ② 20MPa
③ 3MPa ④ 30MPa

해설

휨강도(σ_f) $= \dfrac{3 \cdot P \cdot L}{2bh^2} = \dfrac{3 \times 1,000 \times 250}{2 \times 50 \times (50)^2}$

$= \dfrac{750,000}{250,000} = 3 \text{MPa}$

여기서, P = 파괴하중(N)
L = 지간(mm)
b = 공시체의 폭(mm)
h = 공시체의 높이(mm)

04 토질 및 기초

61 흙의 동상에 영향을 미치는 요소가 아닌 것은?

① 모관 상승고
② 흙의 투수계수
③ 흙의 전단강도
④ 동결온도의 계속시간

해설
흙의 전단강도와 동상은 직접적인 관계가 없다.

62 표준관입시험(SPT)을 할 때 처음 150mm 관입에 요하는 N값은 제외하고, 그 후 300mm 관입에 요하는 타격수로 N값을 구한다. 그 이유로 옳은 것은?

① 흙은 보통 150mm 밑으로 그 흙의 성질을 가장 잘 나타낸다.
② 관입봉의 길이가 정확히 450mm이므로 이에 맞도록 관입시키기 위함이다.
③ 정확히 300mm을 관입시키기가 어려워서 150mm 관입을 요하는 N값을 제외한다.
④ 보링구멍 밑면 흙이 보링에 의하여 흐트러져 150mm 관입 후부터 N값을 측정한다.

63 흙의 다짐에 대한 설명 중 틀린 것은?

① 일반적으로 흙의 건조밀도는 가하는 다짐 에너지가 클수록 크다.
② 모래질 흙은 진동 또는 진동을 동반하는 다짐 방법이 유효하다.
③ 건조밀도-함수비 곡선에서 최적 함수비와 최대건조밀도를 구할 수 있다.
④ 모래질을 많이 포함한 흙의 건조밀도-함수비 곡선의 경사는 완만하다.

해설
모래질을 많이 포함한 흙은 함수비가 증가하면 건조밀도가 급격히 증가하다가 최적함수비 이후로는 급격히 감소하는 경향을 나타낸다.

64 중심 간격이 2m, 지름 40cm인 말뚝을 가로 4개, 세로 5개씩 전체 20개의 말뚝을 박았다. 말뚝 한 개의 허용지지력이 150kN이라면 이 군항의 허용지지력은 약 얼마인가?(단, 군말뚝의 효율은 Converse-Lsbarre 공식을 사용한다.)

① 4,500kN ② 3,000kN
③ 2,415kN ④ 1,215kN

해설

- $Q = N \cdot Q_P \cdot E$
$= 20 \times 150 \times 0.805 = 2,415 \text{kN}$

- $E = 1 - \phi \left[\dfrac{(n-1) \cdot m + (m-1) \cdot n}{90 \cdot m \cdot n} \right]$

여기서, $\phi = \tan^{-1}\left(\dfrac{d}{s}\right) = \tan^{-1}\left(\dfrac{40}{200}\right) \fallingdotseq 11.3°$

$= 1 - 11.3 \left[\dfrac{(4 \times 4) + (3 \times 5)}{90 \times 4 \times 5} \right] \fallingdotseq 0.805$

정답 | 60 ③ 61 ③ 62 ④ 63 ④ 64 ③

65 Terzaghi의 얕은 기초에 대한 수정 지지력 공식에서 형상계수에 대한 설명 중 틀린 것은?(단, B는 단변의 길이, L은 장변의 길이이다.)

① 연속기초에서 $\alpha=1.0$, $\beta=0.5$이다.
② 원형기초에서 $\alpha=1.3$, $\beta=0.6$이다.
③ 정사각형기초에서 $\alpha=1.3$, $\beta=0.4$이다.
④ 직사각형기초에서 $\alpha=1+0.3\dfrac{B}{L}$, $\beta=0.5-0.1\dfrac{B}{L}$이다.

66 기초의 구비조건에 대한 설명 중 틀린 것은?

① 상부하중을 안전하게 지지해야 한다.
② 기초 깊이는 동결 깊이 이하여만 한다.
③ 기초는 전체침하나 부등침하가 전혀 없어야 한다.
④ 기초는 기술적, 경제적으로 시공 가능하여야 한다.

해설 기초는 부분적으로 부등침하가 발생할 가능성이 있다.

67 모래지층 사이에 두께 6m의 점토층이 있다. 이 점토의 토질시험 결과가 아래 표와 같을 때, 이 점토층의 90% 압밀을 요하는 시간은 약 얼마인가?[단, 1년은 365일로 하고, 물의 단위중량(γ_w)은 9.81kN/m³이다.]

- 간극비(e) = 1.5
- 압축계수(a_v) = 4×10^{-3}m²/kN
- 투수계수(k) = 3×10^{-7}cm/s

① 50.7년 ② 12.7년
③ 5.07년 ④ 1.27년

해설
$$C_v=\frac{k}{m_v\cdot\gamma_w}=\frac{k}{\dfrac{a_v}{1+e}\cdot\gamma_w}=\frac{k\cdot(1+e)}{a\cdot\gamma_w}$$

$$=\frac{3\times 10^{-9}\times(1+1.5)}{4\times 10^{-4}\times 9.81}$$

$$=\frac{7.5\times 10^{-9}}{3.924\times 10^{-3}}=1.911\times 10^{-6}$$

$$\therefore t=\frac{0.848\times 3^2}{1.911\times 10^{-6}}\fallingdotseq 1.27\text{년}$$

68 흙의 활성도에 대한 설명으로 틀린 것은?

① 점토의 활성도가 클수록 물을 많이 흡수하여 팽창이 많이 일어난다.
② 활성도는 $2\mu m$ 이하의 점토함유율에 대한 액성지수의 비로 정의된다.
③ 활성도는 점토광물의 종류에 따라 다르므로 활성도로부터 점토를 구성하는 점토광물을 추정할 수 있다.
④ 흙 입자의 크기가 작을수록 비표면적이 커져 물을 많이 흡수하므로, 흙의 활성은 점토에서 뚜렷이 나타난다.

해설 흙의 활성도란 점토의 팽창과 수분이 흡수되는 성질 등을 나타내는 지표를 말하는데, 일반적으로 액성지수와 소성지수 사이의 비율로 정의한다.

69 모래나 점토 같은 입상재료를 전단할 때 발생하는 다일러턴시(Dilatancy) 현상과 간극수압의 변화에 대한 설명으로 틀린 것은?

① 정규압밀 점토에서는 (−) 다일러턴시에 (+)의 간극수압이 발생한다.
② 과압밀 점토에서는 (+) 다일러턴시에 (−)의 간극수압이 발생한다.
③ 조밀한 모래에서는 (+) 다일러턴시가 일어난다.

④ 느슨한 모래에서는 (+) 다일러턴시가 일어난다.

해설
느슨한 모래에서는 (−) 다일러턴시가 일어날 가능성이 높다.

70 그림과 같은 지반에서 유효응력에 대한 점착력 및 마찰각이 각각 $c' = 10\text{kN/m}^2$, $\phi' = 20°$일 때, A점에서의 전단강도는?(단, 물의 단위중량은 9.81kN/m³이다.)

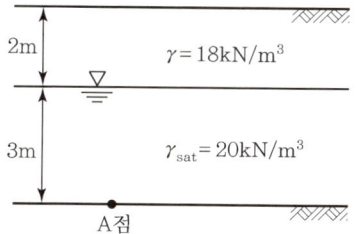

① 34.23kN/m^2 ② 44.94kN/m^2
③ 54.25kN/m^2 ④ 66.17kN/m^2

해설
$\tau = c + \sigma' \tan\phi$
$= 10 + 66.57 \times \tan 20° ≒ 34.23$
여기서, $\sigma' = \sigma - u$
$= [(18 \times 2) + (20 \times 3)] - (9.81 \times 3)$
$= 66.57$

71 아래 그림에서 각 층의 손실수두 Δh_1, Δh_2, Δh_3를 각각 구한 값으로 옳은 것은?(단, k는 cm/s, H와 Δh는 m단위이다.)

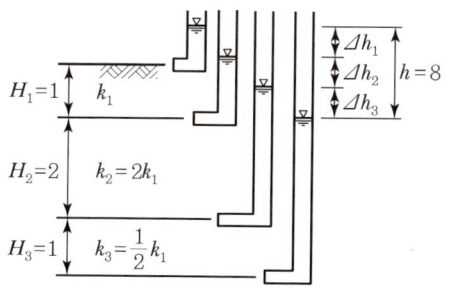

① $\Delta h_1 = 2$, $\Delta h_2 = 2$, $\Delta h_3 = 4$
② $\Delta h_1 = 2$, $\Delta h_2 = 3$, $\Delta h_3 = 3$
③ $\Delta h_1 = 2$, $\Delta h_2 = 4$, $\Delta h_3 = 2$
④ $\Delta h_1 = 2$, $\Delta h_2 = 5$, $\Delta h_3 = 1$

해설
각 층에서의 손실수두는 $H - h$이므로
$\Delta h_1 = 5 - 3 = 2$
$\Delta h_2 = 5 - 3 = 2$
$\Delta h_3 = 7 - 3 = 4$
따라서, $\Delta h_1 = 2$, $\Delta h_2 = 2$, $\Delta h_3 = 4$이다.

72 그림과 같이 수평지표면 위에 등분포하중 q가 작용할 때 연직옹벽에 작용하는 주동토압의 공식으로 옳은 것은?(단, 뒤채움 흙은 사질토이며, 이 사질토의 단위중량을 γ, 내부마찰각을 ϕ라 한다.)

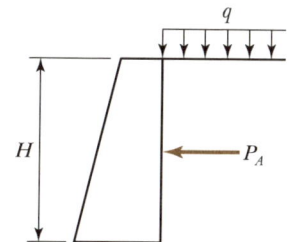

① $P_a = \left(\dfrac{1}{2}\gamma H^2 + qH\right)\tan^2\left(45° - \dfrac{\phi}{2}\right)$

② $P_a = \left(\dfrac{1}{2}\gamma H^2 + qH\right)\tan^2\left(45° + \dfrac{\phi}{2}\right)$

③ $P_a = \left(\dfrac{1}{2}\gamma H^2 + qH\right)\tan^2\phi$

④ $P_a = \left(\dfrac{1}{2}\gamma H^2 + q\right)\tan^2\phi$

정답 70 ① 71 ① 72 ①

73 다음 중 흙댐(Dam)의 사면안정 검토 시 가장 위험한 상태는?

① 상류사면의 경우 시공 중과 만수위일 때
② 상류사면의 경우 시공 직후와 수위 급강하일 때
③ 하류사면의 경우 시공 직후와 수위 급강하일 때
④ 하류사면의 경우 시공 중과 만수위일 때

해설
흙댐의 경우 상류사면이 더 많은 압력을 받으므로 상류사면의 안정성이 중요하다.

74 그림에서 흙의 단면적이 40cm²이고 투수계수가 0.1cm/s일 때 흙 속을 통과하는 유량은?

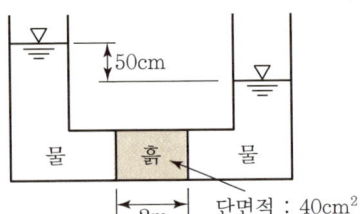

① 1m³/h
② 1cm³/s
③ 100m³/h
④ 100cm³/s

해설
$Q = k \cdot A \cdot i = 0.1 \times 40 \times \dfrac{50}{200} = 1\text{cm}^3/\text{s}$

75 5m×10m의 장방형 기초 위에 $q=60$kN/m²의 등분포하중이 작용할 때, 지표면 아래 10m에서의 연직응력증가량($\Delta\sigma_v$)은? (단, 2:1 응력분포법을 사용한다.)

① 10kN/m²
② 20kN/m²
③ 30kN/m²
④ 40kN/m²

해설
$\Delta\sigma_v = \dfrac{Q \cdot B \cdot L}{(B+Z)(L+Z)} = \dfrac{60 \times 5 \times 10}{(5+10) \times (10+10)}$
$= \dfrac{3,000}{300} = 10\text{kN/m}^2$

76 도로의 평판재하 시험방법(KS F 2310)에서 시험을 끝낼 수 있는 조건이 아닌 것은?

① 재하응력이 현장에서 예상할 수 있는 가장 큰 접지압력의 크기를 넘으면 시험을 멈춘다.
② 재하응력이 그 지반의 항복점을 넘을 때 시험을 멈춘다.
③ 침하가 더 이상 일어나지 않을 때 시험을 멈춘다.
④ 침하량이 15mm에 달할 때 시험을 멈춘다.

77 다짐되지 않는 두께 2m, 상대밀도 40%의 느슨한 사질토 지반이 있다. 실내시험 결과 최대 및 최소 간극비가 0.80, 0.40으로 각각 산출되었다. 이 사질토를 상대밀도 70%까지 다짐할 때 두께는 얼마나 감소되겠는가?

① 12.41cm
② 14.63cm
③ 22.71cm
④ 25.83cm

해설
두께 감소량 $= H_0 \times \dfrac{e_1 - e_2}{1+e_1} = 200 \times \dfrac{0.64 - 0.52}{1+0.64}$
$\fallingdotseq 14.63\text{cm}$
여기서, $e_1 = 0.8 - 0.4 \times (0.8-0.4) = 0.64$
$e_2 = 0.8 - 0.7 \times (0.8-0.4) = 0.52$
$[e = e_{\max} - D_r(e_{\max} - e_{\min})$으로 산출]

정답 73 ② 74 ② 75 ① 76 ③ 77 ②

78 포화된 점토에 대하여 비압밀비배수(UU) 삼축압축시험을 하였을 때의 결과에 대한 설명으로 옳은 것은?(단, ϕ는 마찰각이고, c는 점착력이다.)

① ϕ와 c가 나타나지 않는다.
② ϕ와 c가 모두 "0"이 아니다.
③ ϕ는 "0"이고 c는 "0"이 아니다.
④ ϕ는 "0"이 아니지만 c는 "0"이다.

79 흐트러지지 않은 시료를 이용하여 액성한계 40%, 소성한계 22.3%를 얻었다. 정규압밀점토의 압축지수(C_c) 값을 Terzaghi와 Peck의 경험식에 의해 구하면?

① 0.25   ② 0.27
③ 0.30   ④ 0.35

해설
$C_c = 0.009 \times (W_L - 10) = 0.009 \times (40 - 10) = 0.27$

80 연약지반 개량공법에 대한 설명 중 틀린 것은?

① 샌드드레인 공법은 2차 압밀비가 높은 점토 및 이탄 같은 유기질 흙에 큰 효과가 있다.
② 화학적 변화에 의한 흙의 강화공법으로는 소결 공법, 전기화학적 공법 등이 있다.
③ 동압밀공법 적용 시 과잉간극 수압의 소산에 의한 강도 증가가 발생한다.
④ 장기간에 걸친 배수공법은 샌드드레인이 페이퍼드레인보다 유리하다.

해설
샌드드레인 공법은 1차 압밀비가 높은 모래나 자갈 등의 굴착재에 적용하는 것이 효과적이다.

정답 78 ③ 79 ② 80 ①

2021년 과년도 기출문제

01 콘크리트 공학

01 수중 콘크리트에 대한 설명으로 틀린 것은?

① 수중 콘크리트를 시공할 때 시멘트가 물에 씻겨서 흘러나오지 않도록 트리메나 콘크리트 펌프를 사용해서 타설하여야 한다.
② 수중 콘크리트를 타설할 때 완전히 물막이를 할 수 없는 경우에는 유속은 50mm/s 이하로 하여야 한다.
③ 일반 수중 콘크리트는 수중에서 시공할 때의 강도가 표준공시체 강도의 1.2~1.5배가 되도록 배합강도를 설정하여야 한다.
④ 수중 콘크리트의 비비는 시간은 시험에 의해 콘크리트 소요의 품질을 확인하여 정하여야 하며, 강제식 믹서의 경우 비비기 시간은 90~180초를 표준으로 한다.

해설 수중 콘크리트는 표준공시체 강도보다 높은 강도로 설정하는 것이 일반적이다.

02 프리스트레싱할 때의 콘크리트 강도에 대한 아래 설명에서 ( ) 안에 알맞은 수치는?

> 프리스트레싱을 할 때의 콘크리트의 압축강도는 어느 정도의 안전도를 확보하기 위하여 프리스트레스를 준 직후, 콘크리트에 일어나는 최대 압축응력의 ( )배 이상이어야 한다.

① 1.5 ② 1.7
③ 2.0 ④ 2.5

03 섬유보강 콘크리트에 대한 설명으로 틀린 것은?

① 섬유보강 콘크리트 1m³ 중에 포함된 섬유의 용적 백분율(%)을 섬유 혼입률이라고 한다.
② 보강용 섬유를 혼입하여 주로 인성 균열 억제, 내충격성 및 내마모성 등을 높인 콘크리트를 섬유보강 콘크리트라고 한다.
③ 섬유보강 콘크리트의 비비기에 사용하는 믹서는 가경식 믹서를 사용하는 것을 원칙으로 한다.
④ 섬유보강 콘크리트의 배합은 소요의 품질을 만족하는 범위 내에서 단위수량을 될 수 있는 대로 적게 되도록 정하여야 한다.

해설 섬유보강 콘크리트의 비비기에 사용하는 믹서는 가경식 믹서뿐만이 아니라 다양한 종류의 믹서를 사용할 수 있다.

04 콘크리트의 크리프(Creep)에 대한 설명으로 틀린 것은?

① 조강 시멘트는 보통 시멘트보다 크리프가 크다.
② 재하기간 중의 대기의 습도가 낮을수록 크리프가 크다.

정답 01 ③ 02 ② 03 ③ 04 ①

③ 응력은 변화가 없는데 변형은 시간에 따라 증가하는 현상을 크리프라 한다.
④ 물-시멘트비가 큰 콘크리트는 물-시멘트비가 작은 콘크리트보다 크리프가 크게 일어난다.

> 해설
> 콘크리트의 크리프란 콘크리트에 일정한 하중이 가해진 상태에서 시간이 지남에 따라 변형이 증가하는 현상으로, 조강 시멘트를 사용한 경우 크리프가 작게 일어난다.

05 굳지 않은 콘크리트의 워커빌리티를 측정하기 위한 시험방법이 아닌 것은?

① 슬럼프 시험
② 구관입 시험
③ Vee-bee 시험
④ Vicat 장치에 의한 시험

> 해설
> Vicat 장치에 의한 시험은 콘크리트 초기강도를 측정하기 위한 시험이다.

06 콘크리트 타설 및 다지기 작업에 대한 설명으로 틀린 것은?

① 타설한 콘크리트를 거푸집 안에서 횡방향으로 이동시켜서는 안 된다.
② 연직 시공일 때 슈트 등의 배출구와 타설면까지의 높이는 1.5m 이하를 원칙으로 한다.
③ 내부진동기를 사용하여 진동다지기를 할 경우 삽입간격은 1.0m 이하로 하는 것이 좋다.
④ 내부진동기를 사용하여 진동다지기를 할 경우 내부진동기를 하층의 콘크리트 속으로 0.1m 정도 찔러 넣는다.

07 현장배합에 의한 재료량 및 재료의 계량값이 아래의 표와 같을 때 계량오차를 초과하여 불합격인 재료는?

재료 구분	물	시멘트	플라이애시	잔골재
현장배합 (kg)	145	272	68	820
계량값 (kg)	144	270	65	844

① 물
② 시멘트
③ 플라이애시
④ 잔골재

> 해설
> 계량오차 허용 범위
> • 물 : -2~+1%, 142.1~146.45
> • 시멘트 : -1~+2%, 269.28~277.44
> • 플라이애시 : ±2%, 66.64~69.36
> • 잔골재 : ±3%, 795.4~844.6

08 레디믹스트 콘크리트(KS F 4009)에 따른 콘크리트 받아들이기 검사에서 강도시험에 대한 설명으로 틀린 것은?

① 1회 시험결과는 3개의 공시체를 제작하여 시험한 평균값으로 한다.
② 콘크리트의 강도시험 횟수는 $450m^3$를 1로트로 하여 $150m^3$당 1회의 비율로 한다.
③ 받아들이기 검사용 시료는 레디믹스트 콘크리트를 제조하는 배치 플랜트에서 채취하는 것을 원칙으로 한다.
④ 1회의 시험결과는 구입자가 지정한 호칭강도의 85% 이상, 3회의 시험결과 평균값은 호칭강도값 이상이어야 한다.

> 해설
> 받아들이기 검사용 시료는 현장에서 채취하는 것이 원칙이다.

정답 | 05 ④ 06 ③ 07 ③ 08 ③

09 콘크리트 비비기에 대한 설명으로 틀린 것은?

① 재료를 믹서에 투입하는 순서는 강도시험, 블리딩시험 등의 결과 또는 실적을 참고로 해서 정하여야 한다.
② 비비기는 미리 정해 둔 비비기 시간 이상 계속해서는 안 된다.
③ 비비기 시간에 대한 시험을 실시하지 않은 경우 가경식 믹서일 때 비비기 최소시간은 1분 30초 이상을 표준으로 한다.
④ 연속믹서를 사용할 경우, 비비기 시작 후 최초에 배출되는 콘크리트는 사용해서는 안 된다.

10 프리플레이스트 콘크리트에서 주입 모르타르의 품질에 대한 설명으로 틀린 것은?

① 유하시간의 설정값은 16~20초를 표준으로 한다.
② 블리딩률의 설정값은 시험 시작 후 3시간에서의 값이 5% 이하가 되도록 한다.
③ 팽창률의 설정값은 시험 시작 후 3시간에서의 값이 5~10%인 것을 표준으로 한다.
④ 모르타르가 굵은 골재의 공극에 주입될 때 재료 분리가 적고 주입되어 경화되는 사이에 블리딩이 적으며 소요의 팽창을 하여야 한다.

11 콘크리트의 받아들이기 품질검사 항목이 아닌 것은?

① 공기량　　② 슬럼프
③ 평판재하　④ 펌퍼빌리티

> **해설**
> 콘크리트의 받아들이기 품질검사 항목에는 슬럼프 시험, 공기량 시험, 염화물함유량 시험, 압축강도 시험, 블리딩 시험 등이 있다.

12 알칼리 골재 반응(Alkali-Aggregate Reaction)에 대한 설명으로 틀린 것은?

① 콘크리트 중의 알칼리 이온이 골재 중의 실리카 성분과 결합하여 구조물에 균열을 발생시키는 것을 말한다.
② 알칼리 골재 반응의 진행에 필수적인 3요소는 반응성 골재의 존재와 알칼리양 및 반응을 촉진하는 수분의 공급이다.
③ 알칼리 골재 반응이 진행되면 구조물의 표면에 불규칙한(거북이등 모양 등) 균열이 생기는 등의 손상이 발생한다.
④ 알칼리 골재 반응을 억제하기 위하여 포틀랜드 시멘트의 등가알칼리양이 6% 이하인 시멘트를 사용하는 것이 좋다.

> **해설**
> 알칼리 골재 반응은 시멘트와 골재가 반응하여 콘크리트 내부에 팽창을 일으켜 균열과 열화를 유발하는 현상을 말한다.

13 급속 동결 융해에 대한 콘크리트의 저항시험(KS F 2456)에서 동결 융해 사이클에 대한 설명으로 틀린 것은?

① 동결 융해 1사이클의 공시체 중심부의 온도를 원칙으로 하여 원칙적으로 4℃에서 -18℃로 떨어지고, 다음에 -18℃에서 4℃로 상승되는 것으로 한다.
② 동결 융해 1사이클의 소요시간은 2시간 이상, 4시간 이하로 한다.
③ 공시체의 중심과 표면의 온도 차는 항상 28℃를 초과해서는 안 된다.
④ 동결 융해에서 상태가 바뀌는 순간의 시간이 5분을 초과해서는 안 된다.

> **해설**
> 동결 융해에서 상태가 바뀌는 순간은 10분 이하로 설정된다.

정답 09 ②　10 ④　11 ③　12 ④　13 ④

14 프리스트레스트 콘크리트의 프리스트레싱에 대한 설명으로 틀린 것은?

① 긴장재에 대해 순차적으로 프리스트레싱을 실시할 경우는 각 단계에 있어서 콘크리트에 유해한 응력이 발생하지 않도록 하여야 한다.
② 긴장재는 이것을 구성하는 각각의 PS강재에 소정의 인장력이 주어지도록 긴장하여야 한다. 이때 인장력을 설계값 이상으로 주었다가 다시 설계값으로 낮추는 방법으로 시공하여야 한다.
③ 프리텐션 방식의 경우 긴장재에 주는 인장력은 고정장치의 활동에 의한 손실을 고려하여야 한다.
④ 프리스트레싱 작업 중에는 어떠한 경우라도 인장장치 또는 고정장치 뒤에 사람이 서 있지 않도록 하여야 한다.

[해설] 프리스트레싱 긴장력은 설계값 범위 내를 유지해야 한다.

15 매스 콘크리트에 대한 설명으로 틀린 것은?

① 벽체구조물의 온도균열을 제어하기 위해 설치하는 수축이음의 단면 감소율은 20% 이상으로 하여야 한다.
② 철근이 배치된 일반적인 구조물에서 균열 발생을 제한할 경우 온도균열지수는 1.2~1.5이다.
③ 저발열형 시멘트를 사용하는 경우 91일 정도의 장기 재령을 설계기준압축강도의 기준 재령으로 하는 것이 바람직하다.
④ 매스 콘크리트로 다루어야 하는 구조물의 부재지수는 일반적인 표준으로서 넓이가 넓은 평판구조의 경우 두께 0.8m 이상, 하단이 구속된 벽체의 경우 두께 0.5m 이상으로 한다.

[해설] 수축이음의 단면 결손율은 25% 이상으로 한다.

16 고강도 콘크리트에 대한 설명으로 틀린 것은?

① 보통 중량 콘크리트에서 설계기준압축강도가 40MPa 이상인 콘크리트를 고강도 콘크리트라고 한다.
② 경량골재 콘크리트에서 설계기준압축강도가 21MPa 이상인 콘크리트를 고강도 콘크리트라고 한다.
③ 기상의 변화가 심하거나 동결융해에 대한 대책이 필요한 경우를 제외하고는 공기연행제를 사용하지 않는 것을 원칙으로 한다.
④ 단위 시멘트양은 소요의 워커빌리티 및 강도를 얻을 수 있는 범위 내에서 가능한 한 적게 되도록 시험에 의해 정하여야 한다.

17 고압 증기양생을 한 콘크리트의 특징으로 틀린 것은?

① 건조수축이 증가한다.
② 철근의 부착강도가 감소한다.
③ 황산염에 대한 저항성이 증대된다.
④ 매우 짧은 기간에 고강도가 얻어진다.

[해설] 고압 증기양생을 한 콘크리트는 양생이 빠르게 이루어져 건조수축이 감소한다.

정답 14 ② 15 ① 16 ② 17 ①

18 설계기준압축강도(f_{ck})를 21MPa로 배합한 콘크리트 공시체 20개에 대한 압축강도 시험결과, 표준편차가 3.0MPa이었을 때 콘크리트의 배합강도는?

① 25.34MPa ② 25.05MPa
③ 24.49MPa ④ 24.08MPa

해설 $f_{ck} \leq 35$MPa인 경우 아래 두 가지 중 큰 값을 선택한다.
- $f_{cr} = f_{ck} + 1.34s = 21 + 1.34 \times 3 \times 1.08$
  $= 25.34$MPa
- $f_{cr} = (f_{ck} - 3.5) + 2.33s$
  $= (21 - 3.5) + 2.33 \times 3 \times 1.08$
  $= 25.05$MPa

여기서, 시험횟수가 20회일 때 표준편차의 보정계수 = 1.08

19 일반콘크리트 배합설계 시 콘크리트의 압축강도를 기준으로 물-결합재비를 정하는 경우, 압축강도 시험에 사용하는 공시체는 재령 며칠을 표준으로 하는가?

① 7일   ② 14일
③ 21일 ④ 28일

20 단위골재의 절대용적이 0.70m³인 콘크리트에서 잔골재율이 40%이고, 굵은 골재의 표건밀도가 2.65g/cm³이면 단위굵은 골재량은?

① 722.4kg/m³ ② 742kg/m³
③ 984.6kg/m³ ④ 1,113kg/m³

해설
- 절대용적 : 0.7m³
- 잔골재율 : 40%, 굵은 골재율 : 60%
- 굵은 골재의 표건밀도 : 2.65g/cm³ → 2,650kg/m³
- $W_G = V \times (1 - S_r) \times P$
  $= 0.7 \times (1 - 0.4) \times 2,650 = 1,113$kg/m³

02 건설시공 및 관리

21 로드 롤러를 사용하여 전압횟수 4회, 전압 포설 두께 0.2m, 유효 전압폭 2.5m, 전압작업 속도를 3km/h로 할 때 시간당 작업량은?(단, 토량환산계수는 1, 롤러의 효율은 0.8을 적용한다.)

① 151m³/h ② 200m³/h
③ 251m³/h ④ 300m³/h

해설
$$Q = \frac{1,000 \times V \times W \times H \times f \times E}{N}$$
$$= \frac{1,000 \times 3 \times 2.5 \times 0.2 \times 1 \times 0.8}{4} = 300\text{m}^3/\text{h}$$

22 아스팔트 포장의 특성에 대한 설명으로 틀린 것은?

① 부분파손에 대한 보수가 용이하다.
② 교통하중을 슬래브가 휨 저항으로 지지한다.
③ 양생기간이 짧아 시공 후 즉시 교통 개방이 가능하다.
④ 잦은 덧씌우기 등으로 인해 유지관리비가 많이 소요된다.

해설 슬래브가 휨 저항으로 지지하는 것은 시멘트 콘크리트 포장의 특성이다.

23 폭우 시 옹벽 배면에는 침투수압이 발생되는데, 이 침투수가 옹벽에 미치는 영향에 대한 설명으로 틀린 것은?

① 활동면에서의 양압력 발생
② 옹벽 저면에 대한 양압력 발생
③ 수동저항력(Passive Resistance)의 증가
④ 포화 또는 부분 포화에 의한 흙의 무게 증가

정답 18 ① 19 ④ 20 ④ 21 ④ 22 ② 23 ③

24 콘크리트 말뚝이나 선단폐쇄 강관말뚝과 같은 타입말뚝은 흙을 횡방향으로 이동시켜서 주위의 흙을 다져주는 효과가 있다. 이러한 말뚝을 무엇이라고 하는가?

① 배토말뚝　② 지지말뚝
③ 주동말뚝　④ 수동말뚝

25 옹벽의 안정상 수평 저항력을 증가시키기 위하여 경제성과 시공성을 고려할 경우 가장 적합한 방법은?

① 옹벽의 비탈 경사를 크게 한다.
② 옹벽 배면의 흙을 포화시킨다.
③ 옹벽의 저판 밑에 돌기물(Shear Key)을 만든다.
④ 배면의 본바닥에 앵커 타이(Anchor Tie)나 앵커벽을 설치한다.

26 아래 그림과 같은 지형에서 등고선법에 의한 전체 토량을 구하면?(단, 각 등고선 간의 높이차는 20m이고, A_1의 면적은 1,400m², A_2의 면적은 950m², A_3의 면적은 600m², A_4의 면적은 250m², A_5의 면적은 100m²이다.)

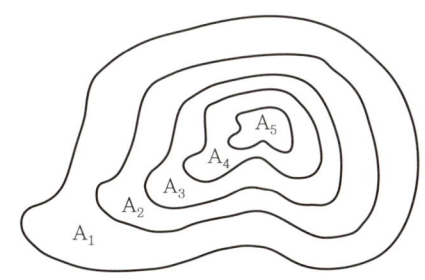

① 56,000m³　② 50,000m³
③ 44,400m³　④ 38,200m³

해설

$Q = Q_1 + Q_2$
$Q_1 = h/3(A_1 + 4A_2 + A_3)$,
$Q_2 = h/3(A_3 + 4A_4 + A_5)$
$A_1 = 1,400$, $A_2 = 950$, $A_3 = 600$, $A_4 = 250$,
$A_5 = 100$이고, $A_{짝수}$는 A_2, A_4, $A_{홀수}$는 A_3이므로
$V = \frac{h}{3}(A_1 + 4\sum A_{짝수} + 2\sum A_{홀수} + A_5)$
$= \frac{20}{3}[1,400 + 4 \times (950 + 250) + 2 \times 600 + 100]$
$= 50,000 m^3$

27 전면에 달린 배토판의 좌, 우를 밑으로 10~40cm 정도 기울어지게 하여 경사면 굴착이나 도랑파기 작업에 유리한 도저는?

① 틸트 도저　② 앵글 도저
③ 레이크 도저　④ 스트레이트 도저

28 터널계측에서 일상계측(A 계측) 항목이 아닌 것은?

① 내공변위 측정　② 천단침하 측정
③ 터널 내 관찰조사　④ 록볼트 축력 측정

해설
록볼트 축력 측정은 정밀계측(B 계측)에 해당한다.

29 아래에서 설명하는 굴착공법의 명칭은?

> 굴착폭이 넓은 경우에 비탈면 개착공법과 흙막이벽 개착공법의 장점을 이용한 공법으로 굴착저면 중앙부에 기초부를 먼저 구축하고 이것을 발판으로 하여 주변부를 시공하는 공법이다.

① 역타 공법　② 언더피닝 공법
③ 아일랜드 공법　④ 트렌치 컷 공법

정답　24 ①　25 ③　26 ②　27 ①　28 ④　29 ③

30 37,800m³(완성된 토량)의 성토를 하는 데 유용토가 30,000m³(느슨한 토량)가 있다. 이때 부족한 토량은 본바닥 토량으로 얼마인가?(단, 흙의 종류는 사질토이고, 토량의 변화율은 $L=1.25$, $C=0.90$이다.)

① 12,000m³ ② 13,800m³
③ 16,200m³ ④ 18,000m³

해설
- 자연상태 토량(본바닥 토량)
$$= \frac{느슨한\ 토량}{L} = \frac{30,000}{1.25} = 24,000 \text{m}^3$$
- 성토할 자연상태 토량
$$= \frac{완성된\ 토량}{C} = \frac{37,800}{0.9} = 42,000 \text{m}^3$$
∴ 부족한 토량
= 성토할 자연상태 토량 − 자연상태 토량
= 42,000 − 24,000 = 18,000m³

31 뉴매틱 케이슨(Pneumatic Caisson) 공법의 장점에 대한 설명으로 틀린 것은?

① 오픈 케이슨보다 침하공정이 빠르고 장애물 제거가 쉽다.
② 시공 시에 토질 확인 가능 및 지지력 측정이 가능하다.
③ 압축공기를 이용하여 시공하므로 소규모 공사나 심도가 얕은 기초공사에 경제적이다.
④ 지하수를 저하시키지 않으며, 히빙 현상 및 보일링 현상을 방지할 수 있으므로 인접 구조물의 침하 우려가 없다.

해설
뉴매틱 케이슨 공법은 심도가 깊고, 대형공사에 적합한 공법이다.

32 PERT 공정관리 기법에 대한 설명으로 틀린 것은?(단, t_e : 기대시간, a : 낙관적 시간, m : 정상 시간, b : 지관적 시간)

① 경험이 없는 공사의 공기 단축을 목적으로 한다.
② 결합점(Node) 중심의 일정 계산을 한다.
③ 3점 시간견적법에 따른 기대시간은 $t_e = \frac{1}{6}(a+4m+b)$로 계산한다.
④ 3점 시간견적법에서 시간 간의 관계는 비관적 시간 < 정상 시간 < 낙관적 시간이 성립된다.

33 이동식 작업차 또는 또는 가설용 트러스를 이용하여 교각의 좌, 우로 평형을 유지하면서 분할된 거더(길이 2~5m)를 순차적으로 시공하는 교량가설 공법은?

① FCM 공법 ② FSM 공법
③ ILM 공법 ④ MSS 공법

34 딥퍼의 용량이 0.6m³, 딥퍼계수가 0.85, 작업효율이 0.9, 흙의 토량변화율(L)이 1.2, 사이클타임이 25초인 파워 셔블의 시간당 작업량은?

① 52.45m³/h ② 55.08m³/h
③ 64.84m³/h ④ 79.32m³/h

해설
파워셔블의 시간당 작업량(Q)
$$= \frac{3,600 \times q \times k \times f \times E}{C_m}$$
$$= \frac{3,600 \times 0.6 \times 0.85 \times 1.2 \times 0.9}{25} = 79.32 \text{m}^3/\text{h}$$

정답 30 ④ 31 ③ 32 ④ 33 ① 34 ④

35 터널굴착 공법 중 TBM 공법의 특징에 대한 설명으로 틀린 것은?

① 낙석이 적다.
② 단면현상의 변경이 용이하다.
③ 여굴이 거의 발생하지 않는다.
④ 주변 암반에 대한 이완이 거의 없다.

해설
TBM 공법은 기계적인 굴착공법으로 단면형상을 변경하기 어렵다.

36 콘크리트 포장에서 아래에서 설명하는 현상은?

> 콘크리트 포장에서 줄눈부에 이물질이 침입하여 기온의 상승 등에 따라 슬래브가 팽창할 때 줄눈 등에서 압축력에 견디지 못하고 좌굴을 일으켜 솟아오르는 현상

① Scaling   ② Spalling
③ Blow Up   ④ Pumping

37 댐의 그라우팅(Grouting)에 관한 설명으로 옳은 것은?

① 커튼 그라우팅(Curtain Grouting)은 기초 암반의 변형성이나 강도를 개량하기 위하여 실시한다.
② 컨솔리데이션 그라우팅(Consolidation Grouting)은 기초 암반의 지내력 등을 개량하기 위하여 실시한다.
③ 콘택트 그라우팅(Contact Grouting)은 시공이음으로 누수 방지를 위하여 실시한다.
④ 림 그라우팅(Rim Grouting)은 콘크리트와 암반 사이의 공극을 메우기 위하여 실시한다.

38 암석의 발파이론에서 Hauser의 발파 기본식은?(단, L = 폭약량, C = 발파계수, W = 최소저항선이다.)

① $L = C \cdot W$ ② $L = C \cdot W^2$
③ $L = C \cdot W^3$ ④ $L = C \cdot W^4$

39 지하수 침강 최소깊이가 2m, 암거 매립간격이 10m, 투수계수가 1.0×10^{-5} cm/s일 때, 불투수층에 놓인 암거 1m당 1시간 동안의 배수량은 몇 리터(L)인가?(단, Donnan식에 의해 구하시오.)

① 0.58L   ② 1.00L
③ 1.58L   ④ 2.00L

해설
q : 단위암거 길이당 단위 시간당 배수량(cm³/s/m)
k : 투수계수(cm/s)
H : 불투수층 상단부터 암거 중심까지의 깊이(cm)
D : 암거 간격(cm)

$$q = \frac{4 \cdot k \cdot H^2}{D}$$
$$= \frac{4 \times 1 \times 10^{-5} \times 200^2}{1,000} = 0.0016 \text{cm}^3/s/cm$$

암거 1m당으로 변환하면 $q = 0.16 \text{cm}^3/s$
1시간으로 변환하면
$q = 0.16 \text{cm}^3/s \times 3,600s = 576 \text{cm}^3/h$
cm³을 L로 변환하면 $\frac{576}{1,000} = 0.576$ L/h → 0.58L

40 토량곡선(Mass Curve)에 대한 설명으로 틀린 것은?

① 곡선의 극소점은 성토에서 절토로 옮기는 점이고 곡선의 극대점은 절토에서 성토로 옮기는 점이다.
② 토량곡선과 기선에 평행한 선분이 만나는 두 점 사이의 성토량 및 절토량은 균형을 이룬다.

정답 35 ② 36 ③ 37 ② 38 ③ 39 ① 40 ④

③ 절토부분에서는 곡선이 위로 향하고 성토 부분에서는 곡선이 아래로 향한다.
④ 토량곡선이 기선의 위에서 끝나면 토량이 모자란 경우이다.

해설 토량곡선이 기선의 위에서 끝나면 토량이 남는 경우로 사토장으로 반출해야 한다.

03 건설재료 및 시험

41 목재 시험편의 질량을 측정한 결과 건조 전 질량이 30g, 건조 후 질량이 25g일 때 이 목재의 함수율은?

① 10% ② 15%
③ 20% ④ 25%

해설
$$함수율(\%) = \frac{건조\ 전\ 질량 - 건조\ 후\ 질량}{건조\ 후\ 질량} \times 100$$
$$= \frac{30-25}{25} \times 100 = 20\%$$

42 포틀랜드 시멘트(KS L 5201)에 규정되어 있는 보통 포틀랜드 시멘트의 응결시간으로 옳은 것은?

① 초결 10분 이상, 종결 1시간 이하
② 초결 30분 이상, 종결 1시간 이하
③ 초결 60분 이상, 종결 10시간 이하
④ 초결 90분 이상, 종결 10시간 이하

43 콘크리트용 혼화재로 사용되는 플라이 애시가 콘크리트의 성질에 미치는 영향에 대한 설명으로 틀린 것은?

① 콘크리트의 화학저항성이 향상된다.
② 포졸란 반응에 의해 콘크리트의 수밀성이 향상된다.
③ 표면이 매끄러운 구형 입자로 되어 있어 콘크리트의 워커빌리티가 향상된다.
④ 포졸란 반응에 의해 콘크리트의 탄산화 억제효과가 향상된다.

해설 포졸란 반응으로 콘크리트 내 수산화칼슘이 소비되어 탄산화가 촉진될 수 있다.

44 인공 경량골재에 대한 설명으로 옳은 것은?

① 밀도는 입경에 따라 다르며 입경이 클수록 작다.
② 인공 경량골재에는 응회암, 경석화산자갈 등이 있다.
③ 인공 경량골재의 품질을 밀도로 나타낼 때 절대 건조 상태의 밀도를 사용한다.
④ 인공 경량골재는 순간 흡수량이 비교적 적기 때문에 컨시스턴시를 상승시킨다.

45 다음 중 재료에 작용하는 반복하중과 가장 밀접한 관계가 있는 성질은?

① 피로(Fatigue)
② 크리프(Creep)
③ 응력완화(Relaxation)
④ 건조수축(Dry Shrinkage)

정답 | 41 ③ 42 ③ 43 ④ 44 ③ 45 ①

46 다음 중 목면, 마사, 폐지 등을 물에서 혼합하여 원지를 만든 후 여기에 스트레이트 아스팔트를 침투시켜 만든 것으로 아스팔트 방수의 중간층재로 사용되는 것은?

① 아스팔트 타일(Tile)
② 아스팔트 펠트(Felt)
③ 아스팔트 시멘트(Cement)
④ 아스팔트 콤파운드(Compound)

47 콘크리트용 골재가 갖추어야 할 성질에 대한 설명으로 틀린 것은?

① 물리, 화학적으로 안정하고 내구성이 클 것
② 크고 작은 알맹이의 혼합이 적당할 것
③ 깨끗하고 불순물이 섞이지 않을 것
④ 골재의 모양은 모나고 길어야 할 것

> **해설**
> 다양한 모양과 크기의 골재를 혼합하여야 콘크리트의 내구성을 높일 수 있다.

48 어떤 석재를 건조기(105±5℃) 속에서 24시간 건조시킨 후 질량을 측정해보니 1,000g이었다. 이것을 완전히 흡수시켜 물속에서 질량을 측정해보니 800g이었고 물속에서 꺼내 표면을 잘 닦고 질량을 측정해보니 1,200g이었다면 이 석재의 표면건조 포화 상태의 비중은?

① 1.50   ② 2.50
③ 2.75   ④ 3.00

> **해설**
> 비중 = 건조질량 ÷ (표면건조 포화질량 − 수중질량)
>   = 1,000g ÷ (1,200g − 800g) = 2.50

49 골재의 조립률 및 입도에 대한 설명으로 틀린 것은?

① 콘크리트용 잔골재의 조립률은 일반적으로 2.3~3.1 범위에 해당되는 것이 좋다.
② 1개의 조립률에는 무수한 입도곡선이 존재하지만, 1개의 입도곡선에는 1개의 조립률이 존재한다.
③ 골재의 입도를 수량적으로 나타내는 한 방법으로 조립률이 있으며, 표준체 12개를 1조로 하여 체가름 시험을 한다.
④ 골재는 작은 입자와 굵은 입자가 적당히 혼합되어 있을 때 입자의 크기가 균일한 경우보다 워커빌리티면에서 유리하다.

50 토목섬유 중 직포형과 부직포형이 있으며 분리, 배수, 보강, 여과기능을 갖고 오탁방지망, Drain Board, Pack Drain 포대, Geo Web 등에 사용되는 자재는?

① 지오네트   ② 지오그리드
③ 지오맴브레인   ④ 지오텍스타일

51 포틀랜드 시멘트의 클링커에 대한 설명으로 틀린 것은?

① C_3A는 수화 속도가 대단히 빠르고 발열량이 크며 수축도 크다.
② 클링커의 화합물 중 C_3S 및 C_2S는 시멘트 강도의 대부분을 지배한다.
③ 클링커는 단일조성의 물질이 아니라 C_3S, C_2S, C_3A, C_4AF의 4가지 주요화합물로 구성되어 있다.
④ 클링커의 화합물 중 C_2S가 많고 C_3S가 적으면 시멘트의 강도 발현이 빨라져 초기 강도가 향상된다.

정답 46 ② 47 ④ 48 ② 49 ③ 50 ④ 51 ④

해설
C₂S(이칼슘실리케이트)는 강도의 발현 속도가 느린 화합물이다.

52 시멘트의 분말도와 물리적 성질에 대한 설명으로 틀린 것은?

① 분말도가 높을수록 블리딩이 많게 된다.
② 분말도가 높을수록 콘크리트의 초기강도가 크다.
③ 분말도가 높은 시멘트는 작업이 용이한 콘크리트를 얻을 수 있다.
④ 분말도가 높으면 수축률이 커지기 쉽고 콘크리트에 균열이 발생할 우려가 있다.

해설
분말도가 높을수록 수분의 흡수율이 증가하여 블리딩의 억제 효과가 있다.

53 도로의 표층공사에서 사용되는 가열 아스팔트 혼합물의 안정도는 어떤 시험으로 판정하는가?

① 마샬 시험   ② 엥글러 시험
③ 박막가열 시험   ④ 레드우드 시험

54 석재의 성질에 대한 설명으로 틀린 것은?

① 대리석은 강도는 강하나 풍화되기 쉽다.
② 응회암은 내화성이 크나 강도 및 내구성은 작다.
③ 안산암은 강도가 크고 가공이 용이하므로 조각에 적당하다.
④ 화강암은 강도, 내구성 및 내화성이 크므로 조각 등에 적당하다.

해설
화강암은 강도와 내구성이 크지만 내화성은 낮은 편이다.

55 콘크리트용 화학 혼화제(KS F 2560)에서 규정하고 있는 화학 혼화제의 요구성능 항목이 아닌 것은?

① 감수율   ② 압축강도비
③ 침입도 지수   ④ 블리딩양의 비

해설
콘크리트용 화학 혼화제(KS F 2560)에서 규정하고 있는 화학 혼화제의 요구성능 항목은 감수율, 블리딩양의 비, 응결시간의 차, 압축강도비, 길이변화비, 동결융해에 대한 저항성이 있다.

56 철근 콘크리트용 봉강(KS D 3504)에서 기호가 SD300으로 표시된 철근을 설명한 것으로 옳은 것은?

① 항복점이 300MPa 이상인 이형철근
② 항복점이 300MPa 이상인 원형철근
③ 인장강도가 300MPa 이상인 이형철근
④ 인장강도가 300MPa 이상인 원형철근

57 콘크리트에서 AE제를 사용하는 목적으로 틀린 것은?

① 워커빌리티를 개선시키기 위해
② 철근과의 부착력을 증진시키기 위해
③ 재료의 분리, 블리딩을 감소시키기 위해
④ 동결융해에 대한 저항성을 증가시키기 위해

58 다음 중 폭발력이 가장 강하고 수중에서도 폭발할 수 있는 폭약은?

① 분상 다이너마이트
② 교질 다이너마이트
③ 규조토 다이너마이트
④ 스트레이트 다이너마이트

정답   52 ①   53 ①   54 ④   55 ③   56 ①   57 ②   58 ②

59 골재의 실적률 시험에서 아래와 같은 결과를 얻었을 때 골재의 공극률은?

- 골재의 단위용적질량(T) : 1,500kg/L
- 골재의 표건밀도(ds) : 2,600kg/L
- 골재의 흡수율(Q) : 1.5%

① 41.4% ② 42.3%
③ 43.6% ④ 57.7%

해설
골재의 비중 = 표건밀도(d_s) × $\left[1 + \dfrac{흡수율(Q)}{100}\right]$
= 2,639이므로

공극률 $n = 1 - \dfrac{골재의\ 단위용적질량(T)}{골재의\ 비중(G_s)}$
$= 1 - \dfrac{1,500}{2,639} ≒ 43.6\%$

60 스트레이트 아스팔트와 비교하여 고무 혼입 아스팔트(Rubberized Asphalt)의 일반적인 성질에 대한 설명으로 옳은 것은?

① 탄성이 작다. ② 응집성이 작다.
③ 감온성이 작다. ④ 마찰계수가 작다.

04 토질 및 기초

61 흙 시료의 전단시험 중 일어나는 다일러턴시(Dilatancy) 현상에 대한 설명으로 틀린 것은?

① 흙이 전단될 때 전단면 부근의 흙입자가 재배열되면서 부피가 팽창하거나 수축하는 현상을 다일러턴시라 부른다.
② 사질토 시료는 전단 중 다일러턴시가 일어나지 않는 한계의 간극비가 존재한다.
③ 정규압밀 점토의 경우 정(+)의 다일러턴시가 일어난다.
④ 느슨한 모래는 보통 부(-)의 다일러턴시가 일어난다.

해설
정규압밀 점토의 경우 부(-)의 다일러턴시가 일어난다.

62 어떤 지반에 대한 흙의 입도분석결과 곡률계수(C_g)는 1.5, 균등계수(C_u)는 15이고 입자는 모난 형상이었다. 이때 Dunham의 공식에 의한 흙의 내부마찰각(ϕ)의 추정치는?(단, 표준관입시험 결과 N치는 10이었다.)

① 25° ② 30°
③ 36° ④ 40°

해설
N값을 통한 전단강도의 측정(Dunham식)
- 토립자가 둥글고 입도 불량 : $\phi = \sqrt{12N} + 15$
- 토립자가 둥글고 입도 양호, 토립자가 모나고 입도 불량 : $\phi = \sqrt{12N} + 20$
- 토립자가 모나고 입도 양호 : $\phi = \sqrt{12N} + 25$

양호한 입도분포 $C_u > 4$, $1 < C_c < 3$
문제의 조건에서는 토립자가 모나고 입도가 양호하므로
$\phi = \sqrt{12N} + 25 = \sqrt{12 \times 10} + 25 ≒ 36°$

63 다짐에 대한 설명으로 틀린 것은?

① 다짐에너지는 래머(Rammer)의 중량에 비례한다.
② 입도배합이 양호한 흙에서는 최대건조 단위중량이 높다.
③ 동일한 흙일지라도 다짐기계에 따라 다짐효과는 다르다.
④ 세립토가 많을수록 최적함수비가 감소한다.

정답 59 ③ 60 ③ 61 ③ 62 ③ 63 ④

해설 세립토가 많을수록 최적함수비가 증가한다.

64 포화 단위중량(γ_{sat})이 19.62kN/m³인 사질토로 된 무한사면이 20°로 경사져 있다. 지하수위가 지표면과 일치하는 경우 이 사면의 안전율이 1 이상이 되기 위해서는 흙의 내부마찰각이 최소 몇 도 이상이어야 하는가?(단, 물의 단위중량은 9.81kN/m³이다.)

① 18.21° ② 20.52°
③ 36.06° ④ 45.47°

해설
$$F_s = \frac{\tan\phi}{\tan\beta} \cdot \left(\frac{\gamma'}{\gamma_{sat}}\right)$$
$\gamma' = \gamma_{sat} - \gamma_w = 19.62 - 9.81 = 9.81\text{kN/m}^3$
$F_s = 1 = \frac{\tan\phi}{\tan 20°} \cdot \frac{9.81}{19.62}$
$\frac{\tan\phi}{\tan 20°} = \frac{19.62}{9.81} = 2$, $\tan\phi = 2 \times \tan 20° = 0.728$
∴ $\phi = \tan^{-1} 0.728 = 36.06°$

65 그림에서 지표면으로부터 깊이 6m에서의 연직응력(σ_v)과 수평응력(σ_h)의 크기를 구하면?(단, 토압계수는 0.6이다.)

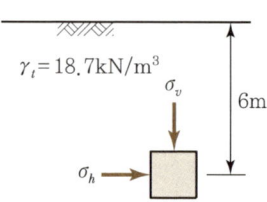

① $\sigma_v = 87.3\text{kN/m}^2$, $\sigma_h = 52.4\text{kN/m}^2$
② $\sigma_v = 95.2\text{kN/m}^2$, $\sigma_h = 57.1\text{kN/m}^2$
③ $\sigma_v = 112.2\text{kN/m}^2$, $\sigma_h = 67.3\text{kN/m}^2$
④ $\sigma_v = 123.4\text{kN/m}^2$, $\sigma_h = 74.0\text{kN/m}^2$

해설
- 연직응력(σ_v) = $\gamma_t \cdot h = 18.7 \times 6 = 112.2\text{kN/m}^2$
- 수평응력(σ_h) = $Q_u \cdot k = 112.2 \times 0.6 = 67.32\text{kN/m}^2$

66 압밀시험에서 얻은 e–log$P$ 곡선으로 구할 수 있는 것이 아닌 것은?

① 선행압밀압력   ② 팽창지수
③ 압축지수   ④ 압밀계수

해설 압밀계수는 시간에 따른 압력 변화를 고려한 값을 말한다.

67 시료채취 시 샘플러(Sampler)의 외경이 6cm, 내경이 5.5cm일 때, 면적비는?

① 8.3%   ② 9.0%
③ 16%   ④ 19%

해설
$$\text{면적비} = \frac{(\text{외경})^2 - (\text{내경})^2}{(\text{내경})^2} \times 100$$
$= \frac{6.0^2 - 5.5^2}{5.5^2} \times 100 = 19\%$

68 그림에서 a–a'면 바로 아래의 유효응력은? [단, 흙의 간극비(e)는 0.4, 비중(G_s)은 2.65, 물의 단위중량은 9.81kN/m³이다.]

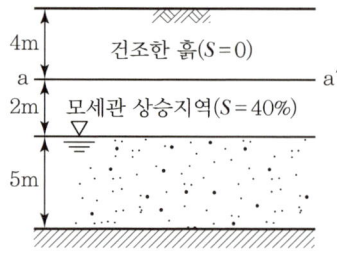

① 68.2kN/m²   ② 82.1kN/m²
③ 97.4kN/m²   ④ 102.1kN/m²

정답 64 ③ 65 ③ 66 ④ 67 ④ 68 ②

해설

- $\gamma_d = \dfrac{G_s}{1+e} \cdot \gamma_w = \dfrac{2.65}{1+0.4} \times 9.81 = 18.55 \text{kN/m}^3$
- $\gamma_t = \dfrac{G_s + (s \cdot e)}{1+e} \cdot \gamma_w = \dfrac{2.65 + (0.4 \times 0.4)}{1+0.4} \times 9.81$
  $= 19.7 \text{kN/m}^3$
- $\sigma = 18.55 \times 4 = 74.2 \text{kN/m}^2$
- $u = -s \times h \times \gamma_w = -0.4 \times 2 \times 9.81$
  $= -7.85 \text{kN/m}^2$

$a-a'$면 바로 아래의 유효응력
$\sigma' = \sigma - u = 74.2 - (-7.85) = 82.05 ≒ 82.1 \text{kN/m}^2$

69 도로의 평판재하시험에서 시험을 멈추는 조건으로 틀린 것은?

① 완전히 침하가 멈출 때
② 침하량이 15mm에 달할 때
③ 재하 응력이 지반의 항복점을 넘을 때
④ 재하 응력이 현장에서 예상할 수 있는 가장 큰 접지 압력의 크기를 넘을 때

해설
일반적으로 1차 침하 후 2차 침하가 진행되기 때문에 완전히 침하가 멈춘다는 것을 판단하기는 어렵다.

70 아래와 같은 상황에서 강도정수 결정에 적합한 삼축압축시험의 종류는?

> 최근에 매립된 포화 점성토 지반 위에 구조물을 시공한 직후의 초기 안정 검토에 필요한 지반 강도정수 결정

① 비압밀 비배수 시험(UU)
② 비압밀 배수 시험(UD)
③ 압밀 비배수 시험(CU)
④ 압밀 배수 시험(CD)

71 베인전단시험(Vane Shear Test)에 대한 설명으로 틀린 것은?

① 베인전단시험으로부터 흙의 내부마찰각을 측정할 수 있다.
② 현장 원위치 시험의 일종으로 점토의 비배수 전단강도를 구할 수 있다.
③ 연약하거나 중간 정도의 점성토 지반에 적용된다.
④ 십자형 베인(Vane)을 땅 속에 압입한 후, 회전모멘트를 가해서 흙이 원통형으로 전단 파괴될 때 저항모멘트를 구함으로써 비배수 전단강도를 측정하게 된다.

해설
베인전단시험은 비배수 전단강도를 측정할 수 있으며, 내부마찰각을 직접적으로 구하는 것은 어렵다.

72 연약지반 개량공법 중 점성토 지반에 이용되는 공법은?

① 전기충격 공법
② 폭파다짐 공법
③ 생석회말뚝 공법
④ 바이브로플로테이션 공법

73 주동토압을 P_a, 수동토압을 P_p, 정지토압을 P_o라 할 때 토압의 크기를 비교한 것으로 옳은 것은?

① $P_a > P_p > P > P_o$
② $P_p > P > P_o > P_a$
③ $P_p > P > P_a > P_o$
④ $P_o > P_a > P_p > P$

정답 69 ① 70 ① 71 ① 72 ③ 73 ②

74 흙의 내부마찰각이 20°, 점착력이 50kN/m², 습윤 단위중량이 17kN/m³, 지하수위 아래 흙의 포화 단위중량이 19kN/m³일 때 3m×3m 크기의 정사각형 기초의 극한 지지력을 Terzaghi의 공식으로 구하면? (단, 지하수위는 기초바닥 깊이와 같으며 물의 단위중량은 9.81kN/m³이고, 지지력 계수 $N_c = 18$, $N_\gamma = 5$, $N_q = 7.5$이다.)

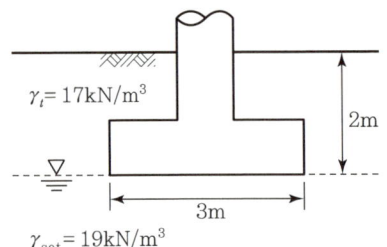

① 1,231.24kN/m² ② 1,337.31kN/m²
③ 1,480.14kN/m² ④ 1,540.42kN/m²

해설
$q_u = \alpha \cdot C \cdot N_c + \beta \cdot B \cdot \gamma_1 \cdot N_r + D_f \cdot \gamma_2 \cdot N_q$
여기서, $\alpha = 1.3$, $\beta = 0.4$,
$\gamma_2 = (\gamma_{sat} - \gamma_{sub}) + \dfrac{D}{B}(\gamma_1 - \gamma_{sub})$
$= 1.3 \times 50 \times 18 + 0.4 \times 3 \times 17 \times 5 + 2 \times 13.9 \times 7.5$
$≒ 1,480.14 \text{kN/m}^2$

75 그림과 같은 지반 내의 유선망이 주어졌을 때 폭 10m에 대한 침투유량은?[단, 투수계수(K)는 2.2×10^{-2}cm/s이다.]

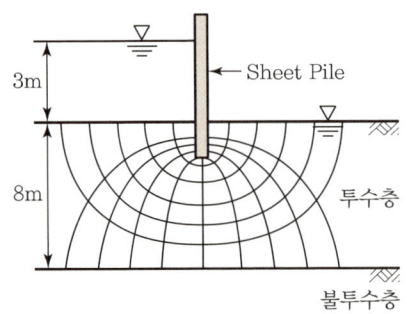

① 3.96cm³/s ② 39.6cm³/s
③ 396cm³/s ④ 3,960cm³/s

해설
$Q = k \cdot H \cdot \left(\dfrac{N_f}{N_d}\right) = 2.2 \times 10^{-2} \times 800 \times \dfrac{9}{40}$
$= 3.96 \text{cm}^3/\text{s}$
여기서, N_f = 유로의 수 = 9,
N_d = 등수두면의 수 = 40
폭 10m에 대한 침투유량
$= 3.96 \times 1,000 = 3,960 \text{cm}^3/\text{s}$

76 어떤 모래층의 간극비(e)는 0.2, 비중(G_s)은 2.60이었다. 이 모래가 분사현상(Quick Sand)이 일어나는 한계 동수경사(i_c)는?

① 0.56 ② 0.95
③ 1.33 ④ 1.80

해설
$i_c = \dfrac{G_s - 1}{1 + e} = \dfrac{2.60 - 1}{1 + 0.2} = \dfrac{1.6}{1.2} = 1.33$

77 20개의 무리말뚝에 있어서 효율이 0.75이고, 단항으로 계산된 말뚝 한 개의 허용지지력이 150kN일 때 무리말뚝의 허용지지력은?

① 1,125kN ② 2,250kN
③ 3,000kN ④ 4,000kN

해설
$R_{ay} = E \cdot N \cdot R_a = 0.75 \times 20 \times 150 = 2,250 \text{kN}$

정답 74 ③ 75 ④ 76 ③ 77 ②

78 연약지반 위에 성토를 실시한 다음, 말뚝을 시공하였다. 시공 후 발생될 수 있는 현상에 대한 설명으로 옳은 것은?

① 성토를 실시하였으므로 말뚝의 지지력은 점차 증가한다.
② 말뚝을 암반층 상단에 위치하도록 시공하였다면 말뚝의 지지력에는 변함이 없다.
③ 압밀이 진행됨에 따라 지반의 전단강도가 증가되므로 말뚝의 지지력은 점차 증가된다.
④ 압밀로 인해 부주면마찰력이 발생되므로 말뚝의 지지력은 감소된다.

79 흙의 분류법인 AASHTO 분류법과 통일분류법을 비교·분석한 내용으로 틀린 것은?

① 통일분류법은 0.075mm체 통과율 35%를 기준으로 조립토와 세립토로 분류하는데 이것은 AASHTO 분류법보다 적합하다.
② 통일분류법은 입도분포, 액성한계, 소성지수 등을 주요 분류인자로 한 분류법이다.
③ AASHTO 분류법은 입도분포, 군지수 등을 주요 분류인자로 한 분류법이다.
④ 통일분류법은 유기질토 분류방법이 있으나 AASHTO 분류법은 없다.

해설
통일분류법은 0.075mm체 통과율 50%를 기준으로 조립토와 세립토로 분류한다.

80 상·하층이 모래로 되어 있는 두께 2m의 점토층이 어떤 하중을 받고 있다. 이 점토층의 투수계수가 5×10^{-7}cm/s, 체적변화계수(m_v)가 5.0cm²/kN일 때, 90% 압밀에 요구되는 시간은?(단, 물의 단위중량은 9.81kN/m³이다.)

① 약 5.6일 ② 약 9.8일
③ 약 15.2일 ④ 약 47.2일

해설
- $k = 5 \times 10^{-7}$cm/s $= 5 \times 10^{-9}$m/s
- $m_v = 5.0$cm²/kN $= 5 \times 10^{-4}$m²/kN

$$압밀계수(C_v) = \frac{k}{m_v \cdot \gamma_w} = \frac{5 \times 10^{-9}}{5 \times 9.81 \times 10^{-4}}$$
$$= 1.019 \times 10^{-6} \text{m}^2/\text{s}$$

$T_v \begin{cases} u = 50\%일 때 \ 0.197 \\ u = 90\%일 때 \ 0.848 \end{cases}$ 에서

$$t = \frac{T_v}{C_v} \cdot H^2 = \frac{0.848}{1.019 \times 10^{-6}} \times 1.0^2$$
$$\fallingdotseq 832,190초 = \frac{832,190}{60 \times 60 \times 24} \fallingdotseq 9.8일$$

정답 78 ④ 79 ① 80 ②

2022년 과년도 기출문제

01 콘크리트 공학

01 일반적인 경우 콘크리트의 건조수축에 가장 큰 영향을 미치는 요인은?

① 단위굵은 골재량　② 단위시멘트양
③ 잔골재율　　　　　④ 단위수량

해설
단위수량이 클수록 건조에 의해 흩어지는 콘크리트 안의 자유수가 많아져서 건조수축은 커지게 된다.

02 유동화 콘크리트에 대한 설명으로 틀린 것은?

① 미리 비빈 베이스 콘크리트에 유동화제를 첨가하여 유동성을 증대시킨 콘크리트를 유동화 콘크리트라고 한다.
② 유동화제는 희석하여 사용하고, 미리 정한 소정의 양을 2~3회 나누어 첨가하며, 계량은 질량 또는 용적으로 계량하고, 그 계량오차는 1회에 1% 이내로 한다.
③ 유동화 콘크리트의 슬럼프 증가량은 100mm 이하를 원칙으로 하며, 50~80mm를 표준으로 한다.
④ 베이스 콘크리트 및 유동화 콘크리트의 슬럼프 및 공기량 시험은 50m³마다 1회씩 실시하는 것을 표준으로 한다.

해설
유동화제는 책임기술자의 승인을 받아 원액 또는 분말을 사용하여, 미리 정한 소정의 양을 한꺼번에 첨가하며, 계량은 질량 또는 용적으로 하고, 그 계량오차는 1회에 ±3%로 한다.

03 고압 증기양생에 대한 설명으로 틀린 것은?

① 고압 증기양생을 실시하면 백태현상을 감소시킨다.
② 고압 증기양생을 실시하면 황산염에 대한 저항성이 향상된다.
③ 고압 증기양생을 실시한 콘크리트는 어느 정도의 취성이 있다.
④ 고압 증기양생을 실시하면 보통 양생한 콘크리트에 비해 철근의 부착강도가 크게 향상된다.

04 PS강재에 요구되는 일반적인 성질로 틀린 것은?

① 인장강도가 작을 것
② 릴랙세이션이 작을 것
③ 콘크리트와 부착력이 클 것
④ 어느 정도의 피로강도를 가질 것

해설
PS강재는 높은 인장강도와 강한 내구성을 요구한다.

05 콘크리트 다지기에 대한 설명으로 틀린 것은?

① 콘크리트 다지기에는 내부진동기의 사용을 원칙으로 한, 사용이 곤란한 장소에서는 거푸집 진동기를 사용할 수 있다.
② 콘크리트는 타설 직후 바로 충분히 다져서 구석구석까지 채워져 밀실한 콘크리트가 되도록 하여야 한다.

정답　01 ④　02 ②　03 ④　04 ①　05 ④

③ 진동다지기를 할 때에는 내부진동기를 하층의 콘크리트 속으로 0.1m 정도 찔러 넣는다.
④ 재진동은 콘크리트에 나쁜 영향이 생기므로 하지 않는 것을 원칙으로 한다.

해설
재진동을 할 경우에는 콘크리트에 나쁜 영향이 생기지 않도록 초결이 일어나기 전에 실시하여야 한다.

06 현장 타설 말뚝에 사용하는 수중 콘크리트의 타설에 대한 설명으로 틀린 것은?

① 굵은 골재 최대치수 25mm의 경우, 관지름이 200~250mm의 트레미를 사용하여야 한다.
② 먼저 타설하는 부분의 콘크리트 타설 속도는 8~10m/h로 실시하여야 한다.
③ 콘크리트 상면은 설계면보다 0.5m 이상 높이로 여유 있게 타설하고 경화한 후 이것을 제거하여야 한다.
④ 콘크리트를 타설하는 도중에는 콘크리트 속의 트레미의 삽입 깊이는 2m 이상으로 하여야 한다.

해설
현장 타설 말뚝에 사용하는 콘크리트의 타설 속도는 안정액의 섞임 등을 고려하여 일반적으로 먼저 타설하는 부분의 경우 4~9m/h, 나중에 타설하는 부분의 경우 8~10m/h로 실시한다.

07 23회의 시험실적으로부터 구한 압축강도의 표준편차가 4MPa이었고, 콘크리트의 품질기준강도(f_{cq})가 30MPa일 때 배합강도는?(단, 표준편차의 보정계수는 시험횟수가 20회인 경우 1.08이고, 25회인 경우 1.03이다.)

① 34.4MPa ② 35.7MPa
③ 36.3MPa ④ 38.5MPa

해설
$f_{ck} \leq 35$MPa인 경우 아래 두 가지 중 큰 값을 선택한다.
- $f_{cr} = f_{ck} + 1.34s = 30 + 1.34 \times 4 \times 1.05$
  $= 35.6$MPa
- $f_{cr} = (f_{ck} - 3.5) + 2.33s$
  $= (30 - 3.5) + 2.33 \times 4 \times 1.05$
  $= 36.3$MPa

08 숏크리트의 특징에 대한 설명으로 틀린 것은?

① 용수가 있는 곳에서도 시공하기 쉽다.
② 수밀성이 적고 작업 시에 분진이 생긴다.
③ 노즐맨의 기술에 의하여 품질, 시공성 등에 변동이 생긴다.
④ 임의 방향으로 시공 가능하나 리바운드 등의 재료손실이 많다.

해설
용수가 있는 곳에서 시공할 때에는 적절한 배수처리를 해야 한다.

09 현장의 골재에 대한 체분석 결과 잔골재 속에서 5mm체에 남는 것이 6%, 굵은 골재 속에서 5mm체를 통과하는 것이 11%이었다. 시방배합표상의 단위잔골재량이 632kg/m³, 단위굵은 골재량이 1,176kg/m³일 때 현장배합을 위한 단위잔골재량은?(단, 표면수에 대한 보정은 무시한다.)

① 522kg/m³ ② 537kg/m³
③ 612kg/m³ ④ 648kg/m³

해설
$$\text{잔골재량} = \frac{100 \cdot S - b(S+G)}{100 - (a+b)}$$
$$= \frac{100 \times 632 - 11 \times (632 + 1,176)}{100 - (6 + 11)}$$
$$\approx 522 \text{kg/m}^3$$

정답 06 ② 07 ③ 08 ① 09 ①

10 프리텐션 방식의 프리스트레스트 콘크리트에서 프리스트레싱을 할 때의 콘크리트 압축강도는 얼마 이상이어야 하는가?

① 21MPa　② 24MPa
③ 27MPa　④ 30MPa

11 시멘트의 수화반응에 의해 생성된 수산화칼슘이 대기 중의 이산화탄소와 반응하여 콘크리트의 성능을 저하시키는 현상을 무엇이라고 하는가?

① 염해　② 탄산화
③ 동결융해　④ 알칼리 – 골재반응

12 콘크리트 배합설계에서 잔골재율(S/a)을 작게 하였을 때 나타나는 현상으로 틀린 것은?

① 소요의 워커빌리티를 얻기 위하여 필요한 단위시멘트양이 증가한다.
② 소요의 워커빌리티를 얻기 위하여 필요한 단위수량이 감소한다.
③ 재료분리가 발생되기 쉽다.
④ 워커빌리티가 나빠진다.

[해설] 소요의 워커빌리티를 얻기 위하여 필요한 단위시멘트양이 감소한다.

13 ϕ100×200mm인 원주형 공시체를 사용한 쪼갬 인장강도 시험에서 파괴하중이 100kN이면 콘크리트의 쪼갬 인장강도는?

① 1.6MPa　② 2.5MPa
③ 3.2MPa　④ 5.0MPa

[해설] 콘크리트 쪼갬 인장강도(f_t)
$$= \frac{2P}{\pi DL} = \frac{2 \times 100,000}{3.14 \times 100 \times 200} = 3.184\text{MPa}$$
여기서, P : 최대하중(N), D : 공시체 지름(mm), L : 공시체 길이(mm)

14 콘크리트의 받아들이기 품질검사에 대한 설명으로 틀린 것은?

① 콘크리트를 타설한 후에 실시한다.
② 내구성 검사는 공기량, 염화물 함유량을 측정하는 것으로 한다.
③ 강도검사는 압축강도 시험에 의한 검사를 실시한다.
④ 워커빌리티의 검사는 굵은 골재 최대치수 및 슬럼프가 설정치를 만족하는지의 여부를 확인함과 동시에 재료분리 저항성을 외관 관찰에 의해 확인하여야 한다.

[해설] 콘크리트의 받아들이기 품질검사는 콘크리트를 타설하기 전에 실시하는 것으로, 항목으로는 굳지 않은 콘크리트의 상태, 슬럼프, 공기량, 온도, 염화물 함유량, 펌퍼빌리티 등이 있다.

15 콘크리트 재료의 계량 및 비비기에 대한 설명으로 옳은 것은?

① 비비기는 미리 정해 둔 비비기 시간의 4배 이상 계속하지 않아야 한다.
② 비비기 시간은 강제식 믹서의 경우에는 1분 30초 이상을 표준으로 한다.

③ 재료의 계량은 시방배합에 의해 실시한다.
④ 골재 계량의 허용오차는 3%이다.

16 콘크리트 휨강도 시험에 대한 설명으로 틀린 것은?

① 공시체 단면 한 변의 길이는 굵은 골재 최대치수의 4배 이상이면서 100mm 이상으로 한다.
② 공시체의 길이는 단면의 한 변의 길이의 3배보다 80mm 이상 길어야 한다.
③ 공시체에 하중을 가하는 속도는 가장자리 응력도의 증가율이 매초 (0.6 ± 0.4)MPa 이 되도록 조정하여야 한다.
④ 공시체가 인장 쪽 표면의 지간 방향 중심선의 4점의 바깥쪽에서 파괴된 경우는 그 시험 결과를 무효로 한다.

> **해설**
> 가장자리 응력도의 증가율이 매초 0.06 ± 0.4MPa 이 되도록 한다.

17 경량골재 콘크리트에 대한 설명으로 옳은 것은?

① 내구성이 보통 콘크리트보다 크다.
② 열전도율은 보통 콘크리트보다 작다.
③ 동결융해에 대한 저항성은 보통 콘크리트보다 크다.
④ 건조수축에 의한 변형이 생기지 않는다.

18 콘크리트의 초기균열 중 콘크리트 표면수의 증발 속도가 블리딩 속도보다 빠른 경우와 같이 급속한 수분 증발이 일어나는 경우 발생하기 쉬운 균열은?

① 거푸집 변형에 의한 균열
② 침하수축균열
③ 건조수축균열
④ 소성수축균열

19 한중 콘크리트의 동결융해에 대한 내구성 개선에 주로 사용되는 혼화재료는?

① AE제　　　　② 포졸란
③ 지연제　　　④ 플라이애시

20 콘크리트의 운반 및 타설에 관한 설명으로 틀린 것은?

① 신속하게 운반하여 즉시 타설하고 충분히 다져야 한다.
② 공사 개시 전에 운반, 타설 등에 관하여 미리 충분한 계획을 세워야 한다.
③ 비비기로부터 타설이 끝날 때까지의 시간은 원칙적으로 외기온도가 25℃ 이상일 때는 1.0시간을 넘어서는 안 된다.
④ 운반 중에 재료분리가 일어났으면 충분히 다시 비벼서 균질한 상태로 콘크리트를 타설하여야 한다.

> **해설**
> 외기온도가 25℃ 초과일 때 허용 이어치기 시간 간격은 2.0시간 이내, 25℃ 이하일 때 허용 이어치기 시간 간격은 2.5시간 이내이다.

정답　16 ③　17 ②　18 ④　19 ①　20 ③

02 건설시공 및 관리

21 버킷의 용량이 0.8m³, 버킷계수가 0.9인 백호를 사용하여 12t 덤프트럭 1대에 흙을 적재하고자 할 때 필요한 적재시간은?[단, 백호의 사이클타임(C_m)은 30초, 백호의 작업효율(E)은 0.75, 흙의 습윤밀도(ρ_t)는 1.6t/m³, 토량변화율(L)은 1.2이다.]

① 7.13분 ② 7.94분
③ 8.67분 ④ 9.51분

해설

- 적재량 = $\dfrac{12t\ 덤프트럭}{P_t} \times L = \dfrac{12}{1.6} \times 1.2 = 9\text{m}^3$
- 적재횟수 = $\dfrac{적재량}{버킷용량 \times 버킷계수} = \dfrac{9}{0.8 \times 0.9}$
  $= 12.5 ≒ 13$회
- 적재시간 = $\dfrac{C_m \times 적재횟수}{60 \times E} = \dfrac{30 \times 13}{60 \times 0.75}$
  $= 8.666 ≒ 8.67$분

22 RCD(Reverse Circulation Drill) 공법의 특징에 대한 설명으로 틀린 것은?

① 케이싱 없이 굴착이 가능한 공법이다.
② 엔진의 소음 외에는 소음 및 진동 공해가 거의 없다.
③ 굴착 중 투수층을 만났을 때 급격한 수위 저하로 공벽이 붕괴될 수 있다.
④ 기종에 따라 약 35° 정도의 경사 말뚝 시공이 가능하다.

해설

RCD 공법은 대구경 현장타설 콘크리트 말뚝을 시공하는 공법으로 경사 말뚝의 시공은 어렵다.

23 옹벽 등 구조물의 뒤채움 재료에 대한 조건으로 틀린 것은?

① 투수성이 있어야 한다.
② 압축성이 좋아야 한다.
③ 다짐이 양호해야 한다.
④ 물의 침입에 의한 강도 저하가 적어야 한다.

해설

옹벽 등 구조물의 뒤채움 재료는 압축성이 작은 재료를 사용하여 흙 구조물 다짐을 쉽게 함으로써 내구성을 높일 수 있다.

24 흙의 성토작업에서 아래 그림과 같은 쌓기 방법은?

① 수평층 쌓기 ② 전방층 쌓기
③ 비계층 쌓기 ④ 물다짐 공법

25 공정관리에서 PERT와 CPM의 비교 설명으로 옳은 것은?

① PERT는 반복사업에, CPM은 신규사업에 좋다.
② PERT는 1점 시간추정이고, CPM은 3점 시간추정이다.
③ PERT는 작업호라동 중심관리이고, CPM은 작업단계 중심관리이다.
④ PERT는 공기 단축이 주목적이고, CPM은 공사비 절감이 주목적이다.

정답 21 ③ 22 ④ 23 ② 24 ② 25 ④

26 아래에서 설명하는 심빼기 발파공법의 명칭은?

> - 버력이 너무 비산하지 않는 심빼기에 유효하며, 특히 용수가 많을 때 편리하다.
> - 밑면의 반만큼 먼저 발파하여 놓고 물이 그곳에 집중되면 물이 없는 부분을 발파하는 방법이다.

① 노 컷　　　② 번 컷
③ 스윙 컷　　④ 피라미드 컷

27 그림과 같이 20개의 말뚝으로 구성된 무리말뚝이 있다. 이 무리말뚝의 효율(E)을 Converse-Labarre식을 이용해서 구하면?

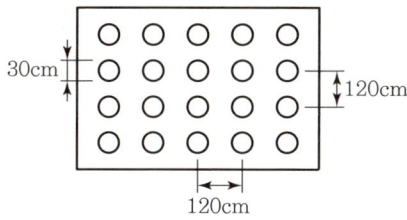

① 0.647　　② 0.684
③ 0.721　　④ 0.758

해설

$\phi = \tan^{-1}\dfrac{d}{s} = \tan^{-1}\dfrac{30}{120} ≒ 14°$ 이고, $m=4$, $n=5$ 이므로

$E = 1 - \phi\left[\dfrac{(n-1)m+(m-1)n}{90mn}\right]$

$= 1 - 14 \times \left[\dfrac{(5-1)\times 4+(4-1)\times 5}{90\times 4\times 5}\right] ≒ 0.758$

28 배수로의 설계 시 유의해야 할 사항으로 틀린 것은?

① 집수면적이 커야 한다.
② 유하속도는 느릴수록 좋다.
③ 집수지역은 다소 깊어야 한다.
④ 배수 단면은 하류로 갈수록 커야 한다.

해설

배수로의 설계 시 유하속도는 자연유하 방식의 경우 최소 0.8m/s, 최대 3.0m/s를 유지할 수 있도록 해야 하는데, 유하속도가 느리면 퇴적물 등이 쌓이게 되어 원활한 배수가 어렵다.

29 그림과 같은 네트워크 공정표에서 주공정선(CP)으로 옳은 것은?

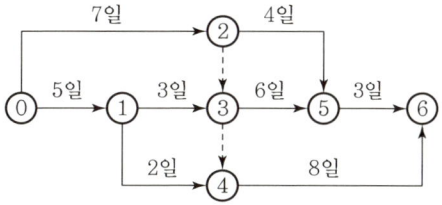

① 0 → 1 → 3 → 5 → 6
② 0 → 1 → 3 → 4 → 6
③ 0 → 2 → 5 → 6
④ 0 → 1 → 4 → 6

30 콘크리트교의 가설공법 중 현장타설 콘크리트에 의한 공법의 종류에 속하지 않는 것은?

① 동바리 공법(FSM 공법)
② 캔틸레버 공법(FCM 공법)
③ 이동식 비계공법(MSS 공법)
④ 프리캐스트 세그먼트 공법(PSM 공법)

해설

PSM 공법은 현장타설 공법이 아닌 프리캐스트 공법이다.

정답　26 ③　27 ④　28 ②　29 ①　30 ④

31 터널공사에 있어서 TBM 공법의 특징에 대한 설명으로 틀린 것은?

① 여굴이 거의 발생하지 않는다.
② 주변 암반에 대한 이완이 거의 없다.
③ 복잡한 지질변화에 대한 적응성이 좋다.
④ 갱내의 분진, 진동 등 환경조건이 양호하다.

해설 TBM공법은 복잡한 지질변화에 대한 적응성이 일부 있으나 암질의 변화에 따라 제약을 받을 수 있다.

32 옹벽을 구조적 특성에 따라 분류할 때 여기에 속하지 않는 것은?

① 돌쌓기 옹벽   ② 중력식 옹벽
③ 부벽식 옹벽   ④ 켄틸레버식 옹벽

해설 돌쌓기 옹벽은 석축 옹벽 형식이며 나머지는 콘크리트 옹벽 형식이다.

33 무한궤도식 건설기계의 운전중량이 22t, 접지길이가 270cm, 무한궤도의 폭(슈폭)이 55cm일 때, 이 건설기계의 접지압은? (단, 무한궤도 트랙의 수는 2개이다.)

① 0.37kg/cm²   ② 0.74kg/cm²
③ 1.48kg/cm²   ④ 2.96kg/cm²

해설 접지압 $= \dfrac{운전중량}{접지면적} = \dfrac{22,000}{2 \times 55 \times 270} = 0.74 \text{kg/cm}^2$

34 아스팔트 포장과 콘크리트 포장을 비교 설명한 것 중 아스팔트 포장의 특징으로 틀린 것은?

① 초기 공사비가 고가이다.
② 양생기간이 거의 필요 없다.
③ 주행성이 콘크리트 포장보다 좋다.
④ 보수 작업이 콘크리트 포장보다 쉽다.

해설 시멘트 콘크리트 포장은 초기 공사비가 고가이나 공용기간이 아스팔트 포장에 비해 긴 것이 특징이다.

35 30,000m³의 성토 공사를 위하여 토량의 변화율이 $L=1.2$, $C=0.9$인 현장 흙을 굴착 운반하고자 한다. 이때 운반토량은?

① 22,500m³   ② 32,400m³
③ 40,000m³   ④ 62,500m³

해설 성토는 다져진 상태를 말하는데 그 양이 30,000m³인 문제의 굴착량은 자연 상태이므로 $\dfrac{1}{C}$을 적용하고, 운반토량은 굴착 후 트럭에 실어 느슨한 상태이므로 L을 적용한다.

$30,000 \times \left(\dfrac{L}{C}\right) = 40,000 \text{m}^3$

36 토적곡선(Mass Curve)의 성질에 대한 설명으로 틀린 것은?

① 토적곡선상에 동일 단면 내의 절토량과 성토량은 구할 수 없다.
② 토적곡선이 기선 아래에서 종결될 때에는 토량이 부족하고, 기선 위에서 종결될 때에는 토량이 남는다.
③ 기선에 평행한 임의의 직선을 그어 토적곡선과 교차하는 인접한 교차점 사이의 절토량과 성토량은 서로 같다.
④ 토적곡선이 평형선 위쪽에 있을 때 절취토는 우에서 좌로 운반되고, 반대로 아래쪽에 있을 때는 좌에서 우로 운반된다.

정답 31 ③ 32 ① 33 ② 34 ① 35 ③ 36 ④

37 디퍼 준설선(Dipper Dredger)의 특징으로 틀린 것은?

① 기계의 고장이 비교적 적다.
② 작업장소가 넓지 않아도 된다.
③ 암석이나 굳은 지반의 준설에 적합하고 굴착력이 우수하다.
④ 준설비가 비교적 저렴하고, 연속식에 비하여 작업능률이 뛰어나다.

해설) 디퍼 준설선은 암석이나 굳은 지반의 준설에 적합하고 굴착력이 좋으나 비용이 비싸다.

38 우물통의 침하 공법 중 초기에는 자중으로 침하되지만 심도가 깊어짐에 따라 콘크리트 블록, 흙가마니 등이 사용되는 공법은?

① 분기식 침하 공법
② 물하중식 침하 공법
③ 재하중에 의한 공법
④ 발파에 의한 침하 공법

39 아스팔트 포장의 안정성 부족으로 인해 발생하는 대표적인 파손은 소성변형(바퀴자국, 측방유동)이다. 소성변형의 원인이 아닌 것은?

① 수막현상
② 중차량 통행
③ 여름철 고온 현상
④ 표시된 차선에 따라 차량이 일정 위치로 주행

해설) 소성변형은 물체가 외부 자극을 받아 변형에 저항하는 탄성 한계를 넘어섰을 때 발생하는 영구적인 변형이다. 수막현상은 타이어와 노면 사이에 물이 고여 접지력이 떨어지는 현상을 말한다.

40 흙 댐(Earth Dam)의 특징에 대한 설명으로 틀린 것은?

① 성토용 재료의 구입이 용이하며 경제적이다.
② 높은 댐의 축조가 어려우며, 내진력이 약하다.
③ 여수로의 설치가 필요치 않아 공사비가 저렴하다.
④ 기초 지반이 비교적 견고하지 않더라도 축조가 가능하다.

해설) 흙 댐의 여수로는 댐에 저장된 물을 방류하는 역할과 함께 댐의 안전 확보, 홍수 시 댐의 월류를 방지하는 역할을 한다.

03 건설재료 및 시험

41 콘크리트용 혼화제에 대한 일반적인 설명으로 틀린 것은?

① AE제에 의한 연행공기는 시멘트, 골재입자 주위에서 베어링(Bearing)과 같은 작용을 함으로써 콘크리트의 워커빌리티를 개선하는 효과가 있다.
② 고성능 감수제는 그 사용방법에 따라 고강도 콘크리트용 감수제와 유동화제로 나누어지지만 기본적인 성능은 동일하다.
③ 촉진제는 응결시간이 빠르고 조기강도를 증대시키는 효과가 있기 때문에 여름철 공사에 사용하면 유리하다.
④ 지연제로 사일로, 대형구조물 및 수조 등과 같이 연속 타설을 필요로 하는 콘크리트 구조에 작업이음과 발생 등의 방지에 유효하다.

정답 | 37 ④ 38 ③ 39 ① 40 ③ 41 ③

> [해설]
> - 여름철에는 기온이 높아 응결 및 경화가 빠르므로 촉진제 사용 시 콘크리트 균열 등의 문제 발생 우려가 있다.
> - 촉진제는 겨울철 낮은 온도에서 경화 지연을 방지하기 위해 사용하는 것이 일반적이다.

42 아스팔트의 성질에 대한 설명으로 틀린 것은?

① 아스팔트의 밀도는 침입도가 작을수록 작다.
② 아스팔트의 밀도는 온도가 상승할수록 저하된다.
③ 아스팔트는 온도에 따라 컨시스턴시가 현저하게 변화된다.
④ 아스팔트의 강성은 온도가 높을수록, 침입도가 클수록 작다.

> [해설]
> 아스팔트의 침입도와 밀도는 직접적인 관련은 없으며, 아스팔트의 침입도는 경도를 나타내는 수치이다.

43 도폭선에서 심약(心藥)으로 사용되는 것은?

① 뇌홍   ② 질화납
③ 면화약 ④ 피크린산

44 냉간가공을 했을 때 강재의 특성으로 틀린 것은?

① 경도가 증가한다.
② 신장률이 증가한다.
③ 항복점이 증가한다.
④ 인장강도가 증가한다.

> [해설]
> 냉간가공은 금속재료를 재결정 온도 이하에서 가공하는 기법으로 가공경화 현상으로 인해 재료가 단단해지나 신장률은 감소한다.

45 시멘트의 강열감량(Ignition Loss)에 대한 설명으로 틀린 것은?

① 강열감량은 시멘트에 약 1,000℃의 강한 열을 가했을 때의 시멘트 중량감소량을 말한다.
② 강열감량은 주로 시멘트 속에 포함된 H_2O와 CO_2의 양이다.
③ 강열감량은 클링커와 혼합하는 석고의 결정수량과 거의 같은 양이다.
④ 시멘트가 풍화하면 강열감량이 적어지므로 풍화의 정도를 파악하는 데 사용된다.

> [해설]
> 강열감량은 열이 손실되는 현상으로 시멘트가 풍화하면 강열감량이 증가할 수 있다.

46 굵은 골재의 밀도시험 결과가 아래와 같을 때 이 골재의 표면 건조 포화 상태의 밀도는?

- 절대 건조 상태의 시료 질량 : 2,000g
- 표면 건조 포화 상태의 시료 질량 : 2,090g
- 침지된 시료의 수중 질량 : 1,290g
- 시험 온도에서의 물의 밀도 : $1g/cm^3$

① $2.50g/cm^3$ ② $2.61g/cm^3$
③ $2.68g/cm^3$ ④ $2.82g/cm^3$

> [해설]
> 표면 건조 포화 상태의 밀도
> =[표면 건조 포화 상태의 시료 질량/(표면 건조 포화 상태의 시료 질량 – 침지된 시료의 수중 질량)]
> ×시험 온도에서의 물의 밀도
> $= \dfrac{2,090}{2,090-1,290} \times 1 = 2.6125 g/cm^3$

정답 | 42 ① 43 ③ 44 ② 45 ④ 46 ②

47 잔골재를 계량한 결과가 아래와 같을 때 흡수율은?

- 절대 건조 상태의 시료의 질량 : 950g
- 공기 중 건조 상태 시료의 질량 : 970g
- 표면 건조 포화 상태 시료의 질량 : 980g
- 습윤 상태 시료의 질량 : 1,000g

① 2.06% ② 3.06%
③ 3.16% ④ 3.26%

해설

$$흡수율 = \frac{표면\ 건조\ 포화\ 상태\ 시료의\ 질량 - 절대\ 건조\ 상태의\ 시료의\ 질량}{절대\ 건조\ 상태의\ 시료의\ 질량} \times 100$$

$$= \frac{980-950}{950} \times 100 = \frac{30}{950} \times 100 ≒ 3.158\%$$

48 스트레이트 아스팔트와 비교한 고무혼입 아스팔트(Rubberized Asphalt)의 특징으로 틀린 것은?

① 응집성 및 부착력이 크다.
② 마찰계수가 크다.
③ 충격저항이 크다.
④ 감온성이 크다.

해설
고무혼입 아스팔트는 감온성이 작다는 특징이 있다.

49 로스앤젤레스 시험기에 의한 굵은 골재의 마모시험 결과가 아래와 같을 때 마모감량은?

- 시험 전 시료의 질량 : 5,000g
- 시험 후 1.7mm의 망체에 남은 시료의 질량 : 4,321g

① 6.4% ② 7.4%
③ 13.6% ④ 15.7%

해설
마모감량

$$= \frac{시험\ 전\ 시료의\ 질량 - 시험\ 후\ 시료의\ 질량}{시험\ 전\ 시료의\ 질량} \times 100$$

$$= \frac{5,000-4,321}{5,000} \times 100 = \frac{679}{5,000} \times 100 ≒ 13.58\%$$

50 방청제를 사용한 콘크리트에서 방청제의 작용에 의한 방식 방법으로 틀린 것은?

① 콘크리트 중의 철근표면의 부동태 피막을 보강하는 방법
② 콘크리트 중의 이산화탄소를 소비하여 철근에 도달하지 않도록 하는 방법
③ 콘크리트 중의 염소이온을 결합하여 고정하는 방법
④ 콘크리트의 내부를 치밀하게 하여 부식성 물질의 침투를 막는 방법

51 토목섬유가 힘을 받아 한 방향으로 찢어지는 특성을 측정하는 시험법은 무엇인가?

① 인열강도시험
② 할렬강도시험
③ 봉합강도시험
④ 직접전단시험

52 화성암은 산성암, 중성암, 염기성암으로 분류가 되는데, 이때 분류 기준이 되는 것은?

① 규산의 함유량
② 운모의 함유량
③ 장석의 함유량
④ 각섬석의 함유량

정답 47 ③ 48 ④ 49 ③ 50 ② 51 ① 52 ①

53 석재로서 화강암의 특징에 대한 설명으로 틀린 것은?

① 조직이 균일하고 내구성 및 강도가 크다.
② 외관이 아름다워 장식재로 사용할 수 있다.
③ 균열이 적기 때문에 비교적 큰 재료를 채취할 수 있다.
④ 내화성이 강하므로 고열을 받는 내화용 재료로 많이 사용된다.

[해설] 화강암은 강도와 내구성이 크지만 내화성은 낮은 편이다.

54 시멘트의 응결에 영향을 미치는 요소에 대한 설명으로 틀린 것은?

① 풍화된 시멘트는 일반적으로 응결이 빨라진다.
② 온도가 높을수록 응결은 빨라진다.
③ 배합 수량이 많을수록 응결은 지연된다.
④ 석고의 첨가량이 많을수록 응결은 지연된다.

55 혼화재 등 대표적인 포졸란의 일종으로서, 석탄 화력발전소 등에서 미분탄을 연소시킬 때 불연 부분이 용융상태로 부유한 것을 냉각 고화시켜 채취한 미분탄재를 무엇이라고 하는가?

① 플라이애시　② 고로슬래그
③ 실리카흄　　④ 소성점토

56 골재의 취급과 저장 시 주의해야 할 사항으로 틀린 것은?

① 잔골재, 굵은 골재 및 종류, 입도가 다른 골재는 각각 구분하여 별도로 저장한다.
② 골재의 저장설비는 적당한 배수설비를 설치하고 그 용량을 검토하여 표면수가 균일한 골재의 사용이 가능하도록 한다.
③ 골재의 표면수는 굵은 골재는 건조상태로, 잔골재는 습윤상태로 저장하는 것이 좋다.
④ 골재는 빙설의 혼입방지, 동결방지를 위한 적당한 시설을 갖추어 저장해야 한다.

[해설] 골재의 저장설비는 적당한 배수시설을 설치하고, 표면수가 균일하게 되도록 하여야 하며, 사용에 편리하여야 한다.

57 아래는 길모어 침에 의한 시멘트의 응결시간 시험방법(KS L 5103)에서 습도에 대한 내용이다. 아래의 (　) 안에 들어갈 내용으로 옳은 것은?

> 시험실의 상대습도는 (㉠) 이상이어야 하며, 습기함이나 습기실은 시험체를 (㉡) 이상의 상대습도에서 저장할 수 있는 구조이어야 한다.

① ㉠ : 30%, ㉡ : 60%
② ㉠ : 50%, ㉡ : 70%
③ ㉠ : 30%, ㉡ : 80%
④ ㉠ : 50%, ㉡ : 90%

정답　53 ④　54 ①　55 ①　56 ③　57 ④

58 아래에서 설명하는 합판은?

> 끌로 각재를 얇게 절단한 것으로서, 곧은 결과 무늬 결을 자유로이 얻을 수 있어 장식용으로 이용할 수 있는 특징이 있다.

① 소드 베니어 ② 로터리 베니어
③ 파티클 보드(PB) ④ 슬라이스트 베니어

59 다음 강재의 응력 – 변형률 곡선에 대한 설명으로 틀린 것은?

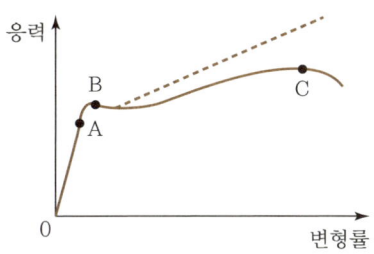

① A점은 응력과 변형률이 비례하는 최대한도 지점이다.
② B점은 외력을 제거해도 영구변형을 남기지 않고 원래로 돌아가는 응력의 최대한도 지점이다.
③ C점은 부재 응력의 최댓값이다.
④ 강재는 하중을 받아 변형되며 단면이 축소되므로 실제 응력 – 변형률 선은 점선이다.

60 도로포장용 아스팔트는 수분을 함유하지 않고 몇 ℃까지 가열하여도 거품이 생기지 않아야 하는가?

① 150℃ ② 175℃
③ 220℃ ④ 280℃

해설
도로포장용 아스팔트는 수분을 함유하지 않고 175~180℃까지 가열하여도 거품이 생기지 않아야 한다.

04 토질 및 기초

61 비교적 가는 모래와 실트가 물속에서 침강하여 고리 모양을 이루며 작은 아치를 형성한 구조로 단립 구조보다 간극비가 크고 충격과 진동에 약한 흙의 구조는?

① 봉소 구조 ② 낱알 구조
③ 분산 구조 ④ 면모 구조

62 모래시료에 대해서 압밀배수 삼축압축시험을 실시하였다. 초기 단계에서 구속응력(σ_3)은 100kN/m²이고, 전단파괴 시에 작용된 축차응력(σ_{df})은 200kN/m²이었다. 이와 같은 모래시료의 내부마찰각(ϕ) 및 파괴면에 작용하는 전단응력(τ_f)의 크기는?

① $\phi=30°$, $\tau_f=115.47\text{kN/m}^2$
② $\phi=40°$, $\tau_f=115.47\text{kN/m}^2$
③ $\phi=30°$, $\tau_f=86.60\text{kN/m}^2$
④ $\phi=40°$, $\tau_f=86.60\text{kN/m}^2$

해설
- $\sigma_1 = \sigma_3 + \sigma_{df} = 100 + 200 = 300\text{kN/m}^2$
  여기서, $\sigma_1 = \sigma_3 \cdot \tan^2\left(45° + \dfrac{\phi}{2}\right)$,
  $300 = 100 \times \tan^2\left(45° + \dfrac{\phi}{2}\right)$, $\phi = 30°$
- $T_f = \sigma' \times \tan\phi = 150 \times \tan 30° ≒ 86.6\text{kN/m}^2$
  여기서, $\sigma' = \dfrac{\sigma_1 + \sigma_3}{2} + \dfrac{\sigma_1 - \sigma_3}{2}\cos(90° + \phi)$
  $= \dfrac{300 + 100}{2} + \dfrac{300 - 100}{2}\cos 120°$
  $= 150\text{kN/m}^2$

정답 58 ④ 59 ② 60 ② 61 ① 62 ③

63 말뚝의 부주면마찰력에 대한 설명으로 틀린 것은?

① 연약한 지반에서 주로 발생한다.
② 말뚝 주변의 지반이 말뚝보다 더 침하될 때 발생한다.
③ 말뚝 주변에 역청 코팅을 하면 부주면마찰력을 감소시킬 수 있다.
④ 부주면마찰력의 크기는 말뚝과 흙 사이의 상대적인 변위속도와는 큰 연관성이 없다.

해설
말뚝의 부주면마찰력은 말뚝과 흙 사이의 상대적 변위속도와 연관이 있는데, 말뚝이 설치된 이후 주변 지반이 침하하면 말뚝을 끌어내리는 하향력의 부주면마찰력이 발생한다.

64 말뚝기초에 대한 설명으로 틀린 것은?

① 군항은 전달되는 응력이 겹쳐지므로 말뚝 1개의 지지력에 말뚝 개수를 곱한 값보다 지지력이 크다.
② 동역학적 지지력 공식 중 엔지니어링 뉴스 공식의 안전율(F_s)은 6이다.
③ 부주면마찰력이 발생하면 말뚝의 지지력은 감소한다.
④ 말뚝기초는 기초의 분류에서 깊은 기초에 속한다.

해설
군항은 말뚝에 전달되는 응력이 겹쳐서 지지력이 커지는 것은 아니다.

65 두께 9m의 점토층에서 하중강도 P_1일 때 간극비는 2.0이고 하중강도를 P_2로 증가시키면 간극비는 1.8로 감소되었다. 이 점토층의 최종압밀침하량은?

① 20cm ② 30cm
③ 50cm ④ 60cm

해설
최종압밀침하량 $= (P_1 - P_2 / 1 + P_1) \times 900$
$= (2.0 - 1.8 / 1 + 2.0) \times 900$
$= (0.2/3.0) \times 900 = 60\text{cm}$

66 그림과 같이 3개의 지층으로 이루어진 지반에서 토층에 수직한 방향의 평균 투수계수(k_v)는?

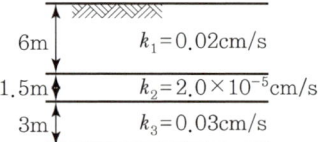

① 2.516×10^{-6}cm/s ② 1.274×10^{-5}cm/s
③ 1.393×10^{-4}cm/s ④ 2.0×10^{-2}cm/s

해설
• 수평방향 평균 투수계수
$$K_h = \frac{1}{H_0}(k_1 \cdot H_1 + k_2 \cdot H_2 + k_2 \cdot H_3)$$
• 수직방향 평균 투수계수
$$K_v = \frac{H_0}{\frac{H_1}{k_1} + \frac{H_2}{k_2} + \frac{H_3}{k_3}}$$
$$= \frac{1,050}{\frac{600}{0.02} + \frac{150}{2.0 \times 10^{-5}} + \frac{300}{0.03}}$$
$$= 1.393 \times 10^{-4}\text{cm/s}$$

정답 | 63 ④ 64 ① 65 ④ 66 ③

67 아래 그림과 같은 흙의 구성도에서 체적 V를 1로 했을 때의 간극의 체적은?(단, 간극률은 n, 함수비는 w, 흙입자의 비중은 G_s, 물의 단위중량은 γ_w)

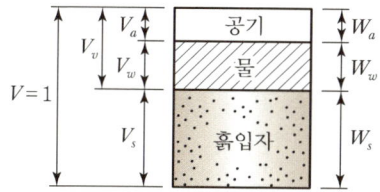

① n
② wG_s
③ $\gamma w(1-n)$
④ $[G_s - n(G_s - 1)]\gamma w$

해설
$n = \dfrac{V_v}{V}$ 이므로 $V=1$일 때 $n = V_v$
따라서 간극의 체적은 1이다.

68 평판재하시험에 대한 설명으로 틀린 것은?

① 순수한 점토지반의 지지력은 재하판 크기와 관계없다.
② 순수한 모래지반의 지지력은 재하판의 폭에 비례한다.
③ 순수한 점토지반의 침하량은 재하판의 폭에 비례한다.
④ 순수한 모래지반의 침하량은 재하판의 폭에 관계없다.

해설
평판재하시험은 지반의 지지력과 침하량을 추정할 수 있으며 재하판의 폭이 커질수록 침하량이 증가한다.

69 두께 2cm의 점토시료에 대한 압밀시험 결과 50%의 압밀을 일으키는 데 6분이 걸렸다. 같은 조건하에서 두께 3.6m의 점토층 위에 축조한 구조물이 50%의 압밀에 도달하는 데 며칠이 걸리는가?

① 1,350일 ② 270일
③ 135일   ④ 27일

해설
시간은 두께의 제곱에 비례하므로,
$2^2 : 6분 = 360^2 : x분$
$x = 194,440분 = 135일$

70 토립자가 모나고 입도가 양호한 모래 지반에서 표준관입시험을 한 결과 N값은 10이었다. 이 모래의 내부 마찰각(ϕ)을 Dunham의 공식으로 구하면?

① 21°   ② 26°
③ 31°   ④ 36°

해설
N값을 통한 전단강도의 측정(Dunham식)
• 토립자가 둥글고 입도 불량 : $\phi = \sqrt{12N} + 15$
• 토립자가 둥글고 입도 양호, 토립자가 모나고 입도 불량 : $\phi = \sqrt{12N} + 20$
• 토립자가 모나고 입도 양호 : $\phi = \sqrt{12N} + 25$
양호한 입도분포 $C_u > 4, 1 < C_c < 3$
문제의 조건에서는 토립자가 모나고 입도가 양호하므로
$\phi = \sqrt{12N} + 25 = \sqrt{12 \times 10} + 25 ≒ 36°$

71 토질조사 결과 흙의 내부마찰각(ϕ)은 30°, 점착력(C)이 60kN/m², 간극수압이 500 kN/m²이고 파괴면에 작용하는 수직응력이 2,000kN/m²이다. 이때 흙의 전단응력(τ)은 얼마인가?

① 866kN/m²   ② 926kN/m²
③ 1,214kN/m² ④ 1,503kN/m²

정답 67 ① 68 ④ 69 ③ 70 ④ 71 ②

해설

$$\tau = C + (\sigma - u)\tan\phi$$
$$= 60 + (2,000 - 500)\tan 30° = 926 \text{kN/m}^2$$

72 기초가 갖추어야 할 조건이 아닌 것은?

① 동결, 세굴 등에 안전하도록 최소한의 근입깊이를 가져야 한다.
② 기초의 시공이 가능하고 침하량이 허용치를 넘지 않아야 한다.
③ 상부로부터 오는 하중을 안전하게 지지하고 기초지반에 전달하여야 한다.
④ 미관상 아름답고 주변에서 쉽게 구득할 수 있는 재료로 설계되어야 한다.

73 벽체에 작용하는 주동토압을 P_a, 수동토압을 P_p, 정지토압을 P_o라 할 때 크기의 비교로 옳은 것은?

① $P_a > P_p > P_o$ ② $P_p > P_o > P_a$
③ $P_p > P_a > P_o$ ④ $P_o > P_a > P_p$

해설

정지토압은 벽체의 변위가 없는 상태에서 적용하는 토압, 주동토압은 뒤채움 흙의 압력에 의해 벽체가 흙으로부터 멀어지는 변위를 일으킬 때의 토압, 수동토압은 벽체가 뒤채움 흙 쪽으로 변위를 일으킬 때의 토압을 말한다.

74 지반개량공법 중 주로 모래질 지반을 개량하는 데 사용되는 공법은?

① 프리로딩 공법
② 생석회 말뚝 공법
③ 페이퍼 드레인 공법
④ 바이브로플로테이션 공법

75 포화된 점토에 대하여 비압밀비배수(UU) 시험을 하였을 때 결과에 대한 설명으로 옳은 것은?(단, ϕ : 내부마찰각, c : 점착력)

① ϕ와 c가 나타나지 않는다.
② ϕ와 c가 모두 "0"이 아니다.
③ ϕ는 "0"이 아니지만 c는 "0"이다.
④ ϕ는 "0"이고 c는 "0"이 아니다.

76 흙의 다짐시험에서 다짐에너지를 증가시킬 때 일어나는 결과는?

① 최적함수비는 증가하고, 최대 건조단위중량은 감소한다.
② 최적함수비는 감소하고, 최대 건조단위중량은 증가한다.
③ 최적함수비와 최대 건조단위중량이 모두 감소한다.
④ 최적함수비와 최대 건조단위중량이 모두 증가한다.

77 점토지반으로부터 채취한 불교란 시료의 지름이 50mm, 길이가 100mm, 습윤질량이 350g, 함수비가 40%일 때, 이 시료의 건조밀도는?

① 1.78g/cm³   ② 1.43g/cm³
③ 1.27g/cm³   ④ 1.14g/cm³

해설

- 건조밀도(γ_d) $= \dfrac{W_s}{V} = \dfrac{G_s}{1+e} \cdot \gamma_w$
- $V = \pi \times \left(\dfrac{5}{2}\right)^2 \times 10 = \pi \times 2.5^2 \times 10$
  $= \pi \times 6.25 \times 10 \approx 196.35 \text{cm}^3$
- $W_s = 350 \times \dfrac{0.40}{1+0.40} = 350 \times \dfrac{0.40}{1.40} \approx 100\text{g}$

건조질량 $= 350 - 100 = 250\text{g}$
건조밀도 $= 250 \div 196.35 = 1.27$

정답 | 72 ④ 73 ② 74 ④ 75 ④ 76 ② 77 ③

78 응력경로(Stress Path)에 대한 설명으로 틀린 것은?

① 응력경로는 특성상 전응력으로만 나타낼 수 있다.
② 응력경로란 시료가 받는 응력의 변화과정을 응력공간에 궤적으로 나타낸 것이다.
③ 응력경로는 Mohr의 응력원에서 전단응력이 최대인 점을 연결하여 구한다.
④ 시료가 받는 응력상태에 대한 응력경로는 직선 또는 곡선으로 나타난다.

해설
응력경로는 시료가 받는 응력의 변화과정을 응력공간에 궤적으로 나타낸 것으로, 특성상 전응력으로만 나타낼 수 있는 것은 아니다.

79 유선망의 특징에 대한 설명으로 틀린 것은?

① 각 유로의 침투수량은 같다.
② 동수경사는 유선망의 폭에 비례한다.
③ 인접한 두 등수두선 사이의 수두손실은 같다.
④ 유선망을 이루는 사변형은 이론상 정사각형이다.

해설
유선망의 동수경사는 유선망의 폭에 반비례한다.

80 암반층 위에 5m 두께의 토층이 경사 15°의 자연사면으로 되어 있다. 이 토층의 강도정수 $c=15kN/m^2$, $\phi=30°$이며, 포화단위중량(γ_{sat})은 $18kN/m^3$이다. 지하수면은 토층의 지표면과 일치하고 침투는 경사면과 대략 평행이다. 이때 사면의 안전율은? (단, 물의 단위중량은 $9.81kN/m^3$이다.)

① 0.85 ② 1.15
③ 1.65 ④ 2.05

해설
$$F_s = \frac{C+(\gamma_{sat}-\gamma_w)\cdot H\cdot \cos^2\beta \cdot \tan\phi}{\gamma_{sat}\cdot H\cdot \sin\beta \cdot \cos\beta}$$
$$= \frac{15+(18-9.81)\times 5\times \cos^2 15°\times \tan 30°}{18\times 5\times \sin 15°\times \cos 15°}$$
$$\fallingdotseq 1.65$$

2023년 과년도 기출문제

01 콘크리트 공학

01 한중 콘크리트의 양생에 관한 사항 중 틀린 것은?

① 콘크리트 타설한 직후 찬바람이 콘크리트 표면에 닿는 것을 방지하였다.
② 소요 압축강도가 얻어질 때까지 콘크리트의 온도를 5℃ 이상으로 유지하여 양생하였다.
③ 소요 압축강도에 도달한 후 2일간은 구조물을 0℃ 이상으로 유지하여 양생하였다.
④ 구조물이 보통의 노출상태였기 때문에 콘크리트 압축강도가 3MPa인 것을 확인하고 초기양생을 중단하였다.

해설 초기양생은 소요 압축강도에 도달할 때까지 지속한다. 또한, 한중콘크리트는 5MPa 이상일 때 동결에 대한 저항력이 생긴다고 판단한다.

02 프리스트레스트 콘크리트에 대한 설명 중 틀린 것은?

① 포스트텐션방식에서는 긴장재와 콘크리트와의 부착력에 의해 콘크리트에 압축력이 도입된다.
② 프리텐션방식에서는 프리스트레스 도입 시의 콘크리트 압축강도가 일반적으로 30MPa 이상 요구된다.
③ 외력에 의해 인장응력을 상쇄하기 위하여 미리 인위적으로 콘크리트에 준 응력을 프리스트레스라고 한다.
④ 프리스트레스 도입 후 긴장재의 릴랙세이션, 콘크리트의 크리프와 건조수축 등에 의해 프리스트레스의 손실이 발생한다.

해설 포스트텐션방식에서는 긴장재를 콘크리트에 먼저 고정시키고, 그 후에 긴장재에 인장력을 가해 콘크리트에 압축력을 도입한다.

03 일반콘크리트의 비비기는 미리 정해둔 비비기 시간의 최대 몇 배 이상 계속해서는 안 되는가?

① 2배　　② 3배
③ 4배　　④ 5배

해설 일반적으로 허용되는 콘크리트 최대비빔시간은 3배까지이다.

04 소요의 품질을 갖는 프리플레이스트 콘크리트를 얻기 위한 주입 모르타르의 품질에 대한 설명으로 틀린 것은?

① 굳지 않은 상태에서 압송과 주입이 쉬워야 한다.
② 굵은 골재의 공극을 완벽하게 채울 수 있는 양호한 유동성을 가지며, 주입 작업이 끝날 때까지 이 특성이 유지되어야 한다.

정답 01 ④　02 ①　03 ②　04 ③

③ 모르타르가 굵은 골재의 공극에 주입되어 경화되는 사이에 블리딩이 적으며, 팽창하지 않아야 한다.
④ 경화 후 충분한 내구성 및 수밀성과 강재를 보호하는 성능을 가져야 한다.

해설
프리플레이스트 콘크리트란 모르타르의 유동성을 증가시키기 위하여 혼화재료를 사용하는 것으로, 모르타르가 굵은 골재의 공극에 주입될 때에는 팽창이 일어날 수 있어야 한다.

05 콘크리트의 시방배합이 아래의 표와 같을 때 공기량은 얼마인가?(단, 시멘트의 밀도는 3.15g/cm³, 잔골재의 표건밀도는 2.60g/cm³, 굵은 골재의 표건밀도는 2.65g/cm³이다.)

[시방배합표(kg/m³)]

물	시멘트	잔골재	굵은 골재
180	360	745	990

① 2.6% ② 3.6%
③ 4.6% ④ 5.6%

해설
각 재료의 절대용적은 다음과 같이 계산한다.
- 물 : $\dfrac{180}{1.0 \times 1,000} = 0.18\text{m}^3$
- 시멘트 : $\dfrac{360}{3.15 \times 1,000} = 0.1143\text{m}^3$
- 잔골재 : $\dfrac{745}{2.60 \times 1,000} = 0.2865\text{m}^3$
- 굵은 골재 : $\dfrac{990}{2.65 \times 1,000} = 0.3736\text{m}^3$
- 합계 : $0.18 + 0.1143 + 0.2865 + 0.3736 = 0.9544\text{m}^3$

∴ 공기량 $= \left(1 - \dfrac{0.9544}{1}\right) \times 100 ≒ 4.56\%$

06 다음 중 경화콘크리트의 강도 추정을 위한 비파괴 시험법이 아닌 것은?

① 반발경도법 ② 초음파속도법
③ 조합법   ④ 비중계법

해설
조합법은 콘크리트 배합설계를 위한 방법이다.

07 양단이 정착된 프리텐션 부재의 한 단에서의 활동량이 2mm로 양단 활동량이 4mm일 때 강재의 길이가 10m라면 이때의 프리스트레스 감소량으로 맞는 것은?[단, 긴장재의 탄성계수(E_p) = 2.0×10⁵MPa이다.]

① 80MPa   ② 100MPa
③ 120MPa ④ 140MPa

해설
프리스트레스 감소량 $= (2.0 \times 10^5 \times 4\text{mm})/10\text{m}$
$= 80\text{MPa}$

08 아래는 고강도 콘크리트의 타설에 대한 내용으로 ( ) 안에 들어갈 알맞은 값은?

> 수직부재에 타설하는 콘크리트의 강도와 수평부재에 타설하는 콘크리트 강도의 차가 ( )배를 초과하는 경우에는 수직부재에 타설한 고강도 콘크리트는 수직-수평부재의 접합면으로부터 수평부재 쪽으로 안전한 내민 길이를 확보하도록 하여야 한다.

① 1.4 ② 1.6
③ 1.8 ④ 2.0

정답 05 ③ 06 ③ 07 ① 08 ①

09 콘크리트 압축강도 시험에서 공시체에 하중을 가하는 속도는 압축응력도의 증가율이 매초 몇 MPa이 되도록 하여야 하는가?

① (6.0 ± 0.4)MPa ② (6.0 ± 0.04)MPa
③ (0.6 ± 0.4)MPa ④ (0.06 ± 0.04)MPa

10 압축강도에 의한 콘크리트의 품질검사에서 판정기준으로 옳은 것은?(단, 설계기준압축강도로부터 배합을 정한 경우로서 $f_{ck} >$ 35MPa인 콘크리트이며, 일반콘크리트 표준시방서 규정을 따른다.)

① ㉠ 연속 3회 시험값의 평균이 f_{ck}의 95% 이상, ㉡ 1회 시험값이 f_{ck}의 90% 이상
② ㉠ 연속 3회 시험값의 평균이 f_{ck}의 95% 이상, ㉡ 1회 시험값이 f_{ck}의 95% 이상
③ ㉠ 연속 3회 시험값의 평균이 f_{ck} 이상, ㉡ 1회 시험값이 $(f_{ck} - 3.5\text{MPa})$ 이상
④ ㉠ 연속 3회 시험값의 평균이 f_{ck} 이상, ㉡ 1회 시험값이 f_{ck}의 90% 이상

해설
- 연속 3회 평균 : 3개의 연속된 시험체의 평균 강도가 설계기준강도 f_{ck} 이상일 것
- 개별 시험체 기준 : 모든 단일 시험값이 f_{ck}의 90% 이상일 것

11 콘크리트의 압축강도를 기준으로 거푸집널을 해체하고자 할 때 확대기초, 보, 기둥 등의 측면 거푸집널은 압축강도가 최소 얼마 이상인 경우 해체할 수 있는가?

① 5MPa 이상
② 14MPa 이상
③ 설계기준압축강도의 1/3 이상
④ 설계기준압축강도의 2/3 이상

12 일반콘크리트 타설에 대한 설명으로 틀린 것은?

① 타설한 콘크리트를 거푸집 안에서 횡방향으로 이동시켜서는 안 된다.
② 한 구획 내의 콘크리트 타설이 완료될 때까지 연속해서 타설하여야 한다.
③ 콘크리트는 그 표면이 한 구획 내에서는 거의 수평이 되도록 타설하는 것을 원칙으로 한다.
④ 콘크리트 타설 도중 표면에 떠올라 고인 블리딩수가 있을 경우에는 콘크리트 표면에 홈을 만들어 흐르게 하여 제거한다.

해설
콘크리트 타설 도중 표면에 떠올라 고인 블리딩수가 있을 경우에는 이를 제거한 후 타설하여야 하며, 고인 물을 제거하기 위하여 콘크리트 표면에 홈을 만들어 흐르게 해서는 안 된다.

13 매스 콘크리트에 대한 설명으로 틀린 것은?

① 벽체구조물의 온도균열을 제어하기 위해 설치하는 수축이음의 단면 감소율은 20% 이상으로 하여야 한다.
② 철근이 배치된 일반적인 구조물에서 균열 발생을 제한할 경우 온도균열지수는 1.2~1.5이다.
③ 저발열형 시멘트를 사용하는 경우 91일 정도의 장기 재령을 설계기준압축강도의 기준 재령으로 하는 것이 바람직하다.
④ 매스 콘크리트로 다루어야 하는 구조물의 부재치수는 일반적인 표준으로 넓이가 넓은 평판구조의 경우 두께 0.8m 이상, 하단이 구속된 벽체의 경우 두께 0.5m 이상으로 한다.

해설
수축이음의 단면결손율은 25% 이상으로 한다.

정답 09 ③ 10 ④ 11 ① 12 ④ 13 ①

14 굳지 않은 콘크리트의 워커빌리티에 대한 설명으로 옳은 것은?

① 시멘트의 비표면적은 워커빌리티에 영향을 주지 않는다.
② 모양이 각진 골재를 사용하면 워커빌리티가 개선된다.
③ AE제, 플라이애시를 사용하면 워커빌리티가 개선된다.
④ 콘크리트의 온도가 높을수록 슬럼프는 증가하여 워커빌리티가 개선된다.

15 숏크리트의 시공에 대한 일반적인 설명으로 틀린 것은?

① 건식 숏크리트는 배치 후 45분 이내에 뿜어붙이기를 실시하여야 한다.
② 습식 숏크리트는 배치 후 60분 이내에 뿜어붙이기를 실시하여야 한다.
③ 숏크리트는 타설되는 장소의 대기 온도가 25℃ 이상이 되면 건식 및 습식 숏크리트 모두 뿜어붙이기를 할 수 없다.
④ 숏크리트는 대기 온도가 10℃ 이상일 때 뿜어붙이기를 실시한다.

[해설]
숏크리트는 타설되는 장소의 대기 온도가 32℃ 이상이 되면 건식 및 습식 숏크리트 모두 뿜어붙이기를 할 수 없으며, 적절한 온도 대책을 세운 후 타설하여야 한다.
보강재 및 뿜어붙일 면의 온도 역시 38℃보다 낮은 온도로 사전처리를 한 후 뿜어붙이기를 실시하여야 한다.

16 22회의 압축강도 시험 결과로부터 구한 압축강도의 표준편차가 5MPa이었고, 콘크리트의 호칭강도(f_{cn})가 40MPa일 때 배합강도는?(단, 표준편차의 보정계수는 시험횟수가 20회인 경우 1.08이고, 25회인 경우 1.03이다.)

① 47.10MPa ② 47.65MPa
③ 48.35MPa ④ 48.85MPa

[해설]
$f_{ck} > 35$MPa인 경우 아래 두 가지 중 큰 값을 선택한다.
- $f_{cr} = f_{ck} + 1.34s = 40 + 1.34 \times 5 \times 1.06$
  $= 47.10$MPa
- $f_{cr} = 0.9f_{ck} + 2.33s = 0.9 \times 40 + 2.33 \times 5 \times 1.06$
  $= 48.35$MPa

17 시합배상표상 단위잔골재량은 643kg/m³이며, 단위 굵은 골재량은 1,212kg/m³이다. 현장배합을 위한 단위 잔골재량은 얼마인가?(단, 현장 골재의 체분석 결과 잔골재 중 5mm체에 남는 것이 5%, 굵은 골재 중 5mm체를 통과하는 것이 10%이다.)

① 538kg/m³ ② 588kg/m³
③ 613kg/m³ ④ 637kg/m³

[해설]
입도에 의한 조정
$$잔골재량 = \frac{100 \cdot S - b(S+G)}{100 - (a+b)}$$
$$= \frac{100 \times 643 - 10(643 + 1,212)}{100 - (5+10)}$$
$$= 538 \text{kg/m}^3$$

정답 | 14 ③ 15 ③ 16 ③ 17 ①

18 유동화 콘크리트의 슬럼프 증가량은 몇 mm 이하를 원칙으로 하는가?

① 50mm ② 80mm
③ 100mm ④ 120mm

[해설] 슬럼프의 증가량은 100mm 이하를 원칙으로 하며, 50~80mm를 표준으로 한다.

19 급속 동결 융해에 대한 콘크리트의 저항 시험방법에서 동결 융해 1사이클의 소요시간으로 옳은 것은?

① 1시간 이상 2시간 이하로 한다.
② 2시간 이상 4시간 이하로 한다.
③ 4시간 이상 5시간 이하로 한다.
④ 5시간 이상 7시간 이하로 한다.

20 콘크리트의 크리프(Creep)에 대한 설명으로 틀린 것은?

① 조강시멘트는 보통 시멘트보다 크리프가 크다.
② 재하기간 중의 대기의 습도가 낮을수록 크리프가 크다.
③ 응력은 변화가 없는데 변형은 시간에 따라 증가하는 현상을 크리프라 한다.
④ 물-시멘트비가 큰 콘크리트는 물-시멘트비가 작은 콘크리트보다 크리프가 크게 일어난다.

[해설] 콘크리트의 크리프란 콘크리트에 일정한 하중이 가해진 상태에서 시간이 지남에 따라 변형이 증가하는 현상으로, 조강시멘트를 사용한 경우 크리프가 작게 일어난다.

02 건설시공 및 관리

21 45,000m³의 성토 공사를 위하여 토량의 변화율이 $L=1.2$, $C=0.9$인 현장 흙을 굴착 운반하고자 한다. 이때 운반 토량은?

① 60,000m³ ② 55,000m³
③ 50,000m³ ④ 45,000m³

[해설] 성토는 다져진 상태를 말하는데 그 양이 45,000m³ 문제의 굴착량은 자연 상태이므로 $\frac{1}{C}$을 적용하고, 운반토량은 굴착 후 트럭에 실으므로 느슨한 상태이므로 L을 적용한다.

$45,000 \times \frac{L}{C} = 45,000 \times \frac{1.2}{0.9} = 60,000\text{m}^3$

22 현장 타설 콘크리트 말뚝의 장점에 대한 설명으로 틀린 것은?

① 지층의 깊이에 따라 말뚝의 길이를 자유로이 조절할 수 있다.
② 말뚝선단에 구근을 만들어 지지력을 크게 할 수 있다.
③ 현장 지반 중에서 제작·양생되므로 품질관리가 쉽다.
④ 시공 중에 발생하는 소음 및 진동이 적어 도심지 공사에도 적합하다.

23 지반안정용액을 주수하면서 수직굴착하고 철근콘크리트를 타설한 후 굴착하는 공법으로 타공법에 비해 차수성이 우수하고 지반변위가 작은 토류공법은?

① 강널말뚝 흙막이벽
② 벽강관 널말뚝 흙막이벽

정답 18 ③ 19 ② 20 ① 21 ① 22 ③ 23 ③

③ 벽식연속 지중벽 공법
④ Top down 공법

해설
벽식연속 지중벽 공법은 지하 구조물, 차수벽, 흙막이벽 등으로 사용되며, 지반 조건에 관계없이 시공이 가능하고, 수직 관리도 용이하다는 장점이 있다.

24 도로 파손의 주요 원인인 소성변형의 억제방법 중 하나로 기존의 밀입도 아스팔트 혼합물 대신 상대적으로 큰 입경의 골재를 이용하는 아스팔트 포장방법을 무엇이라 하는가?

① SBR ② SBA
③ SMR ④ SMA

25 공사일수를 3점 시간 추정법에 의해 산정할 경우 적절한 공사일수는?(단, 낙관일수는 6일, 정상일수는 8일, 비관일수는 10일이다.)

① 6일 ② 7일
③ 8일 ④ 9일

해설
$$T = \frac{낙관일수 + 4 \times 정상일수 + 비관일수}{6}$$
$$= \frac{6 + 4 \times 8 + 10}{6}$$
$$= 8일$$

26 벤토나이트 공법을 써서 굴착벽면의 붕괴를 막으면서 굴착된 구멍에 철근 콘크리트를 넣어 말뚝이나 벽체를 연속적으로 만드는 공법은?

① Slurry Wall 공법
② Earth Drill 공법
③ Earth Anchor 공법
④ Open Cut 공법

27 그림과 같은 지형에서 시공 기준면의 표고를 12m로 할 경우 총토공량은?(단, 각 격자점의 숫자는 표고를 나타내며 단위는 m이다.)

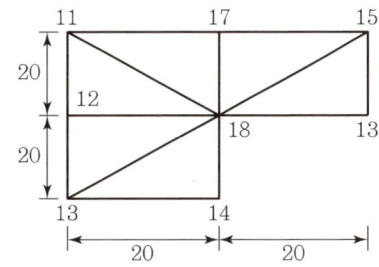

① 3,400m³ ② 3,500m³
③ 3,600m³ ④ 3,700m³

해설
- $\sum(h_1 - h_d) = (13 - 12) + (14 - 12) = 3m$
- $\sum(h_2 - h_d) = (11 - 12) + (17 - 12) + (15 - 12)$
  $+ (12 - 12) + (13 - 12) = 8m$
- $\sum(h_6 - h_d) = 18 - 12 = 6m$

$$V = \frac{ab}{6}(\sum h_1 + 2\sum h_2 + 3\sum h_3 + \cdots + n\sum h_4)$$
$$= \frac{20 \times 20}{6} \times (3 \times 1 + 8 \times 2 + 6 \times 6)$$
$$= 3,666.67 ≒ 3,700m³$$

28 줄눈이 벌어지거나 단차가 발생하는 것을 막기 위해 세로 줄눈 등을 횡단하여 콘크리트 슬래브의 중앙에 설치하는 이형 철근을 무엇이라고 하는가?

① 타이바 ② 루팅
③ 슬립바 ④ 컬러코트

정답 24 ④ 25 ③ 26 ① 27 ④ 28 ①

29 오픈 케이슨(Open Caisson) 공법에 대한 설명으로 틀린 것은?

① 전석과 같은 장애물이 많은 곳에서의 작업은 곤란하다.
② 케이슨의 침하 시 주면마찰력을 줄이기 위해 진동발파공법을 적용할 수 있다.
③ 케이슨의 선단부를 보호하고 침하를 쉽게 하기 위하여 커브 슈(Curb Shoe)라는 날끝을 붙인다.
④ 굴착 시 지하수를 저하시키지 않으며, 히빙이나 보일링 현상의 염려가 없어 인접 구조물의 침하 우려가 없다.

해설 히빙이나 보일링 현상은 주변 토질에 따라 굴착 시 발생할 수 있다.

30 착암기로 표준암을 천공하여 60cm/min의 천공속도를 얻었다. 천공 깊이 3m, 천공수 15공을 한 대의 착암기로 암반을 천공할 경우 소요되는 총소요시간은?(단, 표준암에 대한 천공 대상암의 암석저항 계수는 1.35, 작업조건계수는 0.6, 전천공시간에 대한 순천공시간의 비율은 0.65이다.)

① 2.0시간　② 2.4시간
③ 3.0시간　④ 3.4시간

해설
- 60cm/min = 36m/hour
- 천공속도 = $36 \times 1.35 \times 0.6 \times 0.65 = 18.954$ m/h
- 천공소요시간 = $\dfrac{3\text{m} \times 15\text{공}}{18.954\text{m/h}} = 2.37$h
- ∴ 2.4시간

31 각종 준설선에 관한 설명 중 옳지 않은 것은?

① 그래브준설선은 버킷으로 해저의 토사를 굴착하여 적재하고 운반하는 준설선을 말한다.
② 디퍼준설선은 파쇄된 암석이나 발파된 암석의 준설에는 부적당하다.
③ 펌프준설선은 사질해저의 대량준설과 매립을 동시에 시행할 수 있다.
④ 쇄암선은 해저의 암반을 파쇄하는 데 사용한다.

해설 쇄암선은 주로 해저의 암반을 굴착하여 적재하고 운반하는 데 사용한다.

32 토공현장에서 흙의 운반거리가 60m, 불도저의 전진속도가 40m/min, 후진속도가 100m/min, 기어 변속시간이 0.25분이고, 1회의 압토량이 2.3m³, 작업효율이 0.65일 때 불도저의 시간당 작업량을 본바닥 토량으로 구하면?(단, 토량의 변화율 C = 0.9, L = 1.25이다.)

① 27.4m³/h　② 30.5m³/h
③ 38.6m³/h　④ 42.4m³/h

33 교량 가설 공법 중 동바리를 사용하는 공법에 해당하는 것은?

① 새들식 공법　② 크레인식 공법
③ 이동벤트식 공법　④ 캔틸레버식 공법

정답　29 ④　30 ②　31 ④　32 ②　33 ①

34 암거 둘레의 흙이 포화된 경우 지하수위가 상승할 때 암거가 빈 상태로 되면 양압력 때문에 암거가 뜨는 일이 있다. 이를 방지하기 위한 수단으로 틀린 것은?

① 자중을 증가시킨다.
② 흙 쌓기의 양을 증가시킨다.
③ 암거의 토압과 마찰력을 감소시킨다.
④ 배수공법으로 지하수위를 저하시킨다.

해설
양압력은 구조물 전후의 수위차 등에 의해 생기는 것으로 토압과 마찰력을 감소가 양압력의 방지대책이 되기는 어렵다.

35 역타(Top-down) 공법에 대한 설명으로 틀린 것은?

① 작업 능률이 높아 시공성이 우수하며, 공사비용이 저렴하다.
② 상부 구조물과 지하 구조물을 동시에 시공하므로 공기 단축이 가능하다.
③ 건물 본체의 바닥 및 보를 구축한 후 이를 지지구조로 사용하여 흙막이의 안정성이 높다.
④ 1층 바닥을 선시공하여 작업장으로 활용하고 악천후에도 하부 굴착과 구조물의 시공이 가능하다.

36 운반토량 1,200m³을 용적이 8m³인 덤프트럭으로 운반하려고 한다. 트럭의 평균속도는 10km/h이고, 상·하차 시간이 각각 4분일 때 하루에 전량을 운반하려면 몇 대의 트럭이 필요한가?(단, 1일 덤프트럭 가동시간은 8시간이며, 토사장까지의 거리는 2km이다.)

① 10대 ② 13대
③ 15대 ④ 18대

해설
- 총운반횟수 = 1,200÷8 = 150회
- 1회 운반시간 = 속도+상하차시간 = 24+4+4 = 32분
- 1대당 1일 운반가능횟수 = 480÷32 = 15회
∴ 필요한 트럭수 = 150÷15 = 10대

37 그림과 같이 성토 높이가 8m인 사면에서 비탈 경사가 1:1.3일 때 수평거리 x는?

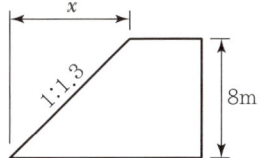

① 6.2m ② 8.3m
③ 9.4m ④ 10.4m

해설
성토 높이 = 8m이므로
$x = 8 \times 1.3 = 10.4$m

38 공정관리 기법 중 Network 공정의 특징에 관한 설명으로 옳지 않은 것은?

① 간단하게 작성할 수 있다.
② 합리적으로 설득성이 있다.
③ 중점적으로 관리할 수 있다.
④ 전체와 부분의 관계가 명백하다.

해설
네트워크 공정표는 공사 계획의 전체적인 흐름과 각 작업의 관계를 명확하게 보여주는 공정 관리 기법으로 공사의 진척 상황을 쉽게 파악하고, 문제점을 조기에 발견하여 해결할 수 있도록 돕는 중요한 역할을 하는 장점이 있으나 작성이 다소 어렵다.

정답 34 ③ 35 ① 36 ① 37 ④ 38 ①

39 TBM(Tunnel Boring Machine) 공법을 이용하여 암석을 굴착하여 터널단면을 만들려고 한다. TBM 공법의 단점이 아닌 것은?

① 설비투자액이 고가이므로 초기 투자비가 많이 든다.
② 본바닥 변화에 대하여 적용이 곤란하다.
③ 지반에 따라 적용범위에 제약을 받는다.
④ Lining 두께가 두꺼워야 한다.

해설 라이닝의 두께는 지질이나 지반의 조건에 따라 달라질 수 있다.

40 록 볼트의 정착형식은 선단 정착형, 전면 접착형, 혼합형으로 구분할 수 있다. 이에 대한 설명으로 틀린 것은?

① 록 볼트 전장에서 원지반을 구속하는 경우는 전면 접착형이다.
② 선단을 기계적으로 정착한 후 시멘트 밀크를 주입하는 것은 혼합형이다.
③ 경암, 보통암, 토사 원지반에서 팽창성 원지반까지 적용범위가 넓은 것은 전면 접착형이다.
④ 터널의 봉합효과를 목적으로 하는 것은 선단 정착형이며, 그중 쐐기형이 많이 사용된다.

해설 터널의 봉합효과를 위해 주로 전면 접착식을 사용한다.

03 건설재료 및 시험

41 암석의 구조에 대한 설명으로 틀린 것은?

① 절리 : 암석 특유의 천연적으로 갈라진 금으로 화성암에서 많이 보임
② 석목 : 암석의 갈라지기 쉬운 면을 말하며 돌눈이라고도 함
③ 층리 : 암석을 구성하는 조암광물의 집합 상태에 따라 생기는 눈 모양
④ 편리 : 변성암에서 된 절리로 암석이 얇은 판자모양 등으로 갈라지는 성질

해설 층리는 퇴적암 등의 퇴적 구조에서 보이는 평행한 줄무늬를 말하며, 암석을 구성하는 조암 광물의 집합상태에 따라 암석에 특정한 눈 모양은 엽리나 편마구조 등이 해당한다.

42 일반적인 콘크리트용 골재에 대한 설명으로 틀린 것은?

① 잔골재의 절대건조밀도는 0.0025g/mm³ 이상의 값을 표준으로 한다.
② 굵은 골재의 절대건조밀도는 0.0025g/mm³ 이상의 값을 표준으로 한다.
③ 잔골재의 흡수율은 5.0% 이하의 값을 표준으로 한다.
④ 굵은 골재의 안정성은 황산나트륨으로 5회 시험을 하여 평가한다.

해설 일반적인 콘크리트용 골재의 흡수율은 1% 이하의 값을 표준으로 한다.

정답 39 ④ 40 ④ 41 ③ 42 ③

43 아래 설명에 해당하는 재료의 일반적 성질은?

> 외력에 의해서 변형된 재료가 외력을 제거했을 때, 원형으로 되돌아가지 않고 변형된 그래도 있는 성질

① 탄성　　② 소성
③ 취성　　④ 인성

44 강모래를 이용한 콘크리트와 비교한 부순 잔골재를 이용한 콘크리트의 특징을 설명한 것으로 틀린 것은?

① 동일 슬럼프를 얻기 위해서는 단위수량이 더 많이 필요하다.
② 미세한 분말량이 많아질 경우 건조수축률은 증대한다.
③ 미세한 분말량이 많아짐에 따라 응결의 초결시간과 종결시간이 길어진다.
④ 미세한 분말량이 많아지면 공기량이 줄어들기 때문에 필요시 공기량을 증가시켜야 한다.

해설) 미세한 분말량이 많아지면 응결시간이 단축되는 경향이 있다.

45 콘크리트용 혼화재료에 대한 설명으로 틀린 것은?

① 감수제는 시멘트 입자를 분산시켜 콘크리트의 단위수량을 감소시키는 작용을 한다.
② 촉진제는 시멘트의 수화작용을 촉진하는 혼화제로서 보통 나프탈렌 설폰산염을 많이 사용한다.
③ 지연제는 여름철에 레미콘의 슬럼프 손실 및 콜드 조인트의 방지 등에 효과가 있다.
④ 급결제는 시멘트의 응결시간을 촉진하기 위하여 사용하여 숏크리트, 물막이 공법 등에 사용한다.

해설) 나프탈렌 설폰산염은 염료, 세제, 콘크리트 감수제 등으로 사용되는 물질이다.

46 고로슬래그 미분말을 사용한 콘크리트에 대한 설명으로 잘못된 것은?

① 수밀성이 향상된다.
② 염화물이온 침투 억제에 의한 철근 부식 억제에 효과가 있다.
③ 수화발열 속도가 빨라 조기강도가 향상된다.
④ 블리딩이 작고 유동성이 향상된다.

해설) 고로슬래그 미분말을 사용한 콘크리트는 일반적으로 수화발열 속도가 느리기 때문에 조기강도 향상이 거의 없다.

47 목재에 대한 설명으로 틀린 것은?

① 목재의 벌목에 적당한 시기는 가을에서 겨울에 걸친 기간이다.
② 목재의 건조방법 중 끓임법은 자연건조법의 일종이다.
③ 목재의 방부처리법은 표면처리법과 방부제 주입법으로 크게 나눌 수 있다.
④ 목재의 비중은 보통 기건비중을 말하며 이때의 함수율은 15% 전후이다.

해설) 끓임법은 인공건조법에 해당된다.

정답　43 ②　44 ③　45 ②　46 ③　47 ②

48 시멘트 콘크리트 결합재의 일부를 합성수지, 유제 또는 합성고무 라텍스 소재로 한 것을 무엇이라 하는가?

① 가스켓
② 케미칼 그라우트
③ 불포화 폴리에스테르
④ 폴리머 시멘트 콘크리트

해설
- 가스켓 : 재료시험 시 시료의 고정 또는 누출방지를 위한 밀봉재
- 케미칼 그라우트 : 약액을 이용한 지반 주입 공법의 일종
- 불포화 폴리에스테르 : 열경화성 수지의 일종

49 다음은 비철금속 재료 중 어떤 것에 대한 설명인가?

- 비중은 약 8.93 정도이다.
- 전기 및 열전도율이 높다.
- 전성과 연성이 크다.
- 부식하면 청록색이 돈다.

① 니켈 ② 구리
③ 주석 ④ 알루미늄

50 아래와 같은 경량 굵은 골재에 대한 밀도 및 흡수율 시험을 하고자 할 때 1회 시험에 사용되는 시료의 최소 질량은?

- 경량 굵은 골재의 최대 치수 : 50mm
- 경량 굵은 골재의 추정 밀도 : 1.4g/cm³

① 2.0kg ② 2.5kg
③ 2.8kg ④ 5.0kg

해설
- 기준(KS F 2507)
- 경량 굵은 골재의 최대 치수(D)가 50mm일 경우 최소 시료 질량 = 2,800g = 2.8kg

51 시멘트 조성 광물에서 수축률이 가장 큰 것은?

① C_3S ② C_3A
③ C_4AF ④ C_2S

해설
C_3A는 물과 반응할 때 급격한 수화반응을 일으키며 이 과정에서 큰 수축이 발생한다.

52 아래 조건에서 아스팔트 혼합물에 대한 공극률을 구하면?

- 시험체의 이론 최대밀도(D) = 3,300g/cm³
- 시험체의 실측밀도(d) = 2,100g/cm³

① 8.2% ② 8.7%
③ 8.9% ④ 9.2%

해설
$$공극률 = \left(1 - \frac{d}{D}\right) \times 100 = \left(1 - \frac{2,100}{3,300}\right) \times 100 = 8.7\%$$

53 제철소에서 발생하는 산업부산물로서 냉수나 차가운 공기 등으로 급랭한 후 미분쇄하여 사용하는 혼화재료는?

① 고로슬래그 미분말
② 플라이애시
③ 실리카 퓸
④ 화산회

54 콘크리트용 굵은 골재의 내구성을 판단하기 위해서 황산나트륨에 의한 안정성 시험을 할 경우 조작을 5번 반복했을 때 굵은 골재의 손실질량은 얼마 이하를 표준으로 하는가?

① 5% ② 8%
③ 10% ④ 12%

정답 48 ④ 49 ② 50 ③ 51 ② 52 ② 53 ① 54 ③

해설) 잔골재의 안정성은 황산나트륨으로 5회 시험으로 평가하며, 그 손실질량은 10% 이하를 표준으로 한다.(콘크리트공사 표준시방서, 2024년 개정)

55 콘크리트용 화학 혼화제(KS F 2560)에서 규정하고 있는 화학 혼화제의 요구성능 항목이 아닌 것은?

① 감수율 ② 압축강도비
③ 침입도 지수 ④ 블리딩양의 비

해설) 콘크리트용 화학 혼화제(KS F 2560)에서 규정하고 있는 화학 혼화제의 요구성능 항목은 감수율, 블리딩양의 비, 응결시간의 차, 압축강도비, 길이변화비, 동결융해에 대한 저항성이 있다.

56 석재의 성질에 대한 설명으로 틀린 것은?

① 대리석은 강도는 강하나 풍화되기 쉽다.
② 응회암은 내화성이 크나 강도 및 내구성은 작다.
③ 안산암은 강도가 크고 가공이 용이하므로 조각에 적당하다.
④ 화강암은 강도, 내구성 및 내화성이 크므로 조각 등에 적당하다.

해설) 화강암은 강도와 내구성이 크지만 내화성은 낮은 편이다.

57 지오신세틱스 – 제2부(KS K ISO 10318 – 2)에서 아래 그림이 나타내는 토목섬유의 주요 기능은?

① 배수 ② 여과
③ 보호 ④ 분리

58 역청재료의 침입도 지수(PI)를 구하는 식으로 옳은 것은?(단, $A = \dfrac{\log 800 - \log P_{25}}{연화점 - 25}$ 이고, P_{25}는 25℃에서의 침입도이다.)

① $\dfrac{30}{1+50A} - 10$ ② $\dfrac{25}{1+50A} - 10$
③ $\dfrac{30}{1+40A} - 10$ ④ $\dfrac{25}{1+40A} - 10$

59 마샬시험방법에 따라 아스팔트 콘크리트 배합 설계를 진행 중이다. 재료 및 공시체에 대한 측정결과가 아래와 같을 때 포화도는?

- 아스팔트의 밀도(G) : 1.030g/cm³
- 아스팔트의 혼합률(A) : 6.3%
- 공시체에 실측밀도(d) : 2.435g/cm³
- 공시체의 공극률(V_o) : 4.8%

① 58% ② 66%
③ 71% ④ 76%

해설)
- $V_a = \dfrac{A \cdot d}{G} = \dfrac{0.063 \times 2.435}{1.030} = 0.149$
- $V_{fa} = \dfrac{V_a}{V_a + V} \times 100$
  $= \dfrac{0.149}{0.149 + 0.048} \times 100 = 75.6 ≒ 76\%$

정답 55 ③ 56 ④ 57 ② 58 ① 59 ④

60 콘크리트용 골재가 갖추어야 할 성질에 대한 설명으로 틀린 것은?

① 물리, 화학적으로 안정하고 내구성이 클 것
② 크고 작은 알맹이의 혼합이 적당할 것
③ 깨끗하고 불순물이 섞이지 않을 것
④ 골재의 모양은 모나고 길어야 할 것

해설 골재의 모양은 다양하며, 다양한 모양과 크기의 골재를 혼합하여 콘크리트의 내구성을 높일 수 있다.

04 토질 및 기초

61 그림과 같은 지반에서 하중으로 인하여 수직응력($\Delta\sigma_1$)이 100kN/m² 증가되고 수평응력($\Delta\sigma_3$)이 50kN/m² 증가되었다면 간극수압은 얼마나 증가되었는가?(단, 간극수압계수 A = 0.5 이고, B = 1이다.)

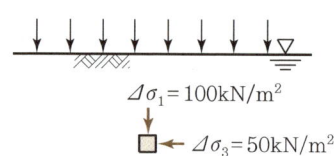

① 50kN/m² ② 75kN/m²
③ 100kN/m² ④ 125kN/m²

해설
- $\Delta\sigma_1 = 100$, $\Delta\sigma_3 = 50$
- $A = 0.5$, $B = 1.0$
- $\Delta u = B[\Delta\sigma_3 + A(\Delta\sigma_1 - \Delta\sigma_3)]$
  $= 1.0 \times [50 + 0.5 \times (100 - 50)]$
  $= 1.0 \times (50 + 0.5 \times 50)$
  $= 75\text{kN/m}^2$

62 사질토 지반에 축조되는 강성기초의 접지압 분포에 대한 설명 중 맞는 것은?

① 기초 모서리 부분에서 최대 응력이 발생한다.
② 기초에 작용하는 접지압 분포는 토질에 관계 없이 일정하다.
③ 기초의 중앙 부분에서 최대 응력이 발생한다.
④ 기초 밑면의 응력은 어느 부분이나 동일하다.

63 압밀시험에서 얻은 $e - \log P$ 곡선으로 구할 수 있는 것이 아닌 것은?

① 선행압밀압력 ② 팽창지수
③ 압축지수   ④ 압밀계수

해설 압밀계수는 시간에 따른 압력 변화를 고려한 값을 말한다.

64 간극비 e_1 = 0.80인 어떤 모래의 투수계수가 k_1 = 8.5×10⁻²cm/s일 때, 이 모래를 다져서 간극비를 e_2 = 0.57로 하면 투수계수 k_2는?

① 4.1×10⁻¹cm/s ② 8.1×10⁻²cm/s
③ 3.5×10⁻²cm/s ④ 8.5×10⁻³cm/s

해설
$\dfrac{k_1}{k_2} = \left(\dfrac{e_1}{e_2}\right)^3 = \left(\dfrac{0.80}{0.57}\right)^3 = 2.76$이므로

$k_2 = \dfrac{k_1}{2.76} = \dfrac{8.5 \times 10^{-2}}{2.76} \fallingdotseq 0.035\text{cm/s}$

정답 60 ④ 61 ② 62 ③ 63 ④ 64 ③

65 표준관입시험(S.P.T) 결과 N값이 25이었고, 이때 채취한 교란시료로 입도시험을 한 결과 입자가 둥글고, 입도분포가 불량할 때 Dunham의 공식으로 구한 내부 마찰각(ϕ)은?

① 32.3° ② 37.3°
③ 42.3° ④ 48.3°

해설
$\phi = 27.1 + 0.23N = 27.1 + 0.23 \times 25 ≒ 32.3°$

66 흙의 다짐에 대한 설명 중 틀린 것은?

① 일반적으로 흙의 건조밀도는 가하는 다짐에너지가 클수록 크다.
② 모래질 흙은 진동 또는 진동을 동반하는 다짐 방법이 유효하다.
③ 건조밀도-함수비 곡선에서 최적함수비와 최대건조밀도를 구할 수 있다.
④ 모래질을 많이 포함한 흙의 건조밀도-함수비 곡선의 경사는 완만하다.

해설
모래질을 많이 포함한 흙은 함수비가 증가하면 건조밀도가 급격히 증가하다가 최적함수비 이후로는 급격히 감소하는 경향을 나타낸다.

67 현장에서 완전히 포화되었던 시료라 할지라도 시료 채취 시 기포가 형성되어 포화도가 저하될 수 있다. 이 경우 생성된 기포를 원상태로 용해시키기 위해 작용시키는 압력을 무엇이라고 하는가?

① 배압(Back Pressure)
② 축차응력(Deviatro Stress)
③ 구속압력(Confined Pressure)
④ 선행압밀압력(Preconsolidation Pressure)

68 다음 중 점성토 지반의 개량공법으로 거리가 먼 것은?

① Paper Drain 공법
② Vibro-flotation 공법
③ Chemico Pile 공법
④ Sand Compaction Pile 공법

해설
Vibro-flotation 공법은 사질토 지반 개량에 적합하다.

69 토압에 대한 다음 설명 중 옳은 것은?

① 일반적으로 정지토압계수는 주동토압 계수보다 작다.
② Rankine 이론에 의한 주동토압의 크기는 Coulomb 이론에 의한 값보다 작다.
③ 옹벽, 흙막이벽체, 널말뚝 중 토압분포가 삼각형 분포에 가장 가까운 것은 옹벽이다.
④ 극한 주동상태는 수동상태보다 훨씬 더 큰 변위에서 발생한다.

해설
흙막이벽체는 토압분포가 다를 수 있다.

70 그림과 같이 지표면에 집중하중이 작용할 때 A점에서 발생하는 연직응력의 증가량은?

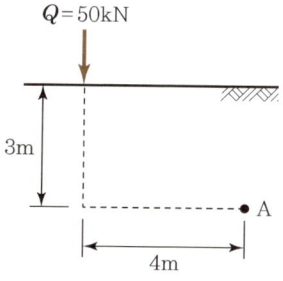

① 0.21kN/m² ② 0.24kN/m²
③ 0.27kN/m² ④ 0.30kN/m²

정답 65 ① 66 ④ 67 ① 68 ② 69 ① 70 ①

71 다음 지반 개량공법 중 연약한 점토지반에 적합하지 않은 것은?

① 프리로딩 공법
② 샌드 드레인 공법
③ 페이퍼 드레인 공법
④ 바이브로플로테이션 공법

해설
바이브로플로테이션 공법은 연약한 사질토지반에 적합한 연약지반 개량공법이다.

72 3층 구조로 구조결합 사이에 치환성 양이온이 있어서 활성이 크고, 시트(Sheet) 사이에 물이 들어가 팽창·수축이 크며, 공학적 안정성이 약한 점토 광물은?

① Sand
② Illite
③ Kaolinite
④ Montmorillonite

73 토질조사 결과 흙의 내부마찰각이 25°, 점착력이 30kN/m², 간극수압 900kN/m²이고 파괴면에 작용하는 수직응력이 3,500kN/m²일 때 이 흙의 전단응력은?

① 1,240kN/m²
② 1,290kN/m²
③ 1,350kN/m²
④ 1,410kN/m²

해설
$\tau = C + \sigma' \tan\phi$
$= 30 + (3,500 - 900)\tan 30° = 1,240 \text{kN/m}^2$

74 다음 연약지반 개량공법 중 일시적인 개량공법은?

① 치환 공법
② 동결 공법
③ 약액주입 공법
④ 모래다짐말뚝 공법

75 사면의 안정에 관한 다음 설명 중 옳지 않은 것은?

① 임계 활동면이란 안전율이 가장 크게 나타나는 활동면을 말한다.
② 안전율이 최소로 되는 활동면을 이루는 원을 임계원이라 한다.
③ 활동면에 발생하는 전단응력이 흙의 전단강도를 초과할 경우 활동이 일어난다.
④ 활동면은 일반적으로 원형활동면으로 가정한다.

해설
임계활동면은 안전율이 가장 작게 나타나는 활동면을 말한다.

76 도로의 평판 재하 시험에서 1.25mm 침하량에 해당하는 하중 강도가 250kN/m²일 때 지반반력계수는?

① 100MN/m³
② 200MN/m³
③ 1,000MN/m³
④ 2,000MN/m³

해설
- 침하량$(s) = 0.00125$m
- 하중강도$(q) = 250,000$N/m²
- 지반반력계수$(k) = \dfrac{q}{s} = \dfrac{250,000}{0.00125}$
  $= 200,000,000 \text{N/m}^3$
  $= 200 \text{MN/m}^3$

77 4.75mm체(4번 체) 통과율이 90%, 0.075mm체(200번 체) 통과율이 4%이고, $D_{10} = 0.25$mm, $D_{30} = 0.6$mm, $D_{60} = 2$mm인 흙을 통일분류법으로 분류하면?

① GP
② GW
③ SP
④ SW

정답 | 71 ④ 72 ④ 73 ① 74 ② 75 ① 76 ② 77 ③

78 그림과 같이 동일한 두께의 3층으로 된 수평 모래층이 있을 때 토층에 수직한 방향의 평균 투수계수(k_v)는?

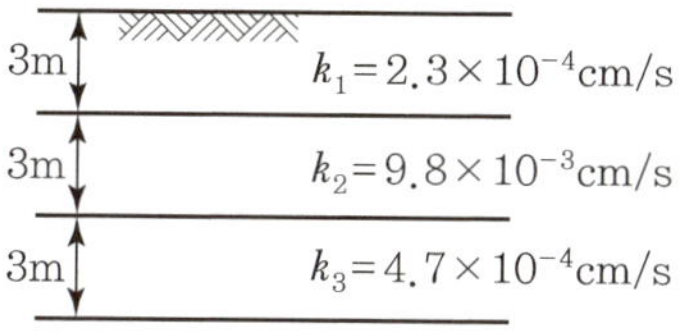

```
  ┌─────────────────────────┐
3m│         $k_1 = 2.3 \times 10^{-4}$ cm/s
  ├─────────────────────────┤
3m│         $k_2 = 9.8 \times 10^{-3}$ cm/s
  ├─────────────────────────┤
3m│         $k_3 = 4.7 \times 10^{-4}$ cm/s
  └─────────────────────────┘
```

① 2.38×10^{-3} cm/s
② 3.01×10^{-4} cm/s
③ 4.56×10^{-4} cm/s
④ 5.60×10^{-4} cm/s

해설

• 수평방향 평균 투수계수
$$K_h = \frac{1}{H_0}(k_1 \cdot H_1 + k_2 \cdot H_2 + k_2 \cdot H_3)$$

• 수직방향 평균 투수계수
$$K_v = \frac{H_0}{\frac{H_1}{k_1} + \frac{H_2}{k_2} + \frac{H_3}{k_3}}$$
$$= \frac{9}{\frac{3}{2.3 \times 10^{-4}} + \frac{3}{9.8 \times 10^{-3}} + \frac{3}{4.7 \times 10^{-4}}}$$
$$= 4.56 \times 10^{-4} \text{ cm/s}$$

79 표준관입시험 결과 N치가 18이었다. 채취한 교란시료는 입도시험 결과 입자가 둥글고 입도분포가 양호할 때, Dunham 공식에 의해 내부마찰각을 구하면?

① 28.7° ② 30.7°
③ 32.3° ④ 34.7°

해설

토립자가 둥글고 입도분포가 양호할 때
$\phi = \sqrt{12N} + 20$
$= \sqrt{12 \times 18} + 20$
$= 14.70 + 20 = 34.7°$

80 연약지반에 구조물을 축조한 때 피에조미터를 설치하여 과잉간극수압의 변화를 측정했더니 어떤 점에서 구조물 축조 직후 10t/m²이었지만, 4년 후는 2t/m²이었다. 이때의 압밀도는?

① 20%   ② 40%
③ 60%   ④ 80%

해설

$$\overline{U} = \frac{u_i - u}{u_i} \times 100$$
$$= \frac{P - u}{P} \times 100(\%)$$

여기서, u_i : 초기 과잉간극수압(kg/cm²)
　　　　u : 임의점의 과잉간극수압(kg/cm²)
　　　　P : 점토층에 가해진 압력(kg/cm²)

정답 78 ③ 79 ④ 80 ④

2024년 과년도 기출문제

01 콘크리트 공학

01 콘크리트 진동다지기에서 내부진동기 사용 방법의 표준으로 틀린 것은?

① 2층 이상으로 나누어 타설한 경우 상층콘크리트의 다지기에서 내부진동기는 하층의 콘크리트 속으로 찔러 넣으면 안 된다.
② 내부진동기의 삽입간격은 일반적으로 0.5m 이하로 하는 것이 좋다.
③ 1개소당 진동 시간은 다짐할 때 시멘트풀이 표면 상부로 약간 부상하기까지로 한다.
④ 내부진동기는 콘크리트를 횡방향으로 이동시킬 목적으로 사용하지 않아야 한다.

해설 진동다지기를 할 때에는 내부진동기를 하층의 콘크리트 속으로 0.1m 정도 찔러 넣는다. 내부진동기는 연직으로 찔러 넣으며, 그 간격은 진동이 유효하다고 인정되는 범위의 지름 이하로서 일정한 간격으로 한다. 삽입간격은 0.5m 이하로 한다.

02 콘크리트의 타설에 대한 설명으로 틀린 것은?

① 한 구획 내의 콘크리트의 타설이 완료될 때까지 연속해서 타설하여야 한다.
② 타설한 콘크리트를 거푸집 안에서 횡방향으로 이동시켜서는 안 된다.
③ 외기온도가 25℃ 이하일 경우 허용 이어치기 시간간격은 2.5시간을 표준으로 한다.
④ 콘크리트를 2층 이상으로 나누어 타설할 경우, 상층의 콘크리트 타설은 원칙적으로 하층의 콘크리트가 굳은 뒤에 타설하여야 한다.

해설 콘크리트를 2층 이상으로 나누어 타설할 경우, 상층의 콘크리트 타설은 원칙적으로 하층의 콘크리트가 굳기 시작하기 전에 해야 하며, 상층과 하층이 일체가 되도록 시공한다.

03 고유동 콘크리트를 제조할 때에는 유동성, 재료 불리저항성 및 자기 충전성을 관리하여야 한다. 이때 유동성을 관리하기 위해 필요한 시험은?

① 깔때기 유하시간
② 슬럼프 플로시험
③ 500mm 플로 도달시간
④ 충전장치를 이용한 간극 통과성 시험

04 일반콘크리트 제조 시 목표하는 시멘트의 1회 계량 분량은 317kg이다. 그러나 현장에서 계량된 시멘트의 계측값은 313kg으로 나타났다. 이러한 경우의 계량오차와 합격 · 불합격 여부를 정확히 판단한 것은?

① 계량오차 : -0.63%, 합격
② 계량오차 : -0.63%, 불합격
③ 계량오차 : -1.26%, 합격
④ 계량오차 : -1.26%, 불합격

정답 | 01 ① 02 ④ 03 ② 04 ④

해설

계량오차=[(계측값−목푯값)/목푯값]×100
$= \left(\dfrac{313-317}{317}\right) \times 100 ≒ -1.26\%$

시멘트 허용오차 = −1%, +2%

05 섬유보강콘크리트에 관한 설명 중 틀린 것은?

① 섬유보강콘크리트는 콘크리트의 인장강도와 균열에 대한 저항성을 높인 콘크리트이다.
② 믹서는 섬유를 콘크리트 속에 균열하게 분산시킬 수 있는 가경식 믹서를 사용하는 것을 원칙으로 한다.
③ 시멘트계 복합재료용 섬유는 강섬유, 유리섬유, 탄소섬유 등의 무기계섬유와 아라미드섬유, 비닐론섬유 등의 유기계섬유로 분류한다.
④ 섬유보강콘크리트에 사용되는 섬유는 섬유와 시멘트 결합재 사이의 부착성이 양호하고, 섬유의 인장강도가 커야 한다.

해설
섬유보강 콘크리트를 제조할 때는 가경식 믹서가 아닌 건식 믹서 또는 고속 믹서를 사용하는 것이 일반적이다.

06 시방배합에서 규정된 배합의 표시 방법에 포함되지 않는 것은?

① 잔골재율   ② 물−결합재비
③ 슬럼프 범위   ④ 잔골재의 최대치수

07 프리스트레스트 콘크리트에서 프리스트레싱할 때의 일반적인 사항으로 틀린 것은?

① 긴장재는 이것은 구성하는 각각 PS강재에 소정의 인장력이 주어지도록 긴장하여야 한다.
② 긴장재를 긴장할 때 정확한 인장력이 주어지도록 하기 위해 인장력을 설계값 이상으로 주었다가 다시 설계값으로 낮추는 방법으로 시공하여야 한다.
③ 긴장재에 대해 순차적으로 프리스트레싱을 실시할 경우는 각 단계에 있어서 콘크리트에 유해한 응력이 생기지 않도록 하여야 한다.
④ 프리텐션 방식의 경우 긴장재에 주는 인장력은 고정장치의 활동에 의한 손실을 고려하여야 한다.

해설
긴장재는 설계값에 맞춰 정확히 긴장해야 한다.

08 거푸집의 높이가 높을 경우, 거푸집에 투입구를 설치하거나 연직슈트 또는 펌프 배관의 배출구를 타설면 가까운 곳까지 내려서 콘크리트를 타설하여야 한다. 이때 슈트, 펌프배관 등의 배출구와 타설면까지의 높이는 몇 m 이하를 원칙으로 하는가?

① 1.0m   ② 1.5m
③ 2.0m   ④ 2.5m

해설
콘크리트공사 표준시방서 근거

09 30회 이상의 시험실적으로부터 구한 콘크리트 압축강도의 표준편차가 2.5MPa이고, 콘크리트의 설계기준압축강도가 30MPa일 때 콘크리트 배합강도는?

① 32.33MPa   ② 33.35MPa
③ 34.25MPa   ④ 35.33MPa

해설
배합강도=설계기준압축강도+1.34×표준편차
   = 30+1.34×2.5
   = 33.35MPa

정답 05 ② 06 ④ 07 ② 08 ② 09 ②

10 한중 콘크리트에 대한 설명으로 틀린 것은?

① 하루의 평균기온이 4℃ 이하로 예상될 때에 시공하는 콘크리트이다.
② 단위수량은 소요의 워커빌리티를 유지할 수 있는 범위 내에서 되도록 적게 정하여야 한다.
③ 한중 콘크리트는 소요의 압축강도가 얻어질 때까지는 콘크리트의 온도를 5℃ 이상으로 유지해야 한다.
④ 물, 시멘트 및 골재를 가열하여 재료의 온도를 높일 경우에는 균일하게 가열하여 항상 소요온도의 재료가 얻어질 수 있도록 해야 한다.

해설 과도한 가열은 골재의 성질에 영향을 미칠 수 있다.

11 쪼갬 인장 강도 시험(KS F 2423)으로부터 최대 하중 P=100KN을 얻었다. 원주 공시체의 지름이 100mm, 길이가 200mm일 때 이 공시체의 쪼갬 인장 강도는?

① 1.27MPa   ② 1.59MPa
③ 3.18MPa   ④ 6.36MPa

해설
- 최대 하중(P) : 100kN
- 원주 공시체 지름(D) : 100mm
- 원주 공시체 길이(L) : 200mm

∴ 쪼갬 인장 강도 $= \dfrac{P}{2\pi LH} = \dfrac{100,000}{2\pi \times 100 \times 200}$
$= 3.18\text{MPa}$

12 매스콘크리트의 온도균열 발생에 대한 검토는 온도균열지수에 의해 평가하는 것을 원칙으로 한다. 철근이 배치된 일반적인 구조물의 표준적인 온도균열지수의 값 중 균열발생을 제한할 경우의 값으로 옳은 것은?(단, 표준시방서에 따른다.)

① 1.5 이상   ② 1.2~1.5
③ 0.7~1.2   ④ 0.7 이하

해설 1.2 이하는 균열발생 가능성이 높고, 1.5 이상은 혼화재료 사용이 필요하다.

13 구조체 콘크리트의 압축강도 비파괴 시험 사용되는 슈미트 해머로 구조체가 경량 콘크리트인 경우에 사용하는 슈미트 해머는?

① N형 슈미트 해머   ② L형 슈미트 해머
③ P형 슈미트 해머   ④ M형 슈미트 해머

해설 N형 : 일반콘크리트, P형 : 고강도콘크리트, M형 : 특수목적

14 프리스트레스트 콘크리트와 철근콘크리트의 비교 설명으로 틀린 것은?

① 프리스트레스트 콘크리트는 철근콘크리트에 비하여 내화성에 있어서는 불리하다.
② 프리스트레스트 콘크리트는 철근콘크리트에 비하여 강성이 커서 변형이 적고 진동이 강하다.
③ 프리스트레스트 콘크리트는 철근콘크리트에 비하여 고강도의 콘크리트와 강재를 사용하게 된다.
④ 프리스트레스트 콘크리트는 균열이 발생하지 않도록 설계되기 때문에 내구성 및 수밀성이 좋다.

해설 프리스트레스트 콘크리트는 철근콘크리트에 비하여 내화성이 우수하다.

정답 10 ④　11 ③　12 ②　13 ②　14 ①

15 굵은 골재의 최대치수에 대한 설명으로 옳은 것은?

① 단면이 큰 구조물인 경우 25mm를 표준으로 한다.
② 거푸집 양 측면 사이의 최소 거리의 3/4을 초과하지 않아야 한다.
③ 개별 철근, 다발철근, 긴장재 또는 덕트 사이 최소 순간격의 3/4을 초과하지 않아야 한다.
④ 무근 콘크리트인 경우 20mm를 표준으로 하며, 또한 부재 최소 치수의 1/5을 초과해서는 안 된다.

16 시방배합 결과 콘크리트 1m³에 사용되는 물은 180kg, 시멘트는 390kg, 잔골재는 700kg, 굵은 골재는 1,100kg 이었다. 현장 골재의 상태가 아래와 같을 때 현장배합에 필요한 단위 굵은 골재량은?

- 현장의 잔골재는 5mm체에 남는 것을 10% 포함
- 현장의 굵은 골재는 5mm체를 통과하는 것을 5% 포함
- 잔골재의 표면수량은 2%
- 굵은 골재의 표면수량은 1%

① 1,060kg ② 1,071kg
③ 1,082kg ④ 1,093kg

[해설]

㉠ 입도에 의한 조정

- 잔골재량 $= \dfrac{100 \cdot S - b(S+G)}{100 - (a+b)}$
 $= \dfrac{100 \times 700 - 5 \times (700+1{,}100)}{100-(10+5)}$
 $= 717.65 \text{kg/m}^3$

- 굵은 골재량 $= \dfrac{100 \cdot G - b(S+G)}{100 - (a+b)}$
 $= \dfrac{100 \times 1{,}100 - 10 \times (700+1{,}100)}{100-(10+5)}$
 $= 1{,}082.35 \text{kg/m}^3$

㉡ 표면수에 의한 조정

- 잔골재 표면수량
 $= 717.65 \times \dfrac{2}{100} = 14.35 \text{kg/m}^3$

- 굵은 골재 표면수량
 $= 1{,}082.35 \times \dfrac{1}{100} = 10.82 \text{kg/m}^3$

∴ 현장배합 단위 굵은 골재량
 $= 1{,}082.35 + 10.82 = 1{,}093.17 ≒ 1{,}093 \text{kg/m}^3$

17 기존 구조물의 철근부식을 평가할 수 있는 비파괴 시험방법이 아닌 것은?

① 자연전위법 ② 분극저항법
③ 전기저항법 ④ 관입저항법

[해설]
관입저항법은 콘크리트 강도 평가에 사용한다.

18 콘크리트 공시체의 압축강도에 관한 설명으로 옳은 것은?

① 하중재하속도가 빠를수록 강도가 작게 나타난다.
② 시험 직적에 공시체를 건조시키면 강도가 크게 감소한다.
③ 공시체의 표면에 요철이 있는 경우는 압축강도가 크게 나타난다.
④ 원주형 공시체의 직격과 입방체 공시체의 한 변의 길이가 같으면 원주형 공시체의 강도가 작다.

정답 15 ③ 16 ④ 17 ④ 18 ④

19 콘크리트 압축강도 시험용 공시체를 제작하는 방법에 대한 설명으로 틀린 것은?

① 공시체는 지름은 2배의 높이를 가진 원기둥형으로 한다.
② 콘크리트를 몰드에 채울 때 2층 이상으로 거의 동일한 두께로 나눠서 채운다.
③ 콘크리트를 몰드에 채울 때 각 층의 두께는 100mm를 초과해서는 안 된다.
④ 몰드를 떼는 시기는 콘크리트 채우기가 끝나고 나서 16시간 이상 3일 이내로 한다.

[해설] 각 층의 최대 두께는 150mm이다.

20 일반적인 수중 콘크리트의 재료 및 시공 상의 주의사항으로 옳은 것은?

① 물의 흐름을 막은 정수 중에는 콘크리트를 수중에 낙하시킬 수 있다.
② 물-결합재비는 40% 이하, 단위 결합 재량은 300kg/m³ 이상을 표준으로 한다.
③ 수중에서 시공할 때의 강도가 표준공시체 강도의 0.6~0.8배가 되도록 배합강도를 설정하여야 한다.
④ 트레미를 사용하여 콘크리트를 타설할 경우, 콘크리트를 타설하는 동안 일정한 속도로 수평 이동시켜야 한다.

02 건설시공 및 관리

21 옹벽에 작용하는 토압을 산정하기 위해 Rankine의 토압론을 적용하고자 한다. Rankine 토압계산 시 이용되는 기본 가정이 아닌 것은?

① 토압을 지표에 평행하게 작용한다.
② 흙은 매우 균질한 재료이다.
③ 흙은 비압축성 재료이다.
④ 지표면은 유한한 평면으로 존재한다.

[해설] '표면은 유한한 평면으로 존재한다'는 Rankine의 토압론에서 이용되지 않는 기본 가정이다.

22 방파제를 크게 보통방파제와 특수방파제로 분류할 때 특수방파제에 속하지 않는 것은?

① 공기 방파제
② 부양 방파제
③ 잠수 방파제
④ 콘크리트 단괴식 방파제

[해설] 콘크리트 단괴식 방파제는 규모가 작은 곳에서 주로 사용되며 직립제 또는 혼성제의 벽체로 이루어진 보통방파제이다.

23 도로공사에서 성토해야 할 토량이 36,000m³인데 흐트러진 토량이 30,000m³가 있다. 이때 $L=1.25$, $C=0.9$라면 자연상태 토량의 부족토량은?

① 8,000m³   ② 12,000m³
③ 16,000m³ ④ 20,000m³

정답 19 ③ 20 ③ 21 ④ 22 ④ 23 ③

> **해설**
> 부족토량은 성토할 자연상태의 토량에서 자연상태 토량을 뺀 값으로 구한다.
> - 자연상태 토량
> $= \dfrac{흐트러진\ 토량}{L} = \dfrac{30{,}000\text{m}^3}{1.25} = 24{,}000\text{m}^3$
> - 성토할 자연상태 토량
> $= \dfrac{성토해야\ 할\ 토량}{C} = \dfrac{36{,}000\text{m}^3}{0.9} = 40{,}000\text{m}^3$
> - 부족토량
>   = 성토할 자연상태 토량 − 자연상태 토량
> $= 40{,}000\text{m}^3 - 24{,}000\text{m}^3 = 16{,}000\text{m}^3$

24 운동장 또는 광장 등 넓은 지역의 배수는 주로 어떤 배수방법으로 하는 것이 적당한가?

① 암거 배수 ② 지표 배수
③ 맹암거 배수 ④ 개수로 배수

> **해설**
> 맹암거 배수란 지하에 배수관을 설치하여 물을 배출하는 방법으로 주로 운동장 등 넓은 지역의 배수에 활용한다.

25 히빙(Heaving)의 방지대책으로 틀린 것은?

① 굴착저면의 지반개량을 실시한다.
② 흙막이벽의 근입 깊이를 증대시킨다.
③ 굴착공법을 부분굴착에서 전면굴착으로 변경한다.
④ 중력배수나 강제배수 같은 지하수의 배수대책을 수립한다.

26 토공에 대한 다음 설명 중 틀린 것은?

① 시공기면은 현재 공사를 하고 있는 면을 말한다.
② 토공은 굴착, 싣기, 운반, 성토(사토) 등의 4공정으로 이루어진다.
③ 준설은 수저의 토사 등을 굴착하는 작업을 말한다.
④ 법면은 비탈면으로 성토, 절토의 사면을 말한다.

> **해설**
> 시공기면은 노반을 조성할 때 기준이 되는 면을 말하는 것으로, 공사계획을 세우고 실제공사를 진행할 때 기준점으로 삼는 면을 의미한다.

27 아스팔트 포장에서 프라임코트(Prime Coat)의 중요 목적이 아닌 것은?

① 배수층 역할을 하여 노상토의 지지력을 증대시킨다.
② 보조기층에서 모세관 작용에 의한 물의 상승을 차단한다.
③ 보조기층과 그 위에 시공될 아스팔트 혼합물과 융합을 좋게 한다.
④ 기층 마무리 후 아스팔트 포설까지의 기층과 보조기층의 파손 및 표면수의 침투, 강우에 의한 세굴을 방지한다.

> **해설**
> 보조기층의 방수성을 높이기 위함이다.

28 20,000m³의 본바닥을 버킷용량 0.6m³의 백호를 이용하여 굴착할 때 아래 조건에 의한 공기를 구하면?

- 버킷계수 : 1.2, 작업효율 : 0.8, C_m : 25초
- 1일 작업시간 : 8시간, 뒷정리 : 2일
- 토량의 변화율 : $L = 1.3$, $C = 0.9$

① 24일 ② 42일
③ 186일 ④ 314일

정답 24 ③ 25 ③ 26 ① 27 ① 28 ②

해설

$$Q = \frac{3,600 \cdot q \cdot k \cdot f \cdot E}{C_m}$$

$$= \frac{3,600 \times 0.6 \times 1.2 \times 1/1.3 \times 0.8}{25}$$

$$= 63.80 \text{m}^3/\text{h}$$

- 일 작업량 환산 = $63.80 \times 8 = 510.42 \text{m}^3/$일
- 공기 = $\frac{20,000}{510.42} + 2 ≒ 42$일

29 PERT 공정관리기법에 관한 설명 중 옳지 않은 것은?

① PERT 기법에서는 시간견적을 3점법으로 확률계산한다.
② PERT 기법의 중심관리는 작업단계(Event)이다.
③ PERT 기법은 비용문제를 포함한 반복사업에 이용된다.
④ PERT 기법은 신규사업 및 경험이 없는 사업에 적용한다.

해설
PERT를 통해 얻은 시간적 예측 정보는 CPM의 비용 분석에 활용될 수 있다.

30 부마찰력에 대한 설명으로 틀린 것은?

① 말뚝이 타입된 지반이 압밀 진행 중일 때 발생된다.
② 지하수위의 감소로 체적이 감소할 때 발생된다.
③ 말뚝의 주변마찰력이 선단지지력보다 클 때 발생된다.
④ 상재 하중이 말뚝과 지표에 작용하여 침하할 경우에 발생된다.

31 지하철 공사의 공법에 관한 다음 설명 중 틀린 것은?

① Open Cut 공법은 얕은 곳에서는 경제적이나 노면복공을 하는데 지상에서의 지장이 크다.
② 개방형 실드로 지하수위 아래를 굴착할 때는 압기할 때가 많다.
③ 연속 지중벽 공법은 연약지반에서 적합하고 지수성도 양호하나, 소음 대책이 어렵다.
④ 연속 지중벽 공법의 대표적인 것은 이코스 공법, 엘제공법, 솔레틴슈 공법 등이 있다.

해설
연속 지중벽 공법은 연약지반에 적용이 가능하지만 가장 적합한 공법이라 보기는 어렵다.

32 시료의 평균값이 279.1, 범위의 평균값이 56.32. 군의 크기에 따라 정하는 계수가 0.73일 때 상부관리 한계선(UCL)값은?

① 316.0
② 320.2
③ 338.0
④ 342.1

해설
- 시료의 평균값($\overline{X}$) = 279.1
- 범위의 평균값($\overline{R}$) = 56.32
- $U_{CL} = \overline{X} + A_2 \cdot \overline{R} = 279.1 + 0.73 \times 56.32$
  $= 320.21 ≒ 320.2$

33 아스팔트 포장의 특성에 대한 설명으로 틀린 것은?

① 부분파손에 대한 보수가 용이하다.
② 교통하중을 슬래브가 휨 저항으로 지지한다.
③ 양생기간이 짧아 시공 후 즉시 교통 개방이 가능하다.

정답 29 ③ 30 ③ 31 ③ 32 ② 33 ②

④ 잦은 덧씌우기 등으로 인해 유지관리비가 많이 소요된다.

해설
슬래브가 휨 저항으로 지지하는 것은 시멘트 콘크리트 포장의 특성이다.

34 터널계측에서 일상계측(A 계측) 항목이 아닌 것은?
① 내공변위 측정   ② 천단침하 측정
③ 터널 내 관찰조사 ④ 록볼트 축력 측정

해설
록볼트 축력 측정은 정밀계측(B 계측)에 해당한다.

35 교량 가설의 위치 선정에 대한 설명으로 틀린 것은?
① 하천과 유수가 안정한 곳일 것
② 하폭이 넓을 때는 굴곡부일 것
③ 하천과 양안의 지질이 양호한 곳일 것
④ 교각의 축방향이 유수의 방향과 평행하게 되는 곳일 것

해설
- 하폭이 넓을 경우 유속이 느리고 저심도의 지반이 많아 가능한 한 직선부에 위치해야 유수 흐름에 영향이 적다.
- 굴곡부는 침식작용이 심하고 지형이 불안정하여 가능한 한 피해야 한다.

36 다음 중 직접기초 굴착 시 저면 중앙부에 섬과 같이 기초부를 먼저 구축하여 이것을 발판으로 주면부를 시공하는 방법은?
① Cut 공법   ② Island 공법
③ Open Cut 공법   ④ Deep Well 공법

37 기계화 시공에 있어서 중장비의 비용계산 중 기계손료를 구성하는 요소가 아닌 것은?
① 관리비   ② 정비비
③ 인건비   ④ 감가상각비

해설
기계손료는 기계 자체에 드는 비용으로 인건비는 구성요소에 포함되지 않는다.

38 돌쌓기에 대한 설명으로 틀린 것은?
① 메쌓기는 콘크리트를 사용하지 않는다.
② 찰쌓기는 뒤채움에 콘크리트를 사용한다.
③ 메쌓기는 쌓는 높이의 제한을 받지 않는다.
④ 일반적으로 찰쌓기는 메쌓기보다 높이 쌓을 수 있다.

해설
메쌓기란 자연석이나 깬돌 등을 모르타르나 콘크리트를 사용하지 않고 돌끼리 맞물리도록 쌓는 방식을 말한다. 메쌓기는 쌓는 높이에 제한을 받는다.

39 토공에서 시공기면을 정할 경우 성토와 절토량이 최소가 되게 하는 것이 경제적이다. 토공의 균형을 알아내기 위해 사용되는 것은?
① 유토곡선   ② 토취곡선
③ 균형곡선   ④ 평균곡선

40 토목공사용 기계는 작업종류에 따라 굴삭, 운반, 부설, 다짐 및 정지 등으로 구분된다. 다음 중 운반용 기계가 아닌 것은?
① 탬퍼   ② 불도저
③ 덤프트럭   ④ 벨트 컨베이어

해설
탬퍼는 다짐용 기계를 말한다. 불도저는 굴착 및 운반용 기계이고, 덤프트럭과 벨트 컨베이어는 운반용 기계이다.

정답 | 34 ④ 35 ② 36 ② 37 ③ 38 ③ 39 ① 40 ①

03 건설재료 및 시험

41 다음의 혼화재료 중 주로 잠재수경성이 있는 재료는?

① 팽창재
② 고로슬래그 미분말
③ 플라이애시
④ 규산질 미분말

42 직경 200mm, 길이 5m의 강봉에 축방향으로 400kN의 인장력을 가하여 변형을 측정한 결과 직경이 0.1mm 줄어들고 길이가 10mm 늘어났을 때 이 재료의 푸아송비는?

① 0.25
② 0.5
③ 1.0
④ 4.0

[해설]
- 가로변형률 $\left(\dfrac{\Delta d}{d}\right) = \dfrac{-0.1}{200} = -0.0005$
- 세로변형률 $\left(\dfrac{\Delta L}{L}\right) = \dfrac{10}{5,000} = 0.002$

$\therefore \nu = -\dfrac{-0.0005}{0.002} = 0.25$

43 시멘트의 응결시험 방법으로 옳은 것은?

① 비비 시험
② 오토클레이브 방법
③ 길모어 침에 의한 방법
④ 공기투과장치에 의한 방법

[해설]
① 비비 시험 : 물-결합재비
② 오토클레이브 시험 : 시멘트 팽창성 시험
④ 공기투과장치에 의한 시험 : 시멘트 분말도 시험

44 어떤 시멘트의 주요 성분이 아래 표와 같을 때 이 시멘트의 수경률은?

화학성분	조성비(%)	화학성분	조성비(%)
SiO_2	21.9	CaO	63.7
Al_2O_3	5.2	MgO	1.2
Fe_2O_3	2.8	SO_3	1.4

① 2.0
② 2.05
③ 2.10
④ 2.15

[해설]
- MgO는 팽창문제를 유발하여 제외한다.
- SO_3은 응결시간 조절용이다.
- 시멘트의 수경률 $= \dfrac{CaO}{SiO_2 + Al_2O_3 + Fe_2O_3}$

$= \dfrac{63.7}{21.9 + 5.2 + 2.8} \fallingdotseq 2.1$

45 다음 콘크리트용 골재에 대한 설명으로 틀린 것은?

① 골재의 비중이 클수록 흡수량이 작아 내구적이다.
② 조립률이 같은 골재라도 서로 다른 입도 곡선을 가질 수 있다.
③ 콘크리트의 압축강도는 물-시멘트비가 동일한 경우 굵은 골재 최대치수가 커짐에 따라 증가한다.
④ 굵은 골재 최대치수를 크게 하면 같은 슬럼프의 콘크리트를 제조하는데 필요한 단위수량을 감소시킬 수 있다.

[해설]
일정 수준 이상으로 굵은 골재 최대치수가 커지면 압축강도가 감소할 수 있다.

정답 41 ② 42 ① 43 ③ 44 ③ 45 ③

46 골재의 표준체에 의한 체가름시험에서 굵은 골재란 다음 중 어느 것인가?

① 100mm체를 전부 통과하고 5mm체를 거의 통과하며 0.15mm체에 거의 남는 골재
② 100mm체를 전부 통과하고 5mm체를 거의 통과하며 1.2mm체에 거의 남는 골재
③ 40mm체에 거의 남는 골재
④ 5mm체에 거의 남는 골재

해설) 굵은 골재란 입자의 크기가 5mm 이상인 골재를 말한다.

47 아래에서 설명하는 것은?

- 시멘트를 염산 및 탄산나트륨용액에 넣었을 때 녹지 않고 남는 부분을 말한다.
- 이 양은 소성반응의 완전여부를 알아내는 척도가 된다.
- 보통 포틀랜드 시멘트의 경우 이 양은 일반적으로 점토성분의 미소성에 의하여 발생되며 약 0.1~0.6% 정도이다.

① 수경률   ② 규산율
③ 강열감량   ④ 불용해 잔분

해설) 불용해 잔분은 콘크리트의 강도나 내구성에 영향을 미치는 중요한 물질이다.

48 목재의 장점에 대한 설명으로 옳은 것은?

① 부식성이 크다.
② 내화성이 크다.
③ 목질이나 강도가 균일하다.
④ 충격이나 진동 등을 잘 흡수한다.

해설) 목재는 탄력성이 있어 외부의 충격을 완화시켜 주고, 진동을 흡수하여 쾌적한 환경을 조성하는 데 도움을 줄 수 있다.

49 다음 골재의 함수상태를 표시한 것 중 틀린 것은?

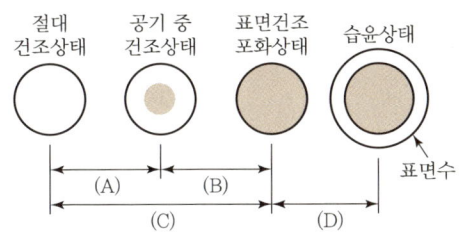

① A : 기건 함수량   ② B : 유효흡수량
③ C : 함수량   ④ D : 표면수량

해설) C는 함수량이 아니라 흡수량을 말한다.

50 일반적으로 포장용 타르로 가장 많이 사용되는 것은?

① 피치   ② 잔류타르
③ 컷백타르   ④ 혼성타프

해설) 컷백타르는 아스팔트에 휘발성 용제를 넣어 점도를 낮춘 것으로 포장용 타르로 많이 사용된다.

51 다음 혼화재료 중 콘크리트의 응결시간에 영향을 미치지 않는 것은?

① 염화칼슘   ② 인산염
③ 당류   ④ 라텍스

해설) 라텍스는 고무 성분의 유기 고분자로서, 방수성 향상 등의 목적이 있으며, 응결시간에 직접적인 영향은 거의 없다.

정답 46 ④ 47 ④ 48 ④ 49 ③ 50 ③ 51 ④

52 포틀랜드 시멘트 주성분의 함유 비율에 대한 시멘트의 특성을 설명한 것으로 옳은 것은?

① 수경률(H.M)이 크면 초기 강도가 크고 수화열이 큰 시멘트가 생긴다.
② 규산율(S.M)이 크면 C_3A가 많이 생성되어 초기 강도가 크다.
③ 철률(I.M)이 크면 초기 강도는 작고 수화열이 작아지며 화학 저항성이 높은 시멘트가 된다.
④ 일반적으로 중용열 포틀랜드 시멘트가 조강 포틀랜드 시멘트보다 수경률(H.M)이 크다.

해설 수경률이 크면 시멘트가 빠르게 수화되며 초기강도가 크고 수화열이 크게 발생한다.

53 다음 중 기폭약의 종류가 아닌 것은?

① 니트로글리세린 ② 뇌홍
③ 질화면   ④ DDNP

해설
• 기폭약이란 작은 충격이나 열에도 쉽게 폭발하여 다른 폭약을 폭발시키는 물질을 말하며 뇌홍, 질화면, DDNP 등이 있다.
• 니트로글리세린은 그 자체가 주 폭약의 역할을 한다.

54 토목섬유 중 직포형과 부직포형이 있으며 분리, 배수, 보강, 여과기능을 갖고 오탁방지망, Drain Board, Pack Drain 포대, Geo Web 등에 사용되는 자재는?

① 지오네트   ② 지오그리드
③ 지오맴브레인 ④ 지오텍스타일

해설
① 지오네트 : 배수 기능
② 지오그리드 : 보강 기능
③ 지오맴브레인 : 차수 기능

55 다음 중 천연아스팔트의 종류가 아닌 것은?

① 록(Rock)아스팔트
② 샌드(Sand)아스팔트
③ 블론(Blown)아스팔트
④ 레이크(Lake)아스팔트

해설 블론아스팔트는 공기 산화 처리를 통해 인공적으로 제조한 인공아스팔트이다.

56 콘크리트용 혼화재료에 대한 설명으로 틀린 것은?

① 팽창재를 사용한 콘크리트의 수밀성은 일반적으로 작아지는 경향이 있다.
② 촉진제는 저온에서 강도발현이 우수하기 때문에 한중콘크리트에 사용된다.
③ 발포제에 사용한 콘크리트는 내부 기포에 의해 단열성 및 내화성이 떨어진다.
④ 착색재로 사용되는 안료를 혼합한 콘크리트는 보통콘크리트에 비해 강도가 저하된다.

해설 발포제 사용 시 기포 콘크리트가 되어 단열성 및 내화성이 향상된다.

57 암석을 발파할 때 암석이 외부의 공기 및 물과 접하는 표면을 자유면이라 한다. 이 자유면으로부터 폭약의 중심까지의 최단거리를 무엇이라 하는가?

① 보안거리   ② 누두반경
③ 적정심도   ④ 최소저항선

해설 최소저항선을 따라 발파하여 폭발의 효과를 극대화한다.

정답 52 ① 53 ① 54 ④ 55 ③ 56 ③ 57 ④

58 반고체 상태의 아스팔트성 재료를 3.2mm 두께의 얇은 막 형태로 163℃로 5시간 가열한 후 침입한 후 침입도 시험을 실시하여 원 시료와의 비율을 측정하며, 가열 손실량도 측정하는 시험법은?

① 증발감량 시험
② 피박박리 시험
③ 박막가열 시험
④ 아스팔트 제품의 증류시험

> **해설**
> 박막가열시험이란 아스팔트를 얇은 막 상태로 놓고 일정시간 고온에서 가열하여 손실량, 침입도, 연화점 등을 측정하여 아스팔트의 노화특성을 평가하는 시험을 말한다.

59 콘크리트용 응결촉진제에 대한 설명으로 틀린 것은?

① 조기강도를 증가시키지만 사용량이 과다하면 순결 또는 강도저하를 나타낼 수 있다.
② 한중 콘크리트에 있어서 동결이 시작되기 전에 미리 동결에 저항하기 위한 강도를 조기에 얻기 위한 용도로 많이 사용한다.
③ 염화칼슘을 주성분으로 한 촉진제는 콘크리트의 황산염에 대한 저항성을 증가시키는 경향을 나타낸다.
④ PSC강재에 접촉하면 부식 또는 녹이 슬기 쉽다.

> **해설**
> 염화칼슘은 콘크리트의 황산염에 대한 저항성을 감소시키는 경향을 나타낸다.

60 다음 암석 중 일반적으로 공극률이 가장 큰 것은?

① 사암
② 화강암
③ 응회암
④ 대리석

> **해설**
> 퇴적암은 모래가 굳어서 형성된 암석으로 입자 사이에 공극이 많고 공극률이 크다. 퇴적암에는 사암, 역암, 이암 등이 있다.

04 토질 및 기초

61 지중응력을 구하는 공식 중 Newmark의 영향원법을 사용했을 때 재해면적 내의 영향원 요소 수가 20개, 등분포하중이 100kN/m²인 경우 연직응력증가량($\Delta\sigma_z$)은?(단, 영향계수는 0.005이다.)

① 1kN/m²
② 10kN/m²
③ 50kN/m²
④ 100kN/m²

> **해설**
> $\Delta\sigma_z = q \cdot I \cdot n = 100 \times 0.005 \times 20 = 10\text{kN/m}^2$

62 말뚝이 20개인 군항기초의 효율이 0.80이고, 단항으로 계산된 말뚝 1개의 허용지지력이 200kN일 때, 이 군항의 허용지지력은?

① 1,600kN
② 2,000kN
③ 3,200kN
④ 4,000kN

> **해설**
> $Q = N \cdot Q_p \cdot \eta = 20 \times 200 \times 0.8 = 3,200\text{kN}$
> 여기서, n : 말뚝기초의 효율, $0 < \eta \leq 1$

정답 58 ③ 59 ③ 60 ① 61 ② 62 ③

63 Rod에 붙인 어떤 저항체를 지중에 넣어 관입, 인발 및 회전에 의해 흙의 전단강도를 측정하는 원위치 시험은?

① 보링(Boring)
② 사운딩(Sounding)
③ 시료채취(Sampling)
④ 비파괴 시험(NDT)

64 액성한계가 60%인 점토의 흐트러지지 않은 시료에 대하여 압축지수를 Skempton (1994)의 방법에 의하여 구한 값은?

① 0.16
② 0.28
③ 0.35
④ 0.45

해설
$C_c = 0.009(LL - 10)$
$= 0.009(60 - 10)$
$= 0.45$

65 모래의 밀도에 따라 일어나는 전단특성에 대한 다음 설명 중 옳지 않은 것은?

① 다시 성형한 시료의 강도는 작아지지만 조밀한 모래에서는 시간이 경과됨에 따라 강도가 회복된다.
② 내부마찰각(ϕ)은 조밀한 모래일수록 크다.
③ 직접 전단시험에 있어서 전단응력과 수평변위 곡선은 조밀한 모래에서는 Peak가 생긴다.
④ 조밀한 모래에서는 전단변형이 계속 진행되면 부피가 팽창한다.

해설 조밀한 모래에서는 전단변형이 계속 진행되면 부피가 감소한다.

66 상하류의 수위 차 $h = 10m$, 투수계수 $K = 1 \times 10^{-5}$cm/s, 투수층 유로의 수 $N_f = 3$, 등수두면 수 $N_d = 9$인 흙 댐의 단위 m당 1일 침투수량은?

① 0.0864m³/day
② 0.864m³/day
③ 0.288m³/day
④ 0.0288m³/day

해설
• $q = K \cdot h \cdot \dfrac{N_f}{N_d} = 1 \times 10^{-7} \times 10 \times \dfrac{3}{9}$
$= 3.333 \times 10^{-7} m^3/s$
여기서, $K = 1 \times 10^{-5}$cm/s $= 1 \times 10^{-7}$m/s
∴ 1일 침투수량 $= 3.333 \times 10^{-7} \times 24 \times 60 \times 60$
$= 0.0288m^3/day$

67 평판 재하 실험에서 재하판의 크기에 의한 영향(Scale Effect)에 관한 설명으로 틀린 것은?

① 사질토 지반의 지지력은 재하판의 폭에 비례한다.
② 점토지반의 지지력은 재하판의 폭에 무관하다.
③ 사질토 지반의 침하량은 재하판의 폭이 커지면 약간 커지기는 하지만 비례하는 정도는 아니다.
④ 점토지반의 침하량은 재하판의 폭에 무관하다.

해설 점토지반의 경우 체적변형이 큰 재료이기 때문에, 재하판이 클수록 응력 전달 범위가 넓어지고 침하량도 증가한다.

정답 63 ② 64 ④ 65 ④ 66 ④ 67 ④

68 모래나 점토 같은 입상재료를 전단할 때 발생하는 다일러턴시(Dilatancy) 현상과 간극수압의 변화에 대한 설명으로 틀린 것은?

① 정규압밀 점토에서는 (−) 다일러턴시에 (+)의 간극수압이 발생한다.
② 과압밀 점토에서는 (+) 다일러턴시에 (−)의 간극수압이 발생한다.
③ 조밀한 모래에서는 (+) 다일러턴시가 일어난다.
④ 느슨한 모래에서는 (+) 다일러턴시가 일어난다.

해설
느슨한 모래에서는 (−) 다일러턴시가 일어날 가능성이 높다.

69 다음은 흙의 다짐에 대해 설명한 것이다. 옳게 설명한 것을 모두 고른 것은?

> (1) 사질토에서 다짐에너지가 클수록 최대 건조단위 중량은 커지고 최적 함수비는 줄어든다.
> (2) 입도분포가 좋은 사질토가 입도분포가 균등한 사질토보다 더 잘 다져진다.
> (3) 다짐곡선은 반드시 영공기 간극곡선의 오른쪽에 그려진다.
> (4) 양족롤러는 점성토를 다지는 데 적합하다.
> (5) 점성토에서 흙은 최적함수비보다 큰 함수비로 다지면 면모구조를 보이고 작은 함수비로 다지면 이산구조를 보인다.

① (1), (2), (3), (5) ② (1), (2), (4), (5)
③ (1), (4), (5)   ④ (2), (4), (5)

해설
다짐과정에서 공기가 제거될수록 밀도가 증가하므로 다짐곡선은 영공기 간극곡선보다 항상 왼쪽에 그려진다.

70 벽체에 작용하는 주동토압을 P_a, 수동토압을 P_p, 정지토압을 P_o라 할 때 크기의 비교로 옳은 것은?

① $P_a > P_p > P_o$ ② $P_p > P_o > P_a$
③ $P_p > P_a > P_o$ ④ $P_o > P_a > P_p$

해설
정지토압은 벽체의 변위가 없는 상태에서 적용하는 토압, 주동토압은 뒤채움 흙의 압력에 의해 벽체가 흙으로부터 멀어지는 변위를 일으킬 때의 토압, 수동토압은 벽체가 뒤채움 흙쪽으로 변위를 일으킬 때의 토압을 말한다.

71 어느 흙 댐의 동수경사 1.1, 흙의 비중이 2.65, 함수비 45%인 포화토에 있어서 분사현상에 대한 안전율을 구하면?

① 0.7   ② 1.0
③ 1.2   ④ 1.4

해설
$$F_s = \frac{i_c}{i} = \frac{\dfrac{G_s - 1}{1 + e}}{\dfrac{h}{L}} = \frac{\dfrac{2.65 - 1}{1 + 1.1925}}{1.1} \fallingdotseq 0.7$$

72 흙의 동상에 영향을 미치는 요소가 아닌 것은?

① 모관 상승고
② 흙의 투수계수
③ 흙의 전단강도
④ 동결온도의 계속시간

해설
흙의 전단강도는 동상과 직접적 관계가 없다.

정답 68 ④ 69 ② 70 ② 71 ① 72 ③

73 4m×4m 크기인 정사각형 기초를 내부마찰각 $\phi = 20°$, 점착력 $c = 30\text{kN/m}^2$인 지반에 설치하였다. 흙의 단위중량(γ) = 19kN/m³이고 안전율(F_s)을 3으로 할 때 Terzaghi 지지력 공식으로 기초의 허용하중을 구하면? (단, 기초의 근입깊이는 1m이고, 전반전단파괴가 발생한다고 가정하며, N_c = 17.69, N_q = 7.44, N_γ = 4.97이다.)

① 4,780kN ② 5,239kN
③ 5,672kN ④ 6,218kN

해설
- 극한지지력
$$q_u = \alpha \cdot C \cdot N_c + \beta \cdot B \cdot \gamma_1 \cdot N_r + D_f \cdot \gamma_2 \cdot N_q$$
$$= 1.3 \times 30 \times 17.69 + 0.4 \times 4 \times 19 \times 4.97 + 1 \times 19 \times 7.44$$
$$\fallingdotseq 983.46\text{kN/m}^2$$
- 허용지지력 $q_a = \dfrac{q_u}{F_s} = \dfrac{983.46}{3} = 327.82\text{kN/m}^2$
∴ 하중 $Q_a = q_a \cdot A = 327.82 \times 16 \fallingdotseq 5,239\text{kN}$

74 어떤 흙의 자연함수비가 액성한계보다 많으면 그 흙의 상태로 옳은 것은?

① 고체 상태에 있다.
② 반고체 상태에 있다.
③ 소성 상태에 있다.
④ 액체 상태에 있다.

75 연약지반 개량공법 중에서 점성토지반에 쓰이는 공법은?

① 전기충격공법
② 폭파다짐공법
③ 생석회 말뚝공법
④ 바이브로플로테이션 공법

76 연약지반 개량공법에 대한 설명 중 틀린 것은?

① 샌드드레인 공법은 2차 압밀비가 높은 점토 및 이탄 같은 유기질 흙에 큰 효과가 있다.
② 화학적 변화에 의한 흙의 강화공법으로는 소결 공법, 전기화학적 공법 등이 있다.
③ 동압밀공법 적용 시 과잉간극 수압의 소산에 의한 강도증가가 발생한다.
④ 장기간에 걸친 배수공법은 샌드드레인이 페이퍼 드레인보다 유리하다.

해설
샌드드레인 공법은 1차 압밀비가 높은 모래나 자갈 등의 굴착재에 적용하는 것이 효과적이다.

77 흙의 다짐 효과에 대한 설명 중 틀린 것은?

① 흙의 단위중량 증가
② 투수계수 감소
③ 전단강도 저하
④ 지반의 지지력 증가

해설
다짐은 일반적으로 흙의 전단강도를 증가시키는 효과가 있다.

78 흙댐에서 상류면 사면의 활동에 대한 안전율이 가장 저하되는 경우는?

① 만수된 물의 수위가 갑자기 저하할 때이다.
② 흙댐에 물을 담는 도중이다.
③ 흙댐이 만수되었을 때이다.
④ 만수된 물이 천천히 빠져나갈 때이다.

해설
수위가 급속히 저하되면 내부의 간극수압은 천천히 빠지므로 내부는 연약한 상태가 되어 활동 안전율이 급격히 저하된다.

정답 73 ② 74 ④ 75 ③ 76 ① 77 ③ 78 ①

79 함수비가 20%인 어떤 흙 1,200g과 함수비가 30%인 어떤 흙 2,600g을 섞으면 그 흙의 함수비는 약 얼마인가?

① 21.1% ② 25.0%
③ 26.7% ④ 29.5%

해설
$$w = \frac{1,200 \times 0.2 + 2,600 \times 0.3}{3,800} \fallingdotseq 2.67\%$$

80 유선망은 이론상 정사각형으로 이루어진다. 동수경사가 가장 큰 곳은?

① 어느 곳이나 동일함
② 땅속 제일 깊은 곳
③ 정사각형이 가장 큰 곳
④ 정사각형이 가장 작은 곳

해설
- 정사각형이 작다는 것은 유선간격에 비해 등수두선 간격이 좁다는 의미로, 단위길이당 수두손실이 크다는 것을 말한다.
- 정사각형이 가장 작은 곳이 동수경사가 가장 크고 수두손실이 크다.

정답 79 ③ 80 ④

2025년 과년도 기출문제

01 콘크리트 공학

01 내부진동기를 사용하여 콘크리트를 다질 경우에 옳지 않은 것은?

① 내부진동기는 하층의 콘크리트 속에 0.1m 정도 찔러 다진다.
② 연직방향으로 내부 진동기 삽입간격은 0.5m 이하로 한다.
③ 콘크리트를 횡방향으로 이동시킬 목적으로 사용해서는 안 된다.
④ 내부진동기를 사용할 때 하층의 콘크리트 속으로 진동기가 삽입되지 않도록 하여야 한다.

해설
진동다지기를 할 때에는 내부진동기를 하층의 콘크리트 속으로 0.1m 정도 찔러 넣는다. 내부진동기는 연직으로 찔러 넣으며, 그 간격은 진동이 유효하다고 인정되는 범위의 지름 이하로서 일정한 간격으로 한다. 삽입간격은 0.5m 이하로 한다.

02 콘크리트 구조물의 건조수축, 온도 변화 등에 의해 발생되는 균열을 한 곳으로 집중시키기 위해 단면 결손부에 설치하는 것은?

① 신축이음
② 균열유발줄눈
③ 콜드 조인트(Cold Joint)
④ 연직시공이음

03 고강도 콘크리트의 타설에 대한 내용 중 ( )에 적합한 것은?

> 기둥 부재에 쳐 넣은 콘크리트 강도와 슬래브나 보에 쳐 넣은 콘크리트 강도의 차가 ( )배 이상일 경우에는 기둥에 사용한 콘크리트가 수평부재의 접합면에서 0.6m 정도 충분히 수평재 쪽으로 안전한 내민 길이를 확보한다.

① 0.6
② 1.0
③ 1.4
④ 1.6

04 포장용 시멘트 콘크리트의 배합 기준 중 옳지 않은 것은?

① 설계기준 휨강도 : 4.5MPa 이상
② 슬럼프 : 20mm 이하
③ 공기량 : 4~6%
④ 단위수량 : 150kg/m³ 이하

해설
포장용 시멘트 콘크리트 배합 기준 중 슬럼프는 40mm 이하이다.

05 콘크리트 연직시공 이음에 대한 설명 중 틀린 것은?

① 시공이음면의 거푸집을 견고하게 지지하고 이음부위는 진동기로 충분히 다진다.
② 새 콘크리트를 타설한 후에 적당한 시기에 재진동 다지기를 하는 것이 좋다.

정답 01 ④ 02 ② 03 ③ 04 ② 05 ③

③ 보통 콘크리트 타설 후 여름에는 10~15시간 정도에 시공이음면의 거푸집을 제거한다.
④ 구 콘크리트 시공이음면을 쇠솔이나 쪼아내기를 하여 거칠게 하고 충분히 흡수시킨 후 시멘트 풀, 모르타르, 습윤면용에폭시 수지 등을 바르고 새 콘크리트를 타설한다.

> **해설**
> 일반적으로 연직시공이음부의 거푸집 제거시기는 콘크리트를 타설하고 난 후 여름에는 4~6시간 정도, 겨울에는 10~15시간 정도로 한다.

06 프리스트레스트 콘크리트 그라우트의 덕트 내의 충전성을 확보하기 위한 조건으로 틀린 것은?

① 블리딩률은 0%를 표준으로 한다.
② 비팽창성 그라우트에서의 팽창률은 −0.5~0.5%를 표준으로 한다.
③ 팽창성 그라우트에서의 팽창률은 0~10%를 표준으로 한다.
④ 물−결합재비는 55% 이하로 한다.

> **해설**
> 일반적인 물−결합재비는 0.35~0.5가 적당하다.

07 PS강재에 요구되는 일반적인 성질로 틀린 것은?

① 인장강도가 작을 것
② 릴랙세이션이 작을 것
③ 콘크리트와 부착력이 클 것
④ 어느 정도의 피로 강도를 가질 것

> **해설**
> PS강재는 높은 인장강도와 강한 내구성을 요구한다.

08 프리스트레스트 콘크리트에 대한 설명 중 틀린 것은?

① 포스트텐션방식에서는 긴장재와 콘크리트와의 부착력에 의해 콘크리트에 압축력이 도입된다.
② 프리텐션방식에서는 프리스트레스 도입 시의 콘크리트 압축강도가 일반적으로 30MPa 이상 요구된다.
③ 외력에 의해 인장응력을 상쇄하기 위하여 미리 인위적으로 콘크리트에 준 응력을 프리스트레스라고 한다.
④ 프리스트레스 도입 후 긴장재의 릴랙세이션, 콘크리트의 크리프와 건조수축 등에 의해 프리스트레스의 손실이 발생한다.

> **해설**
> 포스트텐션방식에서는 긴장재를 콘크리트에 먼저 고정시키고, 그 후에 긴장재에 인장력을 가해 콘크리트에 압축력을 도입한다.

09 콘크리트 압축강도의 표준편차를 알지 못할 경우로 콘크리트의 설계기준 압축강도가 30MPa일 때 배합강도는?

① 37MPa ② 38.5MPa
③ 40MPa ④ 42MPa

> **해설**
> 콘크리트 압축강도의 표준편차를 알지 못할 때 배합강도
> - 호칭강도 21 미만 : (콘크리트 압축강도)+7
> - 호칭강도 21 이상 35 이하 : (콘크리트 압축강도)+8.5
> - 호칭강도 35 초과 : (1.1×콘크리트 압축강도)+5

정답 | 06 ④ 07 ① 08 ① 09 ②

10 거푸집의 높이가 높아 슈트, 펌프 배관, 버킷, 호퍼 등으로 콘크리트를 타설 시 배출구와 타설면까지의 높이는 몇 m 이하로 하는가?

① 1m ② 1.5m
③ 2.0m ④ 2.5m

해설
- 콘크리트 타설 시 일반 자유낙하 높이 : 2.0m 이하
- 기구(슈트, 펌프 배관, 버킷, 호퍼 등)를 이용하여 타설 : 1.5m 이하

11 압축강도에 의한 콘크리트의 품질검사에서 판정기준으로 옳은 것은?(단, 설계기준 압축강도로부터 배합을 정한 경우로서 f_{ck} >35MPa인 콘크리트이며, 일반콘크리트 표준시방서 규정을 따른다.)

① ㉠ 연속 3회 시험값의 평균이 f_{ck}의 95% 이상, ㉡ 1회 시험값이 f_{ck}의 90% 이상
② ㉠ 연속 3회 시험값의 평균이 f_{ck}의 95% 이상, ㉡ 1회 시험값이 f_{ck}의 95% 이상
③ ㉠ 연속 3회 시험값의 평균이 f_{ck} 이상, ㉡ 1회 시험값이 (f_{ck} −3.5MPa) 이상
④ ㉠ 연속 3회 시험값의 평균이 f_{ck} 이상, ㉡ 1회 시험값이 f_{ck}의 90% 이상

해설
- 연속 3회 평균 : 3개의 연속된 시험체의 평균 강도가 설계기준강도 f_{ck} 이상일 것
- 개별 시험체 기준 : 모든 단일 시험값이 f_{ck}의 90% 이상일 것

12 콘크리트 비파괴 시험방법으로 콘크리트 내부의 공동이나 균열 및 강도 추정 등에 이용되는 것은?

① 초음파법 ② 인발법
③ 전기방식법 ④ 반발경도법

13 유동화 콘크리트에 대한 설명으로 틀린 것은?

① 미리 비빈 베이스 콘크리트에 유동화제를 첨가하여 유동성을 증대시킨 콘크리트를 유동화 콘크리트라고 한다.
② 유동화제는 희석하여 사용하고, 미리 정한 소정의 양을 2~3회 나누어 첨가하며, 계량은 질량 또는 용적으로 계량하고, 그 계량오차는 1회에 1% 이내로 한다.
③ 유동화 콘크리트의 슬럼프 증가량은 100mm 이하를 원칙으로 하며, 50~80mm를 표준으로 한다.
④ 베이스 콘크리트 및 유동화 콘크리트의 슬럼프 및 공기량 시험은 50m³마다 1회씩 실시하는 것을 표준으로 한다.

해설
유동화제는 책임기술자의 승인을 받아 원액 또는 분말을 사용하여 미리 정한 소정의 양을 한꺼번에 첨가하며, 계량은 질량 또는 용적으로 하고 그 계량오차는 1회에 ±3%로 한다.

14 프리스트레스트 콘크리트에 요구되는 성질에 해당되지 않는 것은?

① 건조수축의 감소
② 크리프의 감소
③ 물−결합재비 증가
④ 콘크리트 압축강도의 증가

정답 10 ② 11 ④ 12 ① 13 ② 14 ③

> **해설**
> 프리스트레스트 콘크리트에서는 강도 확보와 수축 저감을 위해 낮은 W/B를 사용한다.

15 시방배합을 통해 단위수량 170kg/m³, 시멘트양 370kg/m³, 잔골재 700kg/m³, 굵은 골재 1,050kg/m³을 산출하였다. 현장 골재의 입도를 고려하여 현장배합으로 수정한다면 잔골재의 양은?(단, 현장골재의 입도는 잔골재 중 5mm체에 남는 양이 10%이고, 굵은 골재 중 5mm체를 통과한 양이 5%이다.)

① 721kg/m³ ② 735kg/m³
③ 752kg/m³ ④ 767kg/m³

> **해설**
> 입도에 의한 조정
>
> $$잔골재량 = \frac{100 \cdot S - b(S+G)}{100-(a+b)}$$
>
> $$= \frac{100 \times 700 - 5(700+1,050)}{100-(5+10)}$$
>
> $$= 721 kg/m^3$$
>
> 여기서, S, G : 시방배합 골재
> a : 5mm체 잔류 잔골재율
> b : 5mm체 통과 굵은 골재율

16 양단이 정착된 프리텐션 부재의 한 단에서의 활동량이 2mm로 양단 활동량이 4mm일 때 강재의 길이가 10m라면 이때의 프리스트레스 감소량으로 맞는 것은?[단, 긴장재의 탄성계수(E_p) = 2.0×10⁵MPa]

① 80MPa ② 100MPa
③ 120MPa ④ 140MPa

> **해설**
> 프리스트레스 감소량 = $\frac{2.0 \times 10 5 \times 4mm}{10m}$
> = 80MPa

17 굵은 골재의 최대치수에 관한 설명으로 맞는 것은?

① 일반적인 구조물인 경우 15mm 이하를 표준으로 한다.
② 단면이 큰 구조물인 경우 50mm 이하를 표준으로 한다.
③ 철근콘크리트의 경우 부재의 최소치수의 1/5을 초과해서는 안 된다.
④ 철근의 최소 수평, 수직 순간격의 4/3를 초과해서는 안 된다.

18 일반적인 경우 콘크리트의 건조수축에 가장 큰 영향을 미치는 요인은?

① 단위시멘트양 ② 단위수량
③ 잔골재율   ④ 단위 굵은 골재량

19 거푸집 및 동바리의 구조계산에 관한 설명으로 틀린 것은?

① 고정하중은 철근콘크리트와 거푸집의 중량을 고려하여 합한 하중이며, 철근의 중량을 포함한 콘크리트의 단위중량은 보통콘크리트에서는 24kN/m³을 적용하고, 거푸집 하중은 최소 0.4kN/m³ 이상을 적용한다.
② 활하중은 작업원, 경량의 장비하중, 기타 콘크리트 타설에 필요한 자재 및 공구 등의 시공하중 그리고 충격하중을 포함한다.
③ 동바리에 작용하는 수평방향 하중으로는 고정하중의 2% 이상 또는 동바리 상단의 수평방향 단위 길이당 1.5kN/m 이상 중에서 큰 쪽의 하중이 동바리 머리부분에 수평방향으로 작용하는 것으로 가정한다.

정답 | 15 ① 16 ① 17 ③ 18 ② 19 ④

④ 벽체 거푸집의 경우에는 거푸집 측면에 대하여 5.0kN/m² 이상의 수평방향 하중이 작용하는 것으로 본다.

[해설] 벽체 거푸집의 경우에는 거푸집 측면에 대하여 0.5 N/m² 이상의 수평방향 하중이 작용하는 것으로 본다.

20 수중 불분리성 콘크리트의 타설에 대한 설명으로 틀린 것은?

① 유속이 50mm/s 정도 이하의 정수 중에서 수중 낙하높이 0.5 이하에서 타설한다.
② 콘크리트 펌프로 압송할 경우, 압송압력은 보통 콘크리트의 2~3배 정도 요구된다.
③ 품질저하 및 불균일성을 방지하기 위해 수중 유동거리는 10m 이하로 한다.
④ 소규모 공사 등에는 버킷을 이용하여 시공할 수도 있다.

[해설] 수중 유동거리는 5m 이하로 한다.

02 건설시공 및 관리

21 옹벽의 안정상 수평 저항력을 증가시키기 위한 방법으로 가장 유리한 것은?

① 옹벽의 비탈경사를 크게 한다.
② 옹벽의 저판 밑에 돌기물(Key)을 만든다.
③ 옹벽의 전면에 Apron을 설치한다.
④ 배면의 본바닥에 앵커 타이(Ancohr Tie)나 앵커벽을 설치한다.

[해설] Key를 옹벽 기초 저판 하부에 설치하여 수평저항력을 증대시킨다.

22 항만공사에서 간만의 차가 큰 장소에 축조되는 항은?

① 하구항(Coastal Harbor)
② 개구항(Open Harbor)
③ 폐구항(Closed Harbor)
④ 피난항(Refuge Harbor)

[해설] 폐구항이란 항구의 입구가 갑문으로 막혀 있는 항구로 항구 입구에 갑문이 설치되어 있어 외부로부터 유입되는 파도나 바람의 영향을 최소화할 수 있다.

23 성토재료로서 사질토와 점성토의 특징에 대한 설명 중 옳지 않은 것은?

① 사질토는 횡방향 압력이 크고 점성토는 작다.
② 사질토는 다짐과 배수가 양호하다.
③ 점성토는 전단강도가 작고 압축성과 소성이 크다.
④ 사질토는 동결 피해가 작고 점성토는 동결 피해가 크다.

[해설] 사질토보다 점성토의 횡방향 압력이 더 큰 편이다.

24 이동식 작업차 또는 가설용 트러스를 이용하여 교각의 좌우로 평형을 유지하면서 분할된 거더(길이 2~5m)를 순차적으로 시공하는 교량가설공법은?

① FCM 공법   ② FSM 공법
③ ILM 공법   ④ MSS 공법

정답 20 ③ 21 ② 22 ③ 23 ① 24 ①

25 흙을 자연 상태로 쌓아 올렸을 때 급경사면은 점차로 붕괴하여 안정된 비탈면이 되는데 이때 형성되는 각도를 무엇이라 하는가?

① 흙의 자연각
② 흙의 경사각
③ 흙의 안정각
④ 흙의 안식각

26 점성토에서 발생하는 히빙의 방지대책으로 틀린 것은?

① 널말뚝의 근입 깊이를 짧게 한다.
② 표토를 제거하거나 배면의 배수 처리로 하중을 작게 한다.
③ 연약지반을 개량한다.
④ 부분굴착 및 트렌치 컷 공법을 적용한다.

해설 흙막이 가시설 공법 등의 적용 시 설계구조 계산에 의한 안전율 이상의 근입 깊이를 적용해야 한다.

27 아스팔트 포장 시공 단계에서 보조기층의 보호 및 수분의 모관상승을 차단하고 아스팔트 혼합물과의 접착성을 좋게 하기 위하여 실시하는 것은 무엇인가?

① 택 코트(Tack Coat)
② 프라임 코트(Prime Coat)
③ 실 코트(Seal Coat)
④ 컬러 코트(Color Coat)

해설 프라임 코트는 주로 입상재료층에 살포되어 방수성을 높이고 아스팔트 혼합물층과의 부착성을 강화한다.

28 토공에서 토취상 선정 시 고려하여야 할 사항으로 틀린 것은?

① 토질이 양호할 것
② 토량이 충분할 것
③ 성토장소를 향하여 상향경사(1/5~1/10)일 것
④ 운반로 조건이 양호하며, 가깝고 유지관리가 용이할 것

해설 토취장 선정 시 토질, 운반로가 양호하고 토량이 충분한 곳을 선택해야 한다.

29 다음은 네트워크(Network) 공정표의 특징을 설명한 것이다. 옳지 않은 것은?

① 담당자의 공사착수가 예정되므로 미리 충분한 계획을 세울 수 있다.
② 공정표가 보기 쉽고 개념적인 것이 숫자화되어 신뢰도가 크다.
③ 작성 및 수정이 어렵다.
④ 공정의 진척, 지연의 상황 판단이 어렵다.

해설 네트워크 공정표는 공정의 진행 상황, 지연 여부, 여유 시간 등을 시각적으로 명확히 판단할 수 있다.

30 다음 중 보일링 현상이 가장 잘 발생하는 지반은?

① 모래질 지반
② 실트질 지반
③ 점토질 지반
④ 사질점토 지반

해설
- 히빙 현상이 잘 발생하는 지반은 점토질 지반이다.
- 보일링 현상이 가장 잘 발생하는 지반은 모래질 지반이다.

정답 25 ④ 26 ① 27 ② 28 ③ 29 ④ 30 ①

31 기초공의 구조상 요구 조건으로 틀린 것은?

① 시공 가능한 구조일 것
② 내구성을 가지고 경제적일 것
③ 구조물을 안전하게 지지할 것
④ 침하가 없을 것

해설) 침하가 허용치를 넘지 않아야 하고, 최소한의 근입 깊이를 가져야 한다.

32 다음은 어떤 공사의 품질관리에 대한 내용이다. 가장 먼저 해야 할 일은?

① 품질특성의 선정
② 작업표준의 결정
③ 관리한계 설정
④ 관리도의 작성

33 아스팔트 포장에서 표층에 가해지는 하중을 분산시켜 보조기층에 전달하며, 교통하중에 의한 전단에 저항하는 역할을 하는 층은?

① 기층   ② 노상
③ 노체   ④ 차단층

해설) 표층, 기층, 보조기층에서 하중을 분산하여 노상까지 전달한다.

34 터널의 계측관리 중 일상계측 항목에 속하지 않는 것은?

① 천단침하 측정   ② 갱내 관찰조사
③ 지중변위 측정   ④ 내공변위 측정

해설) 지중변위 측정은 정밀계측(B 계측)에 해당한다.

35 토량곡선(Mass Curve)에 대한 설명으로 틀린 것은?

① 곡선의 극소점은 성토에서 절토로 옮기는 점이고 곡선의 극대점은 절토에서 성토로 옮기는 점이다.
② 토량곡선과 기선에 평행한 선분이 만나는 두 점 사이의 성토량 및 절토량은 균형을 이룬다.
③ 절토부분에서는 곡선이 위로 향하고 성토부분에서는 곡선이 아래로 향한다.
④ 토량곡선이 기선의 위에서 끝나면 토량이 모자란 경우이다.

해설) 토량곡선이 기선의 위에서 끝나면 토량이 남는 경우로 사토장으로 반출해야 한다.

36 셔블계 굴착기 가운데 수중작업에 많이 쓰이며, 협소한 장소의 깊은 굴착에 가장 적합한 건설기계는?

① 클램셸   ② 불도저
③ 어스드릴   ④ 그레이더

37 다져진 토량 45,000m³를 성토하는데 흐트러진 토량 30,000m³가 있다. 이때 부족토량은 자연상태의 토량(m³)으로 얼마인가? (단, 토량변화율 $L=1.25$, $C=0.90$이다.)

① 18,600m³   ② 19,400m³
③ 23,800m³   ④ 26,000m³

해설)
• 자연상태 토량
$= \dfrac{흐트러진\ 토량}{L} = \dfrac{30,000}{1.25} = 24,000\text{m}^3$
• 성토할 자연상태 토량
$= \dfrac{다져진\ 토량}{C} = \dfrac{45,000}{0.9} = 50,000\text{m}^3$

정답 31 ④ 32 ① 33 ① 34 ③ 35 ④ 36 ① 37 ④

∴ 부족 토량
= 성토할 자연상태 토량 − 자연상태 토량
= 50,000 − 24,000 = 26,000 m³

38 다음의 옹벽 설명에서 역 T형 옹벽에 대한 설명으로 옳은 것은?

① 자중과 뒤채움 토사의 중량으로 토압에 저항한다.
② 자중만으로 토압에 저항한다.
③ 일반적으로 옹벽의 높이가 낮은 경우에 사용된다.
④ 자중이 다른 형식의 옹벽보다 대단히 크다.

39 터널 라이닝(Lining) 시 인버트 아치(Invert Arch)를 필요로 하는 경우는?

① 용수가 많은 터널에서
② 구배가 큰 터널에서
③ 지질이 연약하고 불량한 터널에서
④ 라이닝 콘크리트를 경제적으로 하기 위하여

[해설] 인버트 아치는 연약한 지반에서 터널 구조의 폐합성과 수평저항력 확보 등을 위해 설치된다.

40 다짐 장비 중 마무리 다짐 및 아스팔트 포장의 끝손질에 사용하면 가장 유용한 장비는?

① 탠덤 롤러　② 타이어 롤러
③ 탬핑 롤러　④ 머캐덤 롤러

[해설] 탠덤 롤러는 마무리 다짐에 효과적이다.

03 건설재료 및 시험

41 시멘트 분말도가 모르타르 및 콘크리트 성질에 미치는 영향을 설명한 것으로 옳은 것은?

① 분말도가 높을수록 강도 발현이 늦어진다.
② 분말도가 높을수록 블리딩이 많게 된다.
③ 분말도가 높을수록 수화열이 적게 된다.
④ 분말도가 높을수록 건조 수축이 크게 된다.

42 수화열에 의한 균열의 문제가 없는 경우로 한중 콘크리트에 적합한 시멘트는?

① 조강 포틀랜드 시멘트
② 보통 포틀랜드 시멘트
③ 중용열 포틀랜드 시멘트
④ 실리카 시멘트

[해설] 한중 콘크리트(Cold Weather Concrete)란 콘크리트 타설 후의 양생기간에 콘크리트가 동결할 우려가 있는 시기에 시공되는 콘크리트를 말한다.

43 콘크리트에 사용되는 골재의 알칼리 골재 반응에 관한 설명으로 옳지 않은 것은?

① 시멘트 중 Na_2O 양 및 K_2O 양의 함유량과 반응성 골재에 따라 팽창성 균열이 달라진다.
② 알칼리 골재 반응을 억제하기 위해 알칼리양을 0.8% 이하로 한다.
③ 알칼리 골재 반응을 일으키기 쉬운 골재는 오팔, 트리디마이트, 크리스토발라이트 등을 포함한 골재이다.
④ 알칼리 골재를 억제하기 위해 플라이애시 시멘트나 고로슬래그 시멘트를 사용한다.

정답 38 ① 39 ③ 40 ① 41 ④ 42 ① 43 ②

해설 알칼리 골재 반응을 억제하기 위해 알칼리양을 0.6% 이하로 한다.

44 시멘트 조성 광물에서 수축률이 가장 큰 것은?

① C_3S ② C_3A
③ C_4AF ④ C_2S

해설 C_3A는 물과 반응할 때 급격한 수화반응을 일으키며 이 과정에서 큰 수축이 발생한다.

45 콘크리트용 굵은 골재의 내구성을 판단하기 위해서 황산나트륨에 의한 안정성 시험을 할 경우 조작을 5번 반복했을 때 굵은 골재의 손실질량은 얼마 이하를 표준으로 하는가?

① 5% ② 8%
③ 10% ④ 12%

해설 잔골재의 안정성은 황산나트륨으로 5회 시험으로 평가하며, 그 손실질량은 10% 이하를 표준으로 한다(콘크리트공사 표준시방서, 2024년 개정).

46 비결정질의 유리질 재료로 잠재수경성을 가지고 있으며 유리화율이 높을수록 잠재수경성 반응이 커지는 혼화재료는?

① 플라이애시 ② 팽창재
③ 실리카 퓸 ④ 고로슬래그 미분말

해설 고로슬래그 미분말은 고로에서 발생한 슬래그를 급랭시켜 유리질 상태로 만든 비결정성 혼화재료로, 유리화율이 높을수록 수화반응성이 증가하며 잠재수경성이 강하게 나타난다.

47 시멘트 모르타르 인장강도 시험을 할 때 시멘트 : 표준사의 혼합비율은?

① 무게비 1 : 3 ② 부피비 1 : 3
③ 무게비 1 : 2.7 ④ 부피비 1 : 2.7

48 석재 사용 시 주의사항 중 틀린 것은?

① 석재는 예각부가 생기면 부서지기 쉬우므로 표면에 심한 요철 부분이 없어야 한다.
② 석재를 사용할 경우에는 휨응력과 인장응력을 받는 부재에 사용하여야 한다.
③ 석재를 압축부재에 사용할 경우에는 석재의 자연층에 직각으로 위치하여 사용하여야 한다.
④ 석재를 장기간 보존할 경우에는 석재표면을 도포하여 우수의 침투방지 및 함수로 인한 동해방지에 유의하여야 한다.

해설 석재는 압축강도가 뛰어나며 휨이나 인장응력을 받는 부재에는 철강 등의 재료가 적합하다.

49 일반적인 콘크리트용 골재에 대한 설명으로 틀린 것은?

① 잔골재의 절대건조밀도는 $0.0025g/mm^3$ 이상의 값을 표준으로 한다.
② 굵은 골재의 절대건조밀도는 $0.0025g/mm^3$ 이상의 값을 표준으로 한다.
③ 잔골재의 흡수율은 5.0% 이하의 값을 표준으로 한다.
④ 굵은 골재의 안정성은 황산나트륨으로 5회 시험을 하여 평가한다.

해설 일반적인 콘크리트용 골재의 흡수율은 1% 이하의 값을 표준으로 한다.

정답 | 44 ② 45 ③ 46 ④ 47 ③ 48 ② 49 ③

50 아스팔트 콘크리트 포장에서 표층에 대한 설명으로 틀린 것은?

① 노상 바로 위의 인공층이다.
② 표면수가 내부로 침입하는 것을 막는다.
③ 기층에 비해 골재의 치수가 작은 편이다.
④ 교통에 의한 마모나 박리에 저항하는 층이다.

해설 일반적인 아스팔트 콘크리트 포장은 표층 – 기층 – 보조기층 – 노상으로 구성된다.

51 강에서 탄소의 함유량이 증가될 때 변화되는 강의 성질에 대한 설명으로 틀린 것은?

① 연신율이 작아진다.
② 인장강도가 증가된다.
③ 경도가 증가된다.
④ 항복점이 작아진다.

해설 강에서 탄소 함유량이 증가할 때 항복강도가 커진다.

52 오픈 케이슨(Open Caisson) 공법에 대한 설명으로 틀린 것은?

① 전석과 같은 장애물이 많은 곳에서의 작업은 곤란하다.
② 케이슨의 침하 시 주면마찰력을 줄이기 위해 진동발파공법을 적용할 수 있다.
③ 케이슨의 선단부를 보호하고 침하를 쉽게 하기 위하여 커브 슈(Curb Shoe)라는 날끝을 붙인다.
④ 굴착 시 지하수를 저하시키지 않으며, 히빙이나 보일링 현상의 염려가 없어 인접 구조물의 침하 우려가 없다.

해설 히빙이나 보일링 현상은 주변 토질에 따라 굴착 시 발생할 수 있다.

53 화약류 취급 및 사용 시의 주의점에 대한 설명으로 틀린 것은?

① 뇌관과 폭약은 항상 동일장소에 식별이 용이하도록 구분하여 보관함으로써 손실로 인한 작업의 중단이 없도록 하여야 한다.
② 장기간 보관 시는 온도나 습도에 의해 변질하지 않도록 하고 흡수하여 동결하지 않도록 해야 한다.
③ 도화선과 뇌관의 이음부에 수분이 침투하지 못하도록 기름 등을 도포해야 한다.
④ 도화선을 삽입하여 뇌관에 압착할 때 충격이 가해지지 않도록 해야 한다.

해설 뇌관과 폭약을 절대로 같은 장소에 보관해서는 안 된다.

54 토목섬유 중 지오텍스타일의 기능을 설명한 것으로 틀린 것은?

① 배수 : 물이 흙으로부터 여러 형태의 배수로로 빠져나갈 수 있도록 한다.
② 보강 : 토목섬유의 인장강도는 흙의 지지력을 증가시킨다.
③ 여과 : 입도가 다른 두 개의 층 사이에 배치될 때 침투수가 세립토층에서 조립토 층으로 흘러갈 때 세립토의 이동을 방지한다.
④ 혼합 : 도로 시공 시 여러 개의 흙층을 혼합하여 결합시키는 역할을 한다.

해설 혼합은 물리적 특성이 다른 자재의 혼합을 방지하는 격리기능의 역할을 한다.

정답 50 ① 51 ④ 52 ④ 53 ① 54 ④

55 플라이애시를 사용한 콘크리트의 특성으로 옳은 것은?

① 작업성 저하 ② 단위수량감소
③ 수화열 증가 ④ 건조수축 증가

> **해설**
> 플라이애시를 사용하면 시멘트 입자보다 미세하기 때문에 같은 유동성을 위해 필요한 물의 양이 줄어든다.

56 댐, 기초와 같은 매시브한 구조물에 적합하며 조기강도는 적으나 내침식성과 내구성이 크고 안정하며 수축이 적은 시멘트는?

① 내황산염 포틀랜드 시멘트
② 중용열 포틀랜드 시멘트
③ 알루미나 시멘트
④ 조강 포틀랜드 시멘트

57 수중에서 폭발하며 발화점이 높고 구리와 화합하면 위험하므로 뇌관의 관체는 알루미늄을 사용하는 기폭약은?

① 뇌산수은 ② 질화납
③ DDNP   ④ 칼릿

58 골재의 흡수율에 대한 설명으로 옳은 것은?

① 절대 건조 상태에서 표면 건조 포화 상태까지 흡수된 수량을 절대 건조 상태에 대한 골재질량의 백분율로 나타낸 것
② 공기 중 건조 상태에서 표면 건조 포화 상태까지 흡수된 수량을 공기 중 건조 상태에 대한 골재질량의 백분율로 나타낸 것
③ 표면 건조 포화 상태에서 습윤 상태까지 흡수된 수량을 표면 건조 포화상태에 대한 골재질량의 백분율로 나타낸 것
④ 절대 건조 상태에서 표면 건조 포화 상태까지 흡수된 수량을 질량으로 나타낸 것

> **해설**
> 흡수율이란 절대 건조 상태에서 표면 건조 포화 상태까지 골재가 흡수한 물의 양을 절대 건조 상태 질량 대비 백분율로 나타낸 값이다.
> 흡수율
> $= \dfrac{\text{표면 건조 포화 상태} - \text{절대 건조 상태}}{\text{절대 건조 상태}} \times 100(\%)$

59 콘크리트용 골재의 품질 판정에 대한 설명 중 틀린 것은?

① 체가름 시험을 통하여 골재의 입도를 판정할 수 있다.
② 골재의 입도가 일정한 경우 실적률을 통하여 골재 입형을 판정할 수 있다.
③ 황산나트륨 용액에 골재를 침수시켜 건조시키는 조작을 반복하여 골재의 안정성을 판정할 수 있다.
④ 조립률로 골재의 입형을 판정할 수 있다.

> **해설**
> 입형은 입자계수, 실적률 또는 눈대중 관찰로 판단한다.

60 제철소에서 발생하는 산업부산물로서 찬 공기나 냉수로 급냉한 후 미분쇄하여 사용하는 혼화재는?

① 고로슬래그 미분말
② 플라이애시
③ 화산회
④ 실리카 품

정답 55 ② 56 ② 57 ② 58 ① 59 ④ 60 ①

04 토질 및 기초

61 말뚝재하시험 시 연약점토지반인 경우는 Pile의 타입 후 20여 일 지난 다음 말뚝재하시험을 한다. 그 이유는?

① 주면 마찰력이 너무 크게 작용하기 때문에
② 부마찰력이 생겼기 때문에
③ 타입 시 주변이 교란되었기 때문에
④ 주위가 압축되었기 때문에

해설
말뚝을 타입하면 주변의 연약점토지반이 교란되고 전단강도 저하, 과잉간극수압 등이 발생한다.

62 흙의 투수계수 k에 관한 설명으로 옳은 것은?

① k는 점성계수에 반비례한다.
② k는 형상계수에 반비례한다.
③ k는 간극비에 반비례한다.
④ k는 입경의 제곱에 반비례한다.

해설
흙의 투수계수는 형상계수, 간극비, 입경의 제곱에 비례한다.

63 내부마찰각 $\phi = 30°$, 점착력 $c = 0$인 그림과 같은 모래지반이 있다. 지표에서 6m 아래 지반의 전단강도는?

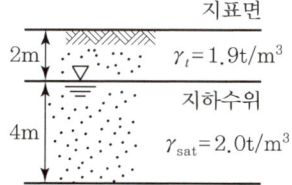

① $7.8 t/m^2$ ② $9.8 t/m^2$
③ $4.5 t/m^2$ ④ $6.5 t/m^2$

해설
- $\sigma_1 = 2 \times 1.9 = 3.8 t/m^2$
- $\sigma_2 = 4 \times 1.0 = 4.0 t/m^2$
- $\sigma' = \sigma_1 + \sigma_2 = 3.8 + 4.0 = 7.8 t/m^2$

전단강도 $\tau = c + \sigma' \tan\phi$
$= 7.8 \times \tan 30° ≒ 4.5 t/m^2$

64 통일분류법(統一分類法)에 의해 SP로 분류된 흙의 설명으로 옳은 것은?

① 모래질 실트를 말한다.
② 모래질 점토를 말한다.
③ 압축성이 큰 모래를 말한다.
④ 입도분포가 나쁜 모래를 말한다.

해설
① 모래질 실트 : SM
② 모래질 점토 : SC
③ 압축성은 SP와 관계가 없다.

65 다음 현장시험 중 Sounding의 종류가 아닌 것은?

① 평판재하시험
② Vane시험
③ 표준관입시험
④ 동적 원추관입시험

해설
평판재하시험은 구조물의 기초지반에 대한 지내력을 측정하는 것을 말한다.

정답 61 ③ 62 ① 63 ③ 64 ④ 65 ①

66 성토된 하중에 의해 서서히 압밀이 되고 파괴도 완만하게 일어나 간극수압이 발생되지 않거나 측정이 곤란한 경우 실시하는 시험은?

① 비압밀 비배수 전단시험(UU 시험)
② 압밀 배수 전단시험(CD 시험)
③ 압밀 비배수 전단시험(CU 시험)
④ 급속 전단시험

해설
- UU 시험 : 간단하고 빠르지만 실제 현장 적용성이 적다.
- CU 시험 : 간극수압을 측정하여 전단강도를 해석한다.

67 토립자가 둥글고 입도분포가 나쁜 모래 지반에서 표준관입시험을 한 결과 N치는 10이었다. 이 모래의 내부 마찰각을 Dunham의 공식으로 구하면?

① 21°   ② 26°
③ 31°   ④ 36°

해설
- Dunham의 공식 : 모래의 내부마찰각(ϕ)을 N치와 상대밀도(D_r)를 이용하여 계산하는 공식
  $\phi = 28.5 + 0.35 N \times D_r N$
- 상대밀도 계산 : 표준관입시험 N치를 이용하여 상대밀도를 계산하는 방법은 여러 가지가 있으며, 이 문제에서는 상대밀도를 50%라고 가정
  ∴ 내부마찰각(ϕ)
  $= 28.5 + 0.35 \times 10 \times 0.5 = 26°$

68 흙의 활성도에 대한 설명으로 틀린 것은?

① 점토의 활성도가 클수록 물을 많이 흡수하여 팽창이 많이 일어난다.
② 활성도는 $2\mu\mathrm{m}$ 이하의 점토함유율에 대한 액성지수의 비로 정의된다.
③ 활성도는 점토광물의 종류에 따라 다르므로 활성도로부터 점토를 구성하는 점토광물을 추정할 수 있다.
④ 흙 입자의 크기가 작을수록 비표면적이 커져 물을 많이 흡수하므로, 흙의 활성은 점토에서 뚜렷이 나타난다.

해설
흙의 활성도란 점토의 팽창과 수분이 흡수되는 성질 등을 나타내는 지표를 말하는데, 일반적으로 액성지수와 소성지수 사이의 비율로 정의한다.

69 흙의 다짐에 대한 설명 중 틀린 것은?

① 일반적으로 흙의 건조밀도는 가하는 다짐 에너지가 클수록 크다.
② 모래질 흙은 진동 또는 진동을 동반하는 다짐 방법이 유효하다.
③ 건조밀도-함수비 곡선에서 최적 함수비와 최대건조밀도를 구할 수 있다.
④ 모래질을 많이 포함한 흙의 건조밀도-함수비 곡선의 경사는 완만하다.

해설
모래질을 많이 포함한 흙은 함수비가 증가하면 건조밀도가 급격히 증가하다가 최적함수비 이후로는 급격히 감소하는 경향을 나타낸다.

70 다음의 연약지반 개량공법 중에서 점성토 지반에 쓰이는 공법은?

① 침매공법
② PBD공법
③ compozer 공법
④ Vibro Compaction 공법

해설
PBD공법은 연약한 점성토 지반에서 압밀 촉진을 위한 배수재 설치 공법 중 하나이다.

정답 66 ② 67 ② 68 ② 69 ④ 70 ②

71 베인전단시험(Vane Shear Test)에 대한 설명으로 틀린 것은?

① 베인전단시험으로부터 흙의 내부마찰각을 측정할 수 있다.
② 현장 원위치 시험의 일종으로 점토의 비배수 전단강도를 구할 수 있다.
③ 연약하거나 중간 정도의 점성토 지반에 적용된다.
④ 십자형 베인(Vane)을 땅 속에 압입한 후, 회전모멘트를 가해서 흙이 원통형으로 전단 파괴될 때 저항모멘트를 구함으로써 비배수 전단강도를 측정하게 된다.

해설 베인전단시험은 비배수 전단강도를 측정할 수 있으며, 내부마찰각을 직접적으로 구하는 것은 어렵다.

72 사면의 안정에 관한 다음 설명 중 옳지 않은 것은?

① 임계 활동면이란 안전율이 가장 크게 나타나는 활동면을 말한다.
② 안전율이 최소로 되는 활동면을 이루는 원을 임계원이라 한다.
③ 활동면에 발생하는 전단응력이 흙의 전단강도를 초과할 경우 활동이 일어난다.
④ 활동면은 일반적으로 원형활동면으로 가정한다.

해설 임계 활동면은 안전율이 가장 작게 나타나는 활동면을 말한다.

73 그림과 같이 3개의 지층으로 이루어진 지반에서 토층에 수직인 방향의 평균 투수계수(k_v)는?

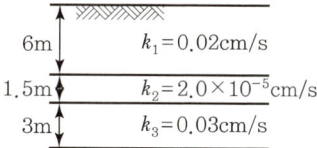

① 2.516×10^{-6} cm/s
② 1.274×10^{-5} cm/s
③ 1.393×10^{-4} cm/s
④ 2.0×10^{-2} cm/s

해설 수직방향 평균투수계수
$$K_v = \frac{H_0}{\frac{H_1}{f_1} + \frac{H_2}{f_2} + \frac{H_3}{f_3}}$$
$$= \frac{10.5}{\frac{6}{0.02} + \frac{1.5}{2 \times 10^{-5}} + \frac{3}{0.03}} \fallingdotseq 1.393 \times 10^{-4} \text{cm/s}$$

74 말뚝의 부주면마찰력에 대한 설명으로 틀린 것은?

① 연약한 지반에서 주로 발생한다.
② 말뚝 주변의 지반이 말뚝보다 더 침하될 때 발생한다.
③ 말뚝주변에 역청 코팅을 하면 부주면 마찰력을 감소시킬 수 있다.
④ 부주면마찰력의 크기는 말뚝과 흙 사이의 상대적인 변위속도와는 큰 연관성이 없다.

해설 말뚝의 부주면마찰력은 말뚝과 흙 사이의 상대적 변위속도와 연관이 있는데, 말뚝이 설치된 이후 주변 지반이 침하하면 말뚝을 끌어내리는 하향력의 부주면마찰력이 발생한다.

정답 71 ① 72 ① 73 ③ 74 ④

75 평판재하시험에 대한 설명으로 틀린 것은?
① 순수한 점토지반의 지지력은 재하판 크기와 관계없다.
② 순수한 모래지반의 지지력은 재하판의 폭에 비례한다.
③ 순수한 점토지반의 침하량은 재하판의 폭에 비례한다.
④ 순수한 모래지반의 침하량은 재하판의 폭에 관계없다.

해설
평판재하시험은 지반의 지지력과 침하량을 추정할 수 있으며 재하판의 폭이 커질수록 침하량이 증가한다.

76 3층 구조로 구조결합 사이에 치환성 양이온이 있어서 화성이 크고 시트 사이에 물이 들어가 팽창 수축이 크고 공학적 안정성은 약한 점토 광물은?
① Kaolinite
② Illite
③ Montmorillorite
④ Sand

해설
Montmorillorite는 부피의 팽창이 크고 구조물에 위험한 점토광물을 말한다.

77 흙의 분류법인 AASHTO분류법과 통일분류법을 비교·분석한 내용으로 틀린 것은?
① 통일분류법은 0.075mm체 통과율 35%를 기준으로 조립토와 세립토로 분류하는데 이것은 AASHTO분류법보다 적합하다.
② 통일분류법은 입도분포, 액성한계, 소성지수 등을 주요 분류인자로 한 분류법이다.
③ AASHTO분류법은 입도분포, 군지수 등을 주요 분류인자로 한 분류법이다.
④ 통일분류법은 유기질토 분류방법이 있으나 AASHTO분류법은 없다.

해설
통일분류법은 0.075mm체 통과율 50%를 기준으로 조립토와 세립토로 분류한다.

78 어떤 모래의 비중이 2.64이고 간극비가 0.75일 때 이 모래의 한계동수경사는?
① 0.45
② 0.64
③ 0.94
④ 1.52

해설
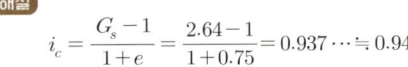
$i_c = \dfrac{G_s - 1}{1 + e} = \dfrac{2.64 - 1}{1 + 0.75} = 0.937 \cdots ≒ 0.94$

79 압밀시험에서 얻은 $e - \log P$ 곡선으로 구할 수 있는 것이 아닌 것은?
① 선행압밀압력
② 팽창지수
③ 압축지수
④ 압밀계수

해설
압밀계수는 시간에 따른 압력 변화를 고려한 값을 말한다.

80 통일분류법에 의한 분류기호와 흙의 성질을 표현한 것으로 틀린 것은?
① GW – 입도분포가 양호한 자갈
② GC – 점토가 섞인 자갈
③ SP – 입도분포가 좋은 모래
④ SM – 실트 성분이 포함된 모래

해설
SP는 입도분포가 불량한 모래이다.

정답 75 ④ 76 ③ 77 ① 78 ③ 79 ④ 80 ③

PART 06

>> 건설재료시험기사 필기

적중 모의고사/
정답 및 해설

- **1회** 적중 모의고사
- **1회** 정답 및 해설
- **2회** 적중 모의고사
- **2회** 정답 및 해설
- **3회** 적중 모의고사
- **3회** 정답 및 해설

1회 적중 모의고사

01 콘크리트 공학

01 고강도 콘크리트의 설계기준강도는 일반콘크리트에서 최소 몇 MPa 이상으로 하는가?
① 30　　② 40
③ 50　　④ 60

02 블리딩에 의하여 콘크리트 표면에 올리와 침전한 미세한 물질을 무엇이라고 하는가?
① 타르　　② 모르타르
③ 레이턴스　　④ 실리카흄

03 다음 중 콘크리트의 초기균열의 원인이 아닌 것은?
① 소성수축
② 소성침하
③ 수화열
④ 알칼리-골재 반응

04 다음 혼화재료 중 콘크리트의 워커빌리티를 개선하는 효과가 없는 것은?
① 시멘트 분산제　　② 급결제
③ 유동화제　　④ 공기연행제

05 콘크리트 강도에 영향을 미치는 요인에 대한 설명 중 틀린 것은?
① 부배합의 콘크리트에서 물-결합재비가 동일하면 굵은 골재의 최대치수가 클수록 압축강도는 감소한다.
② 염분을 함유한 해사를 사용한 콘크리트의 조기강도는 다소 증가하지만 장기강도는 감소한다.
③ 강도시험을 할 때 재하속도가 빠르면 콘크리트의 압축강도는 크게 나타난다.
④ 고강도 콘크리트에서는 골재의 강도가 콘크리트의 압축강도에 미치는 영향이 작다.

06 콘크리트의 수축에 관한 다음 설명 중 옳지 않은 것은?
① 흡수율이 큰 골재일수록 수축은 커진다.
② 단위수량이 작을수록 수축은 작다.
③ 양생 초기에 충분한 습윤양생을 하면 수축이 작아진다.
④ 단위시멘트양이 작으면 수축이 커진다.

07 다음 실험방법 중 콘크리트의 반죽질기를 측정하는 시험이 아닌 것은?
① 블리딩 시험　　② Vee Bee 시험
③ 리몰딩 시험　　④ 슬럼프 시험

08 콘크리트의 재료 분리 현상을 줄이기 위한 사항이 아닌 것은?

① 잔골재율을 증가시킨다.
② 물-시멘트비를 작게 한다.
③ 굵은 골재를 많이 사용한다.
④ 포졸란을 적당량 혼합한다

09 다음 설명 중 포졸란을 사용한 콘크리트에 대한 장점으로 맞지 않는 것은?

① 수밀성 및 해수에 대한 화학적 저항성이 크다.
② 발열량이 적다.
③ 단면이 큰 구조물에 적합하다.
④ 초기강도가 크다.

10 레디믹스트 콘크리트의 공기량의 기준에 대한 설명으로 옳은 것은?

① 보통 콘크리트의 경우 4.0%이며, 경량골재 콘크리트의 경우 4.5%로 하되, 그 허용오차는 ±1.0%로 한다.
② 보통 콘크리트의 경우 4.5%이며, 경량골재 콘크리트의 경우 4%로 하되, 그 허용오차는 ±1.0%로 한다.
③ 보통 콘크리트의 경우 4.5%이며, 경량골재 콘크리트의 경우 5.5%로 하되, 그 허용오차는 ±1.5%로 한다.
④ 보통 콘크리트의 경우 4.0%이며, 경량골재 콘크리트의 경우 5%로 하되, 그 허용오차는 ±1.5%로 한다.

11 콘크리트의 인장강도 측정을 위해 간접적으로 주로 시행하는 시험을 무엇이라 하는가?

① 초음파시험 ② 인발시험
③ 할렬시험   ④ 휨인장시험

12 10cm×20cm인 원주형 공시체를 사용하여 할렬(쪼갬) 인장시험에서 파괴하중이 100kN이면 콘크리트의 할렬(쪼갬) 인장강도는?

① 1.6MPa ② 2.5MPa
③ 3.2MPa ④ 5.0MPa

13 혼화재에 대한 다음 설명 중 옳은 것은?

① 플라이 애시는 항상 유동성을 증가시킨다.
② 실리카 흄은 강도는 증가시키나 내구성은 약간 떨어진다.
③ 플라이 애시는 초기강도와 장기강도 모두 약간 떨어진다.
④ 플라이 애시는 수화열 발생을 억제한다.

14 콘크리트의 공기량에 대한 설명 중 틀린 것은?

① 콘크리트의 공기량이란 갇힌 공기량과 연행 공기량을 합한 것을 말한다.
② AE제 사용량을 2배로 하면 공기량은 2배가 된다.
③ 0.6mm 체를 통과하고 0.15mm 체에 남는 양이 많은 잔골재를 사용하면 AE 콘크리트의 공기량은 증가한다.
④ AE제의 사용량이 같으면 겨울철에 비해 여름철에는 공기량이 감소한다.

15 콘크리트 구조물의 압축강도를 슈미트 햄머에 의한 비파괴 시험법으로 조사하였다. 결과의 환산과정에서 실시하는 보정방안이 아닌 것은?

① 재령에 따른 보정
② 타격방향에 따른 보정
③ 콘크리트의 표면 상태에 따른 보정
④ 콘크리트의 종류에 따른 보정

16 슈미트해머에 의한 콘크리트 비파괴 시험 시 유의사항으로 잘못된 것은?

① 측정면은 다공질의 조약한 면은 피하고 평활한 면을 선택해야 한다.
② 1개소의 측정은 3cm 이상의 간격으로 20개의 시험값을 취한다.
③ 보의 경우에는 그 밑면에 실시하는 것을 원칙으로 한다.
④ 시험할 콘크리트 부재는 두께가 10cm 이상이어야 한다.

17 콘크리트 크리프에 관한 다음 설명 중 잘못된 것은?

① 온도가 높을수록 크리프는 작다.
② 재하 시의 재령이 클수록 크리프는 작다.
③ 물-결합재비가 작고 단위시멘트양이 적을수록 크리프는 작다.
④ 콘크리트의 강도와 재하 기간이 같은 경우, 응력의 증가에 따라 크리프는 증가한다.

18 콘크리트의 크리프(Creep)에 대한 설명으로 틀린 것은?

① 대기 중 습도가 낮을수록 크리프는 커진다.
② 온도가 높을수록 크리프는 커진다.
③ 재하 시 재령이 클수록 크리프는 커진다.
④ 양호한 배합의 경우 물-결합재비가 클수록 크리프는 커진다.

19 콘크리트의 탄성계수에 관한 설명 중 틀린 것은?

① 물-결합재비가 작을수록 탄성계수는 커진다.
② 시멘트의 수화반응이 진행되면 콘크리트의 탄성계수는 커진다.
③ 보통 콘크리트의 탄성계수는 그 콘크리트에 사용한 골재의 탄성계수보다 작다.
④ 압축강도가 같으면 보통 콘크리트의 경량골재 콘크리트의 탄성계수는 같다.

20 다음 시멘트 중 수화반응 시 발열량이 가장 적은 것은?

① 중용열 포틀랜드 시멘트
② 조강 포틀랜드 시멘트
③ 알루미나 시멘트
④ 보통 포틀랜드 시멘트

02 건설시공 및 관리

21 Heaving 현상 방지 대책으로서 잘못된 것은?

① 설계 계획을 변경한다.
② 흙막이 벽 배면 표토상에 중량물의 하중을 가한다.
③ 흙막이의 근입깊이를 깊게 한다.
④ 양질의 재료로 지반을 개량한다.

22 다음은 성토에 사용되는 흙의 조건에 관한 설명이다. 옳지 않은 것은?

① 다루기가 쉬워야 한다.
② 충분한 전단강도를 가져야 한다.
③ 도로성토에서는 투수성이 양호해야 한다.
④ 가급적 점토성분을 많이 포함하고 자갈 및 왕모래 등은 적어야 한다.

23 연약지반의 다음 개량방법 중 넓은 사질 연약지반에 적당하고, 집수관, 양수관, 연결관 등의 기계설비가 필요한 공법은?

① 압성토 공법
② 모래말뚝(Sand drain) 공법
③ 웰포인트(Well point) 공법
④ 전기 및 약품 주입공법

24 연약지반 처리공법 중 웰포인트 공법의 특징으로 옳지 않은 것은?

① 중력배수 공법이다.
② 모래 및 실트질 지반에 효과적이다.
③ 일시적 지반처리 공법이다.
④ 배수 심도가 6m 이상이면 다단식으로 설치한다.

25 흙의 동상을 방지하기 위한 방법으로서 적당하지 않은 것은?

① 지하수위를 상승시켜서 흐름을 원활하게 한다.
② 모관수의 상승을 차단할 목적으로 된 층은 지하수위보다 높은 곳에 설치한다.
③ 표면의 흙을 화학약품으로 처리한다.
④ 흙속에 단열 재료를 매입한다.

26 다음 중 연약 점성토 지반의 개량공법이 아닌 것은?

① 침투압(MAIS) 방식
② 프리로딩(Pre-loading) 공법
③ 샌드 드레인(Sand drain) 공법
④ 바이브로플로테이션(Vibroflotation) 공법

27 두꺼운 연약지반의 처리공법 중 점성토이며, 압밀속도를 빨리 하고자 할 때 가장 적당한 공법은?

① 제거치환 공법
② Vibro floatation 공법
③ 압성토 공법
④ Vertical drain 공법

28 Sand drain 공법은 어떤 토질인 경우에 사용하면 가장 효과적이겠는가?

① 사질토
② 점토질 흙
③ Silt 질토
④ 암석

29 어스 앵커 공법의 설명 중 옳지 않은 것은?

① 영구 구조물에도 사용하나 주로 가설구조물의 고정에 많이 사용한다.
② 앵커를 정착하는 방법은 시멘트 밀크 또는 모르타르를 가압으로 주입하거나 앵커 코어 등을 박아 넣는다.
③ 앵커케이블은 주로 철근을 사용한다.
④ 앵커의 정착대상 지반을 토사층으로 가정하고 앵커케이블을 사용하여 긴장력을 주어 구조물을 정착하는 공법이다.

30 건물의 기초공사에 흙막이 앵커공법을 적용하는 경우에 대한 설명으로 잘못된 것은?

① 작업공간이 넓어 대형 기계의 사용이 가능하다.
② 공기가 단축되고 굴착단가가 낮게 될 수 있다.
③ 버팀보 작업이 필요 없다.
④ 흙막이 배면의 본바닥이 이완될 우려가 많다.

31 기초굴착이나 비탈면에 굴착을 하면서 동시에 강철봉을 타입하고 숏크리트(Shot-crete)로 전면처리를 하여 보강된 토체로 일체화시켜 비탈면의 안정을 도모하는 공법은 다음 중 어느 것인가?

① 억지말뚝 공법
② 숏크리트(Shotcrete) 공법
③ Soil-nailing 공법
④ 록볼트(Rock bolt) 공법

32 모래질 지반에 30cm×30cm 크기로 재하시험을 한 결과 21ton/m²의 극한지지력을 얻었다. 2m×2m의 기초를 설치할 때 기대되는 극한지지력은?

① 22.5ton/m²
② 40ton/m²
③ 92ton/m²
④ 140ton/m²

33 말뚝 구멍 속에 물을 채워 정수압으로 구멍의 벽이 무너지는 것을 보호하면서 회전식 비트를 사용하여 구멍을 뚫어 흙을 물과 함께 드릴 파이프로 뽑아 내고 물을 다시 순환시켜 연속적으로 파내는 공법은?

① 어스오거 공법
② 어스드릴 공법
③ 리버스서큘레이션 공법
④ 베노토 공법

34 현장에서 하는 타설 피어공법 중에서 콘크리트 타설 후 Cassing tube의 인발 시 철근이 따라 뽑히는 현상이 발생하는 공법은?

① Earth drill 공법
② Reverse circulation drill 공법
③ Benoto 공법
④ Gow 공법

35 말뚝 끝이 견고한 지반에 도달하였을 때는 이것이 기둥 작용을 한다. 이때의 말뚝은 어떤 말뚝인가?

① 지지 말뚝   ② 마찰 말뚝
③ 단독말뚝   ④ 군말뚝

36 공기 케이슨(Pneumatic caisson) 기초의 장점으로 잘못된 것은?

① 소음 및 진동이 작다.
② Dry work이므로 침하공정이 빠르다.
③ 정확한 지지력의 측정이 가능하다.
④ 저부 콘크리트의 신뢰도가 크다.

37 현장 콘크리트 말뚝의 장점이 아닌 것은?

① 지층의 깊이에 따라 말뚝길이를 자유로이 조절할 수 있다.
② 말뚝선단에 구근을 만들어 지지력을 크게 할 수 있다.
③ 재료의 운반에 제한을 받지 않는다.
④ 현장 지반 중에서 제작 양생되므로 품질 관리가 쉽다.

38 다음은 말뚝의 부주면 마찰력에 관한 설명이다. 옳지 않은 것은?

① 말뚝의 주변지반이 말뚝의 침하량보다 상대적으로 큰 침하를 일으키는 경우 부주면 마찰력이 생긴다.
② 지하수위가 상승할 경우 부주면 마찰력이 생긴다.
③ 표면적이 작은 말뚝을 사용하면 부주면 마찰력을 줄일 수 있다.
④ 말뚝 직경보다 약간 큰 케이싱을 박아서 부주면 마찰력을 차단할 수 있다.

39 말뚝의 지름이 40cm, 길이가 10m인 말뚝을 햄머 무게 3ton, 추의 낙하고 2m, 1회 타격으로 인한 말뚝의 침하량이 1cm일 때 이 말뚝의 허용지지력은?(단, 엔지니어링 뉴스 공식으로 단동기 증기햄머 사용)

① 59.74ton
② 69.74ton
③ 79.74ton
④ 89.74ton

40 역타(Top-Down)공법의 시공순서를 옳게 나타낸 것은?

[보기]
㉠ 지하 1층 바닥 및 개구부 설치
㉡ 기둥말뚝 시공
㉢ 슬러리월 시공
㉣ 지하 2층 공간굴착

① ㉠ → ㉡ → ㉢ → ㉣
② ㉡ → ㉢ → ㉣ → ㉠
③ ㉠ → ㉣ → ㉡ → ㉢
④ ㉢ → ㉡ → ㉠ → ㉣

03 건설재료 및 시험

41 Hooke의 법칙에 대한 설명으로 잘못된 것은?

① 응력은 변형률에 비례한다.
② 응력은 탄성계수에 비례한다.
③ 변형률은 탄성계수에 반비례한다.
④ 변형률은 단면적에 비례한다.

42 건설공사 품질시험기준 중 도로건설용 흙의 시험종목에 포함되지 않는 시험은?

① 실내 CBR 시험
② 직접 전단시험
③ 비중시험
④ 다짐시험

43 시멘트의 강열감량(Ignition loss)에 대한 설명으로 틀린 것은?

① 강열감량은 시멘트에 1,000℃의 강한 열을 가했을 때의 시멘트 감량이다.
② 강열감량은 시멘트 중에 함유된 H_2O와 CO_2의 양이다.
③ 강열감량은 클링커와 혼합하는 석고의 결정수량과 거의 같은 양이다.
④ 시멘트가 풍화하면 강열감량이 적어지므로 풍화의 정도를 파악하는 데 사용된다.

44 다음은 풍화한 시멘트의 특성을 열거한 것이다. 맞지 않는 것은?

① 강열감량이 증가한다.
② 비중이 증가한다.
③ 응결이 지연된다.
③ 강도가 감소한다.

45 시멘트의 저장에 대한 설명 중 틀린 것은?

① 시멘트는 품종별로 구분하여 저장하여야 한다.
② 포장시멘트를 저장하는 경우에는 시멘트의 방습에 주의하고 시멘트 창고는 되도록 공기의 유통이 없어야 한다.
③ 시멘트 저장소의 바닥은 지상으로부터 30cm 이상 높아야 한다.
④ 습기를 흡수하여 덩어리가 된 시멘트는 원래 시멘트 입자 크기로 분쇄하여 사용하여야 한다.

46 직경 20cm, 길이 3m인 재료를 축방향으로 인장을 가했을 때 이때의 변형을 측정한 결과 직경이 0.1mm 작아지고 길이가 6mm 늘어났다면 이 재료의 푸아송(Poisson) 수는 얼마인가?

① 1   ② 2
③ 3   ④ 4

47 콘크리트의 인장강도를 측정하기 위하여 직경 15cm, 길이 30cm의 원주형 공시체를 할렬시험한 결과 150,000N의 하중에서 파괴되었다. 이때의 인장강도는 얼마인가?

① 2.32MPa   ② 2.12MPa
③ 2.22MPa   ④ 2.52MPa

48 시멘트 모르타르의 압축강도 시험에서 공시체의 양생온도는

① 10℃±2℃   ② 15℃±2℃
③ 20℃±2℃   ④ 30℃±2℃

49 시멘트의 응결시간에 대한 설명이다. 다음 사항 중에서 옳은 것은?

① 분말도가 낮으면 응결이 빠르다.
② 물의 양이 많으면 응결이 빨라진다.
③ 알루민산 3석회(C_3A)가 많으면 응결이 빠르다.
④ 온도가 낮을수록 응결이 빨라진다.

50 콘크리트의 품질관리 특성으로 이용되지 않는 것은?

① 강도
② 슬럼프
③ 공기량
④ 사용된 골재의 강도

51 혼화제인 감수제의 사용 효과 중 옳지 않은 것은?

① 워커빌리티를 좋게 할 수 있다.
② 시멘트풀의 유동성을 감소시킨다.
③ 단위수량을 감소시킨다.
④ 수화작용을 촉진시킬 수 있다.

52 다음 중에서 그라우트(Grout)용 혼화제로서 필요한 성질에 해당되지 않는 것은?

① 재료의 분리가 일어나지 않아야 한다.
② 단위수량이 작고 블리딩이 작아야 한다.
③ 주입이 쉬워야 하며 공기를 연행시켜야 한다.
④ 그라우트를 수축시키는 성질이 있어야 한다.

53 다음 설명 중 틀린 것은?

① 혼화재(混和材)에는 플라이 애시(Fly-ash), 고로 슬래그(Slag), 규산백토 등이 있다.
② 혼화제(混和劑)에는 AE제, 경화촉진제, 방수제 등이 있다.
③ 혼화재(混和材)는 그 사용량이 비교적 적어서 그 자체의 부피가 콘크리트 배합의 계산에서 무시하여도 좋다.
④ AE제에 의해 만들어진 공기를 연행공기라 한다.

54 다음 중 긴급 또는 한중 콘크리트 공사에 쓰면 효과적인 시멘트는?

① 고로 시멘트
② 알루미나 시멘트
③ 보통 포틀랜드 시멘트
④ 실리카 시멘트

55 콘크리트에서 AE제를 사용하는 목적으로 틀린 것은?

① 수밀성 및 동결 융해에 대한 저항성을 증가시키기 위해
② 재료의 분리, 블리딩을 줄이기 위해
③ 워커빌리티를 개선하기 위해
④ 철근과의 부착력을 증진시키기

56 시멘트 조성 광물에서 수축률이 가장 큰 것은?

① C_3S ② C_3A
③ C_4AF ④ C_2S

57 시멘트의 성분 중 석고를 사용하는 이유는 무엇인가?

① 강도의 증진을 위해서
② 흡수성을 높이기 위해서
③ 응결 시간의 조절을 위해서
④ 워커빌리티의 증진을 위해서

58 다음 중 사용량이 많아서 콘크리트 배합설계에 고려하여야 하는 혼화재료는 무엇인가?

① 공기연행제 ② 감수제
③ 지연제   ④ 슬래그

59 포졸란 반응(Possolanic reaction)의 효과에 대한 설명으로 잘못된 것은?

① 강도와 수밀성이 증대된다.
② 해수에 대한 화학 저항성이 향상된다.
③ 재료 분리가 적도 워커빌리티가 좋아진다.
④ 단위시멘트양이 증가되어 수화열이 커진다.

60 고로 시멘트의 특징이 아닌 것은?

① 잠재수경성을 가지고 있다.
② 수화열이 비교적 적다.
③ 보통 포틀랜드시멘트보다 장기강도가 작다.
④ 해수, 공장폐수, 하수 등에 접하는 콘크리트에 적당하다.

04 토질 및 기초

61 포화된 흙의 함수비가 40%, 비중이 2.71인 경우 건조단위 중량은?

① $1.3t/m^3$ ② $1.5t/m^3$
③ $1.7t/m^3$ ④ $1.8t/m^3$

62 흙의 전체 단위 체적당 질량은 $1.92t/m^3$이고 이 흙의 함수비는 20%이며, 흙의 비중은 2.65라고 하면 건조단위의 질량은?

① $1.56t/m^3$ ② $1.60t/m^3$
③ $1.75t/m^3$ ④ $1.80t/m^3$

63 부피가 $2,208cm^3$이고 무게가 4,000g인 몰드 속에 흙을 다져 넣어 무게를 측정하였더니 8,294g이었다. 이 몰드 속에 있는 흙을 시료 추출기를 사용하여 추출한 후 함수비를 측정하였더니 12.3%였다. 이 흙의 건조 단위 질량은 얼마인가?

① $1,945g/cm^3$ ② $1,732g/cm^3$
③ $1,812g/cm^3$ ④ $1,614g/cm^3$

64 흙의 함수비 측정시험을 하기 위하여 먼저 용기의 무게를 잰 결과 10g이었다. 시료를 용기에 넣은 후 무게를 측정하니 40g, 그대로 건조시킨 후 무게는 30g이었다. 이 흙의 함수비는?

① 25%   ② 30%
③ 50%   ④ 75%

65 현장 흙의 단위무게시험(들밀도시험)을 한 결과 파낸 구멍의 부피는 $2,000cm^3$이고 파낸 흙의 질량이 3,240g이며 함수비는 8%였다. 이 흙의 간극비는 얼마인가?(단, 이 흙의 비중은 2.700이다.)

① 0.80   ② 0.76
③ 0.70   ④ 0.66

66 밀도가 2.70이며 함수비가 25%인 어느 현장 사질토 5m³의 무게가 8.0t이었다. 이 사질토를 최대로 조밀하게 다졌을 때와 최대로 느슨한 상태의 간극비가 각각 0.8과 1.20이었다. 이 현장 모래의 상대밀도는?

① 22.5% ② 32.5%
③ 42.5% ④ 52.5%

67 체적이 $V=5.83cm^3$인 점토를 건조로에서 건조시킨 결과 무게는 $W_s=11.26g$이었다. 이 점토의 비중이 $G=2.67$이라고 하면 이 점토의 수축한계값은 약 얼마인가?

① 28% ② 14%
③ 8% ④ 3%

68 흙의 함수량을 어떤 양 이하로 줄여도 그 흙의 용적이 줄지 않고 함수량이 그 양 이상으로 늘면 용적이 증대하는 한계의 함수비로 표시된 것은?

① 액성한계 ② 소성한계
③ 수축한계 ④ 유동한계

69 연경도 지수에 대한 설명으로 잘못된 것은?

① 소성지수는 흙이 소성 상태로 존재할 수 있는 함수비의 범위를 나타낸다.
② 액성지수는 자연 상태인 흙의 함수비에서 소성한계를 뺀 값을 소성지수로 나눈 값이다.
③ 액성지수 값이 1보다 크면 단단하고 압축성이 작다.
④ 컨시스턴시지수는 흙의 안정성 판단에 이용하며, 지수값이 클수록 고체 상태에 가깝다.

70 액성한계 시험을 할 때 황동접시의 낙하고는 얼마나 되도록 조정하여야 하는가?

① 0.5cm ② 1cm
③ 1.5cm ④ 2cm

71 통일 분류법에서 실트질 자갈을 표시하는 약호는?

① GW ② GP
③ GM ④ GC

72 흙의 분류에 있어 AASHTO 분류법을 사용한다면 다음 사항 중 불필요한 것은?

① 입도분석 ② 아터버그 한계
③ 균등계수 ④ 군지수

73 어떤 흙의 입경가적곡선에서 $D_{10}=0.05$ mm, $D_{30}=0.09$mm, $D_{60}=0.15$mm이었다. 균등계수와 곡률계수의 값은?

① $C_u=3.0$, $C_g=1.08$
② $C_u=3.5$, $C_g=2.08$
③ $C_u=1.7$, $C_g=2.45$
④ $C_u=2.4$, $C_g=1.82$

74 다음 중 투수계수를 좌우하는 요인이 아닌 것은?

① 토립자의 크기
② 공극의 형상과 배열
③ 토립자의 비중
④ 포화도포화단위

75 정수위 투수 시험에 있어서 투수계수(K)에 관한 설명 중 옳지 못한 것은?

① K는 유출 수량에 비례
② K는 시료 길이에 반비례
③ K는 수두에 반비례
④ K는 유출 소요시간에 반비례

76 포화단위 중량이 2.1g/cm³인 사질토 지반에서 분사현상(Quick sand)에 대한 한계 동수경사는?

① 0.9　　② 1.1
③ 1.6　　④ 2.1

77 간극비 0.8, 포화도 87.5%, 함수비 25%인 사질점토에서 한계 동수경사는?

① 1.5　　② 2.0
③ 1.0　　④ 0.8

78 투수계수가 2×10^{-5}cm/sec, 수위차 15m인 필댐의 단위 폭 1cm에 대한 1일 침투유량은?(단, 등수두선으로 싸인 간격수 = 15, 유선으로 싸인 간격수 = 5)

① 1×10^{-2}cm³/day　② 864cm³/day
③ 36cm³/day　④ 14.4cm³/day

79 간극비 e_1 = 0.80인 어떤 모래의 투수계수 k_1 = 8.5×10^{-2}cm/sec일 때 이 모래를 다져서 간극비를 e_2 = 0.57로 하면 투수계수는 얼마인가?

① 8.5×10^{-3}cm/sec　② 3.5×10^{-2}cm/sec
③ 8.1×10^{-2}cm/sec　④ 4.1×10^{-1}cm/sec

80 그림과 같이 3층으로 된 토층의 수평방향과 수직방향의 평균 투수계수는 몇 cm/sec인가?

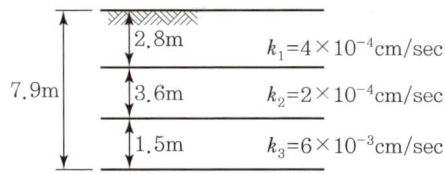

	수평방향 투수계수	수직방향 투수계수
①	1.372×10^{-3}	3.129×10^{-4}
②	3.129×10^{-4}	1.372×10^{-3}
③	1.372×10^{-5}	3.129×10^{-6}
④	3.129×10^{-6}	1.372×10^{-5}

1회 / 정답 및 해설

01 콘크리트 공학

01 ②	02 ③	03 ④	04 ②	05 ④
06 ④	07 ①	08 ③	09 ④	10 ③
11 ③	12 ③	13 ④	14 ②	15 ④
16 ③	17 ①	18 ③	19 ④	20 ①

01
고강도 콘크리트의 설계기준강도는 40MPa 이상

02

Bleeding	콘크리트 타설 후 물과 미세한 물질(석고, 불순물 등)은 상승하고, 무거운 골재나 Cement 등은 침하하게 되는 현상
Laitance	Bleeding에 상승된 물과 미세한 물질 중 물은 증발해 버리고 남은 미세한 물질인 찌꺼기

03
알칼리 – 골재 반응
- 콘크리트 중의 수산화알칼리와 골재 중의 알칼리 반응성 물질(Silica, 황산염 등)과의 사이에서 일어나는 화학반응
- 콘크리트 장기 균열의 원인이 됨

04
콘크리트의 워커빌리티 개선 효과
- 단위시멘트양이 많을수록 – 단위수량이 커질수록
- 골재의 입도가 좋을수록, 쇄석골재보다 둥근 천연자갈
- AE제, 감수제 등을 사용하면 커진다.

05
고강도 콘크리트일 경우는 접착제 역할을 하는 시멘트 강도가 크므로 골재의 강도 역시 압축강도에 미치는 영향이 크다.

06
단위시멘트양이 작으면 단위수량도 작아져 수축이 작아진다.

07
반죽 질기를 측정하는 시험
- Slump test
- 흐름시험(Flow test)
- 구(球) 관입시험(Ball penetration test)
- Vee – bee test
- Remolding test
- 다짐계수시험(Compacting factor test)

08
굵은 골재를 많이 사용하면 비중차가 커서 재료 분리 현상이 많이 일어난다.

09
Pozzolan
- 화산회, 화산아의 풍화물로 가용성 규산을 많이 포함, 수경성은 아니나 물에 의해 석회와 화합하면 경화하는 성질
- 콘크리트의 강도 증대, 내화학성, 수밀성 등을 개선하는 데 사용된다.

10
공기량 시험
- 보통 콘크리트 : 4.5±1.5%(경량 : 5.5±1.5%)
- 고강도 콘크리트(40MPa 이상) : 3.5±1.5%

11
인장강도 시험 : 할렬시험
$$f_{sp} = \frac{P}{A} = \frac{2P}{\pi dl} = N/mm^2$$

12
$$\sigma_t = \frac{2P}{\pi Dl} = \frac{2 \times 100,000}{3.14 \times 100 \times 200}$$

13
- 항상 증가하는 것은 아니다.
- 강도 및 내구성은 모두 증가한다.
- 장기강도는 증가한다.

14
AE제 사용량을 2배로 하면 공기량이 비례하여 증가되지는 않는다.

15
콘크리트의 종류에 따라 보정하지는 않는다.

16
밑면이 아니라 측면에 실시하는 것을 원칙으로 한다.

17
온도가 높을수록 크리프는 커진다.

18
재하 시 재령이 클수록 크리프는 작아진다.

19
탄성계수 : $\sigma = \varepsilon B$, $B = \dfrac{\sigma}{\varepsilon}$
- 압축강도가 클수록 탄성계수가 크다.
- 탄성계수가 클수록 변형량이 작다는 의미이다.
- 압축강도가 같을 경우 보통 콘크리트가 경량 콘크리트보다 탄성계수가 크다.

20
중용열 포틀랜드 시멘트 < 보통 포틀랜드 시멘트 < 조강 포틀랜드 시멘트 < 알루미나 시멘트

21
연약점토지반의 굴착 시 흙막이벽 내외의 흙이 중량 차이에 의해서 굴착저면 흙이 지지력을 잃고 붕괴되어, 흙막이 바깥에 있는 흙이 안으로 밀려 굴착저면이 부풀어 오르는 현상이다.

22
가급적 점토성분을 적게 하고 자갈 및 왕모래 등은 적정하게 있어야 좋다.

23
Well point 공법은 지중에 pipe(집수판)를 1~2m 간격으로 박고, Well point를 사용하여 지하수를 진공 Pump로 흡입탈수하여 지하수위를 저하시키는 공법이다.

24
Well point 공법은 강제배수공법의 대표적인 공법

25
흙의 동상을 방지하기 위해서는 지하수위를 낮게 하고 흐름을 차단해야 한다.

26
바이브로플로테이션(Vibroflotation)은 사질토지반을 개량하는 공법

27
탈수공법(Vertical drain method)
연약한 점성토지반에 투수성이 좋은 수직의 drain을 박아 지반 중의 간극수를 수평 탈수시켜 압밀을 촉진하는 공법, Vertical drain 공법(연직배수공법)이라 함 종류는 Sand drain 공법, Paper drain 공법, Pack drain 공법이 있다.

28
Sand drain 공법은 연약한 점토지반에 Sand pile을 시공하여 지반 중의 물을 지표면으로 배제시켜 단기간에 지반을 압밀 강화하는 공법이다.

29
Earth anchor 공법이란 흙막이벽 등의 배면을 원통형으로 굴착하고, Anchor 체를 설치하여 주변 지반을 지지하는 공법. 앵커케이블은 PS 강선을 사용한다.

02	건설시공 및 관리				
21 ②	22 ④	23 ③	24 ①	25 ①
26 ④	27 ④	28 ②	29 ③	30 ④
31 ③	32 ④	33 ③	34 ③	35 ①
36 ①	37 ④	38 ②	39 ③	40 ④

30
흙막이 배면을 모르타르를 주입하므로 본바닥이 이완될 우려가 적다.

31
Soil nailing 공법이란 흙과 보강재 사이의 마찰력, 보강재의 인장응력과 전단응력 및 휨모멘트에 대한 저항력으로 흙과 Nailing의 일체화에 의하여, 지반의 안정을 유지하는 공법이다.

32
지내력 시험에서 재하판의 크기에 따라 시험 결과치가 다르나 모래질 지반은 크기에 비례하므로
$0.3 : 21 = 2 : x$ 식에서 $x = 140$

33
제자리말뚝공법 비교

굴착공법 종류	굴착기계	공벽보호 공법	적용지반
Earth drill 공법	Drilling bucket	안정액 (Bentonite)	점토
Benoto 공법	Hammer grab	All casing	자갈
R.C.D 공법	특수 Bit + Suction pump	정수압 (0.2kg/cm²)	모래, 암반

34
Benoto 공법은 All-casing 공법으로 인발 시 철근이 따라 뽑히는 현상이 발생한다.

35
말뚝 끝이 견고한 지반에 도달시킨 말뚝은 지지 말뚝이고, 견고한 지반에 도달할 수 없을 정도로 깊은 말뚝은 마찰력에 의해 지지하도록 한 것을 마찰말뚝이라 한다.

36
Pneumatic caisson 공법(용기잠함공법)
용수량이 대단히 많고 깊은 기초를 구축할 때 쓰이는 공법으로, 최하부 작업실은 밀폐되어 여기에 지하수압에 상응하는 고압공기를 공급하여 지하수의 침입을 방지하면서 흙파기 작업을 하여 지하 구조체를 침하시키는 공법이다.

37
현장 지반 중에서 제작 양생되므로 품질관리가 어렵다.

38
Pile의 부마찰력(Negative friction)
지지 말뚝은 일반적으로 선단지지면과 주면마찰력에 의해 하중을 지지시키는 데 반해 지반이 연약지반일 때는 주면마찰력이 하향으로 작용하는데 이때의 마찰력을 부주면마찰력(부마찰력)이라 하고 연약지반이 있을 때나 되메우기를 했거나 지하수가 하강할 때 발생한다.

39
Engineering News 공식(Wellington 공식)
(안전율 $P_S = 6$)

Drop Hammer $\quad R_U = \dfrac{W \times H}{S + 2.54}$

단동기 증기햄머 $\quad R_U = \dfrac{W \times H}{S + 0.254}$

$\qquad = \dfrac{3 \times 200}{(1 + 0.25)} \div 6$(안전율)

40
슬러리월 시공 > 기둥말뚝 시공 > 지하 1층 바닥 및 개구부 설치 > 지하 2층 공간굴착

03 건설재료 및 시험

41 ④	42 ②	43 ④	44 ②	45 ④
46 ④	47 ②	48 ③	49 ③	50 ④
51 ②	52 ④	53 ③	54 ②	55 ④
56 ②	57 ③	58 ④	59 ④	60 ③

42
지지력과 재료 성질을 위한 시험이다.

43
시멘트가 풍화하면 강열감량이 많아진다.

44
비중이 감소한다.

45
습기를 흡수하여 덩어리가 된 풍화된 시멘트는 시험을 하여 결과에 따라 사용 여부를 결정한다.

46
푸아송수는 푸아송비의 역수
$$\nu = \frac{1}{m} = \frac{\Delta d/d}{\Delta l/l}, \ m = \frac{\Delta l/l}{\Delta d/d} = \frac{6/3,000}{0.1/200} = 4$$

47
$$\text{인장강도} = \frac{2P}{\pi dl} = \frac{2 \times 150,000}{3.14 \times 150 \times 300} = 2.12$$

48
20℃±2℃

49
분말도와 온도가 높을수록, 그리고 C_3A가 많으면 수화열이 높고 응결도 빠르다. 물의 응결과 관련되는 양은 소수이고 나머지는 워커빌리티와 관련된다.

50
콘크리트의 현장 타설 시 품질시험은 강도, 슬럼프, 공기량을 시험하는 데 균열 발생이 골재에서 발생되지 않는다.

51
시멘트풀의 유동성을 증가시킨다.

52
그라우트를 무수축 또는 팽창시키는 성질이 있어야 한다.

53
혼화재는 시멘트 중량의 5% 이상 사용하므로 콘크리트 배합의 계산에 포함하여야 한다.

54
알루미나 시멘트 조기강도가 높아서 긴급 또는 한중 콘크리트 공사에 쓰면 효과적이다.

55
AE제는 공기포이므로 적정히 사용(7% 이하)하면 단위수량을 줄일 수 있어 여러 가지 효과가 있으나 부착력을 감소시키는 단점이 있다.

56
C_3A 수화열이 크므로 수축률도 크다.

57
석고는 응결시간의 조절을 위해서 사용된다.

58
슬래그는 혼화제가 아니라 혼화재이다.

59
잠재적 수경성으로 콘크리트 초기에 반응하는 것이 아니므로 시멘트양과 수화열을 줄일 수 있다(콘크리트의 강도 및 화학적 저항성, 수밀성 등을 개선 목적).

60
보통 포틀랜드시멘트보다 장기강도가 크다.

04 토질 및 기초

61 ①	62 ②	63 ②	64 ③	65 ①
66 ①	67 ②	68 ③	69 ③	70 ②
71 ③	72 ④	73 ①	74 ③	75 ②
76 ②	77 ③	78 ②	79 ②	80 ④

61
$$S \cdot e = w \cdot G_s \ 1 \cdot e = 0.4 \cdot 2.71$$
$$\gamma_d = \frac{G_s}{1+e} \cdot \gamma_w = \frac{2.71}{1+1.08} \times 1 = 1.3 \text{t/m}^3$$

62
$$\gamma_t = \frac{G_s Se}{1+e} \cdot \gamma_w$$
$$1.92 = \frac{2.65 + 0.2 \times 2.65}{1+e}$$
$$e = 0.66$$
$$\gamma_d = \frac{G_s}{1+e} \cdot \gamma_w = \frac{2.65}{1+0.66} \times 1 = 1.6 \text{t/m}^3$$

63
$$\gamma_t = \frac{W}{V} = \frac{8,294 - 4,000}{2,208} = 1.94 \text{g/cm}^3$$

$$\gamma_d = \frac{\gamma_t}{1+\frac{w}{100}} = \frac{1.94}{1+\frac{12.3}{100}} = 1.73$$

64

$$w = \frac{Ww}{Ws} \times 100 = \frac{40-30}{30-10} \times 100 = 50\%$$

65

$$\gamma_t = \frac{W}{V} = \frac{3,240}{2,000} = 1.62$$

$$\gamma_t = \frac{G_s + Se}{1+e} \cdot \gamma_w = \frac{G_s + wW_s}{1+e} \times \gamma_w$$

$$1.62 = \frac{2.7 + 0.08 \times 2.7}{1+e} \qquad e = 0$$

66

$$\gamma_t = \frac{G_s + Se}{1+e} \cdot \gamma_w = \frac{G_s + wW_s}{1+e} \times \gamma_w$$

$$\frac{8}{5} = \frac{2.7 + 0.25 \times 2.7}{1+e} \times 1$$

$$e = 1.11$$

$$D_r = \frac{e_{\max} - e}{e_{\max} - e_{\min}} \times 100 = 22.5$$

67

$$R = \frac{w_o}{v_o \gamma_w} = \frac{11.26}{5.831} = 1.93$$

$$w_s = \left(\frac{1}{R} - \frac{1}{G_s}\right) \times 100 = \left(\frac{1}{1.93} - \frac{1}{2.67}\right) \times 100$$
$$= 14.36$$

69

액성지수 값이 1보다 크면 물성이 크게 되므로 약해진다.

72

- 입도, 컨시스턴시(아트버그한계 : 소성. 액성한계) 분류
- 통일 분류. AASHTO 분류
- 군지수 : 0~4이면 노상토 적합, 4~20이면 노상토 부적합
- 균등계수 : 통일 분류

73

$$C_u = \frac{D_{60}}{D_{10}} = \frac{0.15}{0.05} = 3$$

$$C_g = \frac{D_{60}}{D_{10} D_{60}} = \frac{0.09^2}{0.05 \times 0.15} = 1.08$$

74

$$K = D_s^2 \cdot \frac{\gamma_w}{\eta} \cdot \frac{e^3}{1+e} \cdot C$$

D_s : 흙의 지름, e : 공극비, η : 흙의 점성, C : 형상계수

75

K는 시료 길이에 비례

$$Q = KiA(t) \qquad K = \frac{Q}{iAt} \quad \left(i = \frac{h}{L}\right)$$

76

$$i_c = \frac{\gamma_{sub}}{\gamma_w} = \frac{2.1-1.0}{1.0} = 1.1$$

77

$$i_c = \frac{\gamma_{sub}}{\gamma_w} = \frac{G_s - 1}{1+e} = \frac{2.8-1}{1+0.8} = 1.0$$

$$S \cdot e = w \cdot G_s \qquad 25 G_s = 87.5 \times 0.8$$

78

$$Q = k \cdot H \cdot \frac{N_f}{N_d}$$
$$= 2 \times 10^{-5} \times 1,500 \times \frac{5}{15} \times 1 \times 3,600 \times 24$$
$$= 864 \text{cm}^3/\text{day}$$

79

$$K_1 : K_2 = M_1 : M_2 (온도)$$
$$= \mu_1 : \mu_2 (점성계수) = \frac{e_1^3}{1+e_1} : \frac{e_2^3}{1+e_2}$$

$$8.5 \times 10^{-2} : K_2 = 0.284 : 0.118$$

80

|2.8m $k_1 = 4 \times 10^{-4}$ cm/sec
7.9m |3.6m $k_2 = 2 \times 10^{-4}$ cm/sec
|1.5m $k_3 = 6 \times 10^{-3}$ cm/sec

$K_h = \dfrac{1}{H_o}(k_1 \cdot H_1 + k_2 \cdot H_2 + k_3 \cdot H_3)$

$= \dfrac{1}{790}(4 \times 10^{-4} \times 280 - 2 \times 10^{-4} \times 360 + 6 \times 10^{-3} \times 150)$

$= 1.372 \times 10^{-3}$ cm/sec

$K_v = \dfrac{H_o}{\dfrac{H_1}{k_1} + \dfrac{H_2}{k_2} + \dfrac{H_3}{k_3}}$

$= \dfrac{790}{\dfrac{280}{4 \times 10^{-4}} + \dfrac{360}{2 \times 10^{-4}} + \dfrac{150}{6 \times 10^{-3}}}$

$= 3.129 \times 10^{-4}$ cm/sec

2회 적중 모의고사

01 콘크리트 공학

01 굳지 않은 콘크리트의 성질에 대한 설명으로 잘못된 것은?

① 단위시멘트양이 큰 콘크리트일수록 성형성이 좋다.
② 온도가 높을수록 슬럼프는 감소된다.
③ 둥근 입형의 잔골재를 사용한 콘크리트는 모가 진 부순 모래를 사용한 것에 비해 워커빌리티가 나쁘다.
④ 일반적으로 플라이 애시를 사용한 콘크리트는 워커빌리티가 개선된다.

02 현장배합의 결정 시 고려해야 할 사항은?

① 골재의 입도와 표면수
② 잔골재량과 단위시멘트양
③ 골재입도와 단위시멘트양
④ 물 – 시멘트비와 골재 표면수

03 콘크리트 배합설계 시 유의사항으로 잘못된 것은?

① 운반, 타설, 다짐작업이 가능한 범위에서 될 수 있는 한 슬럼프가 작게 한다.
② 경제적인 관점에서 가능한 한 최대치수가 작은 굵은 골재를 사용한다.
③ 기상작용, 화학작용 등에 충분히 저항할 수 있는 내구성을 가져야 한다.
④ 소요의 강도를 확보할 수 있도록 물 – 결합재비를 정해야 한다.

04 골재의 밀도가 $2.65g/cm^3$이고 단위용적질량이 $1.5t/m^3$인 굵은 골재의 실적률과 공극률은?

① 실적률 – 176.7%, 공극률 – 76.7%
② 실적률 – 56.6%, 공극률 – 43.4%
③ 실적률 – 43.4%, 공극률 – 56.6%
④ 실적률 – 76.7%, 공극률 – 23.3%

05 현장의 골재 상태가 체분석 결과 모래 속에 5mm 체에 남는 것이 6%, 자갈 속에 5mm 체를 통과하는 것이 11%였다. 시방배합표 상의 단위잔골재량은 $632kg/m^3$며, 단위 굵은 골재량은 $1,176/m^3$이다. 현장배합을 위한 모래양은 얼마인가?

① $522kg/m^3$
② $537kg/m^3$
③ $612kg/m^3$
④ $648kg/m^3$

06 콘크리트 시방배합설계에서 단위골재의 절대용적이 $0.689m^3$이고, 잔골재율이 41%, 잔골재의 밀도가 $2.6g/cm^3$일 때 단위잔골재량으로 옳은 것은?

① $734kg/m^3$
② $763kg/m^3$
③ $786kg/m^3$
④ $812kg/m^3$

07 콘크리트의 치기와 이음에 관한 설명 중 틀린 것은?

① 벽 또는 기둥에 콘크리트를 연속하여 치는 경우는 콘크리트의 치기속도가 너무 빠르지 않게 한다.
② 기둥과 보가 연속되어 있는 경우는 전체의 콘크리트를 동시에 치는 것이 좋다.
③ 콘크리트가 굳기 전에 침하균열이 발생한 경우는 즉시 탬핑을 하여 균열을 제거해야 한다.
④ 시공이음은 전단력이 작은 위치에 설치하는 것이 좋다.

08 양질의 지연제 등을 사용한 경우 외에 일반적으로 비비기로부터 치기가 끝날 때까지의 시간은 원칙적으로 외기온도가 25℃ 이상 일 때는 (   )시간, 25℃ 미만일 때는 (   )시간을 넘어서는 안 된다. 괄호 속에 적당한 값은?

① 0.5, 1
② 1, 1.5
③ 1.5, 2
④ 2, 2.5

09 콘크리트 타설 및 다지기 작업 시 주의해야 할 사항으로 틀린 것은?

① 연직 시공일 때 슈트 등의 배출구와 타설면까지의 높이는 1.5m 이하를 원칙으로 한다.
② 내부진동기를 이용하여 진동다지기를 할 경우 1개소당 진동시간은 5~15초로 한다.
③ 타설한 콘크리트를 거푸집 안에서 횡방향으로 이동시켜서는 안 된다.
④ 내부진동기를 사용하여 진동다지기를 할 경우 삽입간격은 일반적으로 1m 이하로 하는 것이 좋다.

10 콘크리트 치기온도를 낮추기 위하여 콘크리트용 재료를 냉각시키는 것을 나타내는 용어는?

① 프리쿨링(Pre-cooling)
② 프리웨팅(Pre-wetting)
③ 파이프쿨링(Pipe cooling)
④ 프리캐스팅(Pre-casting)

11 콘크리트의 시공 이음에 대한 설명 중 옳지 않은 것은?

① 먼저 타설한 콘크리트의 레이턴스를 그대로 두거나 표면을 매끄럽게 한 뒤에 연속시공을 해야 한다.
② 콘크리트의 수축량을 고려하여 콘크리트 타설 높이를 결정해야 한다.
③ 시공 이음의 위치는 전단력이 작은 위치에 설치해야 한다.
④ 시공 이음의 방향은 압축력에 직각인 방향으로 해야 한다.

12 일반 콘크리트의 양생에 대한 설명으로 잘못된 것은?

① 콘크리트를 친 후 경화를 시작할 때까지 직사광선이나 바람에 의해 수분이 증발하지 않도록 보호해야 한다.
② 콘크리트를 친 후 습윤 상태의 보호기간은 보통 포틀랜드 시멘트를 사용한 경우는 3일간 이상을 표준으로 한다.
③ 거푸집판이 건조할 염려가 있을 경우는 살수를 하여 습윤 상태를 유지해야 한다.
④ 막양생을 할 경우에는 충분한 양의 막양생제를 적절한 시기에 균일하게 살포해야 한다.

13 압축강도를 시험하여 슬래브 및 보 밑면의 거푸집과 동바리를 떼어낼 때 콘크리트 압축강도 기준값으로 옳은 것은?

① 설계기준강도 × 1/3 이상, 10MPa 이상
② 설계기준강도 × 2/3 이상, 14MPa 이상
③ 설계기준강도 × 1/3 이상, 10MPa 이상
④ 설계기준강도 × 2/3 이상, 14MPa 이상

14 거푸집 및 동바리 떼어내기의 주의할 점 중에서 옳지 않은 것은?

① 거푸집 및 동바리는 콘크리트가 자중 및 시공 중에 가해지는 하중에 충분히 견딜 만한 강도를 가질 때까지 2대로 두는 것이 원칙이다.
② 거푸집을 떼어내는 순서는 하중을 많이 받는 부분을 먼저 떼어내고, 그 다음에 남는 중요하지 않은 부분을 떼어내야 한다.
③ 슬래브 및 보의 밑면, 아치 내면의 콘크리트의 압축강도가 14MPa 이상이고, 설계기준 강도의 이상이면 거푸집을 떼어낼 수 있다.
④ 연직부재의 거푸집은 수평부재의 거푸집보다 먼저 떼어내는 것이 원칙이다.

15 PS 콘크리트에서 도입된 프리스트레스는 여러 가지 원인으로 감소한다. 다음 중 프리텐션 방식에 있어서는 해당되지 않는 프리스트레스 손실의 원인은?

① 콘크리트의 크리프
② 콘크리트의 건조수축
③ PS 강재의 릴렉세이션
④ PS 강재와 쉬스 사이의 마찰

16 프리스트레스트 콘크리트에서 콘크리트에 프리스트레스 600kN을 도입하였는데 여러 가지 원인에 의해 120kN의 프리스트레스 감소가 생겼다. 이때의 프리스트레스 유효율은?

① 20% ② 40%
③ 60% ④ 80%

17 AE 콘크리트에 관한 설명 중 옳지 않은 것은?

① 시공 중 공기량은 air meter로 항상 측정하여 일정하게 하여야 한다.
② AE제에 의해서 발생된 공기는 볼베어링과 같은 작용을 하여 콘크리트에 유동성을 준다.
③ AE 콘크리트는 보통 콘크리트보다 염류 또는 동결 융해에 대한 저항성이 저하된다.
④ 공기량은 믹싱시간이 길수록 감소한다.

18 프리플레이스트 콘크리트에 관한 설명으로 틀린 것은?

① 프리플레이스트 콘크리트의 주입 모르타르는 보통 포틀랜드 시멘트에 플라이 애시와 같은 혼화재를 사용하면 유리한 점이 있다.
② 수중에서면 시공되고, 공기 중에서는 시공되지 않는다.
③ 프리플레이스트 콘크리트의 강도는 재령 28일 또는 91일의 압축강도를 기준으로 정하고 있다.
④ 주입 모르타르용 잔골재의 조립률은 1.4 ~2.2 범위가 좋다.

19 시멘트의 수화반응에 의해 생성된 수산화칼슘이 대기 중의 이산화탄소와 반응하여 콘크리트의 성능을 저하시키는 현상을 무엇이라 하는가?

① 염해
② 중성화
③ 동결 융해
④ 알칼리 – 골재 반응

20 서중 콘크리트의 품질관리에 대한 내용 중 잘못된 것은?

① 콘크리트는 비빈 후 되도록 빨리 타설하는 것이 바람직하며 지연형 감수제를 사용하는 등의 대책을 강구한 경우라도 3시간 이내에 타설하여야 한다.
② 콘크리트를 타설할 때의 콘크리트 온도는 35℃ 이하여야 한다.
③ 콘크리트를 타설한 후부터 적어도 24시간은 노출면이 건조하지 않도록 습윤 상태를 유지해야 한다.
④ 콘크리트의 양생은 적어도 5일 이상은 실시하는 것이 바람직하다.

02 건설시공 및 관리

21 10,000m^3(자연 상태)의 사질토를 4m^3의 덤프트럭으로 운반하려고 한다. 필요한 트럭의 대수는?(단, 사질토의 토량변화율 L = 1.25, C = 0.88)

① 3,125(대)　② 2,200(대)
③ 2,841(대)　④ 2,000(대)

22 보통토(사질토)를 재료로 하여 36,000m^3의 성토를 하는 경우 굴착 및 운반토량(m^3)은 얼마인가?(단, 토량환산계수 L = 1.25, C = 0.90)

① 굴착토량 = 40,000, 운반토량 = 50,000
② 굴착토량 = 32,400, 운반토량 = 40,500
③ 굴착토량 = 28,800, 운반토량 = 50,000
④ 굴착토량 = 32,400, 운반토량 = 45,000

23 8ton의 덤프트럭에 1.2m^3의 버킷을 갖는 백호로 흙을 적재하고자 한다. 흙의 단위질량이 1.7t/m^3이고 토량변화율(L)은 1.3이고 버킷계수가 0.9일 때 트럭 1대당 백호 적재 횟수는 얼마인가?

① 5회　② 6회
③ 7회　④ 8회

24 작업거리가 60m인 불도저 작업에 있어서 전진속도 40m/min, 후진속도 50m/min, 기어조작시간 15초일 때 사이클 타임은?

① 2.7min　② 2.95min
③ 17.1min　④ 19.35min

25 기계위치보다 낮거나 높은 곳도 굴착이 가능하여 주로 넓은 범위의 굴착 시 사용되고 수로, 하상굴착 또는 골재 채취에 이용되는 셔블계 굴착기는?

① 백호우　② 드래그라인
③ 파워셔블　④ 크램셀

26 타이어 도저(Tire dozer)의 장점에 대한 설명 중 틀린 것은?

① 함수비가 많은 점토질에 유리하다.
② 비교적 고속으로 운행할 수 있다.
③ 제설(除雪) 작업에 유리하다.
④ 운반거리가 긴 곳에 유리하다.

27 다음 다짐기계 중에서 모래질 흙을 다지는 데 가장 알맞은 것은?

① 불도저　　　② 탠덤 롤러
③ 진동 롤러　　④ 쉽스 풋 롤러

28 다짐기계의 특성 중 관계가 없는 것이 조합된 것은?

① Macadam 롤러 – 전압식
② Tamping 롤러 – 충격식
③ Rammer – 충격식
④ Tandem 롤러 – 전압식

29 수직갱에 물이 고였을 경우 어떤 발파방법이 좋은가?

① 벤치 컷　　　② 번 컷
③ 피라밋 컷　　④ 스윙 컷

30 벤치 컷(Bench cut)의 벤치 높이 12m를 취하고 구멍 간격을 1.5m, 최소 저항선을 1.5m로 하고 중경 화강암의 암석을 굴착할 경우 장약량은 얼마인가?(단, 폭파계수 $C = 0.62$이다.)

① 16.74kg　　② 25.36kg
③ 32.76kg　　④ 22.67kg

31 T.B.M(Tunnel boring machine)공법에 대한 설명으로 거리가 먼 것은?

① 폭약을 사용하지 않고 원형으로 굴착하므로 역학적으로도 안전하다.
② 기계의 시공 충격으로 인하여 폭파에 의한 터널굴착공법보다 동바리공이 더 많이 필요하다.
③ 굴착은 필요 이상의 큰 단면을 하지 않으므로 라이닝과 본바닥에 밀착되어 재표가 절약된다.
④ 굴착이 비교적 빠른 반면, 다량의 열이 발생하므로 냉각설비가 필요하다.

32 암석의 시험 발파의 주목적은?

① 발파량을 추정하려고 한다.
② 폭약의 종류를 결정하려고 한다.
③ 폭파계수 C를 구하려고 한다.
④ 발파장치를 결정하려고 한다.

33 터널의 계획, 설계, 시공 시 본바닥의 성질 및 지질구조를 가장 정확하게 알기 위한 조사방법은?

① 물리적 탐사　　② 탄성파 탐사
③ 전기 탐사　　　④ 보링(Boring)

34 터널의 일부를 케이스형으로 육상에서 제작하여 이것을 물에 띄어 부설현장까지 예향하여 소정의 위치에 침하시켜 기존 설치된 부분과 연결한 후 되메우기한 다음 속의 물을 빼서 터널을 구축하는 방법은?

① 침매공법　　　② 쉴드공법
③ 역라이닝 공법　④ 개착공법

35 연약지반의 터널굴착 공법으로 부적당한 것은?

① 쉴드공법　② 측벽도갱식 공법
③ 전단면 굴착공법　④ 링컷공법(ring cut)

36 보강토(補强土) 옹벽에 관한 설명 중 틀린 것은?

① 전면판과 보강재가 제품화됨으로써 공사 기간을 단축시킬 수 있다.
② 금속재 전면판을 이용함으로써 골재를 절약하고 장거리 수송이 용이하다.
③ 충격과 진동에 약한 구조로 얕은 성토에 유리하다.
④ 부등침하에 대한 파괴위험이 적어 기초 공사가 비교적 간단하다.

37 옹벽의 안정성 검토 시 고려사항이 아닌 것은?

① 활동(Sliding)에 대한 안정
② 전도(Over turning)에 대한 안정
③ 지반의 지지력(Bearing capacity)에 대한 안정
④ 유효응력(Effective stress)에 대한 안정

38 굴토작업 진행 시 각 과정에서의 인접지반의 수평변위량과 위치 및 방향을 실측하기 위한 계측기는 다음 중 어느 것인가?

① 토압계　② 경사계
③ 변형률계　④ 간극수압계

39 옹벽 자체의 자중으로 토압에 저항하도록 3~4m 높이로 만들어진 옹벽은?

① 중력식 옹벽　② 반중력식 옹벽
③ 부벽식 옹벽　④ 역T형 옹벽

40 옹벽에서 수평 저항력을 증가시키는 방법으로 가장 일반적인 것은?

① 옹벽의 비탈 구배를 크게 한다.
② 배면의 본 바닥에 앵커(Anchor)벽 설치
③ 부벽 시 옹벽으로의 시공
④ 기초 저판 밑에 돌출부(Key)를 만든다.

03 건설재료 및 시험

41 일반 콘크리트용 잔골재의 표준조립률로서 다음 중 가장 적당한 것은?

① 2.3~3.1　② 3.1~5.7
③ 6~8　④ 8 이상

42 골재의 조립률(Fineness modulus)을 알아내기 위해서 사용하는 체가 아닌 것은?

① 25mm 체　② 10mm 체
③ 5mm 체　④ 2.5mm 체

43 체가름 시험에서 조립률(FM)=2.9인 잔골재와 조립률(FM)=7.30인 굵은 골재를 1 : 1.5의 무게비로 섞을 때 혼합골재의 조립률을 구한 값은?

① 4.73　② 5.54
③ 5.95　④ 5.98

44 굵은 골재의 절건밀도가 2.66t/m³, 단위용적 질량이 1.80t/m³일 때 이 골재의 공극률은?

① 27.6% ② 72.4%
③ 32.3% ④ 67.7%

45 공기 중 건조 상태의 골재 500g을 물속에 24시간 침지한 후 측정한 골재의 무게는 510g이다. 이 골재를 다시 건조로에서 건조시켰을 때 절대건조 질량이 482g이었다. 이 골재의 함수율은?

① 3.8% ② 4.8%
③ 5.8% ④ 6.8%

46 잔골재를 각 상태에서 계량한 결과가 아래와 같을 때 아래 골재의 유효흡수율(%)을 구하면?

- 노건조 상태 : 2,000g
- 공기 중 건조 상태 : 2,066g
- 표면 건조 포화 상태 : 2,124g
- 습윤 상태 : 2,152g

① 1.32% ② 2.73%
③ 2.81% ④ 7.60%

47 다음 중 석유 아스팔트가 아닌 것은?

① 스트레이트 아스팔트
② 그라하마이트
③ 블론 아스팔트
④ 용제추출 아스팔트

48 블론 아스팔트와 비교할 경우 스트레이트 아스팔트의 성질에 관한 설명 중 틀린 것은?

① 내후성이 크다. ② 신장성이 크다.
③ 감온성이 크다. ④ 방수성이 크다.

49 다음 중 목면, 마사, 폐지 등을 물에서 혼합하여 원지를 만든 후 여기에 스트레이트 아스팔트를 침투시켜 만든 것으로 아스팔트 방수의 중간층재로 사용되는 것은?

① 아스팔트 타일(Tile)
② 아스팔트 펠트(Felt)
③ 아스팔트 시멘트(Cement)
④ 아스팔트 컴파운드(Compound)

50 천연석유가 암석의 갈라진 틈에 스며들어가 지열이나 공기 등의 작용으로 오랫동안 화학변화를 일으켜 생긴 아스팔트는?

① 샌드 아스팔트(Sand asphalt)
② 아스팔타이트(Asphaltite)
③ 록 아스팔트(Rock asphalt)
④ 레이크 아스팔트(Lake asphalt)

51 고무 혼입 아스팔트(Rubberized asphalt)를 스트레이트 아스팔트와 비교할 때 다음 설명 중 옳지 않은 것은?

① 응집성 및 부착력이 크다.
② 마찰계수가 크다.
③ 충격저항이 크다.
④ 감온성이 크다.

52 다음 중에서 아스팔트 점도(Consistency)에 가장 큰 영향을 미치는 것은?

① 아스팔트의 비중
② 아스팔트의 온도
③ 아스팔트의 인화점
④ 아스팔트의 종류

53 다음은 아스팔트 침입도 시험에 관한 설명이다. 틀린 것은?

① 단위는 0.1mm를 1로 한다.
② 일반적으로 아스팔트의 반죽질기(Con-sistensy)를 물리적으로 나타내는 것이다.
③ 시험온도는 30℃이다.
④ 시험하중은 100g, 시간은 5초이다.

54 역정재료의 침입도 시험에서 중량 100g의 표준침이 5초 동안에 5mm 관입했다면 이 재료의 침입도는 얼마인가?

① 10   ② 25
③ 50   ④ 500

55 교통하중 등에 의해서 발생하는 아스팔트의 유동성 변형 정도를 알아보기 위한 시험은?

① 아스팔트 신도 시험
② 아스팔트 비중 시험
③ 아스팔트 침입도 시험
④ 아스팔트 안정도 시험

56 마샬(Mashall) 시험 방법에 의한 아스팔트 배합설계 시 설계 아스팔트량 산정에서 고려하지 않아도 되는 사항은?

① 안정도   ② 침입도
③ 공극률   ④ 플로우(Flow) 값

57 강에서 탄소의 함유량이 증가될 때 변화되는 강의 성질에 대한 설명으로 틀린 것은?

① 연신율이 작아진다.
② 인장강도가 증가한다.
③ 경도가 증가된다.
④ 항복점이 작아진다.

58 강의 성질에 영향을 미치는 첨가원소의 영향으로 잘못된 것은?

① 탄소(C)량의 증가에 따라 인장강도, 항복점, 경도도 증가한다.
② 망간(Mn)은 어느 정도까지는 강의 강도, 경도 및 인성을 증가시키고 냉간가공성을 향상시킨다.
③ 알루미늄(Al)은 강력한 탈산제로 강조직의 미립화에 효과적이다.
④ 니켈(Ni) 및 크롬(Cr)은 소량을 사용한 경우에도 강도를 증진시키고 다량 사용한 경우에는 내식성, 내열성을 증가시킨다.

59 강을 가열하거나 냉각시키면 강의 결정이 변화되어 필요한 용도와 목적에 맞는 성질로 변화된다. 이러한 작업과정을 무엇이라 하는가?

① 합금   ② 도가니
③ 인발작업   ④ 열처리

60 강철의 지나친 취성과 경도를 줄이고 적당한 인성을 주기 위하여 변태온도 이하로 다시 가열하여 서서히 냉각하는 열처리를 무엇이라 하는가?

① 불림　② 풀림
③ 뜨임　④ 담금질

04 토질 및 기초

61 압밀을 일으키는 토층의 두께가 3m이다. 이 토층의 시료가 구조물 축조 전의 공극비는 0.8이고, 축조 후의 공극비는 0.5이다. 이 흙의 전 압밀침하량은 몇 cm인가?

① 35cm　② 40cm
③ 50cm　④ 65cm

62 상하층이 모래로 되어 있는 두께 2m의 점토층이 어떤 하중을 받고 있다. 이 점토층의 투수계수(K)가 5×10^{-7}cm/sec, 체적변화계수 I(mv)가 0.05cm³/kg일 때 90% 압밀에 요구되는 시간을 구하면?

① 5.6일　② 9.8일
③ 15.2일　④ 47.2일

63 점착력이 0.1kg/cm², 내부마찰각이 30°인 흙에 수직응력 20kg/cm²를 가할 경우 전단응력은?

① 20.1kg/cm²　② 6.76kg/cm²
③ 1.16kg/cm²　④ 11.65kg/cm²

64 어떤 흙에 대해서 직접 전단시험을 한 결과 수직응력이 10kg/cm²일 때 전단저항이 5kg/cm²이었고, 또 수직응력이 20kg/cm²일 때에는 전단저항이 8kg/cm²이었다. 이 흙의 점착력은?

① 2kg/cm²　② 3kg/cm²
③ 8kg/cm²　④ 10kg/cm²

65 어느 흙에 대하여 직접 전단시험을 하여 수직응력이 3.0kg/cm²일 때 2.0kg/cm²의 전단강도를 얻었다. 이 흙의 점착력이 1.0kg/cm²임을 알고 있다면 내부마찰각은 약 얼마인가?

① 13°　② 15°
③ 18°　④ 21°

66 다음은 정규압밀점토의 삼축압축 시험결과를 나타낸 것이다. 파괴 시 전단응력 τ와 수직응력 σ를 구하면?

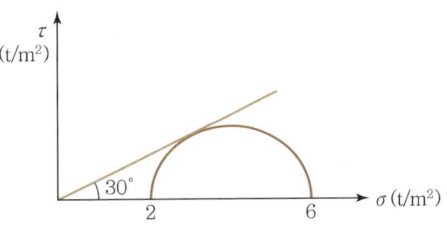

① $\tau = 1.73$t/m², $\sigma = 2.50$t/m²
② $\tau = 1.41$t/m², $\sigma = 3.00$t/m²
③ $\tau = 1.52$t/m², $\sigma = 2.50$t/m²
④ $\tau = 1.73$t/m², $\sigma = 3.00$t/m²

67 흙의 2면 전단시험에서 전단응력을 구하려면 다음의 어느 식이 적용되는가?

① $\tau = \dfrac{S}{A}$ ② $\tau = \dfrac{S}{2A}$
③ $\tau = \dfrac{2A}{S}$ ④ $\tau = \dfrac{2S}{A}$

68 표준 관입 시험에 대한 아래 표의 설명에서 ( )에 적합한 것은?

> 질량 63.5±0.5kg의 드라이브 해머를 76±1cm 자유낙하시키고 보링로드 머리부에 부착한 노킹블록을 타격하여 보링로드 앞 끝에 부착한 표준 관입시험용 샘플러를 지반에 ( )cm 박아 넣는 데 필요한 타격 횟수를 N값이라고 한다.

① 20 ② 25
③ 30 ④ 35

69 점성토시료를 교란시켜 재성형을 한 경우 시간에 지남에 따라 강도가 증가하는 현상을 나타내는 용어는?

① 크립(Creep)
② 틱소트로피(Thixotropy)
③ 이방성(Anisotropy)
④ 아이소크론(Isocron)

70 자연 상태 흙의 일축 압축강도가 0.5kg/cm²이고 이 흙을 교란시켜 일축 압축강도 시험을 하니 강도가 0.1kg/cm²이었다. 이 흙의 예민비는 얼마인가?

① 50 ② 5
③ 10 ④ 1

71 예민비가 큰 점토란 어느 것인가?

① 입자의 모양이 날카로운 점토
② 입자가 가늘고 긴 형태의 점토
③ 흙을 다시 이겼을 때 강도가 감소하는 점토
④ 흙을 다시 이겼을 때 강도가 증가하는 점토

72 흙의 전단강도에 대한 설명으로 틀린 것은?

① 조밀한 모래는 전단변형이 작을 때 전단 파괴에 이른다.
② 조밀한 모래는 (+)Dilatancy, 느슨한 모래는 (−)Dilatancy가 발생한다.
③ 점착력과 내부마찰각은 파괴면에 작용하는 수직응력의 크기에 비례한다.
④ 전단응력이 전단강도를 넘으면 흙의 내부에 파괴가 일어난다.

73 점토지반에 제방을 쌓을 경우 초기 안정해석을 위한 흙의 전단강도를 측정하는 방식은?

① 비압밀비배수시험(UU−test)
② 압밀비배수시험(CU−test)
③ 직접전단강도시험
④ 압밀배수시험(CD−test)

74 현장 토질조사를 위하여 베인 테스트(Vane test)를 행하는 경우가 종종 있다. 이 시험 다음 중 어느 경우에 많이 쓰이는가?

① 연약한 점토의 점착력을 알기 위하여
② 모래질 흙의 다짐도를 측정하기 위하여
③ 모래질 흙의 내부마찰각을 알기 위하여
④ 모래질 흙의 투수계수를 측정하기 위하여

75 다음은 흙의 강도에 관한 설명이다. 다음 설명 중 옳지 않은 것은?

① 모래는 점토보다 내부마찰력이 크다.
② 일축 압축시험 방법은 모래에 적합한 방법이다.
③ 연약점토지반의 현장시험에서는 Vane 전단시험이 많이 이용된다.
④ 예민비란 교란되지 않은 공시체에 일축 압축강도에 대한 다시 반죽한 공시체의 일축 압축강도의 비를 말한다.

76 물로 포화된 실트질 세사의 N값을 측정한 결과 $N=33$이 되었다고 할 때 수정 N값은?(단, 측정지점까지의 로드(Rod)의 길이는 35m라고 한다.)

① 43 ② 35
③ 21 ④ 18

77 옹벽의 안정 조건으로서 표현이 가장 정확하지 못한 것은?

① 합력이 지면의 중앙점에 작용할 것
② 활동에 대하여 안전할 것
③ 전도에 대하여 충분한 안전율을 가질 것
④ 지지력에 대하여 안전할 것

78 콘크리트 벽체에 적용하는 Coulomb의 주동토압을 감소시키려고 할 경우 고려하여야 할 사항으로 틀린 것은?

① 뒤채움흙의 단위질량이 작을 것
② 뒤채움흙 표면의 경사가 작을 것
③ 흙의 내부마찰각이 클 것
④ 벽체와 흙의 마찰각이 작을 것

79 그림에서 모관수에 의한 A-A면까지 완전히 포화되었다고 가정하면 B-B면에서의 유효응력은 얼마인가?

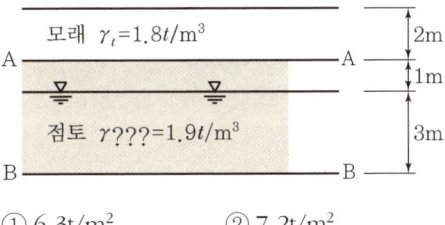

① $6.3t/m^2$ ② $7.2t/m^2$
③ $8.2t/m^2$ ④ $12.2t/m^2$

80 크기가 1m×2m인 기초에 $10t/m^2$의 등분포하중이 작용할 때 기초 아래 4m인 점의 압력 증가는 얼마인가?(단, 2:1 분포법을 이용한다.)

① $0.67t/m^2$ ② $0.33t/m^2$
③ $0.22t/m^2$ ④ $0.11t/m^2$

2회 / 정답 및 해설

01 콘크리트 공학

01 ③	02 ①	03 ②	04 ②	05 ①
06 ①	07 ②	08 ③	09 ④	10 ①
11 ①	12 ②	13 ②	14 ②	15 ④
16 ④	17 ③	18 ②	19 ②	20 ①

01
둥근 입형의 잔골재를 사용하면 마찰력이 적어 부순 모래를 사용한 것에 비해 워커빌리티가 좋아진다.

02
골재의 입도와 표면수

03
경제적인 관점에서 가능한 한 최대치수가 큰 굵은 골재를 사용한다.

04
- 실적률 = 질량 / 밀도 × 100 = 1.5 / 2.65 × 100 = 56.6%
- 공극률 = 1 - 실적률

05
아래 식을 방정식으로 계산하면
x(모래) + y(자갈) = 832 + 1,176 = 2,008
$(1 - 0.06)x + 0.11y = 632$

06
- 단위골재량 절대체적(m^3)
$= 1 - \left(\dfrac{단위수량}{1,000} + \dfrac{단위시멘트양}{시멘트\ 밀도 \times 1,000} + \dfrac{공기양}{100} \right)$
- 단위잔골재량 절대체적(m^3)
$=$ 단위골재량 절대체적 × 잔골재율

07
VH분리 타설하는 것이 원칙에 따라 기둥을 먼저 타설하고 그 이후 보와 슬래브를 타설하여야 한다.

08
비빔 시작부터 부어넣기 종료 시간의 한도

외기온 25℃ 이상일 때	외기온 25℃ 미만일 때
1.5시간(90분) 이내	2시간(120분) 이내

09
삽입간격은 일반적으로 0.5m 이하로 하는 것이 좋다.

10
프리쿨링(pre-cooling)은 서중 콘크리트 또는 mass 콘크리트에 사용하며, 콘크리트 재료인 물, 조골재의 일부 또는 전부를 사전에 냉각하는 것을 말한다.

11
먼저 타설한 콘크리트의 레이턴스 및 표면을 처리하고 거칠게 한 뒤에 시공을 해야 한다.

12
습윤양생 기간

일평균 기온	보통 포틀랜드 시멘트	고로 슬래그 시멘트 플라이 애시 시멘트 B종	조강 포틀랜드 시멘트
15℃ 이상	5일	7일	3일
10℃ 이상	7일	9일	4일
5℃ 이상	9일	12일	5일

13
거푸집 존치기간

부재	콘크리트의 압축강도(f_{cu})
보 옆, 기둥, 벽 등의 측벽	5MPa 이상
슬래브 및 보의 밑면, 아치 내면	설계기준강도 × 2/3 ($f_{cu} \geq 2/3 f_{ck}$) 다만, 14MPa 이상

14

거푸집을 떼어내는 순서는 중요하지 않은 부분을 먼저 떼어내고, 그 다음에 하중을 많이 받는 부분을 떼어내야 한다.

15

프리텐션 방식에 있어서는 쉬스관을 사용하지 않는다.

16

$\dfrac{600-120}{600} \times 100 = 80\%$

17

AE 콘크리트는 보통 콘크리트보다 염류 또는 동결 융해에 대한 저항성이 좋아진다.

18

수중에서 주로 시공되나 공기 중에서도 시공된다.

19

중성화 현상
- 공기 중의 탄산가스로 인하여 콘크리트의 수산화칼슘이 탄산칼슘으로 변화
- 강알칼리가 약알칼리(중성화)로 되는 과정

20

1.5시간 이내에 타설해야 한다.

02 건설시공 및 관리

21 ①	22 ①	23 ②	24 ②	25 ②
26 ①	27 ③	28 ②	29 ④	30 ①
31 ②	32 ③	33 ④	34 ①	35 ③
36 ③	37 ④	38 ②	39 ①	40 ④

21

$\dfrac{10{,}000 \times 1.25(\text{자연에서 느슨해짐})}{4} = 3{,}125$

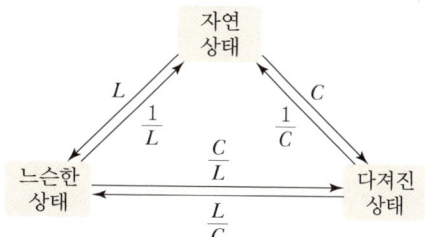

22

성토는 다져진 상태를 말하는데 그 양이 3,600m³이다. 문제의 굴착량은 자연 상태이므로 1/C 적용하고, 운반 토량은 굴착 후 트럭에 실어 느슨한 상태이므로 L을 적용한다.

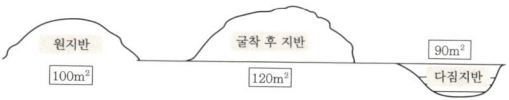

23

흙의 용적 = $\dfrac{8}{1.7} = 4.706\,\text{m}^3$,

흙을 적재 시 느슨 $\dfrac{4.706}{1.3} = 6.12\,\text{m}^3$

$\dfrac{6.12}{1.2 \times 0.9} = 5.67$회

24

$\dfrac{60}{40} + \dfrac{60}{50} + \dfrac{15}{15} = 2.95$

25

파워 셔블 (Power shovel)	• 지반보다 높은 곳의 굴착 (= Dipper shovel) • 규격은 버킷용량(m³)으로 표시
드래그(Drag) 셔블, 백호(Back hoe)	• 지반보다 낮은 곳(= 포크레인) • 규격은 버킷용량(m³)으로 표시
드래그 라인 (Drag line)	• 지반보다 낮은 곳, 넓은 범위의 작업 • 규격은 버킷용량(m³)으로 표시
클램셸 (Clamshell)	• 좁은 곳의 수직굴착 • 규격은 버킷용량(m³)으로 표시

26

타이어가 무한궤도보다 점토질에 불리하다.

27
진동 롤러
- 사질 및 자갈질토에 적합
- 점성토에는 효과가 적고, 포장보수에 이용

28
Tamping 롤러 – 전압식

29
스윙 컷은 수직갱에 물이 고여 있을 때 한 곳으로 유도하여 물을 모아 놓고 발파한다.

30
L = CWSH = 0.62 × 1.5 × 1.5 × 12 = 16.7

31
T.B.M(Tunnel Boring Machine) 공법은 발파가 아닌 암석을 파쇄, 절삭하여 터널을 굴착하는 공법이다.

32
시험 발파
- 발파방법, 사용량 등을 변화시키면서 시험적으로 폭파
- 시험 발파의 주목적 : 폭파계수 C를 구하기 위해

33
물리적 탐사, 탄성파 탐사, 전기 탐사는 넓은 지역을 개략적으로 지반 조사하는 방법이고 보링 방식은 직접 지반 상태를 채취할 수 있어 가장 정확하다.

34
침매공법은 국내에서는 거가대교 현장에 첫 적용되었다.

35
전단면 굴착공법
지질이 안정하고 양질의 경암일 때 적용하며, 연약 지반에서 시공하면 무너진다.

36
보강토(補强土) 옹벽은 자중이 적어 연약지반 위에 시공 가능하며, 높이가 클수록 경제적이다.

37
옹벽의 안정조건
- 전도에 대한 안정
- 활동에 대한 안정
- 지지력에 대한 안정
- 원호활동에 대한 안정

38
Inclinometer(경사계)
지중 수평변위 계측, 흙막이가 배면 측압에 의해 기울어짐을 파악한다.

39
중력식 옹벽
지반이 견고한 곳에 높이 4m 이하의 옹벽(대부분 무근 콘크리트 구조)

40
수평 저항력을 증가시키는 방법으로 기초 저판 밑에 돌출부(key)를 만들면 효과적이다.

03 건설재료 및 시험

41 ①	42 ①	43 ②	44 ③	45 ③
46 ③	47 ②	48 ①	49 ②	50 ②
51 ④	52 ②	53 ③	54 ③	55 ④
56 ②	57 ④	58 ②	59 ④	60 ③

41
잔골재 FM = 2.3~3.1, 굵은 골재 FM = 6~8
조립률이 크다는 것은 골재의 입자가 크다는 의미이다.

42
체눈 크기 80mm 40mm 20mm 10mm 5mm
2.5mm 1.2mm 0.6mm 0.3mm 0.15mm

43
혼합골재의 조립률 = $\dfrac{2.9 \times 1 + 7.3 \times 1.5}{1 + 1.5} = 5.54$

44
굵은 골재 실적률 = $\dfrac{1.8}{2.66} \times 100 = 67.67\%$
공극률 = $100 - 67.67 = 32.3\%$

45
510(물 + 골재) − 482(건조 모래) = 28(물)

$\dfrac{510-482}{482} \times 100 = 5.81\%$

46

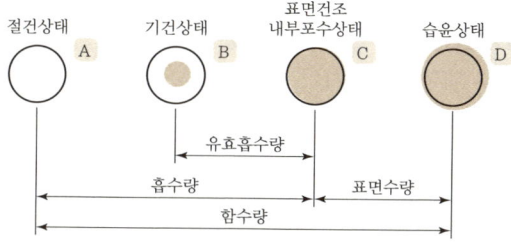

유효 흡수율(Effective Absorption) = $\dfrac{C-B}{B} \times 100(\%)$

유효 흡수율 = $\dfrac{2{,}124 - 2{,}066}{2{,}066} \times 100 = 2.81\%$

47
그라하마이트는 천연 아스팔트이다.

48
내후성(잘 썩지 않는 성질)이 작다.

구분	Straight asphalt	Blown asphalt
신도	크다	작다
연화점	35~60℃	70~130℃
감온성	크다	작다
인화점	높다	낮다
점착성	매우 크다	작다
방수성	크다	작다
탄력성	작다	크다
내후성	작다	크다

49
아스팔트 방수지(防水紙)로 펠트원지(Felt 原紙)의 양면에 아스팔트를 침투시키고, 그 위에 피복용의 아스팔트를 부착시켜, 다시 표면에 운모 등의 분말을 살포한 것이다.

50
암석의 갈라진 틈 사이로 침입한 후 지열 등으로 그 내부에서 장기간 화학 반응을 일으켜 생긴 탄력성이 풍부한 화합물이다.

51
고무 혼입 아스팔트
- 스트레이트 아스팔트 + 고무 2.5~5% 첨가
- 감온성이 작고, 응집력과 부착력이 크다(추운 지역 도로포장).
- 탄성, 충격 저항성이 크고 내후성 및 마찰계수가 크다.

52
아스팔트 점도(Consistency)에 가장 큰 영향을 미치는 것은 아스팔트의 온도이다.

53
시험온도는 25℃이다.

54
0.1mm를 1로 보므로 5mm는 50

57
항복점이 커지나 취성에 약하다.

58
망간(Mn)은 어느 정도까지는 강의 강도, 경도 및 인성을 증가시키고 냉간가공성이 낮아진다.

59
탄소강은 열을 받으면 그 강도나 성질이 달라지게 된다. 이때 여러 가지의 온도로 가열·냉각 등의 열 변화를 주는 것을 열처리라고 한다.

60
열처리 종류

풀림 (Annealing)	내부응력을 제거시키고 강을 연화시키기 위해서 일정한 온도로 가열한 후 천천히 식힘
불림 (Normalizing)	결정을 미립화하고 균일하게 하기 위해 적당한 온도로 가열한 후 대기 중에서 냉각
담금질 (Quenching)	높은 온도로 가열된 강을 수중 또는 유중에 급속하게 냉각시켜 강의 경도와 강도를 증가시키는 작업
뜨임 (Tempering)	강철의 지나친 취성과 강도를 조절하고 적당한 인성을 주기 위해 변태온도 이하로 다시 가열하여 서서히 냉각하는 열처리

04 토질 및 기초

61 ③	62 ②	63 ④	64 ①	65 ③
66 ④	67 ②	68 ③	69 ②	70 ②
71 ③	72 ③	73 ①	74 ①	75 ②
76 ③	77 ①	78 ④	79 ③	80 ①

61
$$\Delta H = \frac{e_1 - e_2}{i + e} \cdot H = \frac{0.8 - 0.5}{1 + 0.8} \times 300 = 50\text{cm}$$

62
$\sqrt{t}$ 법

$$C_V = \frac{0.848 H^2}{t_{90}} \text{cm}^2/\text{sec}$$

$$t_{90} = \frac{0.848 H^2}{C_v} = \frac{0.848 \times \left(\frac{200}{2}\right)^2}{0.01}$$
$$= 848{,}000초 (9.8일)$$

$$k = C_V \cdot m_V \cdot \gamma_w$$

$$C_v = \frac{K}{m_v \gamma_w} = \frac{5 \times 10^{-7}}{0.05 \times 0.01} = 0.01 \text{cm}^2/\text{sec}$$

63
$$\tau = C + \alpha \tan\phi = 0.1 + 20 \times \tan 30° = 11.65$$

64
$$\tau = C + \alpha \tan\phi 5 = C + 10\tan\phi$$
$$8 = C + 20\tan\phi$$
$$C = 2$$

65
$$\tau = C + \alpha \tan\phi$$
$$2 = 10 + 3.0\tan\phi$$
$$\phi = 18°$$

66
$$\sigma = \frac{\sigma_1 + \sigma_2}{2} + \frac{\sigma_1 - \sigma_2}{2} \cos 2\theta$$

여기서, $\theta = 45° + \frac{\phi}{2} = 45° + \frac{30°}{2} = 60°$

$$\therefore \sigma = \frac{6+2}{2} + \frac{6-2}{2} \cos 2 \times 60° = 3\text{t/m}^2$$

$$\tau = \frac{\sigma_1 - \sigma_2}{2} \sin 2\theta = \frac{6-2}{2} \sin 2 \times 60° = 1.73\text{t/m}^2$$

68
표준관입시험(SPT)
- 중량 63.5kg, 높이 76cm에서 자유낙하, 30cm 관입 시 타격 횟수(N)치
- 흙의 지내력 판단, 사질토 적용

70
$$S_t = \frac{q_u}{q_{ur}} = \frac{0.5}{0.1} = 5$$

71
예민비가 큰 점토란 많이 예민하다는 의미이므로 약한 점토를 말한다.

72
$\tau = C + \alpha \tan\phi$
점착력과 내부마찰각은 파괴면에 작용하는 수직응력의 크기에 반비례한다.

73
비압밀비배수시험(UU-test)
- 시공 중 즉각적 함수비의 변화가 없고 체적의 변화가 없는 경우
- 포화점토지반에 성토 등 하중을 너무 급히 재하하여 간극수압이 소산될 시간적 여유가 없는 경우(일반적으로 사용)
- 포화점토가 성토 직후에 급속한 파괴가 예상되는 경우
- 점토의 초기 안정해석(단기적 안정해석)에 작용

75
일축압축시험 방법은 점토에 적합한 방법이다.

76
- $N_R = N\left(1 - \frac{x}{200}\right) = 33\left(1 - \frac{35}{200}\right) = 27$
- 토질에 의한 수정
$$N = 15 + \frac{1}{2}(N_R) = 15 + \frac{1}{2}(27 - 15) = 21회$$

77

합력의 작용점이 지폭의 중앙 1/3 내에 있어야 안전하다.

78

벽체와 흙의 마찰각이 클수록 좋다.

79

$\overline{P} = P - u = 11.2 - 3 = 8.2$
$P = 1.8 \times 2 + 1.9 \times 4 + 11.2$
u(간극수압 = 중립응력) $= 1 \times 3 = 3$

80

$\Delta \sigma_Z = \dfrac{q(B \times L)}{(B+Z)(L+Z)} = \dfrac{10(1 \times 2)}{(1+4)(2+4)} = 0.67$

3회 적중 모의고사

01 콘크리트 공학

01 한중 콘크리트에 관한 설명으로 틀린 것은?

① 한중 콘크리트의 시공방법은 기온, 구조물의 종류 및 크기 등에 따라 다르지만 일반적으로 4℃ 이하의 기온에서는 한중 콘크리트로서 시공한다.
② 한중 콘크리트에는 공기연행 콘크리트를 사용하는 것을 원칙으로 한다.
③ 가열한 재료를 믹싱할 때에는 먼저 시멘트, 굵은 골재, 잔골재를 넣어서 건비빔한 다음 물을 넣는 것이 좋다.
④ 응결, 경화 초기에 동결하지 않도록 양생에 주의하여야 한다.

02 다음 중 콘크리트 – 폴리머 복합체의 종류가 아닌 것은?

① 폴리머 콘크리트
② 폴리머 시멘트 콘크리트
③ 폴리머 함침 콘크리트
④ 폴리머 압축 콘크리트

03 경량골재에 대한 설명으로 잘못된 것은?

① 경량골재 콘크리트란 일반적으로 기건단위 용적질량이 2.0t/m³ 이하의 콘크리트를 말한다.
② 천연경량골재는 인공경량골재에 비해 입자의 모형이 좋고 흡수율이 작아 구조용으로 많이 쓰인다.
③ 콘크리트의 수밀성을 기준으로 물–시멘트비를 정할 경우에는 55% 이하를 표준으로 한다.
④ 경량골재는 동결 융해에 대한 저항성이 보통 콘크리트보다 상당히 나쁘므로 유의해야 한다.

04 섬유보강 콘크리트의 개선 효과 중 그 효과가 가장 적게 나타나는 것은?

① 압축강도   ② 인장강도
③ 휨강도   ④ 내충격성

05 섬유보강 콘크리트에 관한 설명 중 틀린 것은?

① 섬유보강 콘크리트는 콘크리트의 인장강도와 균열에 대한 저항성을 높인 콘크리트이다.
② 믹서는 섬유를 콘크리트 속에 균일하게 분산시킬 수 있는 가경식 믹서를 사용하는 것을 원칙으로 한다.
③ 시멘트계 복합재료용 섬유는 강섬유, 유리섬유, 탄소섬유 등의 무기계 섬유와 아라미드 섬유, 비닐론섬유 등의 유기계 섬유로 분류한다.
④ 섬유보강 콘크리트에 사용되는 섬유는 섬유와 시멘트 결합재 사이의 부착성이 양호하고, 섬유의 인장강도가 커야 한다.

06 다음 중 알칼리 골재 반응의 종류가 아닌 것은?

① 알칼리 – 실리카 반응
② 알칼리 – 탄산염 반응
③ 알칼리 – 실리케이트 반응
④ 알칼리 – 황산염 반응

07 콘크리트의 균열은 재료, 시공, 설계 및 환경 등 여러 가지 요인에 의해 발생한다. 다음 중 재료적 요인과 가장 관련이 많은 균열 현상은?

① 알칼리 골재 반응에 의한 거북등 형상의 균열
② 온도변화, 화학작용 및 동결 융해 현상에 의한 균열
③ 콘크리트 피복두께 및 철근의 장착길이 부족에 의한 균열
④ 재료 분리, 콜드조인트(Cold joint) 발생에 의한 균열

08 염화물이 콘크리트 중에 어느 한도 이상 존재하게 되면 구조물이 염해를 받게 된다. 콘크리트를 비빌 때 콘크리트 속에 함유된 전체 염화물 이온(Cl^-)양은 원칙적으로 얼마 이하이어야 하는가?

① $0.30kg/m^3$ ② $0.40kg/m^3$
③ $0.50kg/m^3$ ④ $0.60kg/m^3$

09 다음 중 콘크리트 품질관리를 위해 이용 가능한 계량값 관리도는?

① $x - R$ 관리도 ② P 관리도
③ Pn 관리도 ④ C 관리도

10 콘크리트의 탄성계수가 $2.5 \times 10^4 MPa$이고 푸아송비가 0.2일 때 전단탄성계수는?

① $5.0 \times 10^4 MPa$ ② $1.04 \times 10^4 MPa$
③ $1.25 \times 10^4 MPa$ ④ $2.08 \times 10^4 MPa$

11 콘크리트의 압축강도를 기준으로 거푸집널을 해체하고자 할 때 확대기초, 보, 기둥 등의 측면 거푸집널은 압축강도가 최소 얼마 이상인 경우 해체할 수 있는가?

① 5MPa 이상
② 14MPa 이상
③ 설계기준압축강도의 1/3 이상
④ 설계기준압축강도의 2/3 이상

12 굳지 않은 콘크리트의 워커빌리티에 대한 설명으로 옳은 것은?

① 시멘트의 비표면적은 워커빌리티에 영향을 주지 않는다.
② 모양이 각진 골재를 사용하면 워커빌리티가 개선된다.
③ AE제, 플라이 애시를 사용하면 워커빌리티가 개선된다.
④ 콘크리트의 온도가 높을수록 슬럼프는 증가하여 워커빌리티가 개선된다.

13 콘크리트의 크리프에 대한 설명으로 틀린 것은?

① 부재의 치수가 작을수록 크리프는 증가한다.
② 단위시멘트양이 많을수록 크리프는 증가한다.
③ 조강 시멘트는 보통 시멘트보다 크리프가 작다.

④ 상대습도가 높고, 온도가 낮을수록 크리프는 증가한다.

14 콘크리트의 건조수축에 관한 설명 중 틀린 것은?

① 단위수량이 적을수록 건조수축은 작게 일어난다.
② 단위시멘트양이 적으면 건조수축은 커진다.
③ 양생 초기에 충분한 습윤양생을 실시한 콘크리트는 건조수축이 작다.
④ 흡수율이 큰 골재일수록 수축은 커진다.

15 콘크리트의 워커빌리티(Workability)를 측정하는 방법 중 옳지 않은 것은?

① 흐름 시험
② 케리볼 시험
③ 리몰딩 시험
④ 봉다짐 시험

16 콘크리트 배합에서 굵은 골재의 최대치수를 증가시켰을 때 발생되는 다음 설명 중 틀린 것은?

① 단위시멘트양이 증가될 수 있다.
② 단위수량을 줄일 수 있다.
③ 잔골재율이 작아진다.
④ 공기량이 작아진다.

17 일반 콘크리트 생산 시 각 재료의 계량오차의 허용범위가 틀린 것은?

① 혼화제 : 3%
② 골재 : 3%
③ 시멘트 : 2%
④ 혼화재 : 2%

18 보 옆 및 기둥, 벽체 측면에 대한 콘크리트의 압축강도가 얼마 이상일 때 거푸집을 해체 가능한가?

① 5MPa
② 8MPa
③ 12MPa
④ 14MPa

19 한중 콘크리트 시공 시 주의해야 할 사항 중 틀린 것은?

① 조기강도를 높이도록 한다.
② 급격한 온도변화를 방지한다.
③ 물-결합재비를 높인다.
④ 거푸집을 오래 거치하고 보온양생한다.

20 일반 콘크리트 타설에 대한 설명으로 틀린 것은?

① 타설한 콘크리트를 거푸집 안에서 횡방향으로 이동시켜서는 안 된다.
② 한 구획 내의 콘크리트 타설이 완료될 때까지 연속해서 타설하여야 한다.
③ 콘크리트는 그 표면이 한 구획 내에서는 거의 수평이 되도록 타설하는 것을 원칙으로 한다.
④ 콘크리트 타설 도중 표면에 떠올라 고인 블리딩수가 있을 경우에는 콘크리트 표면에 홈을 만들어 흐르게 하여 제거한다.

02 건설시공 및 관리

21 아스팔트 포장 중 실코트(Seal coat)의 목적이 아닌 것은?

① 포장면의 수밀성 증대
② 포장면의 미끄럼 저항 증대
③ 포장면의 내구성 증대
④ 포장면의 모관상승 차단

22 보조기층 표면을 다져서 방수성을 높이고 보조기층과 그 위에 포설하게 하는 아스팔트 혼합물과의 융합을 좋게 하여 양자가 일체가 되도록 하는 것은?

① 택코트(Tack coat)
② 실코트(Seal coat)
③ 컬러코트(Color coat)
④ 프라임코트(Prime coat)

23 콘크리트 포장에 비해 아스팔트 포장의 장점이 아닌 것은?

① 포장 시 거의 양생기간이 필요하지 않다.
② 유지·수선이 쉽고 주행충격이 작다.
③ 소음이 적고 외관이 좋다.
④ 유지비가 거의 들지 않는다.

24 도로, 철도공사에서의 낮은 축제에 사용되며 공사 중에는 압축되지 않으므로 준공 후 상당한 침하가 우려되지만 공사비가 싸고 공정이 빠른 성토시공 공법은?

① 전방 쌓기법
② 수평층 쌓기법
③ 물 다짐 공법
④ 비계 쌓기법

25 다음 설명 중에서 틀린 것은?

① 트래피커빌리티(Trafficability)는 도로의 교통량을 말한다.
② 트래피커빌리티가 좋다는 것은 콘지수의 값이 크다는 것이다.
③ 자중이 큰 건설기계는 콘지수가 큰 지반에 이용할 수 있다.
④ 흙의 강도가 크면 콘지수가 크다.

26 콘크리트댐의 시공에 관한 설명 중 옳지 않은 것은?

① 일반적으로 1리프트의 높이는 1.5m 정도로 한다.
② 수평 시공이음 방법에는 경화 전 처리법과 경화 후 처리법이 있다.
③ 콘크리트 냉각은 Pipe cooling과 Pre-Cooling을 실시한다.
④ 시멘트는 수화열이 큰 것을 사용한다.

27 Rock fill 댐에 관한 설명 중에서 틀린 것은?

① 자중이 비교적 크므로 안전한 형식이다.
② 콘크리트댐에 비해 단면형상이 작고, 저폭이 좁아 기초에 전달되는 응력이 크기 때문에 지반의 지지력이 작은 곳에는 축조가 불가능하다.
③ 일반적으로 제체의 상류쪽이나 중앙부에 불투수층을 둔다.
④ 주변에서 석재를 쉽게 구할 수 있을 때 가능한 형식이다.

28 교대 날개벽의 가장 주된 역할은?

① 미관의 향상
② 교대하중의 부담 감소
③ 교대 배면 성토의 보호 및 세굴 방지
④ 유량을 경감시켜 토사의 퇴적을 촉진시켜 교대의 보호 증진

29 모양은 원형, 나팔형으로 되어 있고 자유낙하부, 연직갱부, 곡관부 원형터널 등으로 되어 있으며, 유입여수로 터널 내에 부압이 생기므로 설계관리상 주의하지 않으면 안 되는 여수로는?

① 슈트식 여수로
② 사이펀 여수로
③ 측수로 여수로
④ 그롤리 홀 여수로

30 그래브 준설선(Grab Dredger)에 대한 다음 설명 중 옳지 않은 것은?

① 대선 위에 크램셀의 일종을 달아 수중굴착을 한다.
② 대규모의 준설에 적합하다.
③ 기계가 간단하고 건조비가 싸다.
④ 준설깊이의 조절이 비교적 용이하다.

31 비탈면 보호공법으로서 구조물에 대한 보호공이 아닌 것은?

① 콘크리트 틀공
② 메쌓기
③ 찰쌓기
④ 식생포 공법

32 댐의 기초 처리 중 컨솔리데이션 그라우팅(Consolidation grouting)에 대한 설명으로 옳은 것은?

① 콘크리트가 냉각하여 수축이 최대가 되었을 때 각 블록 간의 이음을 그라우팅하여 댐의 일체화를 기한다.
② 댐의 양안(兩岸) 접촉면 부근을 그라우팅하여 댐 주변에서의 누수를 방지한다.
③ 지질 구조대를 통한 침투수를 차단하고 지하 지수벽을 설치하는 공법으로 기초 처리 중 가장 중요하다.
④ 기초 암반의 개량을 목적으로 기초의 표층부를 고결시켜 지지력과 수밀성을 증대시킨다.

33 다음 중 비계를 이용하지 않는 강트러스교의 가설공법이 아닌 것은?

① 새들(Saddle)공법
② 캔틸레버(Cantilever)식 공법
③ 케이블(Cable)식 공법
④ 부선(Pontoon)식 공법

34 횡선공정표(Bar chart, Gantt chart)의 장점 중 옳지 않은 것은?

① 각 공종별 공사와 전체의 공정시기 등이 일목요연하다.
② 각 작업 간의 상호관계가 명확하다.
③ 각 공종별 공사의 착수 및 완료일이 명시되어 판단이 용이하다.
④ 공정표가 단순하여 경험이 적은 사람도 이용하기 쉽다.

35 다음은 네트워크(Network) 특징을 설명한 것이다. 옳지 않은 것은?

① 담당자의 공사착수가 예정되므로 미리 충분한 계획을 세울 수 있다.
② 공정표가 보기 쉽고 개념적인 것이 숫자화되어 신뢰도가 크다.
③ 각 작업의 소요일정의 요구를 무시하지 않아도 된다.
④ 공정의 진척, 지연의 상황판단이 어렵다.

36 PERT 공정관리기법에 관한 설명 중 옳지 않은 것은?

① PERT 기법에서는 시간견적을 3점법으로 확률계산한다.
② PERT 기법의 중심관리는 작업단계(Event)이다.
③ PERT 기법은 비용문제를 포함한 반복 사업에 이용된다.
④ PERT 기법은 신규사업 및 경험이 없는 사업에 적용한다.

37 시료 5개의 압축강도를 측정하고 각각 190kg/cm², 200kg/cm², 210kg/cm², 205kg/cm² 및 195kg/cm²의 측정값을 얻었다. 이 시료의 변동계수는?

① 3.54%   ② 3.84%
③ 4.24%   ④ 4.84%

38 깊이 40m의 토층에서 표준관입시험을 한 결과 N = 35였다. 로드 길이와 토질에 의한 수정 N값은?

① 16   ② 18
③ 22   ④ 35

39 다음 네트워크 공정표의 주 공정선(Critical path)은?

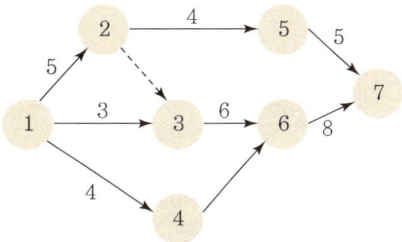

① ①-③-⑥-⑦
② ①-④-⑥-⑦
③ ①-②-⑤-⑦
④ ①-②-③-⑥-⑦

40 공정관리도를 작성할 때 사용하는 더미(Dummy)에 대한 설명으로 옳은 것은?

① 시간은 필요 없으나 자원은 필요한 활동이다.
② 자원은 필요 없으나 시간은 필요한 활동이다.
③ 자원과 시간이 모두 필요한 활동이다.
④ 자원과 시간이 필요 없는 명목상의 활동이다.

03 건설재료 및 시험

41 목재의 전기와 열에 대한 성질을 설명한 것 중 옳지 않은 것은?

① 목재에 열을 가하면 섬유방향보다 직각방향이 더 많이 팽창한다.
② 목재의 인화점은 밀도가 클수록 낮다.
③ 목재의 전기전도도는 밀도가 클수록 좋아진다.

④ 건조한 목재는 저전압에서 전기에 대한 불량도체라고 생각하여도 무방하다.

42 목재의 방부 처리법으로 사용되는 방법이 아닌 것은?

① 약제도포법　② 표면탄화법
③ 약제침적법　④ 고주파법

43 건설재료로 사용되는 목재 중 합판의 특성에 대한 다음 설명 중 틀린 것은?

① 함수율 변화에 의한 신축변형은 방향성을 가지며 그 변형량은 적다.
② 통나무판에 비해서 얇은 판으로 높은 강도를 얻을 수 있다.
③ 곡면가공을 하여도 균열의 발생이 적다.
④ 표면가공으로 흡음 효과를 얻을 수 있고 의장적 효과를 얻을 수 있다.

44 다음과 같은 합판의 제조방법 중에서 목재의 이용효율이 높고 가장 널리 사용되는 것은?

① 로타리 베니어(Rotary veneer)
② 슬라이스 베니어(Sliced veneer)
③ 쏘드 베니어(Sawed veneer)
④ 플라이우드(Plywood)

45 암석은 생성 원인에 따라 화성암, 변성암, 퇴적암으로 나뉜다. 다음 중에서 생성 원인이 다른 암석은?

① 편마암　② 섬록암
③ 화강암　④ 현무암

46 석재의 모양에 따른 종류에 있어서 너비가 두께의 3배 미만이고 너비보다 길이가 긴 직육면체형의 석재로 주로 구조용으로 쓰이는 것은?

① 각석　② 판석
③ 견치석　④ 사고석

47 화산회 또는 화산사가 퇴적 고결된 암석으로 내화성이 크고 풍화되어 실트질의 흙이 되는 암석은?

① 혈암(Shale)
② 응회암(Tuff)
③ 점판암(Clay slate)
④ 안산암(Andesite)

48 다음 중에서 강도가 가장 큰 석재는?

① 화강암　② 대리석
③ 안산암　④ 사암

49 다음 설명 중 틀린 것은?

① 폭약 또는 화약을 폭발하기 위해 기폭약 또는 첨장약을 관체에 장전한 것을 뇌관이라고 한다.
② 흑색 화약을 중심으로 해서 그 주위를 마사, 종이, 테이프 등으로 피복한 것을 도화선이라고 한다.
③ 대폭파 또는 수중폭파를 동시에 실시하기 위해 뇌관 대신 사용하는 것을 도화선이라고 한다.
④ 면화약을 심약으로 하고 마사, 면사 등으로 싸서 방습 포장하는 것을 도폭선이라고 한다.

50 대폭파 또는 수중폭파를 동시에 실시하기 위해 뇌관 대신에 사용하는 것은?

① DDNP
② 도폭선
③ 도화선
④ 데토릴

51 폭파력은 그다지 강력하지 않으나 값이 싸고, 취급 및 보관의 위험성이 적고, 발화가 간단하여 소규모 폭파에 사용되는 것은?

① 다이너마이트
② 흑색 화약
③ 칼릿
④ 니트로 글리세린

52 다음 중 화약류의 기폭제로 사용되는 것이 아닌 것은?

① 뇌산수은[Hg(ONC)$_2$]
② 질화납[P$_2$(N$_3$)$_2$]
③ DDNP(Diazodinitrophenol)
④ 다이너마이트(Dynamite)

53 다음 중에서 폭발력이 강하고 수중(물속)에서도 폭발할 수 있는 다이너마이트(Dynamite)는?

① 분상 다이너마이트
② 규조토 다이너마이트
③ 교질 다이너마이트
④ 스트레이트(Straight) 다이너마이트

54 다음 중 폭약으로 칼릿(Carlit)의 사용이 부적당한 곳은?

① 채석장에서 큰 석재의 채취용
② 경질토사의 절취용
③ 터널공사의 발파용
④ 암석의 절취 또는 제거용

55 물리·화학적으로 탁월한 수지여서 만능지수라 부르며, 내산성, 내약품성, 내전기성이 좋고 250℃의 고온에서 연속 사용가능하고 −100℃에서도 성질 변화가 없는 수지는 어느 것인가?

① 불소 수지
② 아크릴 수지
③ 에폭시 수지
④ 멜라민 수지

56 플라스틱에 대한 설명 중 옳지 않은 것은?

① 유기재료에 비해 내수성, 내구성이 있다.
② 비중이 작고 가공이 쉽다.
③ 표면이 평활하고 아름답다.
④ 탄성계수가 크고 변형이 작다.

57 다음 중 열경화성 수지에 포함되지 않는 것은?

① 페놀 수지
② 에폭시 수지
③ 요소 수지
④ 염화비닐 수지

58 다음 설명 중 플라스틱 재료의 일반적 성질이 아닌 것은?

① 성형이 자유로우며 가공성이 양호하므로 공장에서의 대량생산이 가능하다.
② 전기 절연성이 크다.
③ 열에 의한 체적변화가 거의 없으며 온도의 변화에 따른 열팽창 계수도 일정하다.
④ 흡수, 흡습성이 적기 때문에 구조물의 방수재료로 이용된다.

59 플라이 애시(Fly ash)를 시멘트에 혼합하면 다음과 같은 효과가 있다. 효과에 대한 설명으로 잘못된 것은?

① 화학적 저항성의 향상
② 골재의 절약
③ 유동성의 증가
④ 수화열의 저하

60 골재의 체가름 시험결과 각 체의 누적 잔류량(%)이 다음의 표와 같을 때 조립률은 얼마인가?

체눈 크기	각 체의 누적잔류량(%)
80mm	0
40mm	0
20mm	0
10mm	2
5mm	3
2.5mm	8
1.2mm	25
0.6mm	40
0.3mm	78
0.15mm	92

① 2.70   ② 2.48
③ 5.40   ④ 4.96

04 토질 및 기초

61 흙의 다짐에 관한 설명 중 옳지 않은 것은?

① 조립토는 세립토보다 최적함수비가 작다.
② 최대 건조단위질량이 큰 흙일수록 최적함수비는 작은 것이 보통이다.
③ 점성토 지반을 다질 때는 진동 롤러로 다지는 것이 유리하다.
④ 일반적으로 다짐에너지를 크게 할수록 최대 건조단위질량은 커지고 최적함수비는 줄어든다.

62 흙의 다짐시험에서 다짐에너지를 증가시킬 때 일어나는 결과는?

① 최적함수비는 증가하고, 최대건조 단위질량은 감소한다.
② 최적함수비는 감소하고, 최대건조 단위질량은 증가한다.
③ 최적함수비와 최대건조 단위질량이 모두 감소한다.
④ 최적함수비와 최대건조 단위질량이 모두 증가한다.

63 현장에서 다짐도가 95%라는 것은 무엇을 말하는가?

① 다짐된 토사의 포화도가 95%를 말한다.
② 흐트러진 시료와 흐트러지지 않은 시료와의 강도의 비가 95%를 말한다.
③ 실험실의 실내다짐 최대건조밀도에 대한 95% 다짐을 말한다.
④ 최적함수비 95%에 대한 다짐밀도를 말한다.

64 흙의 다짐에 있어 램머의 중량이 2.5kg, 낙하고 30cm, 3층으로 각층 다짐 횟수가 25회일 때 다짐에너지는?(단, 몰드의 체적은 1,000cm³이다.)

① 5.63kg·cm/cm³
② 5.96kg·cm/cm³
③ 10.45kg·cm/cm³
④ 0.66kg·cm/cm³

65 다짐에너지(Energy)에 관한 설명 중 틀린 것은?

① 다짐에너지는 램머(Rammer)의 중량에 비례한다.
② 다짐에너지는 다짐 층수에 반비례한다.
③ 다짐에너지는 시료의 부피에 반비례한다.
④ 다짐에너지는 다짐 횟수에 비례한다.

66 CBR 시험에서 관입 깊이 2.5mm일 때, 피스톤에 작용하는 하중이 900Kg이다. 이 재료의 CBR2.5의 값은?

① 90.0%   ② 65.7%
③ 63.3%   ④ 60.5%

67 현장 도로 토공에서 들밀도시험을 했다. 파낸 구멍의 체적이 V = 1,980cm³이었고, 이 구멍에서 파낸 흙 무게가 3,420g이었다. 이 흙의 토질시험결과 함수비가 10%, 비중이 2.7, 최대건조밀도 1.65g/cm³이었을 때 이 현장의 다짐도는?

① 85%   ② 87%
③ 91%   ④ 95%

68 어떤 토층에 있어서 흙의 단위질량이 1.6 t/m³, 점착력이 0.2kg/cm², 내부마찰각이 10°일 때, 이 토층을 연직으로 절취할 수 있는 깊이는 얼마인가?

① 4.82m   ② 5.96m
③ 6.48m   ④ 7.43m

69 점착력이 1.4t/m², 내부마찰각이 30°, 단위질량이 1.85t/m³인 흙에서 인장균열 깊이는 얼마인가?

① 1.74m   ② 2.62m
③ 3.45m   ④ 5.24m

70 그림과 같은 사면에서 깊이 6m 위치에서 발생하는 단위폭당 전단 응력은 얼마인가?

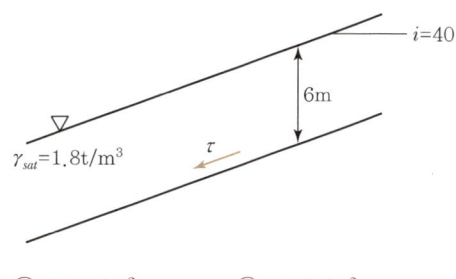

① 5.32t/m²   ② 2.34t/m²
③ 4.05t/m²   ④ 2.04t/m²

71 일반적으로 제방 및 축대의 사면이 가장 위험한 경우는 언제인가?

① 사면이 완전 포화되었을 때
② 사면이 건조 상태에 있을 때
③ 수위가 점차 상승할 때
④ 수위 급강하 시

72 그림에서 활동에 대한 안전율은 얼마인가?

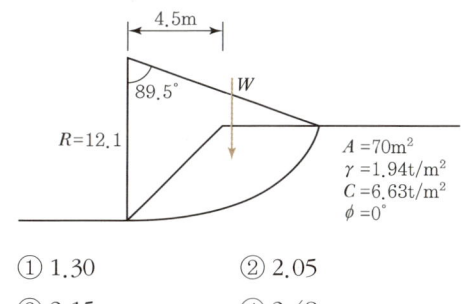

① 1.30   ② 2.05
③ 2.15   ④ 2.48

73 평판 재하 실험에서 재하판의 크기에 의한 영향(Scale effect)에 관한 설명 중 틀린 것은?

① 사질토 지반의 지지력은 재하판의 폭에 비례한다.
② 점토지반의 지지력은 재하판의 폭에 무관하다.
③ 사질토 지반의 침하량은 재하판의 폭이 커지면 약간 커지기는 하지만 비례하는 정도는 아니다.
④ 점토지반의 침하량은 재하판의 폭에 비례한다.

74 다음 지반조사 중 정적 사운딩에 속하지 않는 것은?

① 표준관입시험
② 휴대용 원추관입시험
③ 베인테스트
④ 스웨덴식 관입시험

75 점토질 지반에 있어서 강성기초의 접지압 분포에 관한 다음 설명 가운데 옳은 것은?

① 기초의 모서리 부분에 최대응력이 발생한다.
② 기초의 중앙부분에서 최대의 응력이 발생한다.
③ 기초 부분의 응력은 어느 부분이나 동일하다.
④ 기초 밑면에서의 응력은 토질에 관계없이 일정하다.

76 다음 중 직접기초의 지지력 감소 원인으로서 적당하지 않은 것은?

① 편심하중
② 경사하중
③ 부마찰력
④ 지하수위의 상승

77 부마찰력에 대한 설명이다. 틀린 것은?

① 부마찰력을 줄이기 위하여 말뚝 표면을 아스팔트 등으로 코팅하여 타설한다.
② 지하수의 저하 또는 압밀이 진행 중인 연약지반에서 부마찰력이 발생한다.
③ 점성토 위에 사질토를 성토한 지반에 말뚝을 타설한 경우에 부마찰력이 발생한다.
④ 부마찰력은 말뚝이 아래 방향으로 작용하는 힘이므로 결국에는 말뚝의 지지력을 증가시킨다.

78 말뚝의 지지력에 관한 다음 설명 중 틀린 것은?

① 말뚝 선단부의 지지력과 말뚝 주변 마찰력의 합이 말뚝의 지지력이 된다.
② 말뚝의 지지력을 추정하는 데는 재하시험, 동역학적 지지력 공식, 정약학적 지지력 공식 등이 있다.
③ 동역학적 지지력 공식은 정적인 지지력을 동적인 관입저항에서 구하는 공식이다.
④ 무리말뚝은 외말뚝보다 각대의 말뚝이 발휘하는 지지력이 크다.

79 단동식 증기 해머로 말뚝을 박았다. 해머의 무게 2.5ton, 낙하고 3m, 타격당 말뚝의 평균 관입량 1cm, 안전율이 6일 때 Engineering – News 공식으로 허용지지력을 구하면 얼마인가?

① 250ton ② 200ton
③ 100ton ④ 50ton

80 말뚝의 지지력 공식 중 정역학적 방법에 의한 공식은 다음 중 어느 것인가?

① Meyerhof의 공식
② Hiley 공식
③ Engineering – News 공식
④ Sander 공식

3회 / 정답 및 해설

01 콘크리트 공학

01 ③	02 ④	03 ②	04 ①	05 ②
06 ④	07 ①	08 ①	09 ①	10 ②
11 ①	12 ③	13 ④	14 ②	15 ④
16 ①	17 ③	18 ①	19 ③	20 ④

01
물과 굵은 골재, 잔골재를 혼합한 후에 시멘트를 넣는다.

02
폴리머 압축 콘크리트는 종류에 해당되지 않는다.

03
인공경량골재는 천연경량골재에 비해 입자의 모형이 좋고 흡수율이 작아 구조용으로 많이 쓰인다.

04
섬유보강 콘크리트는 인장강도, 휨강도 내충격성의 개선 효과가 있고 압축강도는 고강도 콘크리트로 개선한다.

05
가경식 믹서가 아니라 강제식 믹서를 사용한다.

06
알칼리 골재 반응의 종류는 실리가 반응 실리케이트 반응 및 탄산염 반응이 있다.

07
② 화학적 요인 및 환경적 요인
③ 및 ④는 시공 결함에 의한 요인

08
전체 염화물 이온(Cl^-)량은 0.30kg/m³ 이하이어야 한다.

09

구분	호칭	용도 비교
계량값 관리도	$\bar{x} - R$ 관리도	평균치와 범위
	x 관리도	개개의 측정치
	$\tilde{x} - R$ 관리도	중위수와 범위
계수값 관리도	$Pn(P)$ 관리도	불량 개수(불량률)
	C 관리도	결점수
	U 관리도	단위당 결점수

10
전단탄성계수(G)
- $G = \dfrac{전단응력(\tau)}{전단변형률(\gamma)} = \dfrac{E}{2}\left(\dfrac{m}{m+1}\right)$
  m : 푸아송 수
- 푸아송 비 $v = \dfrac{1}{m}$ (v : 푸아송 비, m : 푸아송 수)

14
단위시멘트양이 적으면 건조수축은 작다.

15
봉다짐 시험은 골재의 단위용적질량 시험에 속한다.

16
경제적으로 제조한다는 관점에서 될 수 있는 대로 최대 치수가 큰 굵은 골재를 사용한다.

17
물, 시멘트 : 1%

19
한중 콘크리트의 경우 물−결합재비를 높이면 초기에 동해에 걸리기 쉬우므로 AE제 또는 공기연행 감수제를 사용하는 것을 표준으로 한다.

02 건설시공 및 관리

21 ④	22 ④	23 ④	24 ①	25 ①
26 ④	27 ②	28 ③	29 ④	30 ②
31 ④	32 ④	33 ①	34 ②	35 ④
36 ③	37 ①	38 ③	39 ④	40 ④

21
모관상승 보조기층에서 차단하여야 동결되지 않는다.

22

Prime coat	보조기층과 기층의 접합
Tack coat	기층과 표층의 접합
Seal coat	내구성, 수밀성, 미끄럼 저항성

23

구분	아스팔트 포장	콘크리트 포장
내구성	• 포장수명이 짧다. • 5~10년마다 덧씌우기 필요	• 내구성 양호 • 공용성 20년 이상
주행성	• 주행성이 좋다. • 소음 진동이 적고 평탄성 양호	• 주행성이 나쁘다. • 평탄성 불리
미끄럼 저항성	다소 불리	초기에는 다소 유리
양생기간	양생기간이 짧다.	양생기간이 길다.
유지보수	• 유지보수가 잦아 보수비 고가 • 보수작업이 용이함	• 보수가 별로 없어 보수비 저렴 • 보수작업이 어렵다.

24
전방층 쌓기
- 공사 중 압축이 적어 공사 후에도 침하가 크다.
- 공비가 적고 공사기간이 짧다.

25
트래피커빌리티(Trafficability)는 흙 또는 지반이 연약하면 차량의 주행성이 나빠지므로 기계 작업에 충분히 견딜 수 있는 흙의 능력이 필요한데 이를 흙의 트래피커빌리티라고 한다. 토공에 있어서 지표면의 강도가 시공기계의 주행에 견디는 정도로서 일반적으로 지표면을 콘지수에 의하여 판정한다.

26
시멘트는 수화열이 작은 중용열 시멘트, 저열 시멘트를 사용한다.

27
콘크리트댐에 비해 틈 사이가 많아 단면형상을 크게 해야 한다.

28
날개벽은 뒷면 흙의 무너짐을 막고 물에 의한 세굴을 방지하는 역할을 한다.

29

사이펀 여수로	상하류면의 수위차를 이용한 여수로
그롤리 홀 여수로	원형 나선팔로 되어 있는 여수로
측수로 여수로	필댐과 같이 댐 정상부를 월류시킬 수 없을 때 댐 한쪽 또는 양쪽에 설치한 여수로
슈트식 여수로	댐 본체에서 완전히 분리시켜 설치하는 여수로
댐마루 월류식 여수로	중력댐의 경우 홍수량을 댐마루 수문에 의해 조절하는 여수로

30
그래브(Grab) 준설선
- 소규모의 준설에 적합하고 기초 터파기, 소운하의 준설, 물막이 흙의 제거 등에 사용
- 협소한 장소의 준설에 적합하고, 건조비가 저렴하나, 준설능력이 적다.

31
식생포 공법 식물을 이용한 것이므로 구조물이 아니다.

32

Curtain grouting	기초암반을 침투하는 물을 방지하기 위한 지수 목적 댐 축방향 상류측에 병풍 모양으로 컨솔리데이션 그라우트보다 깊게 그라우팅하는 것
Consolidation grouting	기초암반의 지내력 개량목적 댐 등의 표층부를 고결시켜 지지력을 증대시키기 위함
Contact grout	암반한 댐 접촉부 차수 목적
Joint grout	시공이음부분 차수 목적
Rim grout	좌 · 우안 보강 차수 목적

33

새들(Saddle) 공법은 비계를 사용하는 공법이다.

34

각 작업 간의 상호관계가 명확한 것은 네트워크공정표이다.

35

공정의 진척, 지연의 상황 판단이 쉽다.

구분	Gantt식 공정표	Network식 공정표
종류	• 횡선식 공정표 (Bar Chart) • 사선식 공정표	• CPM / PERT • PDM / Over Lapping
정의	공사의 종류 및 작업 순서에 따라 소요시간에 따라 단순하게 작도된 공정표	전체 Project를 단위작업으로 분해하여 상호 작업 관계를 ○와 →로 표기한 망상도
특성	• 작성이 용이하다. • 판단이 쉬워 초보자도 이용 쉽다. • 작업 상호관계 및 진도 관리 어렵다.	• 작성이 어려우나 공사 파악이 용이 • 상호관계, 문제점의 발견이 쉽다. • 주공정선(CP)을 알기 쉽다.

36

구분	PERT	CPM
대상	신규사업, 경험이 없는 사업	반복사업, 경험이 있는 사업
개발과정	미 해군	미 Dupont Co.
주목적	공기 단축(time)	공비 절감(cost)
소요시간	• 3점 추정 • $t_e = t_o + 4t_m + t_p / 6$	• 1점 추정 • $t_e = t_m$
MCX	적용 안 됨	적용됨
일정계산	• 일정 계산이 복잡 • 결합점(Event) 중심	• 계산 상세, 작업 간 조정 가능 • 작업(Activity) 중심
여유시간	Slack	Float(TF, FF, DF)

37

$$v(\text{변동계수}) = \frac{\sigma(\text{표준편차})}{\bar{x}(\text{평균값})} \times 100 = \frac{7.09}{200} \times 100 = 3.54\%$$

$$\bar{x} = \frac{190+200+210+205+195}{5} = 200$$

$$\sigma = \frac{S}{n} = 7.09$$

$$= \sqrt{\frac{(190-200)^2+(200-200)^2+(210-200)^2+(205-200)^2+(195-200)^2}{5}}$$

38

토질에 있는 표준관입시험 참조

$$N_1 = N'\left(1-\frac{x}{200}\right) = 35\left(1-\frac{40}{200}\right) = 28$$

$$N_2 = 15 + \frac{1}{2}(N_1 - 15) = 21.5$$

39

① : 3+6+8 = 17일
② : 4+3+8 = 15일
③ : 5+4+5 = 14일
④ : 5+6+8 = 19일

∴ 주 공정선(Critcal Path)은 ①-②-③-⑥-⑦이다.

40

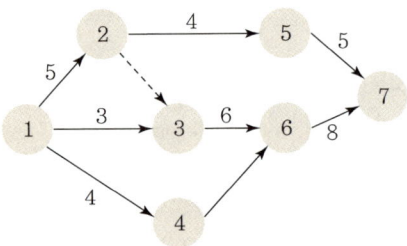

03 건설재료 및 시험

41 ②	42 ④	43 ①	44 ①	45 ①
46 ①	47 ②	48 ①	49 ③	50 ②
51 ②	52 ④	53 ③	54 ③	55 ①
56 ④	57 ④	58 ③	59 ②	60 ②

41

인화점이란 일정한 조건 아래에서 휘발성 물질의 증기가 다른 작은 불꽃에 의하여 불이 붙는 가장 낮은 온도로 밀도가 클수록 높다.

42

도포법	건조 후 균열이나 이음부 등에 솔 등으로 방부제를 도포하는 방법
표면탄화법	표면을 두께 3~10mm 정도 태워서 탄화시키는 방법
침지법	방부제 용액 중에 목재를 몇 시간 또는 며칠 동안 침지
주입법	방부제 용액 중에 목재를 침지하여 방부제를 주입

43
얇게 켠 나무 널빤지를 나뭇결이 서로 엇갈리게 여러 겹 붙여 만든 널빤지로 방향성이 없다.

44
로터리 베니어(Rotary veneer)
통나무 원목의 축을 중심으로 회전시켜 축에 평행하게 붙어 있는 칼날로 목재를 얇게 깎아내는 것으로, 원목의 낭비가 없어 최근에는 이 방법을 많이 사용

45
- 편마암(변성암)
- 섬록암, 화강암, 현무암(화성암)

46

각석	폭의 두께의 3배 미만이고 어느 정도의 길이를 가진 석재
판석	두께가 15cm 미만이고 폭이 두께의 3배 이상인 석재
견치석	면은 정사각형에 가깝고 면에 직각으로 잰 공장은 면의 최소변의 1.5배 이상
사고석	면은 정사각형에 가깝고 면에 직각으로 잰 공장은 면의 최소변의 1.2배 이상

47
응회암(Tuff)은 변성암의 일종이다.

48
화강암은 조직이 균일하고 강도 및 내구성이 크다.

49~50
대폭파 또는 수중폭파를 동시에 실시하기 위해 뇌관 대신 사용하는 것을 도폭선이라고 한다.

51
흑색 화약은 폭약이 아니다.

52
다이너마이트(Dynamite)는 폭약이다.

53
교질 다이너마이트는 폭발력이 강하고 수중에서도 폭발할 수 있다.

54
칼릿(Carlit)
- 유해가스 발생량이 많고 흡수성이 커서 터널공사에는 부적합하다.
- 채석장에서 큰 돌의 채석에 적합하다.
- 다이너마이트보다 발화점(295℃)이 낮다.

55
불소 수지는 수소 원자 한 개 이상이 플루오린으로 치환된 에틸렌 및 그 유도체의 중합으로 생기는 합성수지이다.

56
플라스틱의 단점으로는 강도 및 탄성계수가 작다.

57
염화비닐 수지(PVC)는 열가소성수지이다.

58
열에 대한 쉽게 변형이 발생한다.

59
골재와는 관련 없다.

60
$$\frac{2+3+8+25+40+78+92}{100}=2.48$$

04 토질 및 기초

61 ③	62 ②	63 ③	64 ①	65 ②
66 ②	67 ④	68 ②	69 ②	70 ①
71 ④	72 ④	73 ④	74 ①	75 ①
76 ③	77 ④	78 ④	79 ③	80 ①

61
모래지반을 다질 때 진동 롤러로 다지는 것이 유리하다.

62
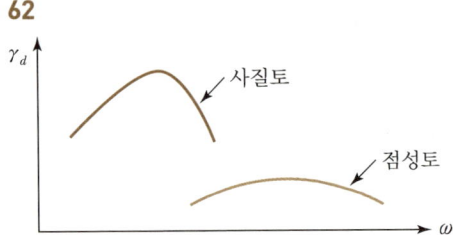

64
$E_c = \dfrac{W_R H N_B N_L}{V} = 5.63$

65
$E_c = \dfrac{W_R H N_B N_L}{V}$

66
$CBR_{2.5} = \dfrac{900}{1,370} \times 100 = 65.7\%$

CBR 관입량	표준하중강도(단위하중)	표준하중
2.5	70	1,370
5.0	105	2,030

67
다짐도(%) $= \dfrac{\gamma_d}{\gamma_{d\max}} \times 100 = \dfrac{1.57}{1.65} = 95.15\%$

$\gamma_d = \dfrac{\gamma_t}{1+\dfrac{w}{100}} = \dfrac{\dfrac{3,420}{1,980}}{1+\dfrac{10}{100}} = 1.57\text{g/cm}^3$

68
$Z_c = \dfrac{4C}{\gamma}\tan\left(45+\dfrac{\phi}{2}\right) = \dfrac{4\times 2.0}{1.6}\times\tan\left(45+\dfrac{10}{2}\right)$
$= 5.96\text{m}$
($C = 0.2\text{g/cm}^2 = 2.0\text{t/m}^2$)

69
$Z_c = \dfrac{2C}{\gamma}\tan\left(45+\dfrac{\phi}{2}\right) = \dfrac{2\times 1.4}{1.85}\times\tan\left(45+\dfrac{30}{2}\right)$
$= 2.62\text{m}$

70
$\tau = \gamma Z \cos i \sin i = 5.32\text{t/m}^2$

72
$L : 89.5° = \pi D : 360° \quad L = 18.89\text{m}$
$F = \dfrac{CLR}{Wx} = \dfrac{6.63\times 18.89\times 12.1}{70\times 1.94\times 4.5} = 2.48$

73
점토지반의 침하량은 재하판의 폭에 비례한다.

Scale Effect
지지력 – 점토(무관)   모래(비례)
침하량 – 점토(비례)   모래(크지나 비례 않음)

74
표준관입시험은 햄머의 낙하로 충격을 주므로 동적 사운딩이다.

75
점토질 지반의 접지압 분포

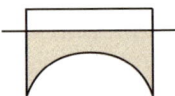

76
부마찰력은 말뚝기초에 나타나므로 직접기초와 관련이 없다.

77
부마찰력은 말뚝이 아래 방향으로 작용하는 힘이므로 말뚝의 지지력을 감소시킨다.

78

무리말뚝은 지지력이 겹치는 부분이 발생하므로 지지력이 작다.

79

Engineering – News 공식

드롭해머 $R_u = \dfrac{wh}{s+2.54}$ $F_s = 6$

단동식 증기해머 $R_u = \dfrac{wh}{s+0.254}$ $F_s = 6$

$\dfrac{2.5 \times 300}{1+0.254} = 598.08$

$598.08 \div 6 = 99.68$

80

정역학적 지지력 공식	동역학적 지지력 공식
• Terzaghi 공식 • Dörr 공식 • Meyerhof 공식 • Dunham 공식	• Hiley 공식 • Engineering – News 공식 • Sander 공식 • Weisbach 공식

memo

memo

대표 저자 강두헌

[주요 약력]
(現) 우선안전컨설팅 대표(고용노동부 지정 재해예방전문지도기관)
(現) 한국토지주택공사 안전보건전문가
(現) 부산시설공단 시설물안전관리자문위원
(現) 충북개발공사 기술자문위원회 심의위원
(前) 도화엔지니어링, 경동엔지니어링 근무(17년 경력)
(現) 법원행정처 전문심리위원
(現) 한국토지주택공사 건설기술심의위원
(現) 한국토지주택공사 자재공법선정위원
(現) 한국농어촌공사 BF인증위원
(現) 한국건설기술인협회 취업준비생 멘토
(現) 건설기술인 법정교육 강의 등

[자격]
산업안전지도사(건설안전)
토목시공기술사
직업능력개발훈련교사(2급)

건설재료시험기사 필기

초 판 발 행	2026년 01월 20일
저　　　자	강두헌 · 전병렬
발 행 인	정용수
발 행 처	㈜예문아카이브
주　　　소	경기도 파주시 직지길 460(출판도시)
T E L	031) 955 – 0550
F A X	031) 955 – 0660
등 록 번 호	제2016-000240호
정　　　가	27,000원

- 이 책의 어느 부분도 저작권자나 발행인의 승인 없이 무단 복제하여 이용할 수 없습니다.
- 파본 및 낙장은 구입하신 서점에서 교환하여 드립니다.

홈페이지 http://www.yeamoonedu.com

ISBN　979-11-6386-504-9　[13530]